民用飞机典型结构静强度分析手册

主　编　王彬文

副主编　段世慧　聂小华　吴存利

西北工业大学出版社

西安

【内容简介】《民用飞机典型结构静强度分析手册》一书汇集了国内外经典的民用飞机强度分析方法。内容包括了民用飞机外载荷分析、金属和复合材料结构工程和数值分析方法及其适应性。

本书可供航空工程技术人员和结构工程师参考。

图书在版编目(CIP)数据

民用飞机典型结构静强度分析手册/王彬文主编
. —西安:西北工业大学出版社,2021.4
ISBN 978 - 7 - 5612 - 7726 - 3

Ⅰ.①民… Ⅱ.①王… Ⅲ.①民用飞机-结构强度-手册 Ⅳ.①V271 - 62

中国版本图书馆 CIP 数据核字(2021)第 075067 号

MINYONG FEIJI DIANXING JIEGOU JINGQIANGDU FENXI SHOUCE
民 用 飞 机 典 型 结 构 静 强 度 分 析 手 册

责任编辑:胡莉巾	策划编辑:杨 军
责任校对:王玉玲	装帧设计:李 飞

出版发行:西北工业大学出版社
通信地址:西安市友谊西路 127 号 　　邮编:710072
电　　话:(029)88491757,88493844
网　　址:www.nwpup.com
印 刷 者:西安浩轩印务有限公司
开　　本:787 mm×1 092 mm　　1/16
印　　张:27.375　　彩页:10
字　　数:718 千字
版　　次:2021 年 4 月第 1 版　　2021 年 4 月第 1 次印刷
定　　价:238.00 元

《民用飞机典型结构静强度分析手册》
编委会

主　编:王彬文

副主编:段世慧　　聂小华　　吴存利

主要编校人员:

第1章:概述

　　　　编写:王彬文

　　　　审校:曾玉铭

第2章:载荷

　　　　编写:王彬文　　杨智春　　舒成辉

　　　　审校:罗琳胤

第3章:翼面典型结构静强度分析方法

　　　　编写:吴存利　　聂小华　　杨　杰

　　　　审校:童明波　　敬禄云

第4章:机身典型结构静强度分析方法

　　　　编写:段世慧　　孙志斌　　王海燕

　　　　审校:何宇廷　　赵俊峰

第5章:典型复合材料结构静强度分析方法

　　　　编写:陈普会　　李新祥　　张国凡

　　　　审校:郑锡涛　　杨胜春　　徐吉峰

序

民用飞机产业是二十一世纪高科技产业竞争的制高点,是衡量国家综合国力和科技实力的重要标尺。民用飞机研制是现代工业最为复杂的系统工程之一,**现代民用飞机研制正向着"更安全、更环保、更经济、更舒适、更快捷、更智能"的趋势发展,"轻质、长寿命、高可靠性"是民用飞机强度专业的必然追求**。标准体系是实现追求、引领趋势、成功研制先进民用飞机的根本保障,这个标准体系是涵盖顶层文件、要求类标准、程序类标准、方法类标准和操作类标准五个层级的金字塔,自上而下贯彻落地,自下而上承接支撑,是民机产业的核心竞争力。顶层文件包括国家法律法规和型号总要求,作为民用飞机研制和适航审定重要依据的适航规章则属于要求类标准。**静强度分析手册是贯彻和承接适航规章的重要标准,是确保飞机结构安全性和经济性的关键技术手段,这是国际民用飞机巨头的核心商业秘密,是讨不来买不来的。**

当今世界处于百年未有之大变局,我国处于中华民族伟大复兴之大格局,国家提出了高水平科技自立自强和航空强国建设的战略规划。贸易摩擦和逆全球化迫使国际航空产业格局深度调整,**垄断封锁日益加剧**。民机主制造商收回核心能力为大势所趋,国际民机产业寡头垄断格局更加明显,主要航空供应商不断深化整合,筑高行业进入壁垒,使后来者整合利用全球的工业、科技和智力资源,开拓国际市场更加困难。新一轮科技革命和技术创新将推动**国际航空产业核心技术多维重构,转型升级加速演进**。以全电/混合电推进、氢能、生物燃料为代表的新能源动力应用,以5G、人工智能和大数据为代表的新型信息技术,以新型金属合金、石墨烯、纳米材料为代表的新材料,以增材制造为代表的新工艺等正在推动航空业进入第三次变革,将重塑航空制造业竞争态势,为新进入者建立非对称竞争力,实现换道超车带来新的可能性。在此大的时代背景下,**通过技术创新实现自主可控和自立自强意义重大**。

近年来我国民用飞机产业取得了举世瞩目的跨越发展,民机技术、飞机研制和商业运营三线并举,成绩显著,标准规范虽有较大提升,但仍是短板弱项。就静强度分析手册而言,相比国际领先水平,尚有一定的差距。"十三五"期间,王彬文研究员在国家民机科研资助下,联合上海飞机设计研究院、西北工业大学等10家单位的专家学者,按照**"研究新建,改进提升,深化完善,开发软件,形成体系"**的指导思想,历时五年研究,形成了民用飞机典型结构通用的静强度分析手册,研发了配套的分析软件。这本手册是王彬文团队研究成果的集中体现,是航空科学技术自主可控和自立自强的典型代表,是专家学者和航空工程师们重要的技术工具。

道阻且长,行则将至。

祝愿我国民机事业蓬勃发展,蒸蒸日上。

中国工程院院士　吴光辉

2021年10月于上海

前 言

强度分析既是飞机结构设计过程中极其重要环节,也是评估飞机结构安全性的重要手段。强度分析的准确性、高效性以及覆盖问题的深度和广度,对飞机设计水平,乃至研制进度的保障都有着重大的影响。

国外大型飞机制造商,如美国波音公司、欧洲空客公司等,都建立了各自完备的结构静强度分析手册,如波音公司的 BDM(Boeing Design Manual)手册,空客公司的 ASDM(Airbus Structure Design Manual)手册,庞巴迪公司的 BM(Bombardier Manual)手册等。一些科研机构如英国工程科学数据组织 ESDU(Engineering Sciences Data Unit),美国宇航局 NASA(National Aeronautics and Space Administration)等,也都在结构静强度设计和分析方面进行了大量的基础性工作,同时在试验验证方面也做了大量的研究,并有效应用到了飞机设计中。我国近几十年来先后进行了新舟系列民用飞机、ARJ21 - 700、C919 飞机、大型运输机等的研制,结构强度分析技术取得了长足的进步,积累了大量的宝贵经验。因此,以积累的经验和突破的技术为牵引,系统地梳理和总结我国具有自主知识产权民机结构静强度分析方法,对促进民机设计采用先进的设计理念、科学的设计方法、规范的设计流程具有重大意义。为在研和未来民用飞机结构设计提供支撑。

本书依据国内民机设计经验,在充分了解国内现有手册优劣的基础上,充分借鉴国内外指南、手册和公开资料的强度相关分析方法,按照研究新建、改进提升、深化完善、开发软件、形成体系的指导思想编写。全书共分为五章,第 1 章主要介绍静强度分析内容和方法,以及本书编写目的;第 2 章介绍飞机结构所承受的主要外载荷,如飞行载荷、地面载荷等,着重讨论机身载荷和翼面载荷,并给出传力分析;第 3 章和第 4 章针对翼面和机身典型结构,如壁板、翼梁、翼肋、普通框、加强框、开口、连接等,给出静强度分析方法,并进行试验验证,以及工程应用考核;第 5 章介绍民机复合材料典型结构静强度分析方法,包括层压板、蜂窝夹层、加筋板、特殊细节、胶铆连接和开口结构分析方法,并对方法的适应性进行试验验证。

本书编者都是从事飞机结构强度分析专家和科研生产一线的工程技术人员。参与本书编写的还有张倩、李新祥、罗利龙、张阿盈、邓凡晨、邹鹏、宋晓鹤、刘成玉、孙仁俊、梁尚清、万亚峰、胡振杰、周松官、柯曾言、贾晔、钱英利、贾大炜、刘磊、秦田亮、李毅、王新峰、郭树祥等,在此一并感谢!

本书内容得益于工信部民用飞机科研专项研究的支持和资助。

由于水平有限,书中难免存在不足之处,诚请各位读者不吝指正。

编 者
2020 年 8 月

目 录

第1章 概　　述

在民用飞机设计中，从最初的初步设计到后来的详细设计，结构分析始终贯穿于整个过程。随着经济的快速增长和民用航空业的迅猛发展，民用飞机市场竞争不断加剧，现代民用飞机结构向着轻质量、长寿命和高可靠性方向发展，迫使民用飞机结构采用新工艺、新材料、新结构形式，因而也促使民用结构强度分析方法不断改进和发展，以提供可靠的结构强度分析结果。

欧美大的飞机制造商，如波音公司、空客公司等一直重视强度分析手册的编写和软件研制，各自编写了完备的静强度分析手册。国内现有的手册覆盖内容较广，但针对性不强。本书在借鉴国内外相关指南、手册和公开资料的基础上，集国内民用飞机设计经验，按照"梳理归纳、验证完善、补充新建和配套工具开发"的指导思想，形成民用飞机典型结构通用的静强度分析方法，研发配套的民用飞机结构静强度分析软件，为民用飞机的研制和适航取证工作提供技术支持。

1.1　基　本　概　念

1.1.1　飞机结构(aircraft structure)

飞机结构指飞机的机身、机翼、尾翼、起落架、操纵系统的机械元件和结构元件、操纵面、雷达罩、发动机架、发动机短舱、结构运动机构以及其他承力结构。

1.1.2　结构强度(structure strength)

结构强度指结构在载荷、振动、温度等工作环境下抵抗破坏和保持安全工作的能力。结构的强度与载荷形式、工作环境以及它的几何尺寸、所用材料的性能、工艺质量和破坏形式有关。

1.1.3　结构刚度(structure stiffness)

结构刚度指结构抵抗由外载荷引起的变形的能力。结构的刚度与结构的材料、几何形状及边界条件相关。

1.1.4　载荷(load)

载荷是指结构工作时所承受的各种外力和其他负载。主要包括以下方面：
(1)气动载荷——航空器在大气中作机动飞行时所受到的空气动力载荷；

(2)突风载荷——大气中水平突风和垂直突风引起的不稳定气流作用力；

(3)冲击载荷——航空器在着陆、着水滑行时,地面、水面的反作用力；

(4)惯性载荷——航空器重力及机动飞行时的惯性力,通常用惯性力与重力之比——载荷系数来表示；

(5)推进系统载荷——动力装置产生的推力对结构的作用力；

(6)撞击载荷——由飞鸟、冰雹、碎石、弹片等外来物对结构的撞击引起的载荷。

1.1.5　环境(environment)

航空器在规定的环境中使用,环境主要包括地面环境、空中环境、人为环境、使用和维护引起的环境。

1.1.6　静强度(static strength)

静强度是指结构在室温条件下承受最大载荷的能力。最大静载荷(或限制载荷)是指航空器在允许的地面和飞行使用中能产生的最大和最严重的组合载荷;极限载荷是指限制载荷乘以安全系数(也称不确定系数)所得的载荷;破坏载荷是指给定的载荷分布下,航空器结构发生总体破坏的载荷。

1.1.7　静强度分析(static strength analysis)

静强度分析主要包括应力计算、应变计算、变形计算及静力稳定性分析,还包括对强度、刚度进行校核。静强度分析不考虑载荷反复作用,认为是以极其缓慢的速率施加,结构没有动态响应,也不考虑材料的动态性能,对结构惯性力进行相应的准静载荷处理。静强度分析一般采用下述三种方法：

(1)理论/解析法——对于几何构型规整、边界条件明确和传力路线清楚的承载结构(件),在能够根据基本力学理论建立其应力/变形分析的解析表达式的情况下,可采用相应参数/数据为输入,通过解析表达式求解。

(2)工程分析方法——工程设计中,大部分实际工程结构都难以直接采用解析法求解应力和变形,但在工程上可以接受的误差范围内,进行一定的工程简化后便可以采用解析法或半解析方法,并利用试验背景数据、曲线或经验/半经验公式来求解。

(3)有限元分析方法——结构有限元分析法是以弹/塑性力学、结构力学分析等理论为基础的近似数值分析方法,求解过程通过计算机完成。它适合于各类结构的应力/变形分析,尤其是无解析解的大型复杂结构,用工程方法往往会引起较大误差,有限元法就成为可选的最佳结构分析方法。

1.1.8　结构强度校核(strength check of structure)

结构强度校核指在设计任务剖面内各种载荷情况下,判别/确认承力结构件、结构细节是否满足强度和变形要求的过程。

1.1.9　材料许用值(material allowables)

材料许用值指在一定的载荷与环境条件下,由试样、元件或细节等的试验数据,经统计分析后确定的材料性能表征值。

1.1.10 设计许用值(design allowables)

设计许用值指为保证整个结构的完整性具有高置信度,在许用值的基础上,由设计师规定的设计(或使用)载荷下的限制值。

1.1.11 失效(failure)

工程结构的构件按设计要求在各种环境下工作。当在环境和各种形式的载荷作用下,由于过载、过度变形或由于材料的抗力或品质的下降,构件不能正常工作时,称为失效。目前常见的主要失效形式如下:

(1)材料屈服失效——结构件应力如果超过材料的屈服应力,将产生塑性变形,卸载后构件留下不可恢复的永久变形。

(2)构件断裂失效——结构件工作应力超过材料设计许用值(如强度极限)或结构设计许用值时,就会产生断裂破坏。常见的是拉、弯断裂。

(3)结构屈曲失效——薄壁(加筋)结构在单独的压缩、剪切载荷或两种载荷复合作用下,当载荷达到某一临界值时,会发生一种不稳定的屈曲现象,结构件会降低或失去继续承载能力,例如承受压、剪载荷的蒙皮或腹板的屈曲/失稳。蒙皮屈曲/失稳后,在光滑的机身或机翼结构表面上会出现相应的屈曲波纹,并随着载荷的继续作用/加大而逐渐加深。卸去载荷后,有的波纹消失,蒙皮可以恢复原状;有的可能保留一定的残余波纹。如果影响气动力特性,即属于不允许的有害屈曲变形。特别是,当同类载荷重复出现时,反复的屈曲将导致屈曲疲劳破坏。

1.2 静强度分析内容和方法

现代飞机结构静强度分析要求是选择合理的安全系数、特殊系数、材料许用值、设计许用值和可靠的分析方法(包括数学力学模型、失效模式和失效判据等),并通过全尺寸结构的静强度试验验证其是否符合设计要求。一般情况下,在设计使用寿命期内出现的静强度问题往往是由选取静强度设计的分析方法和不确定性参数的经验不足所致。

1.2.1 失效模式和破坏准则

1.2.1.1 静力破坏准则

《中国民用航空规章:第 25 部运输类飞机适航标准》CCAR - 25(- R4)(简称"CCAR - 25 部")§25.305 中规定:强度和变形是控制静力破坏的基本准则,结构必须能够承受限制载荷而无有害的永久变形;在直到限制载荷的任何载荷作用下,变形不得妨碍安全运行。

CCAR - 25 部 §25.305(b)中规定,结构必须能承受极限载荷而不破坏。所谓结构的破坏是拉断、剪断、压损、失稳及其组合的破坏模式。

在机体结构设计分析中,必须根据失效模式确定相应的失效判据,包括拉、压、弯、扭、剪载荷单独作用下或不同复合载荷作用下的断裂、屈曲/失稳、压损等失效判据中允许值的上限,以表明每一临界受载情况下均符合本条(强度和变形)的要求。

1.2.1.2 结构静力失效模式

在静载荷作用下,结构件将承受拉伸、压缩、弯曲、扭转、剪切载荷的单独作用和/或复合作用。当承力结构件的应力/变形超过许用值时,就可能发生静力失效,其主要失效模式包括材料屈服、拉/弯断裂、压/剪失稳、压损和拉/弯/扭有害大变形等。

1.2.2 结构应力分析

1.2.2.1 应力分析的目的

应力分析的目的是确定由作用在飞机结构上的外部载荷和环境所产生的内力、应力、应变/变形,应力分析结果除用于静强度校核计算外,也是耐久性和损伤容限分析的基础。

机体结构应力分析的主要任务是,求解在各种载荷情况下结构的应变(或变形)和应力(或内力)的分布与量值,以及相邻结构间的相互作用(相邻边界的约束反力、变形协调条件)等。

飞机结构的应力分析可分为总体应力分析、局部应力分析和/或细节应力分析。总体应力分析一般以全机结构或部件或较大组合件为分析研究对象,建立可靠的数学力学模型,在真实的载荷状态及合理的边界约束条件下进行。

局部/细节应力分析是在总体应力分析的基础上,对于几何构型复杂或应力分布/梯度变化较大的结构件/部位,建立局部/细节模型或细化网格,将总体应力分析得到的位移或内力作为局部结构的力学/几何边界条件,完成二次分析,以便确定局部/细节更加详细、真实的应力/应变状态,用于强度校核计算。

1.2.2.2 应力分析的基本原则

结构应力分析应遵循如下基本原则:

(1)所采用的分析方法和软件必须经过测试、鉴定和批准;

(2)分析中得到的位移量值与分布要满足对结构刚度的控制要求,而应力量值与分布要满足对结构强度的控制要求;

(3)当边界条件(如边界的支持刚度)不能可靠确定时,应适当增加过渡结构来模拟实际边界的支持状态,但过渡区的分析结果在后续的强度校核中不得引用;

(4)施加在所分析结构上的外载荷,必须可靠地模拟真实载荷的作用特征(作用点、量值与分布);

(5)约束反力必须与结构所承受的外载荷构成三维空间(六个自由度方向)的平衡力系,以保证解的唯一性和防止改变外载荷在结构内部的传递;

(6)对于承受自身平衡力系的自由体结构,位移约束可优选确定,但必须要限制刚体的六个自由度(静定的)。

1.2.2.3 应力分析方法

飞机结构应力分析方法包括理论/解析方法、工程分析方法和有限元分析方法。其中,理论/解析方法是结构分析的技术基础;工程分析方法是对理论/解析方法的工程转化与应用;有限元分析方法是在结构分析基本理论的基础上,形成的现代飞机结构分析的通用技术方法。可以应用以上各种方法的分析结果进行相互补充和验证。

1.2.2.4 应力分析流程

飞机结构应力分析主要过程如下:

(1)确定分析对象,建立相应的背景输入(资料/数据),主要包括待分析结构的三维/二维电子样图或设计图纸、外载荷、材料性能和环境数据等;

(2)选择分析方法和软件;

(3)建立分析的数学力学模型(工程方法的简化模型、有限元分析的建模要素等);

(4)进行第一轮应力分析;

(5)对输出的分析结果进行必要的分析处理,确认其正确性、合理性;

(6)针对分析结果存在的问题,改进/修正模型,进行对比分析;

(7)重复以上(5)(6)两步分析,直到确认最佳分析模型,输出可靠的分析结果;

(8)选取要求进行强度刚度校核典型/代表性的构件/部位,计算其在各种载荷情况下的控制(最大工作)应力(或位移);

(9)编写结构应力分析报告。

1.2.3 结构强度和刚度校核

1.2.3.1 基本要求

强度和刚度校核的目的是,在设计任务剖面内各种载荷情况下,判别/确认承力结构件、结构细节是否满足强度和变形要求。

结构强度和刚度校核的输入是:应力分析中得到的控制(最大工作)应力和变形,以及实体结构的材料设计许用值或结构设计许用值(所能承受的最大应力/许用应力),或允许的刚度控制指标(变形量)。

结构强度校核的结论是安全裕度的控制值,例如强度安全裕度:

$$M.S. = \frac{许用值}{工作应力} - 1$$

其中,许用值与结构构型、结构材料、载荷形式和失效模式等有关;工作应力一般是极限载荷情况下的分析计算结果。对于承受多种载荷工况的结构件,其强度校核要考虑所有可能的失效模式,而工作应力应是同种失效模式、不同载荷工况下的最大值(强度控制应力)。强度和刚度校核时要注意以下方面:

(1)对于结构有害变形的控制,要按限制载荷作用下的变形进行校核;

(2)结构件的强度校核应包括构件本体强度校核以及与其相关联的构件之间的连接强度校核;

(3)构件本体的强度一般考虑拉、压、剪、拉剪复合、压剪复合、拉弯、弯扭等载荷情况下的断裂破坏或屈曲/失稳;

(4)对于相邻结构件间的连接强度,应考虑连接部位处连接件本体的拉、剪(含拉剪复合)和挤压强度,以及紧固件的剪切、挤压和弯曲强度。

1.2.3.2 基本原则

结构强度校核应遵循如下基本原则:

(1)所选择的失效模式、失效判据、设计许用值、安全余量必须经过鉴定/批准或验证;

(2)对所有影响飞行安全的主承力结构件、功能结构件、结构细节都必须进行强度校核;

(3)对非主要承力结构件,可分类校核其受载严重的典型件;

（4）结构件的强度校核必须包含其承受的临界载荷情况和/或所有载荷情况下的不同失效模式；

（5）对于有附加安全系数要求的结构项目，强度校核时应选取其合理的数值；

（6）材料性能许用值的选取应符合相应标准规定，关键结构件应选取 A 基准设计许用值，一般结构件应选取 B 基准设计许用值，当缺少 A 基准值和 B 基准值时，应选取经批准的平均值或下限值，并考虑环境的影响；

（7）稳定性校核要考虑结构总体失稳、局部失稳以及对强度安全性的影响。

对于不满足强度要求的结构项目，必须指明并提出相应的结构设计更改建议。

1.3　本手册的编写目的

民用飞机产业是一个国家工业整体实力的象征，是带动产业升级、促进科技进步的引擎。为此，我国先后进行了新舟系列、ARJ21-700、C919 民用飞机的研制，突破了一系列关键技术，航空产业体系与产业格局不断得到健全与完善。但是，在取得成就的同时，我国民用航空工业仍面临着不少困难与问题，整体上与欧美国家存在着巨大差距，如民用飞机研制技术水平相对落后、基础研究薄弱、技术储备不足、适航取证与适航审定能力不足，这给我国未来民用飞机的研制、适航取证带来了严重的困难。

欧美大的飞机制造商，如波音公司、空客公司等一直重视强度分析手册编写和软件研制，各自建立了完备的结构静强度手册（波音 BDM 手册、空客 AM 手册）。国外一些科研机构如 ESDU、NASA 也都在结构静强度分析方面进行了大量的研究，编写了完备的静强度通用分析手册，研发了相应的配套软件。这些手册和软件对国外民用飞机研制水平的提高起到了关键性的作用。

本手册旨在建立我国民用飞机结构静强度通用的分析技术。针对民用飞机典型结构如铆接/整体壁板、普通框、加强框、开口、翼梁、翼肋、连接、层压板、蜂窝结构、损伤结构和夹层结构等，在借鉴国内外指南、手册和公开资料的基础上，通过梳理归纳、验证完善、补充新建，形成我国具有自主知识产权的民用飞机典型结构通用的静强度分析方法，编写民用飞机结构静强度分析手册，研发配套的结构静强度分析软件，以满足未来民用飞机的研制需求。

第2章 载 荷

2.1 飞机的外载荷

飞机外载荷是指飞机在起飞、飞行、着陆（着水）、滑行、地面操作和维护等情况下，作用在飞机结构上的气动力、惯性力、发动机推力、地（水）面反力等全部外力的总称。

飞机的外载荷可按照不同的方法进行分类。按载荷的作用时间可分为不随时间变化或随时间缓慢变化的静载荷和随时间快速变化的动载荷；按载荷的作用形式可分为集中载荷和分布载荷；按载荷的作用性质可分为与飞机质量相关的质量载荷（惯性力）和与质量无关的外载荷［气动力、发动机推力、地（水）面反力等］；按飞机所处的状态则可分为飞行载荷、地面载荷、水面载荷等。

飞机外载荷的大小与分布取决于飞机的使用环境和飞机的自身特性。飞机的使用环境包括大气的温度、密度、压力、离散突风或连续紊流、跑道（水面）参数等，而飞机的自身特性包括飞机构型、重量、重心、速度、加速度、功率或推力、飞行姿态等。

飞机外载荷是飞机结构设计、强度分析的基础，正确且合理地确定飞机外载荷，对于保证飞机使用安全、减轻结构重量、实现预期性能具有十分重要的作用。确定飞机外载荷，是一个不断迭代优化的过程，并需要通过飞行试验进行验证。

在进行飞机结构设计和静强度分析时，涉及的主要载荷概念如下：

(1) 限制载荷(limit loads)。限制载荷是飞机在正常使用过程中预期遇到的最大载荷。

(2) 验证载荷(proof loads)。验证载荷是限制载荷与验证载荷系数的乘积。对于民用飞机，验证载荷系数一般取 1.0；对于军用飞机，验证载荷系数一般取 1.15。在验证载荷作用下，飞机结构不允许发生有害变形。

(3) 极限载荷(ultimate loads)。极限载荷是限制载荷与极限载荷系数的乘积，对于民用飞机和军用飞机，极限载荷系数一般均取 1.5。在极限载荷作用下，飞机结构不允许发生破坏。

2.1.1 飞行载荷

飞行载荷是飞机在空中飞行时所受到的载荷。确定飞行载荷的方法有两种：一种方法是针对规定的设计情况，如大迎角俯冲拉起、小迎角俯冲拉起、突风、侧风、侧滑等情况，按照给定的公式和经验数据，分别计算飞机各部件的载荷；另一种方法是按照飞行机动受载情况和突风与紊流情况，在飞行包线范围内，通过求解飞机运动方程，对飞机整体和部件受载情况进行计算。两种方法各有特点，前者有成套的计算公式和经验数据，使用比较方便，但计算过于保守。后者相对合理但计算复杂,工作量大,需要可靠的气动力数据作支撑。随着飞机结构强度专业计算能力日益强大、试验手段日益完善,目前后者已成为主流方法,其计算流程图如图 2-1 所示。

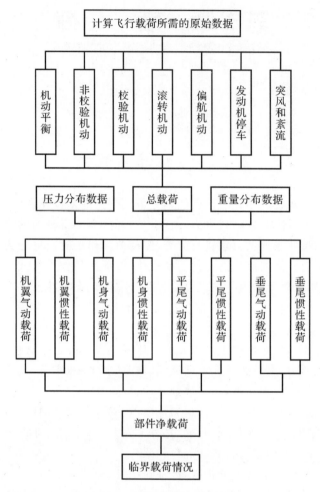

图 2-1　飞行载荷计算流程图

2.1.2　飞行包线

飞行包线是以载荷系数为纵坐标,以飞行速度为横坐标,按载荷系数、速度、升力系数的限制,绘制成封闭几何图形,用以表示飞机的飞行范围和飞行限制条件,如图 2-2 所示。

飞行包线的上边界 AC 由正限制载荷系数 n_1 确定,下边界 FE 由负限制载荷系数 n_3 确定,左边界 OA 和 OF 分别受飞机的正失速和负失速限制,根据式(2-1)由最大正升力系数和最大负升力系数确定,右边界 CD_1、D_1D_2 和 D_2E 根据设计巡航速度和设计俯冲速度,并考虑避免在最大速度处出现限制载荷情况来确定。典型的载荷系数如表 2-1 所示。

$$L = nW = \frac{1}{2}\rho V^2 SC_{Lmax} \qquad (2-1)$$

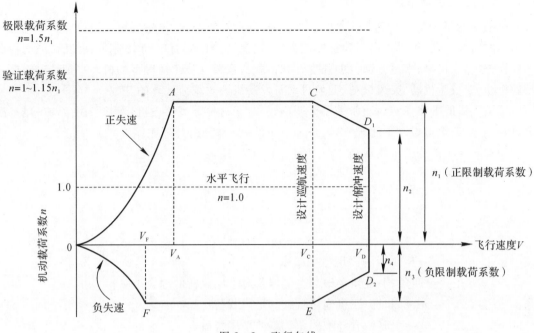

图 2-2　飞行包线

表 2-1　典型载荷系数

飞机类型		设计规范	n_1	n_2	n_3	n_4
民用飞机	运输类飞机	CCAR-25	2.5	2.5	−1.0	0
	正常类飞机	CCAR-23	3.8	2.8	−1.5	0
	通勤类飞机	CCAR-23	3.8	2.8	−1.5	0
	实用类飞机	CCAR-23	4.4	3.1	−1.8	0
	特技类飞机	CCAR-23	6.0	4.5	−3.0	0
军用飞机	歼击机	GJB 67A—2008	9.0	9.0	−3.0	−1.0
	教练机	GJB 67A—2008	6.0	6.0	−3.0	−1.0
	重型运输机	GJB 67A—2008	2.5	2.5	−1.0	0
	轻型运输机	GJB 67A—2008	3.0	3.0	−1.0	0
	重型轰炸机	GJB 67A—2008	3.0	3.0	−1.0	0
	轻型轰炸机	GJB 67A—2008	4.0	4.0	−2.0	0

2.1.3　飞行受载情况

民用飞机的飞行受载情况主要包括机动平衡、非校验机动、校验机动、滚转机动、偏航机动、发动机失效、突风和连续紊流等情况。这些飞行受载情况在民用飞机适航标准的相关条款中作了明确规定。下面对这些飞行受载情况的载荷计算方法进行简要介绍。本节中采用的坐标系为机体坐标系,原点在飞机重心,X 轴平行于机身轴线指向前,Y 轴垂直于飞机纵向对称面指向右,Z 轴按右手法则确定。

2.1.3.1 机动平衡

机动平衡是 CCAR-25.331(b) 规定的一种载荷计算情况。该情况假定飞机在俯仰角加速度为零的情况下处于平衡。由于角加速度为零，线惯性力由所有气动载荷平衡。机动平衡情况主要检查机翼、机身、平尾等部件的强度。同时，载荷系数 $n = 1$ 情况下的机动平衡情况载荷是校验机动、非校验机动、突风载荷、偏航机动及发动机失效载荷计算的基础。

民用飞机的平尾安定面通常采用微调形式。对于这种类型的飞机，通常采用微调平尾来配平，即 $n = 1$ 完全由微动平尾配平，超过 $n = 1$ 的 Δn 部分由升降舵配平。

先求 $n = 1$ 部分的平衡载荷 F_{T01}、$F_{H1}(\alpha)$，并令 $F_{H1}(\delta_e) = 0$。

数学描述为

$$\left.\begin{aligned}
(C_{L0,T0} + C_{L,T0}^{\alpha}\alpha + C_L^n)qS_W + F_{HT} = W \\
(C_{M0,T0} + C_{M,T0}^{\alpha}\alpha + C_M^n)qS_W c_{AW} - F_{HT}[L_H(\alpha) + \Delta x_{CG}] - \\
(C_{L0,T0} + C_{L,T0}^{\alpha}\alpha + C_L^n)qS_W \Delta x_{CG} + M_{EN} + M_{DR} = 0
\end{aligned}\right\} \tag{2-2}$$

式中：　　F_{T01}——$n = 1$ 时的无尾飞机载荷；

　　　　　F_{HT}——迎角、下洗角及微动平尾偏角对平尾载荷的综合贡献；

　　　$F_{H1}(\alpha)$——$n = 1$ 时由飞机迎角贡献的平尾载荷；

　　　$F_{H1}(\delta_e)$——$n = 1$ 时由升降舵偏角贡献的平尾载荷；

　　　$C_{L0,T0}$——无尾飞机在 $\alpha = 0$ 时的升力系数；

　　　$C_{L,T0}^{\alpha}$——无尾飞机升力系数对迎角的导数；

　　　　C_L^n——飞机升力系数对法向载荷系数的导数；

　　　　C_M^n——飞机俯仰力矩系数对法向载荷系数的导数；

　　　　　α——相对于飞机机身轴线的迎角；

　　　　　δ_e——升降舵偏角；

　　　　c_{AW}——机翼平均气动弦长；

　　　　　q——动压；

　　　　　S_W——机翼面积；

　　　　　W——飞机重量；

　　　$C_{M0,T0}$——无尾飞机零升力俯仰力矩系数；

　　　$C_{M,T0}^{\alpha}$——无尾飞机俯仰力矩系数对迎角的导数；

　　　$L_H(\alpha)$——平尾力臂；

　　　Δx_{CG}——飞机相对重心位置，$\Delta x_{CG} = (\bar{x}_{CG} - 0.25)c_{AW}$；

　　　　$\bar{x}_{CG}$——飞机重心位置（平均气动弦长的百分比）；

　　　　M_{EN}——发动机推力产生的俯仰力矩；

　　　　M_{DR}——阻力产生的俯仰力矩。

求解方程式(2-2)可解出两个未知数 α、F_{HT}，由此可得到 $n = 1$ 时的载荷。

无尾飞机载荷：

$$F_{T01} = (C_{L0,T0} + C_{L,T0}^{\alpha}\alpha + C_L^n)qS_W$$

迎角贡献的平尾载荷：

$$F_{H1}(\alpha) = F_{HT}$$

升降舵偏角贡献的平尾载荷：

$$F_{H1}(\delta_e) = 0$$

然后，再求 Δn 部分的平衡载荷 F_{T02}、$F_{H2}(\alpha)$ 及 $F_{H2}(\delta_e)$，即

$$\left.\begin{aligned}
&C_{L,T0}^{\alpha}\Delta\alpha q S_W + C_{L,H}^{\alpha}\left(1-\frac{d\varepsilon}{d\alpha}\right)\Delta\alpha q_t S_H + C_{L,H}^{\alpha}\frac{(n-1)g}{V_\infty}\times \\
&\frac{L_H(\alpha)+\Delta x_{CG}}{V_t}q_t S_H + C_{L,H}^{\delta_e}\delta_e q_t S_H + C_L^n(n-1)q S_W = (n-1)W \\
&C_{M,T0}^{\alpha}\Delta\alpha q S_W c_{AW} - C_{L,H}^{\alpha}\left[\left(1-\frac{d\varepsilon}{d\alpha}\right)\Delta\alpha + \frac{(n-1)g}{V_\infty}\times\frac{L_H(\alpha)+\Delta x_{CG}}{V_t}\right]\times \\
&[L_H(\alpha)+\Delta x_{CG}]q_t S_H - C_{L,H}^{\delta_e}\delta_e q_t S_H[L_H(\delta_e)+\Delta x_{CG}] + \\
&C_M^n(n-1)q S_W c_{AW} - \Delta x_{CG}[C_{L,T0}^{\alpha}\Delta\alpha + C_L^n(n-1)]q S_W = 0 \\
&q_t = \eta_t q \\
&V_t = \sqrt{\eta_t}V_\infty
\end{aligned}\right\} \quad (2-3a)$$

式中：　　$C_{L,H}^{\alpha}$——平尾升力系数对迎角的导数；

$C_{L,H}^{\delta_e}$——平尾升力系数对升降舵偏角的导数；

$L_H(\delta_e)$——对应于升降舵偏转的平尾力臂；

η_t——尾翼处气流阻滞系数；

S_H——平尾面积；

$\frac{d\varepsilon}{d\alpha}$——尾翼处下洗角对迎角的导数。

求解方程式(2-3a)可解出两个未知数 $\Delta\alpha$、δ_e，由此可得到 Δn 部分的载荷：

$$\left.\begin{aligned}
&F_{T02} = [C_{L,T0}^{\alpha}\Delta\alpha + C_L^n(n-1)]q S_W \\
&F_{H2}(\alpha) = C_{L,H}^{\alpha}\left(1-\frac{d\varepsilon}{d\alpha}\right)\Delta\alpha q_t S_H + C_{L,H}^{\alpha}q S_H\frac{(n-1)g}{V_\infty}\times\frac{L_H(\alpha)+\Delta x_{CG}}{V_t} \\
&F_{H2}(\delta_e) = C_{L,H}^{\delta_e}\delta_e q_t S_H
\end{aligned}\right\} \quad (2-3b)$$

综上，可以求出最终载荷如下。

无尾总载荷：

$$F_{T0} = F_{T01} + F_{T02}$$

迎角贡献的平尾载荷：

$$F_H(\alpha) = F_{H1}(\alpha) + F_{H2}(\alpha)$$

升降舵偏角贡献的平尾载荷：

$$F_H(\delta_e) = F_{H2}(\delta_e)$$

2.1.3.2　失配平

失配平是 CCAR-25.255 规定的一种飞行情况，是指平尾微动角没有正确地配平飞机，其未配平部分由升降舵来配平。CCAR-25.331(a)(2)规定必须考虑这种飞行情况，它可能成为平尾铰链力矩的临界情况。

根据 CCAR-25.255 的要求，失配平度定义为按实际偏转速率偏转 3 s 产生的微动角，需要考核的载荷系数为 $-1\sim+2.5$。失配平情况初始状态为载荷系数是 1 的平飞，平尾微动角为初始状态的配平角加上偏转 3 s 的角度，偏转速率按 CCAR-25.255(a)(1) 的规定。数学描

述为

$$
\left.
\begin{aligned}
&(C_{L0,T0} + C_{L,T0}^{\alpha}\alpha)qS_W + \left\{C_{L0,H} + C_{L,H}^{\alpha}\left[(1-\frac{d\varepsilon}{d\alpha})\alpha - \varepsilon_0 + i_H\right]\right\}q_t S_H + \\
&\quad F_H(\dot\theta) + C_{L,H}^{\delta_e}\delta_e q_t S_H + C_L^n nqS_W = nW \\
&(C_{M0,T0} + C_{M,T0}^{\alpha}\alpha + C_M^n n)qS_W c_{AW} - \left\{C_{L0,H} + C_{L,H}^{\alpha}\left[(1-\frac{d\varepsilon}{d\alpha})\alpha - \varepsilon_0 + i_H\right]\right\}\times \\
&\quad q_t S_H[L_H(\alpha) + \Delta x_{CG}] - F_H(\dot\theta)[L_H(\alpha) + \Delta x_{CG}] - C_{L,H}^{\delta_e}\delta_e q_t S_H \times \\
&\quad [L_H(\delta_e) + \Delta x_{CG}] - \Delta x_{CG}(C_{L0,T0} + C_{L,T0}^{\alpha}\alpha + C_L^n n)qS_W + M_{EN} + M_{DR} = 0 \\
&F_H(\dot\theta) = C_{L,H}^{\alpha}\frac{(n-1)g}{V_\infty}\times\frac{L_H(\alpha) + \Delta x_{CG}}{V_t}q_t S_H
\end{aligned}
\right\} \quad (2-4)
$$

式中：i_H—— 平尾微动角；

$\quad\quad \theta$—— 航迹角。

求解方程式(2-4)可解出两个未知数 α、δ_e，由此可得到失配平时的载荷：

$$
\left.
\begin{aligned}
F_{T0} &= (C_{L0,T0} + C_{L,T0}^{\alpha}\alpha + C_L^n n)qS_W \\
F_H(\alpha) &= \left\{C_{L0,H} + C_{L,H}^{\alpha}\left[(1-\frac{d\varepsilon}{d\alpha})\alpha - \varepsilon_0 + i_H\right]\right\}q_t S_H + F_H(\dot\theta) \\
F_H(\delta_e) &= C_{L,H}^{\delta_e}\delta_e q_t S_H
\end{aligned}
\right\} \quad (2-5)
$$

2.1.3.3 非校验机动

非校验机动是 CCAR-25.331(c)(1) 规定的一种机动俯仰情况。该机动俯仰情况初始速度为 V_A，载荷系数为 1.0，操纵力配平为零，整个过程中假定速度不变。它往往是舵面、平尾及后机身的临界载荷情况。

首先按机动平衡的方法解出载荷系数 $n=1$ 时的平飞平衡载荷，得出无尾飞机的总载荷 F_{T01} 和迎角贡献的平尾载荷 $F_{H1}(\alpha)$，再采用 4 阶龙格-库塔法求解下述增量微分方程组，得出部件的载荷增量。

$$
\left.
\begin{aligned}
\frac{d\gamma}{dt} &= \frac{\Delta F + W(1-\cos\gamma)}{mV_\infty} \\
\frac{d\omega_y}{dt} &= \frac{\Delta M}{I_y} \\
\frac{d\theta}{dt} &= \omega_y
\end{aligned}
\right\} \quad (2-6)
$$

待求未知数为 γ、ω_y 和 θ。求解式(2-6)还需下列补充方程：

$$
\left.
\begin{aligned}
\Delta F_{T0} &= (C_{L,T0}^{\alpha}\Delta\alpha + C_L^n\Delta n + C_L^{\dot\omega_y}\dot\omega_y)qS_W \\
\Delta F_H(\alpha) &= \left\{(1-\frac{d\varepsilon}{d\alpha})\Delta\alpha + \frac{\omega_y[L_H(\alpha) + \Delta x_{CG}]}{V_t} + \frac{d\varepsilon}{d\alpha}\dot\alpha\frac{2[L_H(\alpha) + \Delta x_{CG}]}{V_\infty + V_t}\right\}\times \\
&\quad\quad C_{L,H}^{\alpha}q_t S_H \\
q_t &= q\eta_t \\
V_t &= \sqrt{\eta_t}V_\infty \\
\Delta F_H(\delta_e) &= C_{L,H}^{\delta_e}\delta_e q_t S_H \\
\Delta F &= \Delta F_{T0} + \Delta F_H(\alpha) + \Delta F_H(\delta_e) \\
\Delta n &= \frac{\Delta F}{W}
\end{aligned}
\right\} \quad (2-7a)
$$

$$\left.\begin{aligned}
\Delta M &= C_{L,T0}^{\alpha} \Delta \alpha q S_W (\bar{x}_{CG} - \bar{x}_{ac,T0}) c_{AW} - \Delta F_H(\alpha)[L_H(\alpha) + \Delta x_{CG}] - \\
&\quad \Delta F_H(\delta_e)[L_H(\delta_E) + \Delta x_{CG}] + (C_M^n \Delta n + C_M^{\dot{\omega}_y} \dot{\omega}_y) q S_W c_{AW} - \\
&\quad (C_L^n \Delta n + C_L^{\dot{\omega}_y} \dot{\omega}_y) q S_W \Delta x_{CG} \\
\Delta \alpha &= \theta - \gamma \\
\dot{\alpha} &= \omega_y - \dot{\gamma}
\end{aligned}\right\} \quad (2-7b)$$

初始条件：$\gamma(t)\big|_{t=0} = 0, \omega_y(t)\big|_{t=0} = 0, \theta(t)\big|_{t=0} = 0$。

升降舵偏角 δ_e 的输入规律如图 2-3 所示。δ_{emax} 是按 CCAR-25.397(b) 规定的驾驶员作用力限制值算出的速度 V_A 下的升降舵最大上偏角。该偏角若未超过结构限制偏角，就取此最大上偏角，否则就取结构限制偏角。舵偏速率按 CCAR-25.331(a)(1) 的规定。飞机最大载荷系数和平尾最大载荷取先到者，之后的飞机载荷可以不考虑。

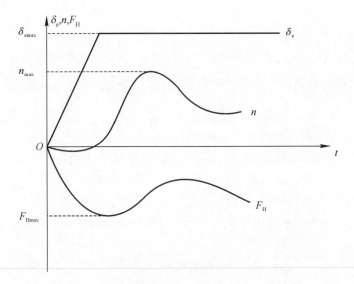

图 2-3 升降舵偏角 δ_e 的输入规律示意图

通过方程式 (2-6) 和方程式 (2-7)，可求出时间历程的载荷增量，与 $n = 1$ 时相应的平衡载荷叠加，即得到总载荷。

2.1.3.4 校验机动

校验机动是 CCAR-25.331(c)(2) 规定的另一种机动俯仰情况，该机动主要检查机翼、平尾等部件的强度。根据适航标准规定，该机动俯仰情况要求在速度 $V_A \sim V_D$ 范围内，考核计算两种载荷峰值点：一种称为第一峰值载荷，即 $n = 1$ 时，俯仰角加速度 $\ddot{\theta}_1 = 39 n_{max}(n_{max} - 1.5)/V_E$；另一种称为第二峰值载荷，即当 $n = n_{max}$ 时，$\ddot{\theta}_2 = -26 n_{max}(n_{max} - 1.5)/V_E$。求解后一问题目前有两种方法：简单估算法和时间历程法。通常在打样设计阶段采用简单估算法，在详细设计阶段采用时间历程法。

1. 简单估算法

(1) 第一峰值载荷。先按机动平衡方法，求出 $n = 1$ 时的平衡载荷 F_{T01}、$F_{H1}(\alpha)$ 和 $F_{H1}(\delta_e)$。再求第一峰值机动载荷 $F_H(\delta_e) = -\dfrac{I_y \ddot{\theta}_1}{L_H(\delta_e) + \Delta x_{CG}}$。将平衡载荷与第一峰值机动载荷叠加即

得各部件第一峰值总载荷。

（2）第二峰值载荷。先按机动平衡方法，求出 $n = n_{max}$ 时的平衡载荷 F_{T02}、$F_{H2}(\alpha)$ 和 $F_{H2}(\delta_e)$。再求第二峰值机动载荷 $F_H(\delta_e) = -\dfrac{I_y \ddot{\theta}_2}{L_H(\delta_e) + \Delta x_{CG}}$。将平衡载荷与第二峰值机动载荷叠加即得各部件第二峰值总载荷。

2. 时间历程法

与简单估值法一样，首先求出 $n = 1$ 时的平衡载荷 F_{T01}、$F_{H1}(\alpha)$、$F_{H1}(\delta_e)$，以及 $n = n_{max}$ 时的平衡载荷 F_{T02}、$F_{H2}(\alpha)$ 和 $F_{H2}(\delta_e)$。再求第一峰值机动载荷和第二峰值载荷，数学方程与非校验机动的相同，舵偏输入规律如图 2 - 3 所示；舵偏速率采用所能达到的最大速率，对于第一峰值机动载荷，按 $\ddot{\theta} = \ddot{\theta}_1$ 确定舵偏值 δ_{e1}，对于第二峰值机动载荷，按 $\ddot{\theta} = \ddot{\theta}_2$ 确定舵偏值 δ_{e2}。最后，将各自的平衡载荷与峰值机动载荷分别叠加，即可得到校验机动的第一和第二峰值总载荷。

2.1.3.5　滚转机动

滚转机动是 CCAR - 25.349 规定的重要设计情况，该机动主要检查机翼、副翼、垂尾、后机身等部件的强度。滚转机动应考虑 $n = 0$ 及 $n = \dfrac{2}{3} n_{max}$ 情况下的稳态滚转（$\dot{\omega}_x = 0, \omega_x \neq 0$）及加速滚转（$\dot{\omega}_x \neq 0, \omega_x = 0$）情况，并作下述具体规定：

（1）速度为 V_A 时，假定副翼突然偏转到止动器；

（2）速度为 V_C 时，副翼偏角由产生不小于 V_A 时的 ω_x 值来确定；

（3）速度为 V_D 时，副翼偏角由产生不小于 V_A 时的 ω_x 值的 1/3 来确定。

对于大型运输类飞机，滚转机动通常不会成为垂尾的严重受载情况，可以采用单自由度纯滚转方程进行研究，这样一来将使问题大为简化，同时也能满足 CCAR - 25.349 的规定。运动方程如下：

$$I_x \dot{\omega}_x = C_L^{\dot{\omega}_x} \dot{\omega}_x q S_w b + C_L^{\omega_x} \omega_x q S_w b + C_L^{\delta_a} \delta_a q S_w b + C_L^{\delta_s} \delta_s q S_w b \qquad (2-8)$$

式中：　　b——机翼展长，m；

$\quad C_L^{\dot{\omega}_x}$——滚转力矩系数对滚转角加速度的导数；

$\quad C_L^{\omega_x}$——滚转力矩系数对滚转角速度的导数；

$\quad C_L^{\delta_a}$——滚转力矩系数对副翼偏角的导数；

$\quad C_L^{\delta_s}$——滚转力矩系数对扰流板偏角的导数；

$\quad I_x$——相对于 x 轴的转动惯量；

$\quad \omega_x$——滚转角速度，m/s；

$\quad \delta_s$——扰流板偏角。

初始条件：$t = 0$ 时，$\omega_x = \dot{\omega}_x = 0$，$\delta_a = \delta_s = 0$。

边界条件：$t > 0$ 时，δ_a、δ_s 阶跃为相应偏度。

（1）速度为 V_A、V_C、V_D 时的稳态滚转。此时 $\dot{\omega}_x = 0$，由式（2-8）可得

$$\omega_x = -\frac{C_L^{\delta_a} \delta_a + C_L^{\delta_s} \delta_s}{C_L^{\omega_x}} \qquad (2-9)$$

1）速度为 V_A 时，δ_a 偏至止动器，δ_s 偏至最大，由式（2-7）可求出此时的 ω_x，记为 $\omega_x(A)$。

2）速度为 V_C 时，令 $\omega_x(C) = \omega_x(A)$，由式（2-9）可得

$$\delta_a = -\frac{C_L^{\omega_x} \omega_x(C) + C_L^{\delta_s} \delta_s}{C_L^{\delta_a}} \qquad (2-10)$$

δ_s 由扰流板偏转关系式 $\delta_s = f(\delta_a)$ 确定。

3) 速度为 V_D 时,令 $\omega_x(D) = \frac{1}{3}\omega_x(A)$,由式(2-9)可得

$$\delta_a = -\frac{C_L^{\omega_x} \omega_x(D) + C_L^{\delta_s} \delta_s}{C_L^{\delta_a}} \qquad (2-11)$$

δ_s 由扰流板偏转关系式 $\delta_s = f(\delta_a)$ 确定。

(2) 速度为 V_A、V_C、V_D 时的加速滚转。此时 $\omega_x = 0$。

1) 速度为 V_A 时,$\dot{\omega}_x(A) = \dfrac{C_{L_a}^{\delta_a}\delta_a qS_w b + C_L^{\delta_s}\delta_s qS_w b}{I_x - C_L^{\omega_x} qS_w b}$,$\delta_a$、$\delta_s$ 均为最大偏度。

2) 速度为 V_C 时,$\dot{\omega}_x(C) = \dfrac{C_{L_a}^{\delta_a}\delta_a qS_w b + C_L^{\delta_s}\delta_s qS_w b}{I_x - C_L^{\omega_x} qS_w b}$,$\delta_a$、$\delta_s$ 为 V_C 稳态滚转时的偏度。

3) 速度为 V_D 时,$\dot{\omega}_x(D) = \dfrac{C_{L_a}^{\delta_a}\delta_a qS_w b + C_L^{\delta_s}\delta_s qS_w b}{I_x - C_L^{\omega_x} qS_w b}$,$\delta_a$、$\delta_s$ 为 V_D 稳态滚转时的偏度。

由上述(1)和(2)的讨论,即可求出速度为 V_A、V_C、V_D 时的稳态滚转和加速滚转的 ω_x、$\dot{\omega}_x$ 以及相应的舵面偏度 δ_a、δ_s。

综上,根据 CCAR-25.349 的要求,首先按稳定俯仰机动的方法求出 $n = 0$ 及 $n = \frac{2}{3}n_{max}$ 时的无尾飞机载荷、平尾载荷及相关飞行状态参数,然后按纯滚运动求出速度为 V_A、V_C、V_D 时的稳态滚转和加速滚转的 ω_x、$\dot{\omega}_x$ 以及相应的舵面偏度 δ_a、δ_s,最终得出总载荷。

2.1.3.6 偏航机动

偏航机动是 CCAR-25.351 规定的重要设计情况,该机动主要检查垂尾、后机身等部件的强度。偏航机动要求在速度 $V_{MC} \sim V_D$ 的所有速度下进行考核计算。在计算垂尾载荷时,可以假定偏航角速度为零。偏航机动可用侧滑及偏航二自由度方程描述为

$$\left.\begin{aligned}\frac{d\beta}{dt} &= \frac{gqS_w}{WV_\infty}(C_C^\beta \beta + C_{C,v}^\beta \frac{\omega_z L_V}{V_\infty} + C_C^{\delta_r}\delta_r) + \omega_z \\[2mm] \frac{d\omega_z}{dt} &= \frac{qS_w b}{I_z}(C_n^\beta \beta + \frac{b}{2V_\infty}C_n^{\omega_z}\bar{\omega}_z + C_n^{\delta_r}\delta_r) + (C_C^\beta \beta + C_{C,v}^\beta \frac{\omega_z L_V}{V_\infty} + C_C^{\delta_r}\delta_r)\frac{qS_w \Delta x_{CG}}{I_z}\end{aligned}\right\} $$

$$(2-12)$$

式中:　C_C^β —— 全机侧力系数对侧滑角的导数;

　　　$C_{C,v}^\beta$ —— 垂尾侧力系数对侧滑角的导数;

　　　$C_C^{\delta_r}$ —— 全机侧力系数对方向舵偏角的导数;

　　　C_n^β —— 全机偏航力矩系数对侧滑角的导数;

　　　$C_n^{\omega_z}$ —— 全机偏航力矩系数对偏航角速度的导数;

　　　$C_n^{\delta_r}$ —— 全机偏航力矩系数对方向舵偏角的导数;

　　　I_z —— 相对于 Z 轴的转动惯量;

　　　L_V —— 垂尾对重心的尾力臂;

　　　ω_z —— 偏航角速度;

　　　$\bar{\omega}_z$ —— 无量纲偏航角速度,$\bar{\omega}_z = \omega_z b/2V_\infty$;

β—— 侧滑角；

δ_r—— 方向舵偏角。

初始值为：$t = 0$ 时，$\beta = \omega_z = 0$。

$\delta_{r\max}$ 由 CCAR - 25.397(b) 规定的操纵力(1 330 N) 确定。首先，按照图 2 - 4(a)，δ_r 偏至 $\delta_{r\max}$ 后保持不动，求出 β 的响应，从而得出稳态侧滑角 β_s 的出现时刻 t_s($\beta_s \approx C_n^{\delta} \delta_{r\max} / C_n^{\beta}$)。然后，按照图 2 - 4(b)，$\delta_r$ 偏至 $\delta_{r\max}$ 后保持至 t_s 开始回舵，并按式(2 - 12)求出整个过程的 β、ω_z 响应。由这些结果，可得各瞬时的下列载荷。

垂尾载荷：

$$\left.\begin{array}{c} F_V(\beta) = C_{C,V}^{\beta}(\beta + \omega_z L_V / V_\infty)qS_W \\ F_V(\delta_r) = C_C^{\delta}\delta_r qS_W \\ F_V = F_V(\beta) + F_V(\delta_r) \end{array}\right\} \qquad (2-13a)$$

式中： $F_V(\beta)$—— 侧滑角 β 引起的垂尾侧向气动载荷；

$F_V(\delta_r)$—— 方向舵偏角 δ_r 引起的垂尾侧向气动载荷；

F_V—— 垂尾侧向气动载荷。

无尾飞机侧向载荷：

$$F_{T0} = (C_C^{\beta} - C_{C,V}^{\beta})\beta q S_W \qquad (2-13b)$$

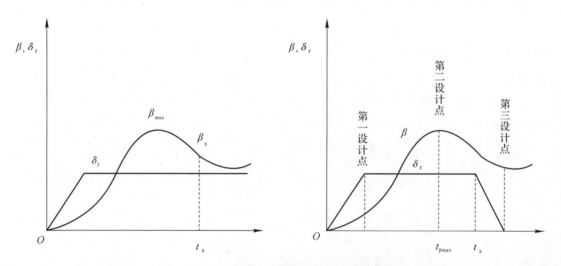

图 2 - 4　方向舵偏角及侧滑角变化规律示意图

2.1.3.7　发动机失效

发动机失效是 CCAR - 25.367 规定的一种设计情况。发动机失效意味着发动机推力(或功率)的丧失，有时还产生反推力或阻力；发动机失效后，由于推力不对称，将产生不对称偏航力矩。在偏航力矩的作用下，飞机将产生侧向运动，再加上驾驶员的校正偏航机动，会在垂尾上产生很大的气动载荷，有可能成为方向舵、垂尾及后机身的临界载荷情况。

发动机失效诱导的偏航运动基本上是平面运动，可用二自由度方程描述为(假定右发失效)

$$
\left.
\begin{aligned}
\frac{\mathrm{d}\beta}{\mathrm{d}t} &= \frac{gqS_W}{WV_\infty}\left(C_C^\beta\beta + C_{C,V}^\beta\frac{\omega_z L_V}{V_\infty} + C_C^{\delta_r}\delta_r\right) + \omega_z \\
\frac{\mathrm{d}\omega_z}{\mathrm{d}t} &= \frac{qS_W b}{I_z}\left(C_n^\beta\beta + \frac{b}{2V_\infty}C_n^{\bar\omega_z}\bar\omega_z + C_n^{\delta_r}\delta_r\right) + \left[P_L(t) - P_R(t)\right]\frac{L_E}{I_z} + \\
&\quad \left(C_C^\beta\beta + C_{C,V}^\beta\frac{\omega_z L_V}{V_\infty} + C_C^{\delta_r}\delta_r\right)\frac{qS_W\Delta x_{CG}}{I_z}
\end{aligned}
\right\} \tag{2-14}
$$

式中：$P_L(t)$——左发动机 t 时刻的推力，N；

　　　$P_R(t)$——右发动机 t 时刻的推力，N；

　　　L_E——发动机推力轴到机身对称面距离，m。

初始值为：$t = 0$ 时，　$\beta = \omega_z = 0$，　$P_L(0) = P_R(0) =$ 额定推力。

发动机失效后的推力衰减及阻力增加的规律，由发动机特性给出。δ_r 按 CCAR - 25.367(b) 要求输入。具体描述为：$0 \leqslant t < t_{max}$，$\delta_r = 0$。

(1) 当 $t_{max} > 2s$ 时

$$t \geqslant t_{max}, \delta_r = \delta_r(t - t_{max})$$

当 $\delta_r(t) = \delta_{rmax}$ 时，δ_r 保持不变。

$$0 \leqslant t < 2, \delta_r = 0$$

(2) 当 $t_{max} \leqslant 2s$ 时

$$t \geqslant 2, \delta_r = \delta_r(t - 2)$$

当 $\delta_r(t) = \delta_{rmax}$ 时，δ_r 保持不变。

式中：t_{max}——达到最大偏航速度的时间。

图 2-5 给出了发动机失效校正机动中的垂尾载荷及 δ_r 的输入规律示意图。

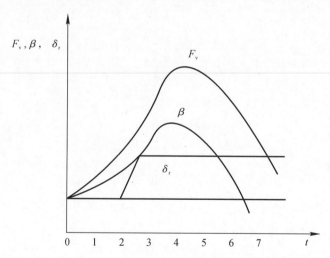

图 2-5　发动机失效校正机动的垂尾载荷及 δ_r 输入规律示意图

上述舵偏输入是偏保守的。在处理该问题时，常采用下面两种方法。第一种为校正舵偏至 δ_{rmax} 后再增加到 $\delta_{r,sta}$，然后再保持 $\delta_{r,sta}$ 舵偏不变。$\delta_{r,sta}$ 为能使 M_z 达到稳态平衡的舵偏角，$\delta_{r,sta} \approx -\dfrac{M_z}{C_n^{\delta_r}qS_W c_{AW}}$。第二种为校正舵偏至 $\delta_{r,sta}$ 后就保持不变。

基于以上讨论，可以按式(2-14)求出 β、ω_z、δ_r 随时间的变化，并进一步求出各瞬时的下列载荷。

垂尾载荷：

$$\left.\begin{array}{c} F_V(\beta) = C_{C,V}^{\beta}(\beta + \omega_z L_V/V_\infty)qS_W \\ F_V(\delta_r) = C_C^{\delta_r}\delta_r qS_W \\ F_V = F_V(\beta) + F_V(\delta_r) \end{array}\right\} \qquad (2-15)$$

无尾飞机侧向载荷：

$$F_{T0} = (C_C^{\beta} - C_{C,V}^{\beta})\beta\, qS_W \qquad (2-16)$$

2.1.4 突风与紊流

2.1.4.1 离散突风

突风载荷是飞机在不平衡的大气中飞行时，由扰动气流引起的附加载荷。这种载荷是飞机结构强度设计的重要依据之一。飞机应处于水平直线无侧滑飞行，并且有相应的平尾平衡载荷和垂尾配平载荷。将考虑飞机在规定的各种速度和重量下遭遇到离散的垂直突风和侧向突风。

1. 垂直突风

假定飞机在平飞中遇到对称垂直突风，CCAR-25.341(a)中对突风形状和大小作了详细规定。飞行速度选 V_F、V_B、V_C、V_D 4 种设计速度。先用机动平衡的方法求出 $n=1$ 时的平衡载荷 F_{T01} 及 F_{H01}，再采用时间历程法计算载荷增量，即

$$\Delta F_{T0} = (C_{L,T0}^{\alpha}\Delta\alpha + C_L^n\Delta n + C_L^{\dot{\omega}_y}\dot{\omega}_y)qS_W$$

$$\Delta F_H(\alpha) = \left\{(1-\frac{d\varepsilon}{d\alpha})\Delta\alpha + \frac{\omega_y[L_H(\alpha)+\Delta x_{CG}]}{V_t} + \frac{d\varepsilon}{d\dot{\alpha}}\dot{\alpha}\frac{2[L_H(\alpha)+\Delta x_{CG}]}{V_\infty + V_t}\right\} \times C_{L,H}^{\alpha}q_t S_H$$

$$\frac{d\omega_y}{dt} = \frac{\Delta M}{I_y}$$

$$q_t = q\eta_t$$

$$V_t = \sqrt{\eta_t}V_\infty$$

$$\Delta F_H(\delta_e) = 0$$

$$\Delta F = \Delta F_{T0} + \Delta F_H(\alpha) + \Delta F_H(\delta_e)$$

$$\Delta n = \frac{\Delta F}{W}$$

$$\Delta M = C_{L,T0}^{\alpha}\Delta\alpha qS_W(\overline{x}_{CG} - \overline{x}_{ac,T0})c_{AW} - \Delta F_H(\alpha)[L_H(\alpha)+\Delta x_{CG}] - \Delta F_H(\delta_e)[L_H(\delta_e)+\Delta x_{CG}] + (C_M^n\Delta n + C_M^{\dot{\omega}_y}\dot{\omega}_y)qS_W c_{AW} - (C_L^n\Delta n + C_L^{\dot{\omega}_y}\dot{\omega}_y)qS_W\Delta x_{CG}$$

$$\Delta\alpha = \arctan\left[\frac{U_{ds}}{V_{eq}}\right]$$

$$\dot{\alpha} = \frac{\arctan\left[\frac{U(t)}{V_{eq}}\right]\Big|_{t_i} - \arctan\left[\frac{U(t)}{V_{eq}}\right]\Big|_{t_{i-1}}}{t_i - t_{i-1}}$$

$$(2-17)$$

式中：V_{eq} —— 当量空速；

U_{ds}——CCAR - 25.341(a) 规定的当量突风速度，m/s。

最后，将平衡载荷与增量载荷叠加，即可得到垂直突风情况的总载荷：

$$
\left.\begin{array}{l}
F_{\mathrm{H}} = F_{\mathrm{H01}} + \Delta F_{\mathrm{H}} \\
F_{\mathrm{T0}} = F_{\mathrm{T01}} + \Delta F_{\mathrm{T0}}
\end{array}\right\} \tag{2-18}
$$

2. 侧向突风

侧向突风形状和大小同样见 CCAR - 25.341(a) 中的规定。突风响应方程为

$$
\left.\begin{array}{l}
\dfrac{\mathrm{d}\beta}{\mathrm{d}t} = \dfrac{gqS_{\mathrm{w}}}{WV_{\infty}}\left[C_{\mathrm{C}}^{\beta}(\beta+\Delta\beta) + C_{\mathrm{C,v}}^{\beta}\dfrac{\omega_z L_{\mathrm{V}}}{V_{\infty}}\right] + \omega_z \\[3mm]
\dfrac{\mathrm{d}\omega_z}{\mathrm{d}t} = \dfrac{qS_{\mathrm{w}}b}{I_z}\left[C_{\mathrm{n}}^{\beta}(\beta+\Delta\beta) + \dfrac{b}{2V_{\infty}}C_{\mathrm{n}}^{\omega_z}\overline{\omega}_z\right] + \\[3mm]
\qquad \dfrac{qS_{\mathrm{w}}\Delta x_{\mathrm{CG}}}{I_z}\left[C_{\mathrm{C}}^{\beta}(\beta+\Delta\beta) + C_{\mathrm{C,v}}^{\beta}\dfrac{\omega_z L_{\mathrm{V}}}{V_{\infty}}\right] \\[3mm]
\Delta\beta = \dfrac{U_{ds}}{V_{eq}}
\end{array}\right\} \tag{2-19}
$$

式中：U_{ds}——CCAR - 25.341(a) 规定的当量突风速度，m/s；

　　V_{eq}——当量空速，m/s。

求出 β 及 ω_z 之后，即可得到侧向突风情况的总载荷：

$$
\left.\begin{array}{l}
F_{\mathrm{V}} = F_{\mathrm{V}}(\beta) = C_{\mathrm{C,v}}^{\beta}\left(\beta+\Delta\beta+\dfrac{\omega_z L_{\mathrm{V}}}{V_{\infty}}\right)qS_{\mathrm{w}} \\[3mm]
F_{\mathrm{T0}} = (C_{\mathrm{C}}^{\beta} - C_{\mathrm{C,v}}^{\beta})(\beta+\Delta\beta)qS_{\mathrm{w}}
\end{array}\right\} \tag{2-20}
$$

2.1.4.2　连续紊流

CCAR 25.341(b) 中指出，必须考虑飞机对垂直和侧向连续紊流的动态响应，并在其附录 G 中给出了连续紊流载荷的分析方法。

1. 飞机连续紊流响应参数

$\overline{A}$ 和 N_0 是飞机连续紊流响应的两个最主要的响应参数，也是连续紊流载荷的计算基础。$\overline{A}$ 和 N_0 应通过结构动态分析的方法确定。动态分析应包括刚体运动自由度、重要的弹性自由度、飞机操纵系统及增稳系统等内容。

响应参数 $\overline{A}$ 是均方根载荷增量与均方根突风速度之比，表达式为

$$
\overline{A} = \frac{\sigma_{\mathrm{Y}}}{\sigma_{\mathrm{w}}} = \left[\frac{\int_0^{\Omega_{\mathrm{C}}} |H_{\mathrm{Y}}|^2 \varphi_{\mathrm{w}}(\Omega)\,\mathrm{d}\Omega}{\int_0^{\Omega_{\mathrm{C}}} \varphi_{\mathrm{w}}(\Omega)\,\mathrm{d}\Omega}\right]^{1/2} \tag{2-21}
$$

响应参数 N_0 是响应量的特征频率，表达式为

$$
N_0 = \frac{V}{2\pi}\left[\frac{\int_0^{\Omega_{\mathrm{C}}} \Omega^2 |H_{\mathrm{Y}}|^2 \varphi_{\mathrm{w}}(\Omega)\,\mathrm{d}\Omega}{\int_0^{\Omega_{\mathrm{C}}} |H_{\mathrm{Y}}|^2 \varphi_{\mathrm{w}}(\Omega)\,\mathrm{d}\Omega}\right]^{1/2} \tag{2-22}
$$

式中：　　σ_{Y} —— 均方根载荷增量，其单位为载荷 Y 的计量单位；

　　　　σ_{w} —— 均方根突风速度，m/s；

　　　　H_{Y} —— 频率响应函数，载荷 Y 对单位正弦激励的响应；

　　$\varphi_{\mathrm{w}}(\Omega)$ —— 大气紊流功率谱，$(\mathrm{m}\cdot\mathrm{s}^{-1})^2\cdot\mathrm{m/rad}$；

Ω—— 空间频率，rad/m；

Ω_C—— 积分截断频率，rad/m。

2. 设计包线分析法

对于任一飞行包线计算点，计算出 $\overline{A}$，再根据给出的突风速度 U_σ 计算出突风增量载荷 Δf：

$$\Delta f = \overline{A} U_\sigma \tag{2-23}$$

计算出的突风增量载荷 Δf 加上相应的 $1g$ 平飞载荷就得到了总载荷，其中最大者为飞机的限制载荷。

3. 任务分析法

把飞机的预期用途用若干个飞行剖面表示，将每一个飞行剖面分成若干个任务段。对每一任务段，计算各载荷量的紊流响应参数 $\overline{A}$、N_0 和相应的 $1g$ 平飞载荷。按下式计算各载荷量的超越次数曲线：

$$N(Y) = \sum t N_0 \left[P_1 \exp\left(-\frac{Y - Y_{1g}}{b_1 \overline{A}} \right) + P_2 \exp\left(-\frac{Y - Y_{1g}}{b_2 \overline{A}} \right) \right] \tag{2-24}$$

式中：　　　Y—— 载荷净值；

Y_{1g}——$1g$ 平飞载荷值；

t—— 每个任务段占总任务时间的比例；

P_1，P_2，b_1，b_2—— 大气紊流环境参数。

根据每小时超越 2×10^{-5} 次的超越次数，即可在上面计算出的各载荷量的超越次数曲线上，得到它们的限制载荷。

2.1.5　地面受载情况

地面载荷是飞机在起飞、着陆、滑行、地面操作和维护等情况下受到的载荷。民用飞机的地面受载情况主要包括着陆情况、滑跑情况、滑行刹车情况、转弯情况、前轮侧偏情况、地面回转情况、倒行刹车情况、牵引情况和顶升情况等。对这些地面受载情况，在民用飞机适航标准的相关条款中作了明确规定。下面对这些地面受载情况的载荷计算方法进行简要介绍。本节所采用的坐标系为机体坐标系，原点在飞机重心，X 轴平行于机身轴线指向前，Y 轴垂直于纵向对称面指向右，Z 轴按右手法则确定。

2.1.5.1　着陆情况概述

飞机着陆时，起落架承受的载荷与飞机重量、下沉速度、飞机姿态、飞机升力以及起落架缓冲特性等因素有关。着陆情况包括水平着陆情况、尾沉着陆情况、单起落架着陆情况、侧向载荷情况、回跳着陆情况等。着陆载荷分析方法主要有动态分析方法和静态分析方法。动态分析方法比较复杂，所需的飞机及起落架原始数据较多，在飞机打样设计时很难提供齐全，因此该方法适用于飞机及起落架初步设计之后的校核计算。在起落架设计阶段往往采用静态分析方法。

2.1.5.2　水平着陆情况

依据 CCAR - 25.479 中的规定，水平着陆情况包括两种着陆姿态：一种是两点着陆姿态，仅两主起落架与地面接触，前起落架在着陆过程中稍离地面，不承载；另一种是三点着陆姿态，两主起落架和前起落架同时接触地面。

1. 静态分析方法

静态分析方法的要点是以起落架垂直载荷为基准,做出适当假定后确定起旋载荷和回弹载荷,并进行垂直载荷与水平载荷的组合。

最大垂直载荷情况的起落架垂直载荷用起落架垂直载荷系数 n 确定,即

$$\left.\begin{aligned} V_{\mathrm{m}} &= n_{\mathrm{zm}} \cdot \frac{mg}{2} \\ V_{\mathrm{n}} &= n_{\mathrm{zn}} \cdot \frac{B + \mu E}{A + B} mg \end{aligned}\right\} \qquad (2-25)$$

式中:V_{m} —— 作用在主起落架上的垂直载荷,N;

V_{n} —— 作用在前起落架上的垂直载荷,N;

n_{zm} —— 主起落架垂直载荷系数;

n_{zn} —— 前起落架垂直载荷系数;

m —— 设计着陆质量,kg;

A —— 前轮触地点到飞机重心的水平距离,m;

B —— 主轮触地点到飞机重心的水平距离,m;

E —— 飞机重心离地面的高度,m;

μ —— 平均滑动摩擦因数。

起落架垂直载荷系数 n_{zm} 和 n_{zn} 一般控制在 $2.0 \sim 2.5$ 之间,对于大型飞机可控制在 $1.5 \sim 2.0$ 之间,也可根据缓冲器系统参数配置估算。

最大起旋载荷和最大回弹载荷是以最大垂直载荷为基准乘以适当的系数确定的。三种载荷情况中对应每一情况的水平载荷,是以该情况的垂直载荷乘以相应的摩擦因数得到的。这些系数的取法参见参考文献[1]。

2. 动态分析方法

动态分析方法的要点是:依据 CCAR - 25.479 中规定的着陆重量、着陆姿态和下沉速度,借助于运动学和动力学的方法,建立起落架以限制下沉速度触地后的撞击模型和运动微分方程组,再根据初始条件及缓冲器工作的边界条件求解这些方程,求得前、主起落架的垂直载荷、起旋载荷和回弹载荷。具体计算方法参见参考文献[1]。

2.1.5.3 尾沉着陆情况

尾沉着陆情况是指飞机以尾沉姿态触地,此时飞机处于失速迎角或除主起落架外飞机所有部件均不触地时所允许的最大迎角。依据 CCAR - 25.481 中规定的着陆重量、着陆姿态和下沉速度,按上节的方法进行尾沉着陆情况的载荷计算。对于机身较长的飞机,还应增加俯仰着陆情况的补充计算,俯仰着陆情况可能构成前起落架或前机身的严重载荷情况。

1. 静态分析方法

在没有合理的时间历程分析时,应考虑前起落架刚好接地之前飞机具有 $8°/s$ 的低头俯仰角速度而俯仰角加速度为零。假定飞机垂直撞击能量已被主起落架吸收,前起落架和前机身应根据随后产生的前起落架反作用力及其引起的俯仰惯性载荷来设计。

2. 动态分析方法

俯仰着陆情况的动态分析方法与尾沉着陆情况类似,其区别仅在于:

(1) 飞机下沉速度为零;

(2) 飞机主轮触地后机身以 $8°/s$ 的匀角速度使机头下沉直至前轮触地;

(3) 数值求解的时间历程长度应至少保证前起落架机轮的起旋和回弹载荷出现。

2.1.5.4　单起落架着陆情况

单起落架着陆是指飞机保持两点水平姿态,仅以一侧主起落架触地,这对受影响的机体结构来说是一种不对称的受载情况。

根据 CCAR-25.483 中的规定,触地边的主起落架载荷按以下公式计算:

$$\left. \begin{array}{l} V_{m} = M_{1} \\ D_{m} \geqslant 0.25V_{m}(逆航向) \\ S_{m} = 0 \end{array} \right\} \qquad (2-26)$$

式中: V_{m} —— 作用在主起落架上的垂直载荷,N;

$\quad\ \ D_{m}$ —— 作用在主起落架上的阻力载荷,N;

$\quad\ \ S_{m}$ —— 作用在主起落架上的侧向载荷,N;

$\quad\ \ M_{1}$ —— 按 CCAR-25.473 确定的最大垂直反作用力,N。

2.1.5.5　侧向载荷情况

侧向载荷情况是指飞机保持水平姿态,仅以两主起落架触地。这种情况通常是飞机下降至接近地面时遇到侧风,并以一定的航向角克服侧风影响的着陆。此时,前起落架不承载,两个主起落架将受到很大的侧向载荷。

根据 CCAR 25.485 中的规定,侧向载荷情况的主起落架载荷按以下公式计算:

(1) 侧向载荷指向飞机对称面一侧的主起落架载荷:

$$\left. \begin{array}{l} V_{m} = \dfrac{1}{2}M_{1} \\ D_{m} = 0 \\ S_{m} = -0.8V_{m}(指向飞机对称面) \end{array} \right\} \qquad (2-27)$$

(2) 侧向载荷指向翼尖一侧的主起落架载荷:

$$\left. \begin{array}{l} V_{m} = \dfrac{1}{2}M_{1} \\ D_{m} = 0 \\ S_{m} = 0.6V_{m}(指向飞机翼尖) \end{array} \right\} \qquad (2-28)$$

对同一侧主起落架,两个方向的侧向载荷均要考虑。

2.1.5.6　滑行、起飞和着陆滑跑情况

滑行、起飞和着陆滑跑情况是指飞机在滑行、起飞和着陆滑跑时,由跑道粗糙度引起的起落架和机体结构受载情况。该情况在起落架上一般会产生最大的垂直载荷,而在其他主要结构上也会引起严重载荷,可按下述两种方法分析计算起落架上所受的载荷。

(1) 动态滑行分析方法。2.1.5.5 节的计算模型可用于动态滑行分析计算。这时假定飞机以各种可能的滑行速度通过一个 $1-\cos$ 型的单个颠簸跑道剖面,以取代全跑道的滑行计算。动态滑行分析计算的跑道剖面输入为

$$h(s) = \pm 0.5A[1-\cos(2\pi \cdot s/\lambda)] \qquad (2-29)$$

式中：h—— 跑道剖面高度，mm；

　s—— 滑行距离，m；

　A—— 颠簸幅度，mm；

　λ—— 跑道离散颠簸波长，m。

（2）工程估算方法。在进行飞机动态滑行分析条件不具备时，可采用下面的工程估算方法确定起飞滑行载荷。该方法来自 JAR - 25 咨询公报（ACJ25.491 Take off Run）。

1）对于两点着陆姿态，主起落架上的垂直载荷、侧向载荷和阻力载荷联合作用，其载荷组合应当这样来考虑：阻力载荷和侧向载荷分别为垂直载荷的 20%，垂直载荷等于每个主起落架上作用的 $0.5mg \times 150\%$ 载荷（m 为设计起飞质量）。

2）前起落架和主起落架同时触地的垂直载荷分别等于 1.7 倍的各自地面停机载荷，这种计算条件应当对应起飞重量最不利的飞机装载并考虑发动机的推力。

2.1.5.7　滑行刹车情况

确定起落架刹车载荷时，施加了为平衡机轮阻力所需的惯性力和惯性力矩，如 CCAR - 25 - R4 附录 A 图 6 所示。

1. 三点姿态滑行刹车

飞机应保持所有机轮都接地的水平姿态。当前轮无刹车装置时，仅有两主轮的对称刹车；当前轮有刹车装置时，前、主轮同时使用刹车，且前轮处于航向中立位置。载荷计算公式如下。

（1）前轮有刹车装置。

前起落架载荷：

$$
\left.
\begin{aligned}
V_n &= \frac{mg \times n_z \times B + (D_n + 2D_m)E}{D} \\
D_n &= 0.8V_n \\
S_n &= 0
\end{aligned}
\right\}
\tag{2-30}
$$

主起落架载荷：

$$
\left.
\begin{aligned}
V_m &= \frac{mg \times n_z \times A - (D_n + 2D_m)E}{2D} \\
D_m &= 0.8V_m \\
S_m &= 0
\end{aligned}
\right\}
\tag{2-31}
$$

式中：V_n—— 作用在前起落架上的垂直载荷，N；

　D_n—— 作用在前起落架上的阻力载荷，N；

　S_n—— 作用在前起落架上的侧向载荷，N。

（2）前轮无刹车装置。

前起落架载荷：

$$
\left.
\begin{aligned}
V_n &= \frac{mg \times n_z \times B + 2D_m \times E}{D} \\
D_n &= 0 \\
S_n &= 0
\end{aligned}
\right\}
\tag{2-32}
$$

主起落架载荷：

$$V_{\mathrm{m}} = \frac{mg \times n_z \times A - 2D_{\mathrm{m}} \times E}{2D}$$

$$D_{\mathrm{m}} = 0.8V_{\mathrm{m}}$$

$$S_{\mathrm{m}} = 0$$

$(2-33)$

2. 两点姿态滑行刹车

飞机应保持两点水平姿态,仅以主轮接地。每一边主起落架机轮上的载荷计算公式为

$$V_{\mathrm{m}} = \frac{mg \times n_z}{2}$$

$$D_{\mathrm{m}} = 0.8V_{\mathrm{m}}$$

$$S_{\mathrm{m}} = 0$$

$(2-34)$

2.1.5.8　转弯情况

转弯情况是指飞机处于三点滑行时作稳定转弯状态下的受载情况,如 CCAR-25-R4 附录 A 图 7 所示。此时起落架仅承受垂直载荷和侧向载荷,没有阻力载荷。依据 CCAR-25.495 的规定,根据以下条件建立该情况的平衡方程,即可计算出转弯情况的起落架载荷。

(1) 垂直方向合力为零;

(2) 俯仰合力矩为零;

(3) 侧向滚转合力矩为零;

(4) 侧向合外力为 0.5 倍的飞机重力。

转弯情况是前、主起落架侧向受载较为严重的情况,应考虑设计机坪重量下重心前限和重心后限两个临界状态。

2.1.5.9　前轮侧偏情况

前轮侧偏载荷主要是考虑保证前起落架完成操纵转弯的强度。CCAR-25.499 对该情况规定了三种基本状态,分别是:① 直接侧向载荷;② 非对称刹车引起的前轮侧向载荷;③ 扭矩载荷。

(1) 直接侧向载荷。CCAR-25.499 规定:假定飞机重心处的垂直载荷系数为 1.0,前轮接地点处的侧向分力等于该处地面垂直反作用力的 80%。

根据该情况的受力特点,可假定以下两种平衡方式。

其一,认为前轮突然受到一个较大的侧向载荷,此时主起落架还未来得及响应,于是侧向力由飞机的惯性力平衡,但侧向力引起的滚转力矩由左、右主起落架垂直载荷来平衡。考虑平衡条件(垂直方向合力为零,俯仰合力矩为零,滚转合力矩为零)建立平衡方程,并选取摩擦阻力系数 $\mu_1 = \mu_2 = \mu_3 = 0$,侧向摩擦因数 $\mu_{\mathrm{s}1} = 0.8$、$\mu_{\mathrm{s}2} = \mu_{\mathrm{s}3} = 0$,即可计算出前轮在突然受到一个较大的侧向载荷情况下的地面载荷。

其二,若前轮在较大的侧向载荷作用下,缓慢地进行偏航运动,此时可认为主起落架能够提供足够大的侧向载荷来平衡前起落架的侧向载荷,使得机体重心处的侧向载荷系数为零,而侧向力引起的偏航力矩由飞机惯性力平衡。按同样的平衡条件(垂直方向合力为零,俯仰合力矩为零,滚转合力矩为零)建立平衡方程,并选取摩擦阻力系数 $\mu_1 = \mu_2 = \mu_3 = 0$,侧向摩擦因数 $\mu_{\mathrm{s}1} = -0.8$,左、右主起落架的侧向载荷分别为前起落架侧向载荷的 0.5 倍,即可计算出相应的地面载荷。

(2) 非对称刹车引起的前轮侧向载荷。该情况是指飞机三点直线滑行时,一个主起落架机

轮突然使用刹车,而前起落架与另一主起落架不使用刹车,飞机由直线运动变为曲线运动,正好处在将要转弯而还未转弯的瞬间受载状态。

根据 CCAR-25.499 的规定,此时三个起落架的侧向载荷不通过侧向摩擦因数和垂直载荷来计算,而是通过假设左、右主起落架的侧向载荷相等及偏航合力矩为零来计算,故该情况的平衡条件为:垂直方向合力为零;侧向合力为零;俯仰合力矩为零;滚转合力矩为零;偏航合力矩为零。按以上平衡条件建立平衡方程,并附加左、右主起落架侧向载荷相等的条件,即可计算出该情况的地面载荷。

(3) 扭矩载荷。该情况为前起落架的设计情况。在设计前起落架及其连接结构和前机身结构时,必须考虑正常满操纵扭矩和前起落架最大垂直力的组合作用,此时取飞机设计机坪重量,前起落架处于任一转向操纵位置。主起落架仅承受垂直载荷,前起落架处承受垂直载荷外,还承受一扭矩。考虑前、主起落架上的垂直载荷通过平衡条件(垂直方向合力为零,俯仰合力矩为零,滚转合力矩为零)建立平衡方程。地面施加给前起落架的扭矩与飞机的操纵扭矩相平衡。

2.1.5.10　地面回转情况

地面回转情况是主起落架结构设计的一种临界情况。飞机处于停机状态,将一侧主起落架用刹车刹住,飞机将绕该主起落架回转,载荷作用在轮胎接地点上,如 CCAR-25-R4 附录 A 图 8 所示。根据 CCAR-25.503 的规定,此时限制垂直载荷系数必须为 1.0,地面摩擦因数为 0.8。

在该情况中,除了在一侧刹住的起落架上作用有回转扭矩和垂直载荷外,其他两个起落架上仅作用垂直地面反力。因此,摩擦阻力系数 $\mu_1 = \mu_2 = \mu_3 = 0$,侧向摩擦因数 $\mu_{s1} = \mu_{s2} = \mu_{s3} = 0$。考虑起落架上的垂直载荷平衡条件(垂直方向合力为零,俯仰合力矩为零,滚转合力矩为零)建立平衡方程。作用于一侧刹住机轮上的地面扭矩为

$$M = 0.8VL/2 \tag{2-35}$$

式中:V——刹车刹住机轮上所受的垂直载荷。

　　　L——对于共轴双轮主起落架为左、右轮距;对于前、后双轮式主起落架为前、后轮距;对于小车架式起落架为四轮接地点的对角线长度;对于单轮式主起落架取轮胎在上述垂直载荷作用下压缩时与地面接触图形长轴的长度。

2.1.5.11　倒行刹车情况

倒行刹车情况是指飞机在地面操作时,飞机向后牵引或使用反推力装置使飞机向后运动过程中刹车产生的载荷情况。在倒行刹车过程中,前起落架仅承受刹车载荷,由于该载荷值未超过起飞滑跑情况的前起落架载荷,故倒行刹车情况不是前起落架的设计情况。而在此过程中,主起落架将承受反向的阻力载荷,是主起落架的一种设计情况。

根据 CCAR-25.507 的规定,飞机重心处的垂直载荷系数为 1.0,对于前三点式飞机,刹车产生的俯仰力矩必须由角惯性力平衡。倒行刹车情况载荷计算的状态是飞机使用刹车后,飞机要响应还未来得及响应的瞬间。因此,该情况的平衡条件为:

(1) 垂直方向合力为零;

(2) 前、主起落架垂直载荷产生的俯仰合力矩为零;

(3) 滚转合力矩为零。

此外还有附加条件:主起落架摩擦阻力系数 μ_2、μ_3 取 1.2 倍名义静刹车扭矩产生的摩擦阻力系数与 0.55 两者中的较小者。求解根据以上条件建立的平衡方程,即可得到倒行刹车情况的地面载荷。

2.1.5.12　牵引情况

CCAR - 25.509 对牵引载荷作了具体规定,这些载荷必须施加于牵引接头上,且平行于地面,作用于重心处的垂直载荷系数应等于 1.0。牵引载荷的方向在不能达到规定的旋转角时,必须采用可能达到的最大旋转角。作用在起落架上的载荷可根据以下平衡条件确定。

(1)垂直载荷:分别作用在前、主起落架上,通过轮轴中心且垂直于地面,其值为 $1.0W_T$(W_T 为设计机坪重量)。

(2)阻力载荷:在辅助起落架上的牵引载荷以及在主起落架上的牵引载荷的阻力方向分量必须由下述力平衡。

1)在承受牵引载荷的机轮轴线上,必须施加一个反作用力,其最大值等于垂直反作用力。为达到平衡,在飞机上必须施加足够的惯性力。

2)所有载荷必须由飞机惯性力相平衡。

(3)侧向载荷:在主起落架上的牵引载荷的侧向分量由机轮接地点上的静侧向力平衡。

2.1.5.13　顶升情况

顶升情况是飞机进行机体维修、更换零部件时必须考虑的一个状态。将它作为设计情况,就能保证更换机轮、机体维修等工作的正常进行。它分为两种情况:起落架顶升情况和飞机顶升情况。根据 CCAR - 25.519 的相关规定,顶升点的载荷按以下条件确定:

(1)起落架顶升情况:

1)飞机重量为最大停机坪重量;

2)飞机结构必须设计成能承受单独作用于每个顶升点的垂直静反作用力 1.33 倍的垂直载荷,以及该垂直载荷与 0.33 倍垂直静反作用力的沿任何方向作用的水平载荷的组合。

(2)飞机顶升情况:

1)飞机重量为最大批准顶升重量;

2)飞机结构必须设计成能承受单独作用于每个顶升点的垂直静反作用力 1.33 倍的垂直载荷,以及该垂直载荷与 0.33 倍垂直静反作用力的沿任何方向作用的水平载荷的组合;

3)千斤顶垫与局部结构必须设计成能承受单独作用于每个顶升点的垂直静反作用力 2.0 倍的垂直载荷,以及该垂直载荷与 0.33 倍垂直静反作用力的沿任何方向作用的水平载荷的组合。

2.1.5.14　系留情况

根据 CCAR - 25.519 的相关规定,主系留点及局部结构必须能承受任何方向的 120km/h 水平风引起的限制载荷。

2.1.6　水面载荷

水上飞机应根据使用中可能遇到的最恶劣海况条件下正常运行时可能出现的各种姿态,以起飞和着水过程中的相应向前和下沉速度所产生的水载荷进行设计。作用在水上飞机的水载荷,应以 V 形弹性船体入水撞击理论为基础,采取理论计算、模拟试验和飞行实测等方法,并根据起飞和着水的浪高和波长、下沉速度、着水空速、着水姿态角等参数的临界范围来确定。

2.1.6.1　船体和主浮筒的着水载荷系数

水面反作用载荷系数 n_w 应按以下两式计算。

(1) 对于断阶着水情况：

$$n_w = \frac{C_1 V_{S0}^2}{(\tan^{\frac{2}{3}}\beta)W^{\frac{1}{3}}} \tag{2-36}$$

(2) 对于船首和船尾着水情况：

$$n_w = \frac{C_1 V_{S0}^2}{(\tan^{\frac{2}{3}}\beta)W^{\frac{1}{3}}} \times \frac{K_1}{(1+r_x^2)^{\frac{2}{3}}} \tag{2-37}$$

式中：　n_w——水面反作用载荷系数(水面反作用力与水上飞机重量之比)；

　　C_1——水上飞机操纵经验系数,其值为 0.009 22,但不得小于为获得断阶载荷系数最小值 2.33 所需要的数值；

　　V_{S0}——襟翼打开在相应的着水位置,不考虑滑流影响的水上飞机失速速度, kn[1kn=0.514m/s]；

　　β——确定载荷系数的纵向各站位处的斜升角,(°),按 CCAR-25 附录 B 图 1 选取；

　　W——水上飞机的设计着水重量,kgf[1]；

　　K_1——船体站位的经验加权系数,按 CCAR-25-R4 附录 B 图选取；

　　r_x——平行于船体基准轴,从水上飞机重心到进行载荷系数计算的船体纵向站位的距离与水上飞机的俯仰回转半径之比(船体基准轴为一条在对称平面内与主断阶处龙骨相切的直线)。

对于双浮筒水上飞机,考虑到浮筒安装接头的柔性影响,船首和船尾处的系数 K_1 可减少到 CCAR-25-R4 附录 B 图 2 所示值的 80%,但这种减少仅适用于传力构架和水上飞机机体结构的设计,不适用于浮筒本身。

2.1.6.2　船体和主浮筒着水情况

(1) 对称着水载荷合力。着水载荷合力是指水上飞机着水时作用在船体或主浮筒底部的总的水面反作用力,对称着水时水面载荷合力作用在船体或主浮筒的纵向对称面内,其大小为

$$F = n_w W \tag{2-38}$$

式中：F——水载荷合力；

　　n_w——水面反作用载荷系数；

　　W——水上飞机的设计着水重量。

对于对称断阶着水情况,水载荷合力 F 作用在龙骨上,通过重心且与龙骨线垂直。

对于对称船首着水情况,水载荷合力 F 作用在从船首到断阶的纵向距离1/5处的龙骨上,且与龙骨线垂直。

对于对称船尾着水情况,水载荷合力 F 作用在从断阶到尾柱的纵向距离85%处的龙骨上,且与龙骨线垂直。

---

① 　1kgf = 9.807N。

(2)非对称着水载荷合力。对于船体式水上飞机和单浮筒水上飞机,应考虑断阶、船首和船尾三种非对称着水情况。其载荷大小由相应对称情况总载荷的 0.75 倍向上分量和 $0.25\tan\beta$ 倍的侧向分量组成。向上分量作用点和方向与对称情况相同。侧向分量作用点在向上分量的同一纵向站位处,作用于龙骨线和舭线之间的中点,但方向朝内并垂直于对称面。

对于双浮筒水上飞机,只考虑断阶非对称着水一种情况。其载荷由每一个浮筒上的相应对称情况总载荷的 0.75 倍向上分量与一个浮筒上的 $0.25\tan\beta$ 倍的侧向分量组成。向上分量作用点和方向与对称情况相同。侧向分量作用点在向上分量的同一纵向站位处,作用于龙骨线和舭线之间的中点,但方向朝内并垂直于对称面。

2.1.6.3 船体和主浮筒起飞情况

该情况用于校核机翼及其与船体或主浮筒的连接强度。在此情况下,假定气动升力为零,向下惯性载荷的载荷系数按下式计算,但不小于 1.8。

$$n = \frac{C_{TO} V_{S1}^2}{(\tan^{\frac{2}{3}}\beta) W^{\frac{1}{3}}} \qquad (2-39)$$

式中: n——惯性载荷系数;

C_{TO}——水上飞机操纵经验系数,其值为 0.003 07;

V_{S1}——襟翼打开在相应的起飞位置,在水面设计起飞重量下的水上飞机失速速度,kn;

β——主断阶处的斜升角,(°);

W——水上飞机的设计着水重量,kgf。

2.1.6.4 船体或主浮筒底部压力

(1)局部压力。局部压力可以认为是船底上压力峰值附近某一部分面积上的平均压力。局部压力用于船体或主浮筒底部蒙皮、长桁及其支撑结构连接件的设计。

1)对于无舭弯的船底,舭处的压力为龙骨处压力的 75%,龙骨与舭之间的压力按 CCAR-25-R4 附录 B 图 3 所示呈线性变化。龙骨处的压力计算公式为

$$P_k = C_2 \frac{K_2 V_{S1}^2}{\tan\beta_k} \qquad (2-40)$$

式中: P_k——龙骨处局部压力,Pa;

C_2——龙骨处局部压力经验系数,其值为 14.7;

K_2——船体站位加权系数,按 CCAR-25-R4 附录 B 图 2 选取;

V_{S1}——襟翼打开在相应的起飞位置,在水面设计起飞重量下的水上飞机失速速度,kn;

β_k——龙骨处的斜升角,(°),按 CCAR-25-R4 附录 B 图 1 选取。

2)对于带舭弯的船底,舭弯起点处的压力与无舭弯船底的压力相同。舭和舭弯起点之间的压力按 CCAR-25-R4 附录 B 图 3 所示呈线性变化。舭处的压力计算公式为

$$P_{ch} = C_3 \frac{K_2 V_{S1}^2}{\tan\beta} \qquad (2-41)$$

式中: P_{ch}——舭处局部压力,Pa;

C_3——舭处局部压力经验系数,其值为 11.0;

K_2——船体站位加权系数,按 CCAR-25-R4 附录 B 图 2 选取;

V_{S1}——襟翼打开在相应的起飞位置,在水面设计起飞重量下的水上飞机失速速度,kn;

β——相应站位处的斜升角,(°)。

在以上压力作用区域内,应模拟船体或浮筒受高度集中的撞击时所产生的压力,但不必扩大那些引起框架或整个结构关键性应力的区域。

（2）分布压力。分布压力是当飞机的着水载荷达到最大时,作用于船体或主浮筒底部的平均压力。分布压力用于框架、龙骨及舯部的结构设计。这些压力是均匀的,且应同时作用于整个船体或主浮筒底部,所得到的载荷应传到相应部位船体的侧壁结构上,但不必以剪力或弯矩的形式沿前后方向传递。

1）对称分布情况。对称分布压力按下式计算:

$$P = C_4 \frac{K_2 V_{S0}^2}{\tan\beta} \qquad (2-42)$$

式中:　P——分布压力,Pa;

　　C_4——对称分布压力经验系数,其值为 $700C_1$;

　　K_2——船体站位加权系数,按 CCAR-25-R4 附录 B 图 2 选取;

　　V_{S0}——襟翼打开在相应的着水位置,不考虑滑流影响的水上飞机失速速度,kn;

　　β——相应站位处的斜升角,(°)。

2）非对称分布情况。非对称分布压力由对称分布情况规定的作用在船体或主浮筒中心线一侧的压力和作用在船体或主浮筒中心线另一侧的该压力的一半组成,按 CCAR-25-R4 附录 B 图 3 选取。

2.1.6.5　辅助浮筒载荷

辅助浮筒分为两类:非沉浸浮筒和沉浸浮筒。CCAR-25.535 给出了对称与非对称情况的总水面载荷和分布压力计算公式。辅助浮筒载荷用于辅助浮筒及其安装接头和机翼上支撑辅助浮筒的结构设计。机翼上支撑结构相对于辅助浮筒及其安装接头应具有一定的强度裕量,以保证机翼的破坏发生在浮筒及其安装接头的破坏之后。

2.1.6.6　水翼载荷

水上飞机在着滑水过程中,其水下承载翼的水面载荷受翼型及其流体动力特性、相对速度、附连质量、安装位置与安装角、飞行姿态等多种因素的影响,一般应通过可靠的水池模型的模拟着滑水试验来确定。

2.1.6.7　水上飞机的其他载荷

（1）登陆轮架的载荷。对于装有登陆轮架的水上飞机,可按有关文献规定,确定坡道上的载荷以及坡道上运动、坡道上刹车和坡道上牵引的载荷。陆上飞机滑行、转弯、刹车的载荷要求,原则上适用于需要利用登陆轮架滑行的水上飞机,可据此来确定水上飞机登陆轮架的地面滑行载荷,以及地面机轮偏转及侧向运动、地面上牵引等载荷。

（2）水舵、水襟翼和水制动器。水舵、水襟翼和水制动器的载荷应通过同类飞机的飞行实测、模拟试验和合理的理论分析来确定。

（3）发动机装置。发动机装置应按着水时承受的载荷来校核强度。此时发动机的拉力（推力）为海平面上着水时可能出现的最大拉力（推力）。

（4）拖航与碇泊时的载荷。本条规定的载荷用于拖绳、锚索及其连接件的设计。

应通过同类飞机的实测、模拟试验和合理的理论分析来确定拖绳上的载荷。

应通过同类飞机的实测、模拟试验和合理的理论分析来确定抛锚、碇泊时作用在锚索上的

载荷。在缺乏飞行实测和模拟试验资料的情况下,可按以下经验公式确定:

$$F_{1x} = 0.612\,9 C_{1x} S V_w^2 \qquad (2-43)$$

$$F_{2x} = 2.3 \times 10^{-2} W_{anc} V_b^2 \qquad (2-44)$$

$$F_R = \frac{F_{1x} + F_{2x}}{\cos(\alpha + \Delta\alpha)} \qquad (2-45)$$

式中: F_{1x} —— 空气阻力,N;

$\quad C_{1x}$ —— 飞机处于着陆迎角时的阻力系数;

$\quad\ \ S$ —— 机翼面积,m^2;

$\quad V_w$ —— 风速,m/s;

$\quad F_{2x}$ —— 水阻力,N;

W_{anc} —— 飞机抛锚时的重量,kg;

$\quad V_b$ —— 波速,m/s;

$\quad F_R$ —— 锚索所受的拉力,N;

$\quad\ \ \alpha$ —— 钢索方向与水面的夹角,(°);

$\quad \Delta\alpha$ —— 飞机位于波峰时 α 角的增量。

2.2　机身结构载荷分析

2.2.1　机身的用途

按照用途和功能特征,机身是飞机最复杂的部件之一。它的用途是多种多样的,如装载有效载重、乘员、设备、装备、动力装置和燃料,以及把飞机的重要部件,包括机翼、尾翼、起落架和发动机联成一个整体。机身不仅承受了其所装载的重力,而且还承受了从飞机各部件传到机身上的载荷,机身结构布局的全视图如图 2-6 所示。

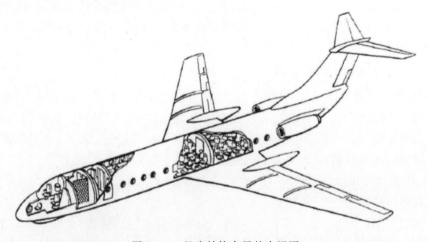

图 2-6　机身结构布局的全视图

2.2.2　结构设计要求

在飞机结构质量最小的情况下,根据飞机用途和使用条件完成机身的功能设计。完成这项要求的方法是:选择机身外形和参数使其在给定的外形尺寸下机身迎面阻力最小、有效容积最大。合理使用机身有效容积,提高布局密度和把装载更紧密地布置在质量中心附近,这些方法能够降低惯性矩并改善机动特性;在各种装载方案、燃油燃烧顺序的情况下,减少重心变化范围可保证飞机具有更理想的稳定性和操纵性。协调机身承力体系和与其相连接部件的受力关系,此时必须保证牢固可靠,通过机身承力构件传递和平衡来自机翼、尾翼、起落架、动力装置承力件的载荷;承受有效装载、设备和机身结构的惯性力以及作用在机身上的气动载荷和密封舱内的余压。应保证能方便地接近布置在机身内的各种部件,以便进行检查和维护。乘员和乘客能自由进出,对运输的货物能自由装货、系留和卸货。在高空飞行时保证乘客和乘员具有必要的生活条件。要具备一定的舒适标准,并保证能迅速安全地应急离机,乘员要有良好视野。同时,机身结构设计要有良好的工艺性,生产成本要低。

2.2.3　机身的载荷

机身承受的主要载荷如下。

(1) 其他部件的力:与机身固定的飞机其他部件(机翼、尾翼、动力装置、起落架) 在飞行或起飞、着陆滑跑中传递给机身的载荷。

(2) 装载与结构的惯性力:各种装载以及机身结构本身的重量,对于每个装载部件(货物)来说,计算时要考虑过载值和安全系数。

(3) 分布在机身表面上的气动力(吸力或者压力):由于机身基本上为对称流线体,故机身上除局部气动载荷较大外,分布气动力对机身总体内力基本没有影响,在蒙皮和口盖的固定处以及口盖与机身骨架的连接处的强度校核可以用气动力作为设计载荷。

(4) 增压载荷:在机身增压舱部分自身平衡而不影响机身的总体载荷,是增压舱段的重要设计载荷之一。增压载荷是重复性循环载荷,对增压舱机身结构的寿命和损伤容限特性影响很大,必须按损伤容限设计准则设计。增压载荷的变化规律有两种,即正压差、负压差。

飞机除了在正常使用条件下受到的载荷以外,还要考虑相关的特殊情况,比如,飞机不放起落架在土路和水上进行的强迫着陆。

2.2.4　机身的载荷平衡

机身的平衡采用"达朗贝尔"原理,依据该原理,作用在机身上的外力和质量(惯性)力应处于平衡状态。图 2-7 示出了在 XOY 和 XOZ 平面上作用在机身上的力。这里 R_1 和 R_2 分别为机翼和机身固定接头处(后掠) 机翼升力 Y_{KP} 的反作用力;R_1' 和 R_2' 分别为水平安定面和机身固定接头处平尾上的力 Y_{RO} 的反作用力(T 形和后掠形尾翼构形,双梁结构垂直安定面);R_1'' 和 R_2'' 分别为垂直安定面固定接头处垂尾上的力 Y_{BO} 的反作用力。

2.2.5　机身结构的组成元件及其功用

机身结构形式有半硬壳式(包括桁条式和桁梁式)、硬壳式(厚蒙皮)和构架式。桁条式、硬壳式机身的受力特性与单块式、厚蒙皮多墙式机翼较相似。不同的是在超声速飞机薄机翼上大多采用多墙式(或多梁式),但机身结构(不论是亚声速还是超声速飞机) 基本上多采用半硬壳式。其主要原因是机身剖面尺寸(特别是高度)远比机翼大,且多接近于对称的剖面形状,弯曲和扭转刚度都比较好。半硬壳式机身通过适当的布置能承受各种载荷,而且结构效率高。硬壳式机身的开口多,大大影响了厚蒙皮的利用率,开口补强的增重也将增大,进而影响机身的结构效率。因此,硬壳式往往只在某些局部部位采用,如飞机头部、尾锥部等。

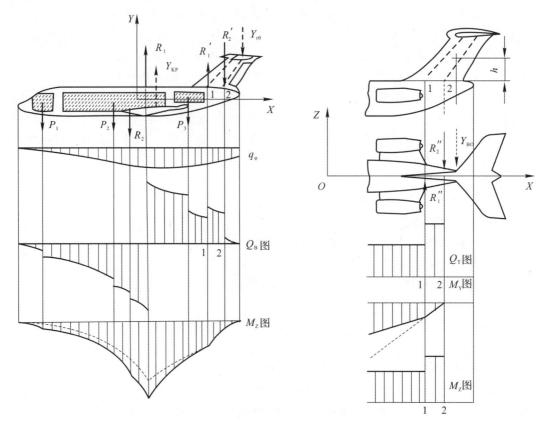

图 2-7　机身外载荷与内力示意图

实践证明,就半硬壳式机身结构而言,蒙皮-桁条加强壁板构成的盒段结构具有重量轻、强度高、易制造和好维修的优点。此外,桁条式机身属多传力路径的结构形式,损伤容限特性好,能通过载荷再分配经受住局部破坏,而不致造成机身结构的总体破坏,因此它是运输机应用最多的结构形式。桁梁式机身适合在相对载荷较小或有大开口的机身,或机身的某段结构采用。

现代飞机的机身结构是一种加强的壳体,这种壳体通常称为"半硬壳式结构"。(semi-monocogue construction)。简单的、未经加强的薄蒙皮筒形结构称为纯硬壳式结构,因为没有加强的薄壳在受压和受剪时很容易失稳,因此,这种结构承载能力很差。为了支撑住蒙皮,需要安装加强构件,如普通隔框(普通框)、加强隔框(加强框)、桁条和桁梁等。

(1)蒙皮的主要作用有:① 构成机身的气动外形,并保持表面光滑;② 承受剪力和扭矩,并与长桁一起组成壁板承受两个平面内弯矩引起的轴力。

(2)普通框的作用有:① 维持机身的截面形状;② 对蒙皮和长桁起支持作用。普通框主要传递的载荷有:① 蒙皮传入机身周边的空气动力;② 机身弯曲变形引起的分布压力。

(3)加强框除了具有上述普通框的作用外,其主要功用为:将装载的惯性力和其他部件上的载荷经接头传到机身结构上的集中力加以扩散,然后以剪流形式传给蒙皮。

(4)桁条和桁梁的主要作用为:① 承受机身弯曲时产生的轴力;② 支持蒙皮,提高蒙皮的受压、受剪失稳临界应力;③ 承受部分作用在蒙皮上的气动力,并传给隔框。

2.2.6　机身结构典型受力形式

2.2.6.1　桁梁式机身结构

桁梁式机身结构的特点是有几根截面积较大的桁梁,如图 2-8 的小型飞机前机身的四根桁梁。这类机身结构上桁条较少而且弱,蒙皮较薄。机身结构受力图如图 2-9 所示。由弯矩引起的轴向力主要由桁梁承受,蒙皮和桁条受轴力很小。剪力全部由蒙皮承受。这类结构布置大开口时,在桁梁间布置大开口不会降低机身的抗弯强度和刚度,因此只需对抗剪强度和刚度进行补强。

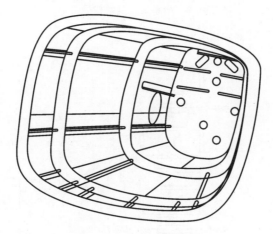

图 2-8　小型飞机前机身

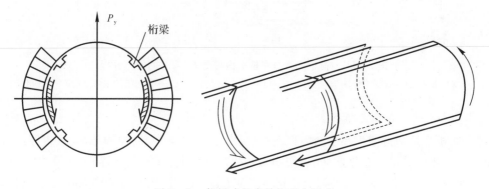

图 2-9　桁梁式机身结构受力形式

2.2.6.2　桁条式机身结构

桁条式机身结构的特点是长桁较密而且较强,蒙皮较厚(见图 2-10)。弯矩引起的轴向力将由桁条与蒙皮组成的壁板来承受,剪力全部由蒙皮承受。从受力来看蒙皮不易布置大开口。机身的弯曲和扭转刚度大。当桁条式机身结构加强框上作用一集中力 P_y 时,蒙皮通过沿框缘的连接铆钉给框以支反剪流 q[见图 2-11(a)],q 沿周缘按阶梯形分布,蒙皮只受剪,蒙皮的剪流 q 将由桁条提供轴向支反剪流平衡,桁条上存在拉压轴力。从图 2-11(b)(c)中可看出 P 在机身中传递,在传递过程中弯矩由长桁中的轴力来平衡。

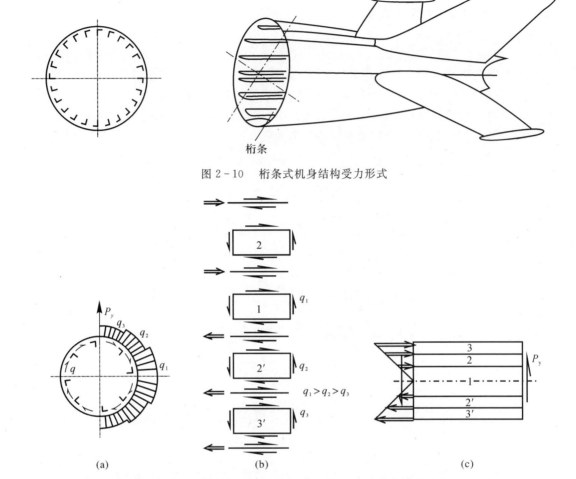

图 2-10 桁条式机身结构受力形式

图 2-11 桁条式机身在框平面内受 P_y 力时的传力分析

(a) 支反剪流分布图；(b) 蒙皮和长桁的平衡；(c) P_y 力向机身中段传递弯矩引起的轴向力在长桁上的分布

2.2.6.3 硬壳式机身结构

硬壳式机身结构由蒙皮和少数隔框组成(见图 2-12)，没有纵向构件，蒙皮很厚或采用夹层结构。由蒙皮承受机身总体弯曲、剪切和扭转载荷。少数隔框用于维持形状(简称"维形")和将集中力扩散。由于蒙皮较厚，所以总体扭转刚度大。但此类结构不易开口，开口后补强困难，故较少采用，一般用于飞机头部、机头罩及尾锥等要求蒙皮局部刚度较大处，或直径较小的机身。

2.2.7 机身结构传力分析

根据机身结构的受载特点，对机身结构的传力进行分析。

2.2.7.1 机身壁板

机身结构中最大的结构单元是壁板(由蒙皮与桁条组成)，它也是受力最严重的构件，因为它承受着机身弯曲、剪切、扭转载荷以及座舱压力等所有主要载荷的作用。这些主要载荷由机身蒙皮和桁条承受，隔框沿机身按一定间隔布置以防止壁板屈曲，并维持机身剖面形状。图 2-

13 所示为几种典型机身蒙皮-桁条壁板结构示意图。

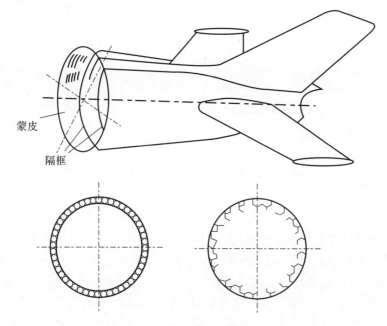

图 2-12 硬壳式机身结构受力形式

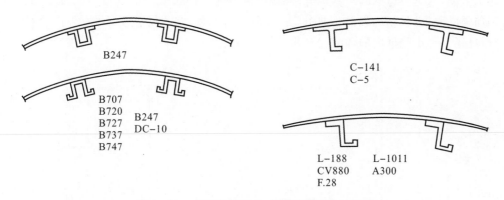

图 2-13 典型机身蒙皮-桁条壁板结构示意图

2.2.7.2 隔框和地板梁

机身隔框有多种作用,例如:

(1) 支持壳体(由机身蒙皮-桁条组成壁板),使其能够承受压力和剪力;

(2) 将集中载荷变为分布载荷;

(3) 作为破损-安全结构(阻止裂纹扩展)。

隔框可以维持机身横剖面的形状,限定桁梁和桁条的长度,还可作为周向止裂带用以保证破损-安全设计,阻止蒙皮裂纹的扩展。此外,它还能将其上所承受的内外载荷分布到机身壳体上,把剪切载荷绕不连续结构重新分布,并传递主接头上的载荷。运输机典型机身隔框的构造如图 2-14 所示。隔框凸缘通常采用 Z 形剖面,绕着桁条里边圆周布置。在桁条之间的区域,隔框的凸缘通过角形件或夹板连接到蒙皮上。

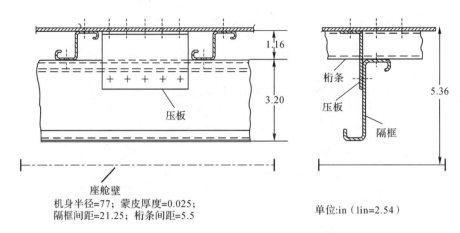

机身半径=77；蒙皮厚度=0.025；
隔框间距=21.25；桁条间距=5.5

单位:in（1in=2.54）

图 2-14　运输机典型机身隔框结构布置

重量较重的座舱普通框和加强框在机身的径向对座舱壳体的膨胀有很大的约束作用。普通框的主要作用是保持机身的外形,防止蒙皮壁板在纵向压缩载荷作用下发生弹性失稳,由于结构比较弱,所以普通框对壳体的径向膨胀几乎不产生什么约束作用。而加强框通常很强,所以座舱壳体只能在与其连接的局部区域产生很小的径向膨胀。在刚度最小的普通框和刚度很大的加强框之间,还有各种不同刚度的隔框,使壳体上本来均匀分布的应力在局部区域分配。为了讨论方便,这里只考虑两种基本类型的隔框:一种是普通框,另一种是为了满足各种用途而特别加强的隔框(包括加强框),如图 2-15 所示。隔框结构不仅要考虑机身壳体引起的弯曲应力,而且还要考虑隔框内的环向应力和其他应力。

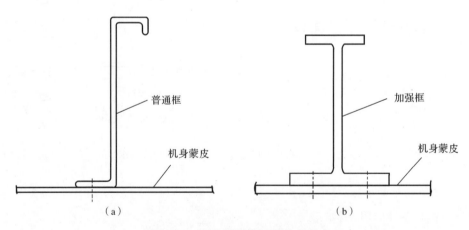

图 2-15　机身隔框的两种基本形式
(a) 普通框;(b) 加强框

图 2-16 所示为典型的运输机机身横剖面示意图,其中包括机身结构的总体设计以及座舱与货舱间的地板布置。主地板由地板壁板、纵梁、横向地板梁以及减小地板梁弯矩的底部垂直支柱组成,客机客舱地板上的座椅导轨(见图 2-17),不但起加强构件的作用,还能使座椅承受 9g 的应急着陆向前撞击载荷。客舱地板的典型设计载荷如图 2-18 所示。进一步的考虑是,设计的客舱地板能够经受得住下层货舱在飞行过程中突然出现大开口而产生的降压,不致使飞机失事 —— 这是美国联邦航空局对所有宽体客机所提出的要求。解决这一设计要求的最好方

法是采用图 2-19 所示的机身侧壁排气系统。L-1011、DC-10 和波音 747 等飞机的机身侧壁上已经使用了类似的排气系统,A300 系列运输机也采用了这套系统。

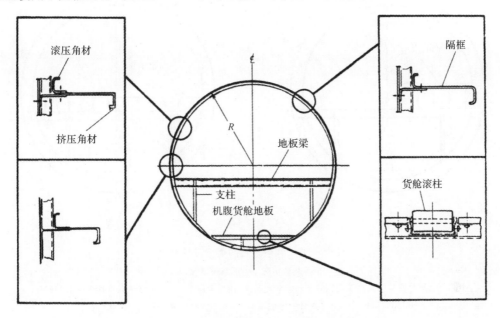

图 2-16 典型的运输机机身横剖面示意图

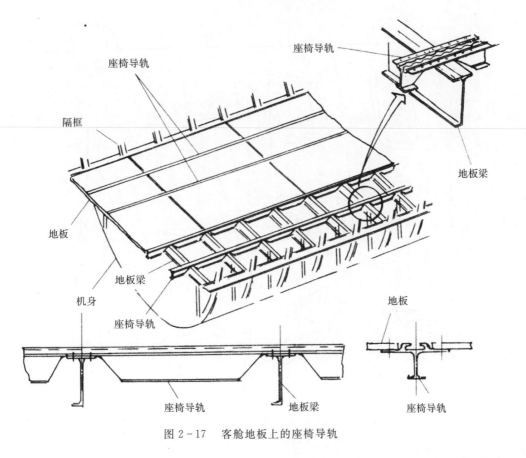

图 2-17 客舱地板上的座椅导轨

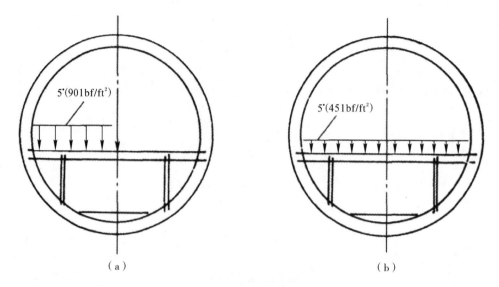

图 2-18   客舱地板的典型设计载荷
（a）载荷情况 1；（b）载荷情况 2

注：除了以上两种载荷条件以及飞行载荷和着陆载荷外，还需考虑 312.5lbf/in（纵向）（1lbf = 4.448N；1in = 2.54cm；1lbf/in² = 6.895kPa）这种严重载荷条件.对于货舱地板来说以上的载荷比较高.

*：过载随机身从前到后的位置不同会发生变化.

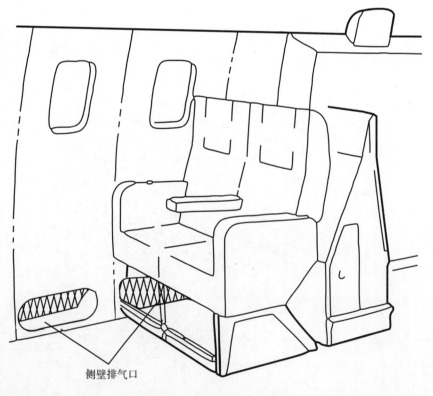

侧壁排气口

图 2-19   机身侧壁排气系统

2.2.7.3　风挡骨架

现代飞机上的风挡给飞行员提供的保护程度远远超过前面所提到的风挡的原始功用。现代飞机上的风挡是机身表面的有机组成部分。对于高空飞行的飞机，风挡必须经受得住舱压载荷，因为风挡所处的位置不仅容易结冰，而且还易受到冰雹或飞鸟的撞击。但是，不管环境如何恶劣，它都必须给飞行员及机组人员提供最高标准的能见度和保护。

现代飞机的风挡采用复合材料制造，这种材料既具有玻璃那样出色的耐磨性和导热性，又具有一些塑料那样的高韧性。其中近乎最佳的一种复合结构是由外表面的一层玻璃和里面一个丙烯酸有机玻璃承载层板层压而成。里面的塑性层板由两层丙烯酸有机玻璃组成，每一层都能按照双载荷传力路线或超静定破损-安全结构要求，独立承受舱压载荷。

如图 2-20 所示的风挡固定方式通常称为"夹紧"设计。必须指出，风挡周围的飞机结构是通过增加截面的厚度来加强的，以使它能够承受作用在风挡开口周缘处的机身载荷，而在风挡的安装螺栓上套有管壁很厚的硅树脂海绵管，使风挡和它的辅助框架在构造上分隔开。如采用这种安装方法设计风挡开口周缘的结构时，要求不依靠风挡的任何支撑就能满足飞机骨架疲劳寿命的要求。

与上面风挡完全不承受飞机结构载荷的设计不同，图 2-21 所示的是风挡需要承受机身结构载荷的设计。采用这种设计时，风挡对其周缘的结构起着加强作用，使周缘结构不但满足疲劳寿命的要求，而且重量比别的情况要轻。在这种设计中，风挡周缘的结构在所有拐角处要特别设计得"软"一些，这样座舱增压产生的膨胀可使风挡实际处于薄膜张力状态。风挡与框架、框架与机身之间的连接经过精心的设计，使得飞机骨架与风挡之间产生最大的直接结构配合，如此既加强了风挡周缘的结构，又能使风挡产生最大的环向张力。

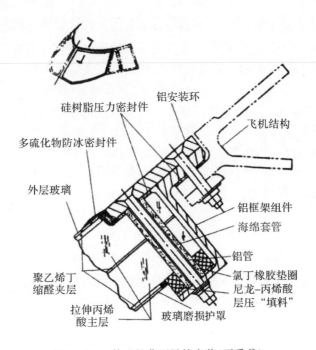

图 2-20　某飞机曲面风挡安装（不受载）

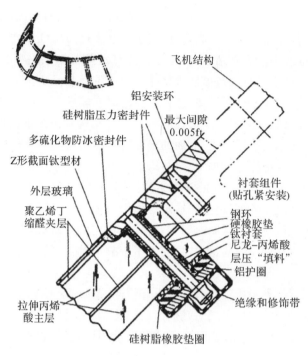

图 2-21　某飞机风挡安装(受载)

注：①1ft = 30.48cm。

2.2.7.4　翼身对接

如果飞机是上单翼或下单翼布局,则整个机翼翼盒可连续贯穿飞机机身。但是,中单翼或半下单翼(semi-low wing)布局情况,由于某些限制而不允许整个翼盒穿过机身,因此,一些剪切腹板和翼面蒙皮在机身的两侧必须切断。中单翼布局飞机不允许机翼翼盒贯穿机身结构,在机身部分通常设计一些大重量的锻件结构来承受机翼的载荷,如图2-22所示。

机身结构在与翼面及起落架连接的地方作用有很大的集中载荷,这些载荷必须要分布到机身壳体中去。机翼和主起落架传来的集中载荷通过超静定结构或多重载荷传力路线传递到中央翼盒和机身结构上,相对于没有开口的壳体而言,机身结构重量的增加不仅包括开口加强所造成的增重,而且包括机翼和起落架支持框的重量增加,这些加强框把机翼和起落架上的载荷传递到机身上去。图2-23和图2-24所示为典型的运输机机翼-机身连接结构示意图。

机翼与机身的连接存在着一些非常有趣的设计问题。图2-25所示为20世纪50年代生产的波音707运输机,它的机翼与机身采用的是四插销连接设计,这种连接方式既简单又易于安装。机翼上的升力和力矩通过机翼与机身之间的4个销钉简单受剪来承受,但该处还有一个纵向载荷矢量,即阻力或推力(向前和向后的载荷),要加以考虑,它们作用在带孔的腹板上。这种设计允许翼梁与机身加强框单独变形,互不影响,这样翼梁内的弯矩就不会直接传到机身加强框(机翼-机身连接框)上。

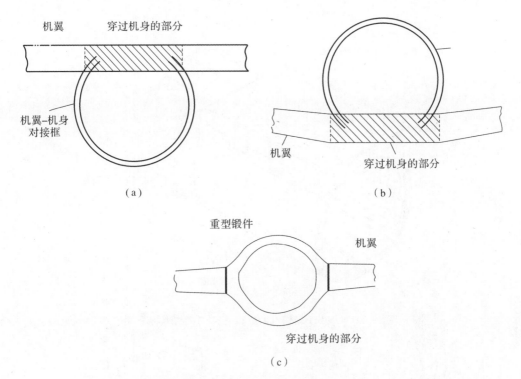

图 2-22 机翼相对于机身的垂向位置
(a) 上单翼;(b) 下单翼;(c) 中单翼

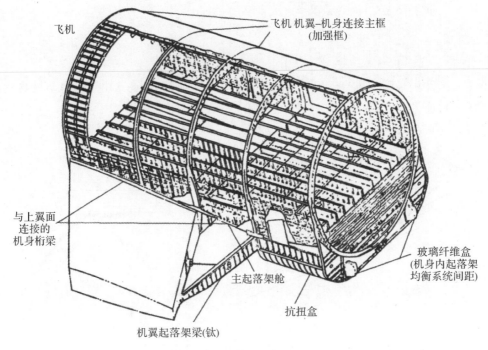

图 2-23 某型客机飞机机翼-机身连接结构示意图

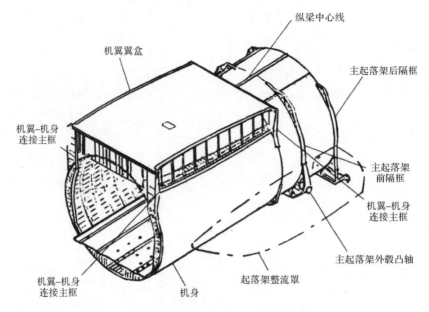

图 2-24　C-141 运输机的机翼-机身连接结构示意图

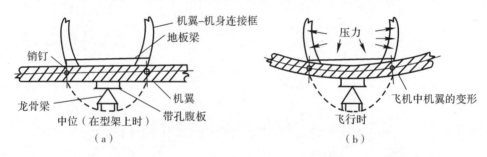

图 2-25　波音 707 机翼与机身的连接

图 2-26 中的机翼与机身采用了桁架连杆和凸缘连接,其中还示出了机身与机翼蒙皮之间的承压密封装置。

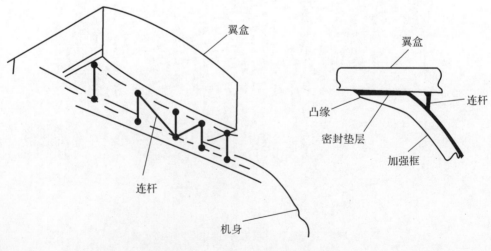

图 2-26　机翼-机身桁架连杆连接

现代运输机机翼-机身连接的典型设计,是把机身的主隔框螺接在中央翼盒的前、后翼梁上,多年来这种连接方法已广泛地为飞机设计人员采用。应特别注意连接中的细节设计问题,即应使该连接结构能够承受由机翼弯曲所引起的疲劳载荷。图 2-27 为机身加强框与机翼翼梁的整体连接示意图,翼梁内的力矩和剪力通过接头传递到机身的前、后加强框上。出于节省重量的考虑,把加强框与翼梁刚性连接成一个整体。这种构造利用了有关部件的弹性特性,需要采用有限元分析技术才能解决载荷传递路线的设计。

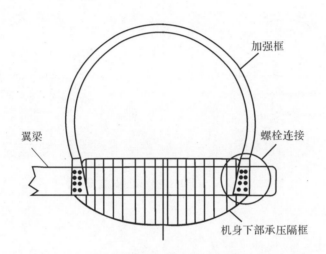

图 2-27 机身加强框与机翼翼梁的整体连接示意图

机身隔框的上半部分是主要结构,它把剪切载荷传递到机身的壳体上,通过合理的细节设计减少机翼后梁引起的扭转变形,不致使隔框产生疲劳问题。机身隔框的下半部分由中央机翼后梁及其延伸部分组成。这些延伸部分大多是次要结构,但由于它们是翼梁的整体延伸件,其整体变形特点给设计带来了一些困难。

2.2.7.5 龙骨梁

龙骨梁(keel beam)是穿过机身中段的中央翼盒下方的纵梁或盒形结构,它是机身结构中受力最大的结构元件,典型运输机龙骨梁的位置及其作用如图 2-28 所示。实际上,龙骨梁之所以这样设计,是为了保证下单翼运输机机身有足够的空间作为主起落架的轮舱。

轮舱所在区域的机身受到的弯矩最大,而此处机身下半部的蒙皮/长桁壁板却被去掉了。为了使弯曲载荷通过这一区域,应把前、后机身下半部蒙皮/长桁壁板所承受的载荷集中到大型纵向构件上。支持和稳定该纵向构件所需的整个结构称为龙骨梁[或称内龙骨梁(keelson beam)]。

图 2-29 所示为带柔性腹板的三角形抗扭盒龙骨梁结构,它是一个独立而稳定的盒形梁。它的设计中另一个独特的结构要求是,要用柔性的承剪腹板构成龙骨梁和上半截机身之间的剪力传递路线。横向加强件必须既能够作为剪切元件加强腹板,又有足够的柔度能够在机翼变形时发生弯曲;柔性腹板可用来传递机翼与机身之间的纵向剪切载荷。

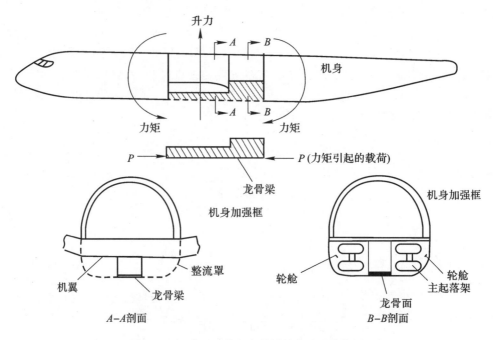

图 2 - 28　典型运输机龙骨梁的位置及其作用

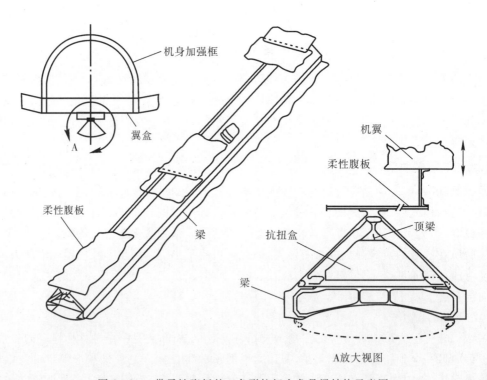

图 2 - 29　带柔性腹板的三角形抗扭盒龙骨梁结构示意图

图 2 - 30 所示为 L - 1011 飞机机身盒形龙骨梁结构示意图,盒中央的空间被用来安装液压系统的设备。基本上这是一个蒙皮／桁条构成的壁板结构,在其底部开有检查口盖。

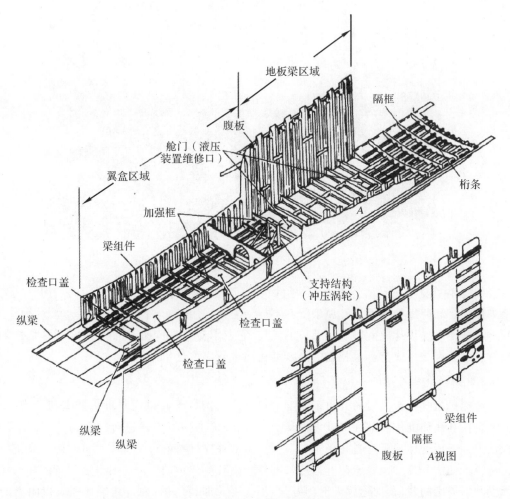

图 2-30 L-1011 飞机机身盒形龙骨梁结构示意图

2.2.7.6 机身大开口

运输机机身不同部位有相当数量不同大小和形状的开口。然而,像客舱门、货舱门、维修口舱门、应急舱门和窗户等,这些开口部位通常都位于结构高载荷区域,因此必须用附加结构来承受开口周围的载荷。像舱门这样的开口,不仅要加装门框,而且还要加强开口附近的内部结构。

一般舱门可按开关方式和承载能力进行分类。"插塞式"或"非插塞式"是用来定义舱门类型的常用术语,"承载式"或"非承载式"用于定义舱门的承载能力。插塞式舱门是从里向外关闭,它们具有能够保证飞机增压舱安全的优点,旅客登机门和勤务门就是采用插塞式门的例子。增压区域的插塞式客舱门和货舱门采用承载式和非承载式两种舱门组合的结构。在这种情况下,舱门需要承受舱压引起的环向张力,但由于要求能够迅速打开,机身上的大部分拉伸和剪切载荷仍然是由舱门周围的结构承担。如图 2-31 所示的是货机采用的一种典型的侧开大货舱门(在底部货舱门上方),这是非插塞式舱门设计的一个例子,但是环向张力是通过底面上的插销传给舱门,经顶部的铰链传递给机身。

图 2-31　机身上部货舱舱门(120in × 73in)

如果存在适当的传力路线,大尺寸的货舱门应该设计成能够承受载荷的结构。尽管如此,诸如松配合和应急处理等设计要求使其不能轻易被采用。

舷窗不需要设计成能够承担载荷的结构。它们承受并且传递了机舱压力,但是舷窗的结构及材料并没有被当成与机身相连的连续结构而进行应力分析。

2.2.7.7　机身舱门

运输机机身上有大量的开口。有些开口比较小,例如维修机内对讲机插座和天线的开口,只需要在其孔周围作局部加强就可以,通常采用蒙皮加强板方式进行加强。对于这种情况,一般认为补强用的加强板材料相当于开口所去掉的蒙皮材料就可保证安全。L-1011飞机机身舱门的位置如图 2-32 所示,舱门开口通常都位于高载荷作用的区域,因此,必须有附加的结构来承受开口周围的载荷。像这样的舱门开口,不仅需要加装门框,而且还要加强开口附近的内部结构。对运输机大型舱门壁板各种改进方案的研究表明,补强增加的材料与开口去掉的材料平均比值大约为 3∶1(不包括舱门和操纵机构)。

客机舱门和特殊出口的设计必须遵守适航规章,以确保旅客的安全和舒适。所有民航客机的设计和制造都必须按此执行。

运输机舱门表面必须安装锁门的机构,以防飞机在飞行中舱门被无意打开,或者由于机械故障而打开。即使舱内人群拥挤挡着门,舱门也必须能够从舱内或舱外打开。打开的方法必须简单易懂,并且在舱内外都标识清楚,即使在黑暗中人们也容易辨认和操作。

为了防止在严重冲撞中由于机身变形而导致的舱门卡死现象,有必要制定一些适当的规定。

下面的标准将用来设计和分析机身上的插塞式舱门(只承受内部或机舱压力)和非插塞式舱门(承受机身壳体载荷和内部压力)。

(1)压力设计极限系数。

1)舱门结构中的受拉杆件和连接件要按极限系数为 3.0 的压力来设计。

2)所有的止动装置如舱门插销、铰链等,要按系数为 3.0 的压力来设计,由摩擦引起的作用在止动装置上的横向载荷也要考虑进去。

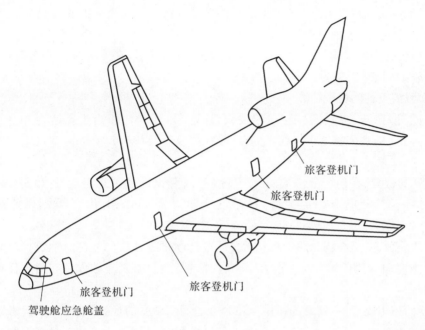

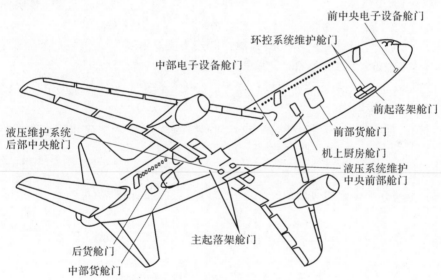

图 2-32　L-1011 飞机机身舱门的位置

3）舱门结构中的剪切和压缩元件，要按系数为 2.5 的压力设计。

4）所有的舱门结构都要能承受 1.5lbf/in 的极限压力。

（2）飞行载荷加压力的设计极限载荷系数。所有的舱门结构都要按系数为 2.0 的可用最大压力加极限飞行载荷进行设计。

（3）飞行载荷单独作用。当飞行载荷是最重要的条件时，所有的舱门结构都要设计成能够单独承受极限飞行载荷。

（4）飞行载荷剪切应力分布（对剪切型的舱门）。舱门要设计成可以经受以下条件：

1）100％ 的极限剪切载荷经由舱门传递（假设机身开口处的剪切力为零）。

2)2/3 的极限剪切载荷经由舱门传递,另外 1/3 的剪切载荷在周围的机身结构中重新分布,以考虑磨损、公差、偏差的问题。

3)剪切力和压力会引起舱门相对于开口区周围结构的变形,在分析应力分布时,这种变形所带来的影响也应该考虑进去。

(5)突风和舱门上的随机载荷。

1)开门或关门。在开关的过程中,舱门要设计成可以经受住相当于风速为 40n mile/h(1n mile = 1 852m)的水平稳定飞行状态的载荷。极限设计载荷为 40n mile/h 的限制风速载荷乘以 1.5。

2)舱门打开的位置。在舱门完全打开的位置,舱门要设计成可以经受住相当于风速为 65n mile/h 的水平稳定飞行状态的载荷。极限设计载荷为 65n mile/h 的限制风速载荷的 1.5 倍。

3)手或脚的载荷。舱门结构和驱动机构要能承受随机的手或脚的载荷,该载荷方向向下,大小为 300lbf,或者向其他任何方向大小为 150lbf。要考虑这些载荷单独作用在门上任何部位打开或关闭舱门。

(6)制动器的扭矩要求。所需要的扭矩应该是在舱门所承受的最大铰链力矩(只考虑舱门的重量,或舱门的重量加上 40n mile/h 风的作用)包线基础上,再加上克服连杆摩擦载荷所需要的扭矩。

(7)门堵塞的条件。当门开始堵塞时,舱门结构不能发生破坏,此时应用满额驱动力。

(8)设计水上迫降压力。需要确定紧急迫降在水面上时的设计压力。

(9)破损-安全设计。舱门结构要设计成可以经受任何单个元件失效的情况。破损-安全设计压力应该是压差的 1.5 倍。

(10)材料。推荐使用 2024 号铝合金或其他同等的材料,作为蒙皮和其他重要受拉元件的材料。

(11)锁闭机构。

1)应该规定在舱门关闭时插销要能够目视可检。除非所有插销都啮合好,否则飞机不能受压。

2)任何磨损、失调或组合公差造成的偏差都不能导致舱门(破坏)脱落。

2.3 翼面结构载荷分析

2.3.1 机翼结构载荷分析

机翼是飞机的升力面,用来产生飞行所需的气动升力。机翼本身以及安装在机翼上的附加翼面(副翼、襟翼、扰流片和减速板等),为飞机提供横侧稳定性、操纵性以及增升增阻效能。机翼又可作为发动机和起落架等部件的固定基础。机翼(见图 2-33)是薄壁加筋壳体,并由骨架和蒙皮构成;骨架主要由翼梁、腹板、桁条(纵向构件组)和翼肋(横向构件组)构成。故机翼内部空间可用来收藏起落架、装载燃油等。机翼外面可外挂发动机短舱、副油箱及各种其他装备。

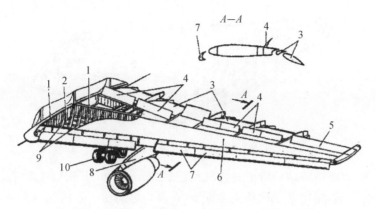

1—翼梁;2—桁条;3—襟翼;4—扰流片;5—副翼;6—蒙皮;

7—前缘缝翼;8—发动机短舱;9—翼肋;10—起落架

图 2-33 现代民用飞机典型的机翼结构

2.3.1.1 机翼结构形式和结构组成

1. 民用飞机机翼结构形式

机翼结构高度相对机翼的宽度尺寸较小,而机翼上作用较大气动载荷,要求机翼承弯能力越来越高。故不论机翼平面形状如何,按照抗弯材料的配置,可以分为梁式、单块式和多墙式三种结构形式。

(1)梁式机翼。结构特征是翼梁很强、缘条尺寸大、蒙皮较薄、桁条较少。机翼中弯矩主要由翼梁承受,蒙皮主要承受扭矩。按翼梁数目分以下几种类型。

1)单梁式机翼。图 2-34 为带前、后纵墙的单梁直机翼,翼梁通常放在剖面最高处,以便充分利用结构高度,提高翼梁的抗弯能力。前、后纵墙可用来固定副翼、襟翼及缝翼,且根部便于大开口。图 2-35 为单梁式后掠翼结构,为传递翼梁根部的部分弯矩,在根部安置加强肋,故除根部三角区以外结构的基本部分与图 2-34 直机翼结构相似。

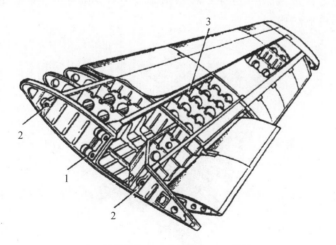

1—承弯接头;2—铰接接头;3—翼梁

图 2-34 带前、后纵墙的单梁直机翼

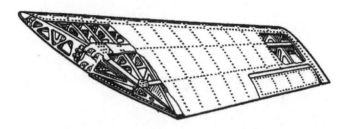

图 2-35　单梁式后掠翼结构

2）双梁机翼。双梁机翼结构特点是在机翼翼弦 20％ ～ 30％ 弦长处布置前梁，在 60％ ～ 70％ 弦长处布置后梁，两梁承受机翼主要弯矩，在两梁之间便于收藏起落架或放置油箱，双梁直机翼结构如图 2-36 所示。

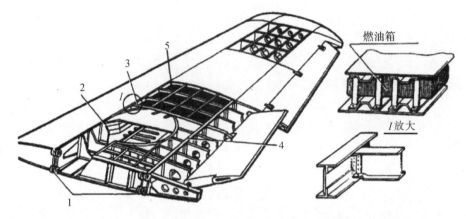

1— 承弯接头；2— 前梁；3— 加强肋；4— 后梁；5— 燃油箱
图 2-36　双梁直机翼结构

3）多梁式机翼结构。随着机翼厚度和展弦比减小，宜采用多梁式机翼结构，此时可减小蒙皮厚度和减少普通肋数量，机翼根部采用梳状接合板可减少机身加强框数量。图 2-37 为带有平行翼梁的三角形机翼结构。

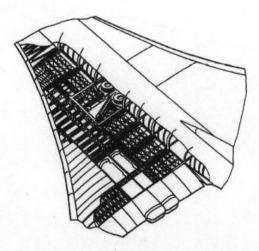

图 2-37　带平行翼梁的三角形机翼结构

梁式结构的主要优点是:结构比较简单;抗弯材料集中在翼梁缘条上,受压缘条的失稳临界应力接近于材料的极限应力;蒙皮上大开口方便,对结构承弯能力影响很小;机翼和机身连接接头简单。其主要缺点是蒙皮未能发挥承弯作用。

(2)单块式机翼。单块式机翼结构特点是:蒙皮较厚,桁条粗密,梁缘条细弱,翼肋较密,蒙皮和桁条组成加筋壁板承受绝大部分弯矩,如图 2-38 所示。单块式机翼的优点是蒙皮在气动载荷作用下变形较小,材料向剖面外缘分散,抗弯、抗扭强度及刚度好,安全可靠性高。但其结构相对较复杂,对接接头多,大开口需有较强的加强件以补偿承弯能力。

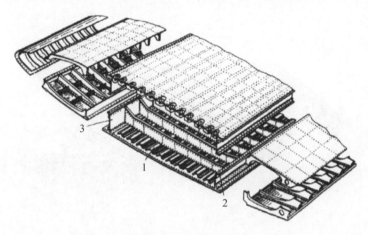

1— 长桁;2— 翼肋;3— 纵墙

图 2-38　单块式机翼

(3)多墙式机翼。多墙式机翼结构特点是厚蒙皮、多纵墙、无桁条、翼肋很少。厚蒙皮承受全部弯矩,如图 2-39 所示。多墙式厚蒙皮结构的特点是:很好地解决了高速薄翼型翼面的强度和刚度与减轻结构质量之间的矛盾;对薄翼结构有较高的应力水平和结构效率;局部和总体刚度大,受力分散;破损安全特性好。但其不易设置大开口,连接复杂。

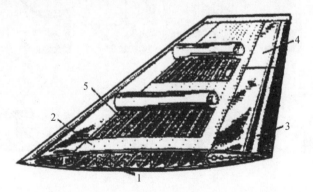

1— 纵墙;2— 蒙皮;3— 襟翼;4— 副翼;5— 纵墙的细缘条

图 2-39　多墙式机翼

2. 民用飞机机翼结构组成

薄壁结构的机翼一般由蒙皮、纵向元件(翼梁、纵墙和桁条)、横向元件(普通肋和加强肋)以及接头组成。

（1）蒙皮。蒙皮的直接功用是形成流线型的机翼外表面。从受力看，气动载荷直接作用在蒙皮上，蒙皮受垂直于其表面的局部气动载荷。蒙皮和桁条组成壁板承受机翼弯曲引起的轴力。蒙皮和梁或墙的腹板组成封闭的翼盒承受翼面的扭矩。结构上简单且使用广泛的是硬铝蒙皮。在高速飞机上采用蒙皮与桁条组成一体的整体壁板或夹心蒙皮，如图 2-40 所示。

（2）桁条。桁条是纵向较细长杆件，各种形式桁条剖面形式如图 2-41 所示。桁条是加强蒙皮的重要纵向元件。桁条与蒙皮组成壁板承受机翼弯曲力矩引起的轴向力，并且支持蒙皮，能提高蒙皮承压时的临界应力并承受局部气动力。

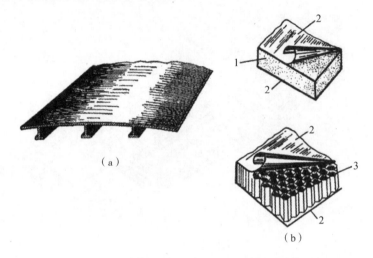

1—塑料芯；2—面板；3—蜂窝芯

图 2-40　蒙皮

（a）整体蒙皮（整体壁板）；（b）夹芯蒙皮

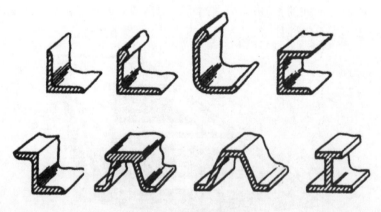

图 2-41　桁条剖面形式

（3）翼梁。翼梁由缘条、腹板和支柱组成，是机翼主要承力元件，承受全部或大部分弯矩，如图 2-42 所示。缘条承受由弯矩 M 引起的拉压轴力 N，由支柱加固的腹板承受剪力 Q，翼梁在根部与中翼段或机身对接。

（4）纵墙。构造与翼梁相似，但缘条很弱，主要靠纵墙腹板承受剪力，并与蒙皮构成闭室承受扭矩，其根部采用铰接接头。

（5）翼肋。翼肋是机翼的维形构件，其外缘构成翼型形状（见图2-43）。翼肋分普通翼肋和加强翼肋。翼肋与蒙皮、桁条相连，以其自身平面的刚度给桁条和蒙皮提供支持。它本身受到梁、纵墙和周围蒙皮支持。加强肋除起普通肋作用外，主要承受平面内的集中力，由它转化成分散力传给蒙皮、翼梁和纵墙的腹板。在结构不连续地方，如大开口处、机翼与机身连接处也要布置加强肋。

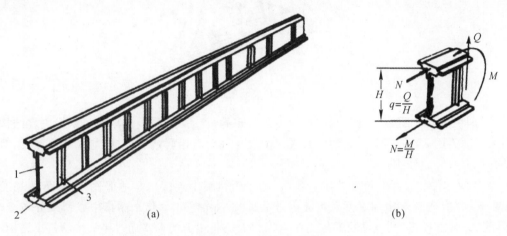

(a)   (b)

1—腹板；2—缘条；3—支柱
图 2-42 翼梁结构
(a) 翼梁构造；(b) 翼梁受载情况

图 2-43 翼肋结构

2.3.1.2 机翼的载荷和传力分析

1. 机翼的载荷

（1）机翼的外载荷。机翼的外载荷有以下三类。

1）气动力载荷。气动力载荷 q_B 是机翼单位展长上分布载荷的合力，以吸力或压力的形式直接作用在机翼蒙皮上，形成机翼的升力和阻力，其中升力 q_L 是机翼的主要外载荷。机翼单位展长垂直于弦平面上的气动力载荷 q_B（见图2-44）在各种设计情况是不同的，因此其合力的大小、方向和作用点也相应不同。有

$$q_B = \frac{nG}{l}\Gamma \tag{2-46}$$

式中：n——过载系数；

$\qquad G$——飞机重力；

$\qquad l$——翼展；

$\qquad \Gamma$——气动载荷沿翼展方向分布系数。

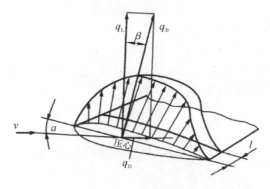

图 2-44 气动力载荷沿翼弦分布

2) 惯性力载荷。机翼本身结构的惯性力为分布载荷 q_C，在工程计算中，可认为机翼结构惯性力为气动力的 $8\% \sim 15\%$。它的分布规律假设与气动力相同，作用方向与气动力相反，对机翼结构承力起卸载作用。

3) 其他部件和装载等传来的集中载荷。它包括机翼上连接的其他部件（如起落架和发动机）、副翼、襟翼等各类附加翼面及机翼内外装载物（如油箱）所传来的集中载荷或分布载荷。起落架传入地面撞击力，发动机的推力常常以很大的集中力的形式通过接头传给机翼结构，与机翼相连部件和装载物的惯性力对机翼结构承载起卸载作用。机翼上所受的各种载荷如图 2-45 所示。

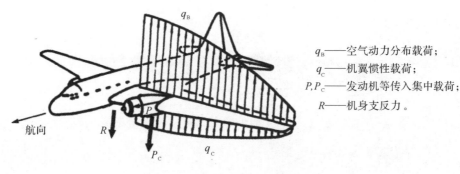

q_B——空气动力分布载荷；
q_C——机翼惯性载荷；
P,P_C——发动机等传入集中载荷；
R——机身支反力。

图 2-45 机翼上所受的各种载荷

（2）机翼的内力。机翼与机身相连，并互相支持。机翼上载荷经连接接头传向机身，并与机身上的载荷相平衡。当机翼在机身侧边与机身相连时，可将外翼视为在机身上有固定支持或弹性支持的悬臂梁。若左右机翼是一个整体，则可将机翼看做是支持在机身上的双支点外伸梁。

首先，分析机翼在载荷作用下的变形概况。外载荷 q_B 沿展向分布，如图 2-46 所示，q_B 作用于压心上，垂直于机翼弦平面。在 q_B 的作用下，机翼产生弯曲和扭转变形（刚心与压心不重合）。

载荷由机翼翼尖向翼根传递的过程中，在机翼中引起的内力有：垂直剪力 Q_n，垂直弯矩 M_n，水平剪力 Q_h，水平弯矩 M_h 和扭矩 M_t。以上垂直和水平是相对机翼弦平面而言的，机翼总体内力如图 2-47 所示。由于水平剪力 Q_h 和水平弯矩 M_h 相对垂直剪力 Q_n 和垂直弯矩 M_n 较小，而弦平面内结构宽度和惯性矩较大，因此，Q_h 和 M_h 引起剪应力和正应力较小，在结构分析时可忽略 Q_h 和 M_h，故机翼的内力可用垂直剪力 Q，垂直弯矩 M 和扭矩 M_t 表示。

机翼任一剖面中由分布载荷引起的剪力 Q_i 和弯矩 M_i 可以用积分方法求得（见图 2-48），

图中 Q_p 为集中力、气动力和惯性力引起的剪力，M_p 为 Q_p 引起的弯矩。

$$Q_i = \int_{\frac{l}{2}}^{\frac{l}{2}-z} q_t \, dz \Bigg\}$$

$$M_t = \int_{\frac{l}{2}}^{\frac{l}{2}-z} Q_t \, dz \Bigg\}$$

$$(2-47)$$

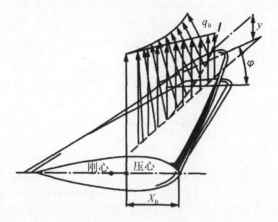

图 2-46　机翼在气动力载荷作用下的变形

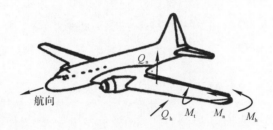

图 2-47　机翼总体内力

由图 2-48 知，发动机的惯性力将起卸载作用。

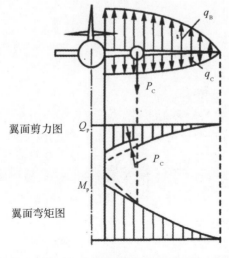

图 2-48　机翼的剪力和弯矩

从图 2-49 可知，气动载荷 q_B 作用于压心 X_B 处，惯性载荷 q_C 作用在质心 X_T 处，X_B 和 X_T 与刚心 X_Z 不重合，则引起的分布扭矩 m_t 为

$$m_t = q_B(X_Z - X_B) + q_C(X_T - X_Z) \tag{2-48}$$

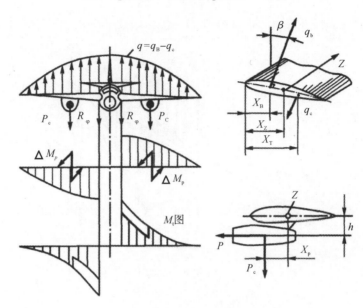

图 2-49　机翼的扭转力矩图

积分 m_t，得扭矩 M_t 为

$$M_t = \int_{\frac{l}{2}}^{\frac{l}{2}-z} m_t \mathrm{d}z + \sum \Delta M_P \tag{2-49}$$

式中：$\sum \Delta M_P$——集中力引起的扭矩。

图 2-48 中，$\sum \Delta M_P$ 为

$$\sum \Delta M_P = P_C X_P - Ph \tag{2-50}$$

式中：P_C——发动机惯性力；

　　　P——发动机推力；

　　　X_P——发动机质心距 Z 轴距离；

　　　h——推力轴线到 Z 轴距离。

2. 机翼一般载荷的传力分析

蒙皮将气动载荷分别传给长桁和翼肋，气动载荷直接作用在机翼蒙皮上，现取出相邻的两长桁、两翼肋之间一小块蒙皮作为分离体进行受力分析（见图 2-50）。将蒙皮看做支撑在长桁和翼肋构成边框上的薄板，当蒙皮受气动吸力时，长桁和翼肋通过铆钉受拉对蒙皮提供支反力，使蒙皮处于平衡状态。根据作用力、反作用力的相互关系，蒙皮通过铆钉受拉把载荷传给翼肋和长桁。蒙皮处于横向弯曲状态。如蒙皮受气动压力时，则蒙皮直接压在翼肋和长桁上，并将载荷传给长桁和翼肋，而铆钉不受力。

（1）长桁将其自身承担的气动载荷传给翼肋。长桁和翼肋常见连接形式如图 2-51 所示，长桁可以看成支持在翼肋上的多支点连续梁受横向弯曲。作用在长桁上的分布载荷由翼肋提

供支反力来平衡。此时,蒙皮上的气动载荷已全部传给了翼肋。

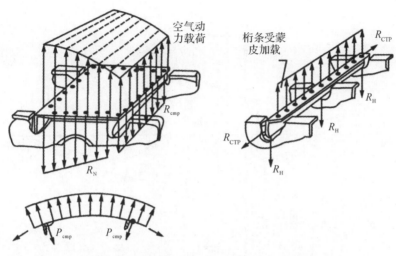

R_N— 翼肋传给蒙皮的支反力;R_{cmp}— 桁条传给蒙皮的支反力

R_H— 翼肋传给桁条的支反力;R_{CTP}— 桁条中的轴力

图 2-50　蒙皮受载并把此载荷传递到翼肋和长桁

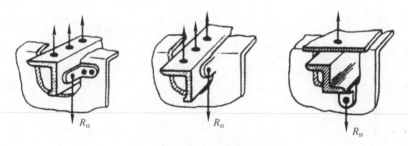

图 2-51　长桁和翼肋常见连接形式

当长桁和翼肋无连接时(多见于机翼下壁板或尾翼壁板),长桁和蒙皮作为一个整体将气动载荷扩散传递到翼肋和翼梁。

在双梁式机翼中,翼肋与两梁的腹板和蒙皮相连,可认为翼肋是支持在一个由梁和蒙皮组成的空间薄壁壳体上。翼肋上外载荷由蒙皮直接传入的初始局部气动载荷 q_{Hi} 以及由长桁传入的以分散的集中力形式作用的气动载荷 P_{cmp}(见图 2-52)。翼肋上作用气动载荷对某一翼肋而言,可以合并成作用于压心上的合力 ΔQ_i,将 ΔQ_i 移到结构剖面刚心上,则引起局部扭矩 ΔM_{ti}。有

$$\Delta M_{ti} = \Delta Q_i C \tag{2-51}$$

式中:C 为压心与刚心间的距离。扭矩 ΔM_{ti} 由蒙皮和后梁腹板(或后墙腹板)形成闭室上的剪流 Δq_{ti} 来平衡,即

$$\Delta q_{ti} = \frac{\Delta M_{ti}}{2\Omega} \tag{2-52}$$

式中:Ω—— 后梁以前机翼蒙皮与后梁腹板所围成的闭室面积。

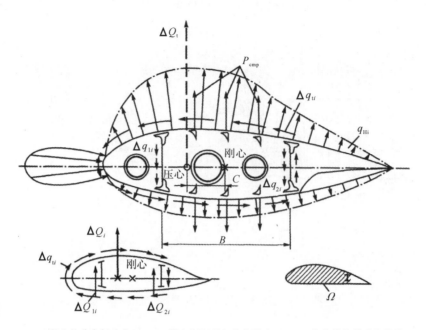

q_{Hi}—i 段上的分布气动力；Δq_{ti}—i 段上扭矩引起分布剪流；P_{cmp}— 桁条传给翼肋的载荷；

Δq_{1i}— 前梁腹板剪流；Δq_{2i}— 后梁腹板剪流；ΔQ_i—i 段上剪力。

图 2－52　翼肋受力示意图

　　在刚心上作用剪力 ΔQ_i 只引起机翼弯曲。剖面的位移使机翼产生挠度，但剖面相对刚性轴不转动，则两个翼梁的挠度相同，故两个梁承受的剪力按其抗弯刚度成正比例分配，即

$$\left.\begin{array}{l} \dfrac{\Delta Q_{1i}}{\Delta Q_{2i}} = \dfrac{E_1 J_1}{E_2 J_2} \\[3mm] \Delta Q_i = \Delta Q_{1i} + \Delta Q_{2i} \end{array}\right\} \qquad (2-53)$$

$$\left.\begin{array}{l} \Delta Q_{1i} = \Delta Q_i \dfrac{E_1 J_1}{E_1 J_1 + E_2 J_2} \\[3mm] \Delta Q_{2i} = \Delta Q_i \dfrac{E_2 J_2}{E_1 J_1 + E_2 J_2} \end{array}\right\} \qquad (2-54)$$

式中：$E_1 J_1$ 和 $E_2 J_2$ —— 前、后梁的弯曲刚度。此时，前、后腹板上的剪流分别为 Δq_{1i} 和 Δq_{2i}，有

$$\Delta q_{1i} = \frac{\Delta Q_{1i}}{H_1} \qquad (2-55)$$

$$\Delta q_{2i} = \frac{\Delta Q_{2i}}{H_2} \qquad (2-56)$$

式中：H_1、H_2 —— 前、后梁的腹板高度。

　　（2）翼梁将载荷 ΔQ 向根部传递。翼梁腹板受到由翼肋传来的剪力，腹板受剪。由于腹板与很多翼肋相连，因此翼梁腹板内产生阶梯式累积的剪力。翼梁腹板相当于被支持在两端翼肋和上、下缘条（翼梁缘条）之间的受剪板，剪流沿腹板高度方向传到根部，与机身侧边接头上支反力 R_{1Q}（或 R_{2Q}）平衡。上、下缘条提供一对沿着翼展方向并且方向相反的支反剪流来与腹板上沿翼展方向的剪流平衡。上、下缘条上的一对剪流向机翼根部累积增加，与机翼固定接头的一对支反力 S_1（或 S_2）平衡。这一对方向相反的剪流也就是剪力 Q 在向机翼根部传递过程中引起

的弯矩(见图 2-53)。

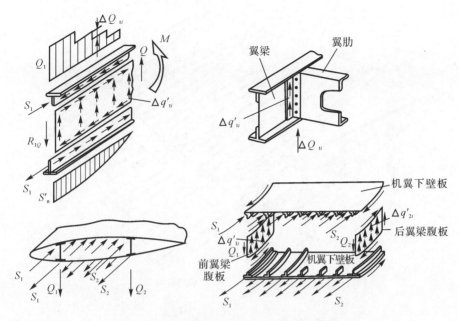

图 2-53 翼梁腹板和缘条(机翼壁板)受载图

假如蒙皮和长桁组成的壁板能承受轴向力(拉伸或压缩),则壁板将参加机翼总体承弯;壁板和翼梁所承受弯矩按其抗弯刚度成正比例地分配。对平直机翼,按平剖面假设,剖面转角相等 $\theta_1 = \theta_2$,展向长度相等 $l_1 = l_2$,则

$$\left.\begin{aligned}
\frac{M_1}{E_1 J_1} &= \frac{M_2}{E_2 J_2} = \frac{M_3}{E_3 J_3} \\
M &= M_1 + M_2 + M_3 \\
M_1 &= \frac{E_1 J_1}{E_1 J_1 + E_2 J_2 + E_3 J_3} M \\
M_2 &= \frac{E_2 J_2}{E_1 J_1 + E_2 J_2 + E_3 J_3} M \\
M_3 &= \frac{E_3 J_3}{E_1 J_1 + E_2 J_2 + E_3 J_3} M
\end{aligned}\right\} \tag{2-57}$$

式中：　　M_1、M_2、M_3——前、后翼梁和壁板承受的弯矩;

$E_1 J_1$、$E_2 J_2$、$E_3 J_3$——前、后翼梁和壁板的弯曲刚度。

(3)机翼将力矩 M_t 以剪流形式向根部传递。机翼壳体受到各个翼肋以剪流 Δq_{ti} 形式传来的外载 ΔM_t,扭矩由翼尖向翼根呈阶梯状累积增加,机翼扭转载荷图如图 2-54 所示,任一剖面的总扭矩 M_t 为

$$M_t = \Delta M_{t1} + \Delta M_{t2} + \cdots \tag{2-58}$$

任一剖面闭室中剪流 q_t 为

$$q_t = \frac{M_t}{2\Omega} \tag{2-59}$$

式中：Ω——闭室周缘所围的面积。

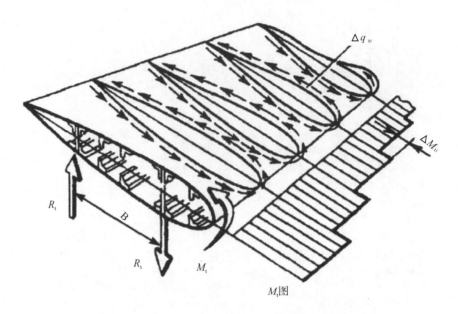

图 2-54　机翼扭转载荷图

双梁式机翼结构一般在翼梁根部采用集中接头与其他部件连接。因此,根部必须安置加强肋,蒙皮将扭矩产生的剪流 q_t 传给加强肋(见图 2-55)。加强肋与接头连接相当于被支持在接头上的双支点梁。加强肋将分散剪流转变成一对力偶 R_t 传给接头。

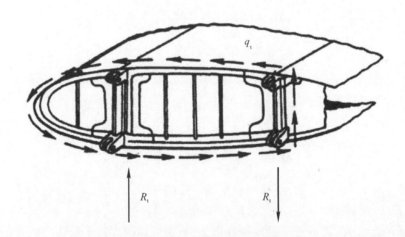

图 2-55　机翼根部翼肋的结构与受载

(4) 集中载荷的传递。机翼结构要承受副翼、襟翼、发动机、起落架及各种外挂等部件通过固定接头传来的集中力 P,这种集中力都相当大;对于位于翼肋平面内的集中力,需要在集中力作用处布置加强肋及扩散件,将集中力转化成分散力 q 传给翼梁腹板和蒙皮(见图 2-56)。集中力作用下加强肋中有相当大的剪力 Q 和弯矩 M,因此翼肋的腹板和上下缘条的强度,以及它们与翼梁腹板和蒙皮的连接强度也要很高。

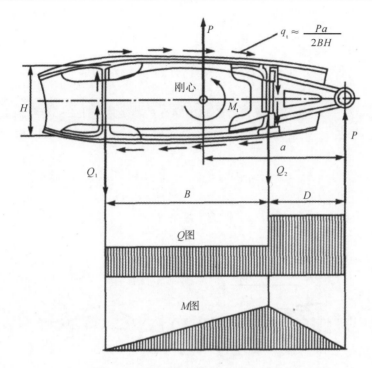

图 2-56　加强肋的结构、受载和平衡

2.3.2　机翼活动翼面结构载荷分析

2.3.2.1　机翼活动翼面分类

机翼活动翼面包括后缘襟翼、副翼、前缘缝翼和扰流板等。

图 2-57 表示出了在现代飞机上获得最广泛应用的增升装置在机翼上的布置,并表示出了偏转状态中的增升装置的轮廓。图中,机翼前部 —— 前缘缝翼 1 或前缘襟翼 8;机翼后部 —— 襟翼(转动式或滑动式襟翼 9,单缝、双缝或三缝襟翼 4)、副翼 10、减速板 2。所有这些装置都使机翼能够控制机翼的升力和阻力,改善飞机的起飞-着陆性能。除增升装置外,图 2-57 上还表示出了外悬式副翼 5 和内侧副翼 6、扰流片 3 和调整片 7。

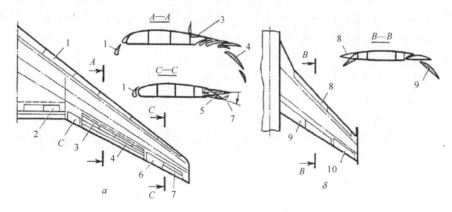

图 2-57　机翼上的活动翼面

2.3.2.2　襟翼结构形式和传力分析

1. 襟翼形式和结构组成

位于机翼后部并可向下偏转以改善机翼升力的翼面形活动部分称为襟翼。

襟翼分为：

(1) 转动式襟翼 —— 绕与机翼连接的转轴转动的襟翼[见图2-58(a)]；

(2) 滑动式襟翼 —— 相对于转轴转动并同时沿翼弦向后移动以增大机翼面积[见图2-58(b)]；

(3) 开缝式襟翼 —— 襟翼偏转时，在其前缘和机翼之间形成特形缝的襟翼[见图2-58(c)]；

(4) 多缝式襟翼 —— 由几个活动环节组成、偏转至不同的角度并被各特形缝分开的襟翼[见图2-58(d)]。

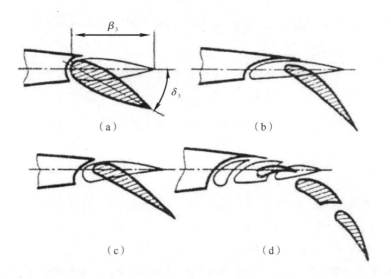

图2-58　襟翼形式

(a) 转动式；(b) 滑动式；(c) 开缝式；(d) 多缝式

襟翼结构为由单梁、双梁和三梁与小间距多肋组合而成的结构，这种结构抗疲劳能力强，被广泛应用。襟翼典型结构如图2-59所示。在襟翼、导轨和制动器连接的位置，必须设置加强肋，以传递集中载荷。其他翼肋一般为带有减轻孔的板弯肋或桁架肋。蒙皮一般都经化学铣切和机械加工，连接部位带加强凸台，也可用等厚蒙皮加锯齿形带板与梁缘条相连。一般设计要求下蒙皮是可拆卸的。翼梁有两种结构形式：一种是挤压型材、腹板和立柱铆接梁；一种是板弯槽形梁，根据需要加立柱和开减轻孔。襟翼后梁之后的尾段常采用蜂窝夹芯结构，为了更换方便，应设计成可以从襟翼后梁上拆下来的结构。

转动式襟翼的结构如图2-60所示。无论是对于所有类型襟翼的结构而言，还是对于副翼、方向舵和升降舵的结构而言，转动式襟翼的结构均是典型的。

襟翼由骨架和蒙皮组成。骨架通常由一个大梁（有时是管截面大梁，以便承受扭矩）、桁条和肋组成。大梁上安装襟翼悬挂和操纵接头。操纵接头上固定着作动筒推杆以偏转襟翼。襟翼的后部可采用蜂窝结构，以提高其刚度并降低其重量。

— 62 —

　　滑动式襟翼的结构和外形如图 2-61 所示,该襟翼的承力结构形式与前面所述的相似。然而,为使其沿翼弦向后滑出并向下偏转,使用了固定在机翼加强肋上的专用导轨和安装在襟翼端肋的支臂上并支撑在上述导轨上(沿导轨滑动)的滑轮。在襟翼的大梁上固定着支臂,与它相连的是襟翼收、放作动器的推杆。

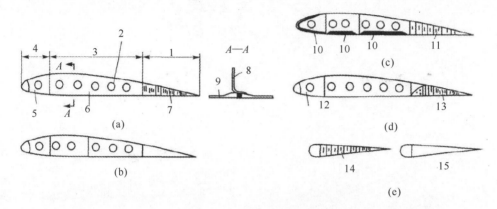

1—后段;2—减轻孔;3—中段;4—前段;5—成形翼肋;6—成形翼肋或桁架翼肋;
7—全高度蜂窝夹芯结构构成形翼肋-蒙皮组合结构;8—成形翼肋;9—蒙皮;10—蜂窝板;
11—全高度蜂窝夹芯结构;12—主襟翼;13—后部襟翼;14—全高度蜂窝夹芯结构;15—成形翼肋-蒙皮组合结构

图 2-59　几种典型襟翼结构

(a)双梁和间距小的多翼肋;(b)三梁或多梁和安装襟翼导轨及制动器的隔板肋;
(c)全高度蜂窝夹心结构或形成翼肋与蒙皮的组合结构;(d)装有可动后段襟翼的襟翼结构;
(e)全高度蜂窝夹心结构或形成翼肋与蒙皮的组合结构

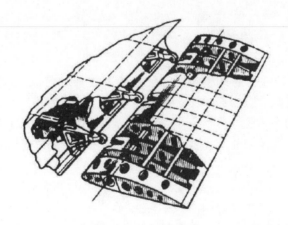

图 2-60　转动式襟翼的结构

　　开缝襟翼的结构与上述襟翼结构类似。在选择襟翼前端和机翼后部的轮廓、襟翼固定转轴的位置时,应使得在襟翼偏转时形成特形缝,它能加速通过特形缝的空气并使空气沿襟翼上表面流动。这可以在起飞和着陆时,获得更高的 C_{ya} 值。

　　三缝滑动式襟翼的结构如图 2-62 所示。主要由主襟翼 2 和后襟翼 1 及前襟翼 4 组成。

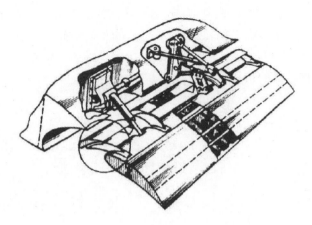

图 2-61　滑动式襟翼的结构和外形

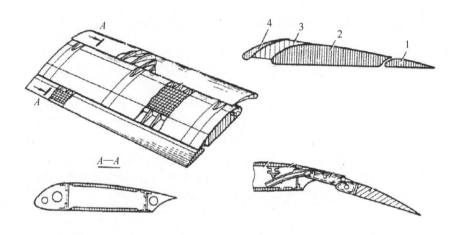

1—后襟翼；2—主襟翼；3—滑轨；4—前襟翼

图 2-62　三缝滑动式襟翼的结构

主襟翼是中央升力部件和主承力构件，其上装有后襟翼和前襟翼。该结构的承力构件由两个大梁，蜂窝夹芯的壁板，前、后部的蒙皮组成。襟翼主结构的盒形三层壁板既在沿襟翼翼展的方向上，也在翼弦平面内承受弯曲载荷，这提高了襟翼的刚度并降低了其重量。

襟翼的尾段由骨架（大梁和前缘翼肋）和蒙皮组成。它可以采用能提高其刚度和降低其重量的蜂窝结构。

2. 襟翼传力分析

（1）转动式襟翼、滑动式襟翼、开缝襟翼的传力。在飞行中，襟翼主要受到垂直于襟翼外表面的气动力和襟翼自身惯性载荷作用，由于襟翼自身惯性载荷相对气动载荷较小，设计初期暂不考虑。襟翼可看作受分布气动载荷的多支点梁，气动力绕襟翼转轴形成气动力矩，该力矩与滚珠丝杠的操纵力矩平衡，气动力与操纵力最终与摇臂悬挂点的支反力平衡。由于襟翼操纵力产生垂向分量和水平航向分量，因此襟翼需传递垂向力、水平航向力、垂向力引起的弯矩以及气动力矩引起的扭矩，具体如下：

1）壁板以拉压的方式仅承受一小部分弯矩，主要以面内受剪形式传递水平航向力。

2）前后梁的梁缘条承受大部分弯矩,翼梁腹板主要承受由外载荷(气动载荷)、操纵接头力垂向分量、悬挂接头力垂向分量等形成的剪力。

3）上、下壁板和翼梁形成的闭室传递扭矩。

4）翼肋起传递集中载荷和维形作用。翼肋上的总载荷中,剪力由梁腹板提供的支反力平衡,扭矩由闭室提供的剪流平衡,此外,上、下蒙皮还提供一部分剪流给翼肋。

5）襟翼上分布的气动载荷最终以集中力形式通过襟翼支臂以及与机翼后梁连接的扭力管传给机翼。

（2）三缝襟翼传力。后缘襟翼主要承受翼面气动载荷,包括前襟翼、后襟翼和主襟翼气动载荷。

1）前襟翼沿展向可视为多支点连续梁,沿弦向可视为多个双支点梁。前襟翼上的所有气动载荷通过蒙皮、翼梁、翼肋等结构传给前襟翼翼梁上的后接头和可控拉杆,通过后接头和可控拉杆把载荷传给前襟翼滑轨,前襟翼滑轨通过主襟翼前缘滑轮架上的两组法向滚轮和两组侧向限位块将载荷传给主襟翼盒段前梁。前襟翼气动载荷对转轴的力矩由连接在前襟翼梁与主襟翼滑轮架上的可控托架之间的操纵拉杆承受,操纵拉杆最终将载荷传给主襟翼的滑轨和滑轮架结构。

2）后襟翼沿展向可视为多点连续梁,沿弦向可视为双支点梁。后襟翼上的所有气动载荷通过蒙皮、翼梁、翼肋等结构传给连接在后襟翼翼梁和加强肋上的滑轮架结构,再由滑轮架上的两组滚轮和两组侧向限位块将载荷传给后襟翼滑轨,最终将载荷传给主襟翼盒段结构。后襟翼气动载荷对转轴的力矩由连接在后襟翼前缘上的操纵拉杆承受,操纵拉杆再将载荷通过一套连杆机构传给前襟翼滑轨和主襟翼前后梁。

3）主襟翼除了承受本体的气动载荷外,还承受前襟翼、后襟翼传来的集中载荷。主襟翼结构沿展向可视为三支点连续梁,沿弦向可视为双支点梁,主襟翼上的所有气动载荷和集中载荷通过蒙皮、翼梁、翼肋等结构传给连接在主襟翼上的滑轮架结构,滑轮架再通过四组滚轮将载荷传给襟翼主滑轨,主滑轨最终将载荷传给机翼盒段。主襟翼气动载荷对转轴的力矩由螺旋作动器螺杆承受,操纵螺杆最终将载荷传给滑轨,再由滑轨传给机翼。

2.3.2.3　副翼结构形式和传力分析

1. 副翼形式和结构组成

副翼是位于两侧机翼后缘的翼尖部位并可以向相反的方向同时偏转(一侧副翼上偏,另一侧下偏)以使飞机产生滚转的机翼活动翼面部分。副翼用于控制飞机的滚转姿态。

副翼就像飞机的其他操纵机构(升降舵和方向舵)一样,在外形和结构上(形成承力结构的承力构件,其用途、结构和载荷传递时的受力)与机翼类似。正如机翼的结构一样,副翼的结构由骨架和蒙皮组成。骨架由大梁、桁条、肋、隔板组成。为减小副翼变形,增大了其支座数(最少为 3 个)。副翼结构示意图如图 2-63 所示。它们悬挂在支座上,支座安装在机翼后梁上。

2. 副翼传力分析

在飞行中,作用在副翼上的外载荷有气动力、作动筒的操纵力以及悬挂装置的支反力。

副翼可看作受分布气动载荷的多支点梁。前梁为主要纵向受力构件,梁缘条受正应力,梁腹板受剪应力;肋为主要横向受力构件,肋缘条受正应力,肋腹板受剪应力;副翼弯矩主要由梁缘条和上下蒙皮承受;副翼还承受扭矩,扭矩主要由蒙皮、肋和梁组成的闭室承受;副翼上分布的气动载荷最终以集中力形式通过接头传给机翼。

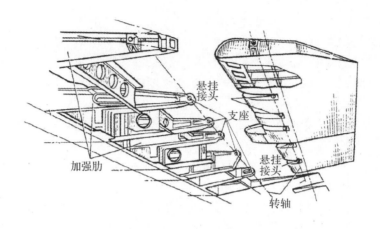

图 2-63　副翼结构示意图

2.3.2.4　缝翼结构形式和传力分析

1. 缝翼形式和结构组成

　　缝翼是位于机翼前部的机翼特形活动部分,每个机翼上的前缘缝翼均由与机翼骨架相连的几段组成。连接方式或是利用与传动装置相连的导轨和螺杆机构,或是利用前缘缝翼上的滑轨和机翼前部中的摇臂机构。

　　图 2-64 所示的每段前缘缝翼的结构,均由大梁、桁条、肋和隔板、蒙皮、滑轨和滑轮架,以及固定螺杆收放装置和滑轨的支臂组成。

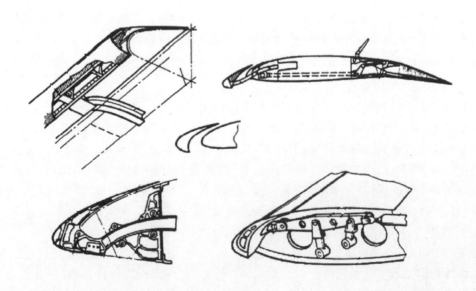

图 2-64　缝翼结构

2. 缝翼传力分析

前缘缝翼主要承受气动载荷。前缘缝翼沿展向为多支点连续梁，沿弦向可以视为悬臂梁结构。气动载荷产生的剪力和弯矩通过支臂与加强隔板相连的两个螺栓传给滑轨，再由滑轨传给滚轮和齿条，其中，主滑轨的径向和侧向载荷分别传递给上、下两组径向滚轮和侧向两组滚轮，将沿滑轨的切向载荷传递给齿条；而辅助滑轨只传递滑轨径向和侧向的载荷，将其传递给上、下两组径向滚轮和侧向滚轮。传递给滚轮的载荷通过固定前缘的加强隔板给机翼盒段。

2.3.2.5　扰流板结构形式和传力分析

1. 扰流板形式和结构组成

扰流板是位于襟翼前方的机翼上表面并用来控制升力的特形板（薄板）形式的机翼活动部分（见图 2-65）。它们结构相似并在放出时向上偏，引起气流分离、升力下降和阻力增加，而在收起位置时，埋入机翼中。在作为地面扰流板时，它们在两半机翼上对称地向上偏转，而在作为多功能扰流板时，只有需向该方向倾斜的那一半机翼的扰流板偏转。因此，多功能扰流板是飞机的横向可操纵性机构。为提高飞机相对于其纵轴的操纵效率，多功能扰流板远离该轴布置，通常放在外侧襟翼的前面，增大力矩 M 的力臂；相反，地面扰流板放在内侧襟翼前面，在不对称偏转时减小力矩 M 的力臂。

图 2-65 示出了某型飞机扰流板的典型结构。主承力结构是由大梁和两个"π"形截面的肋，上、下蒙皮，尾缘条，金属蜂窝夹芯，前部隔板和密封型材构成。中间操纵悬挂支臂是沿翼型整个弦长分布的工字形截面整体梁。支臂上的一个耳片用于将扰流板悬挂到机翼后大梁的支座上，另一个耳片用于固定液压作动筒。另外两个悬挂接头位于扰流板的两个加强端肋上。

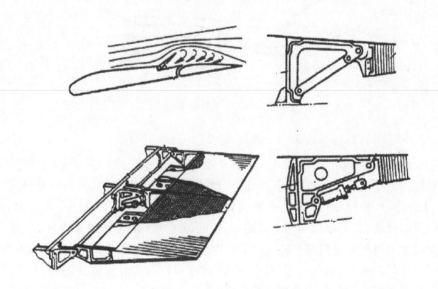

图 2-65　扰流板及其悬挂和操纵接头结构示意图

2. 扰流板传力分析

扰流板主要承受翼面气动载荷。作用在扰流板上的气动载荷以剪力的形式通过悬挂接头传给机翼后梁，气动载荷引起的弯矩由操纵接头的支反力来平衡。气动载荷和悬挂支点的集中载荷以及作动筒的操纵载荷相平衡。扰流板为全高度蜂窝结构，其受力特点是：在弯曲载荷作用下,一侧蒙皮受压.另一侧蒙皮受拉,蜂窝夹芯主要承受剪力,受拉蒙皮通过蜂窝夹芯对受压蒙皮提供支持,使其承载能力提高。

2.3.3 尾翼

2.3.3.1 尾翼结构形式和结构组成

尾翼是控制飞机稳定性和操纵性的升力表面部件.尾翼由水平尾翼和垂直尾翼两部分组成。

水平尾翼用于保证飞机纵向稳定性和操纵性,垂直尾翼用于保证飞机的航向稳定性和操纵性.完成这些任务的方法是在尾翼上形成为保证给定飞行状态所必需的、在量值和方向上可变的气动力。

图 2-66 示出了常规和 T 型的尾翼布局.水平尾翼由水平安定面和升降舵组成,垂直尾翼由垂直安定面和方向舵组成.升降舵和方向舵统称舵面.这种尾翼构形对多数亚声速现代飞机而言是典型的构形。

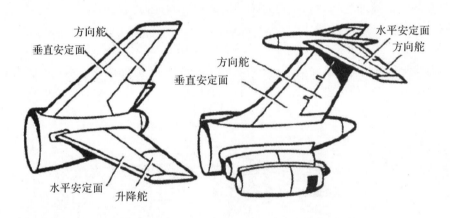

图 2-66 尾翼布置图

2.3.3.2 后掠 T 型尾翼的水平尾翼结构形式和传力分析

后掠 T 型尾翼的水平尾翼结构如图 2-67 所示.它由两个平尾外翼组成,外翼本身通过前、后梁上的对接带板在对接肋上连接.除此之外,每个外翼包括加强肋(按升降舵接头数量)、普通翼肋、翼尖整流罩、带防冰设备的可拆卸前缘、上下壁板、后缘和升降舵悬挂支臂.对接肋和加强肋有较强的缘条,翼肋腹板用支柱加强.对接肋通过接头和带板与梁连接在一起。

水平安定面结构所承受的载荷经平、垂尾对接结构传递给垂尾.在载荷传递过程中,在水平安定面中引起的内力有:垂向剪力、弯矩、扭矩、航向力、偏航力矩以及侧向力.由于航向力、侧向力和偏航力矩相对垂向剪力和弯矩为小量,并且水平安定面弦向的弯曲刚度很大,因此,航向力、侧向力和偏航力矩引起的剪应力和正应力较小,在平、垂尾对接设计中除考虑航向力和侧向力的影响外,在对水平安定面分析时可忽略它们的影响.水平安定面的内力就可用垂向剪力、弯矩、扭矩表示.其中:剪力主要由前、后梁腹板承受,以梁腹板受剪的形式向根部传递;倾斜的梁缘条和壁板也可以承担部分剪力,这部分剪力在对接肋处转化为肋腹板的剪力,最终通过平尾前、后接头传递给垂尾;扭矩由盒段闭室承受,以蒙皮和梁腹板受剪的形式向根部传递,最终通过平尾前、后接头传递给垂尾;弯矩由上、下壁板和梁缘条产生拉、压载荷来承受并向根部传递。

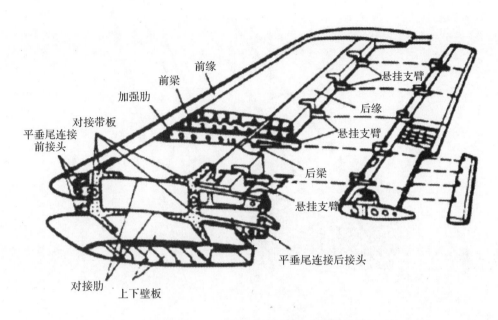

图 2-67 后掠 T 型尾翼的水平尾翼结构

2.3.3.3 垂尾结构形式和传力分析

1. 垂尾形式和结构组成

常规后掠形垂直尾翼如图 2-68 所示,T 型尾翼的垂直尾翼结构如图 2-69 所示。垂直尾翼由垂直安定面和方向舵组成。图 2-69 示出了双梁后掠形结构的垂直安定面。它由梁、下端肋、上端肋、加强肋和普通肋、两个壁板、可拆卸的前缘、尾部整流罩组成。

两个垂直安定面的承力构件结构是典型的,但是,由于水平尾翼的附加载荷作用在 T 型尾翼的垂直安定面上,垂直安定面上的所有承力构件都应进行加强(增大梁的缘条截面,梁全长上的腹板用支柱加强等)。在梁的根部,用螺栓安装对接接头以便把垂直安定面固定在机身上。在梁的上部用螺栓安装了垂直安定面的前梁耳片式接头,来固定水平安定面的前固定接头;在垂直安定面的后梁-耳片式接头上固定水平安定面的后接头。

2. 垂尾传力分析

T 型尾翼的垂直安定面主盒段在尾翼结构中既支撑平尾结构又为方向舵结构提供支持,所受载荷主要有主盒段自身的气动载荷和惯性载荷、垂直安定面前后缘及翼尖整流罩传递的外载、平尾结构通过对接接头传递的集中载荷,以及方向舵通过后缘支臂传递的集中载荷。

垂直安定面前缘所受的载荷通过前缘隔板和前缘蒙皮传递给主盒段前梁和蒙皮。

垂直安定面后缘所受的载荷通过后缘与主盒段连接的支架和带板传递给主盒段的蒙皮和后梁。

垂直安定面翼尖整流罩所受的载荷通过翼尖整流罩蒙皮、前梁和后部接头传递给主盒段。

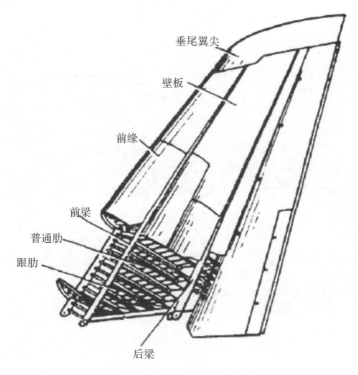

垂尾翼尖

壁板

前缘

前梁

普通肋

跟肋

后梁

图 2-68　常规后掠形垂直尾翼

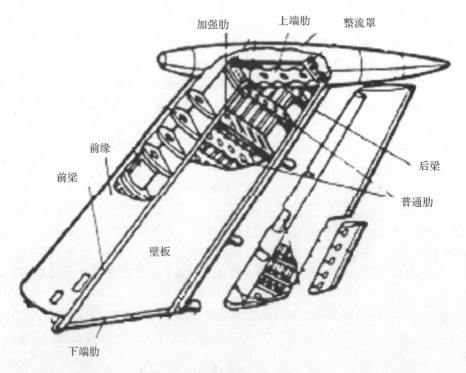

加强肋　　上端肋　　整流罩

前缘

前梁

后梁

普通肋

壁板

下端肋

图 2-69　T 型尾翼的垂直尾翼

垂直安定面所受的载荷最终通过根部接头的航向拉压载荷和垂向拉压载荷,以及前后梁接头的剪切载荷传递给后机身。

常规后掠形垂直尾翼的传力与后掠翼相同。

2.3.3.4　升降舵结构形式和传力分析

1. 升降舵结构形式和组成

升降舵的结构形式和组成如图 2-70(见彩图) 所示。

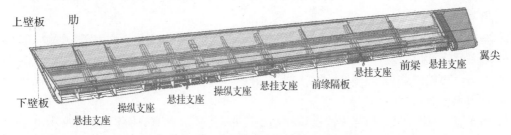

图 2-70　升降舵的结构形式和组成

2. 升降舵传力分析

升降舵通过悬挂支座安装在水平安定面后缘支臂上,操纵系统作动器产生的作动力通过两个操纵支座传递到升降舵。升降舵可以看做是在气动载荷作用下,支持在悬挂支臂上的多支点连续梁。其弯矩和剪力通过悬挂支座传递给水平安定面后缘悬挂支臂,扭矩由悬挂支座和操纵支座上的操纵力共同平衡。

2.3.3.5　方向舵结构形式和传力分析

(1)方向舵结构形式和组成。方向舵的结构形式和组成如图 2-71(见彩图)所示。

(2)方向舵传力分析。

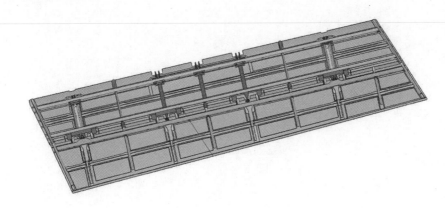

图 2-71　方向舵的结构形式和组成

整个方向舵结构作为多支点梁结构,主要承受垂直于舵面的气动载荷和平行于方向舵铰链轴线的惯性载荷。气动载荷主要通过舵面蒙皮向梁上的悬挂支座传递,气动载荷相对转轴形成的力矩由随动拉杆提供的作动力相对转轴形成的铰链力矩进行平衡,随动拉杆上的力由垂直安定面后梁悬挂支臂提供的支反力平衡。

参 考 文 献

[1] 航空航天工业部科学技术研究院. 飞机设计载荷计算指南[M]. 西安:飞行试验研究院,
     1990.

[2] 飞机设计手册编委会. 飞机设计手册:第九册 载荷、强度和刚度[M]. 北京:航空工业
     出版社,2001.

[3] 军用飞机结构强度规范编制组. 军用飞机结构强度规范:GJB 67A－2008[S]. 北京:总
     装备部军标出版发行部,2008.

[4] 中国民用航空总局. 中国民用航空规章第 25 部:运输类飞机适航标准 [S]. 北京:中国
     民用航空总局,2011.

[5] 孙侠生. 民用飞机结构强度刚度设计与验证指南[M]. 北京:航空工业出版社,2012.

[6] HOWE D. 飞机载荷与结构布局[M]. 孙秦,韩忠华,钟小平,译. 北京:航空工业出版
     社,2014.

[7] MEGSON T H G. 飞机结构分析概论[M]. 郭圣红,姚雄华,尹建军,译. 北京:航空工业
     出版社,2016.

[8] WRIGHT J R,COOPER T E. 飞机气动弹性力学及载荷导论[M]. 姚一龙,译. 上海:
     上海交通大学出版社,2010.

第3章 翼面典型结构静强度分析方法

民用飞机翼面是飞机主要组成部分,本章主要针对翼面典型结构如整体壁板、翼梁、翼肋、翼面开口结构诠释静强度分析方法,并利用试验数据说明其方法适用性。

3.1 机翼整体壁板静强度分析

为减轻结构重量,目前民用飞机机翼壁板多采用整体壁板。整体壁板就是不需铆接、胶接、焊接和螺接技术而将蒙皮和长桁及加强部分制成一体的加筋板件。与铆接壁板相比,整体壁板有下列优点:

(1)可大幅地减轻结构重量,在保证同样刚度和强度情况下,与铆接壁板相比,结构重量可减轻 15% ~ 20%;

(2)没有蒙皮与长桁连接的孔,可提高整体油箱密封性,大幅地减少壳体结构密封材料的用量,一般比铆接结构可减少 80% 用胶量;

(3)由于铆钉用量少,净截面面积大于常规结构,从而结构的疲劳寿命提高了,同时可承受比较高的压缩屈曲载荷;

(4)可大大地减少连接件和零件数量,一般比铆接结构减少零件 82% ~ 93%,减少 67% 装配工作量左右,简化了协调关系;

(5)外形尺寸准确,表面光滑,减少飞行阻力,提高飞机性能。

在确保安全设计的前提下降低结构重量是飞机设计工程师追求的终极目标。准确的强度计算方法是机翼壁板设计分析中的关键因素,对飞机机翼结构效率的提高和重量控制至关重要。因此,需要建立完善、准确、实用的整体壁板工程计算方法。

整体壁板强度分析项目为:蒙皮压缩局部屈曲、长桁压缩局部屈曲、蒙皮剪切屈曲、蒙皮压剪复合屈曲、蒙皮拉伸强度、长桁拉伸强度、蒙皮剪切强度、蒙皮拉剪复合强度和加筋壁板压剪复合强度。本节将详细介绍机翼壁板的强度计算方法。

3.1.1 壁板拉伸强度分析

3.1.1.1 NASA TN D-1259 方法

无孔壁板的理论承受拉应力的能力为蒙皮与桁条的承载能力之和。试验研究表明,类似铆钉孔的切口会引起材料静强度降低。已有试验数据表明:如果蒙皮材料为 2000 系列铝合金,强度减缩系数约为 0.88;如果桁条材料为 7000 系列铝合金,强度减缩系数为 0.95。

可以根据壁板材料拉伸极限应力 σ_b 的 B 基准值确定壁板极限拉伸许用应力。

$$[\sigma_t] = \frac{0.88A_{\text{蒙皮净截面积}}\sigma_{b(\text{蒙皮})} + 0.95A_{\text{长桁净截面积}}\sigma_{b(\text{长桁})}}{A_{\text{蒙皮毛面积}} + A_{\text{长桁毛面积}}} \qquad (3-1)$$

3.1.1.2 国内设计所计算方法

加筋壁板受拉伸载荷时,蒙皮和长桁都需要进行拉伸许用值的计算。许用拉伸应力为

$$[\sigma_t] = k\sigma_b \qquad (3-2)$$

式中:σ_b——蒙皮或长桁材料的拉伸极限应力;

k——考虑钉孔削弱的系数,根据钉孔的布置及壁板结构形式(组合或整体)取 0.8 或 0.9。

壁板在复合受载状态时,蒙皮上的最大主应力的计算表达式为

$$\sigma_{\max} = \frac{\sigma_x + \sigma_y}{2} + \sqrt{\left(\frac{\sigma_x - \sigma_y}{2}\right)^2 + \tau_{xy}^2} \qquad (3-3)$$

式中:σ_x——蒙皮 x 向应力;

σ_y——蒙皮 y 向应力;

τ_{xy}——蒙皮剪应力。

取蒙皮上的最大主应力 $\sigma_{\max}$ 作为蒙皮的拉伸名义应力 σ_t,则蒙皮拉伸安全裕度为

$$\text{M. S.} = \frac{[\sigma_t]}{\sigma_t} - 1 \qquad (3-4)$$

由于长桁只承受轴向拉伸载荷,其工作应力即为杆的轴向应力。长桁拉伸安全裕度的计算表达式与蒙皮的相同。

3.1.2 壁板压缩强度分析

在受轴压载荷作用的加筋壁板结构中,长桁的主要作用是增加蒙皮的屈曲应力和提高壁板的承载能力。根据蒙皮和长桁的刚度不同,整体壁板可能出现以下三种屈曲形式:

(1) 筋条单个或几个简单元件的局部屈曲。这种屈曲发生在筋条板元宽厚比大的情况。此时筋条板元屈曲,屈曲半波长为筋条板元宽度。

在加筋板中,筋的局部屈曲变形会影响筋条对薄板的支持刚度,从而影响加筋板的屈曲应力,所以在加筋板设计时,应首先计算加筋条单个或几个简单元件的局部屈曲应力,确认加筋条元件局部屈曲不会先于加筋板总体屈曲或板的局部屈曲发生,设计强加筋条,然后再确定其他参数。

(2) 加筋板总体屈曲。加筋结构中,如果筋条不发生元件的局部屈曲,在加筋条相对惯性矩较小时还会发生包括板与加筋条一起的加筋板总体屈曲。此种情况下只有加筋条的轴向刚度、弯曲刚度和扭转刚度才影响加筋板的屈曲性能。

(3) 加筋条间薄板的局部屈曲。如果筋条相对惯性矩较大,迫使加筋板受压的屈曲波在筋条处形成节点,此时发生筋条间薄板的局部屈曲。屈曲半波长相当于筋条间距。

在加筋板发生局部屈曲的状态下,加筋壁板仍然能够具有继续承载的能力,进入过屈曲状态,随着载荷继续增加,壁板最终破坏。图 3-1 展示出了加筋壁板的几种失效模式。

3.1.2.1 长桁的局部屈曲

(1) 一般方法。将加筋条分解成一系列板元(见图 3-2),确定每个板元沿边缘的支持和旋转约束特性,计算每个板元屈曲应力,取出最弱元件的屈曲应力作为加筋条局部屈曲应力。

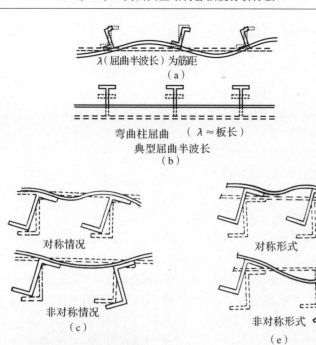

λ（屈曲半波长）为筋距
（a）

弯曲柱屈曲 （λ≈板长）
典型屈曲半波长
（b）

对称情况

非对称情况
（c）

对称形式

非对称形式
（e）

（d）

图 3-1 加筋壁板的几种失效模式

（a）加筋板局部短柱屈曲；（b）加筋板弯曲柱屈曲；（c）加筋板扭转柱屈曲；

（d）加筋板弯曲-局部柱屈曲；（e）加筋板弯曲-扭转柱屈曲

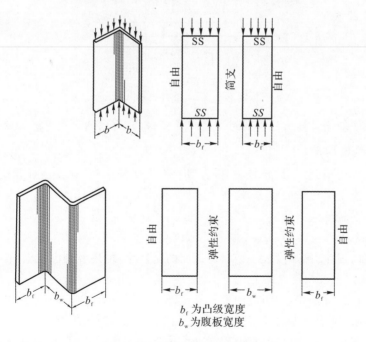

b_f 为凸级宽度
b_w 为腹板宽度

图 3-2 加筋条分解示意图

长桁板元的局部屈曲可采用下述方法计算:

$$\sigma_{\rm cr, st} = \frac{K\pi^2 E_{\rm t}}{12(1-\mu^2)}\left(\frac{\delta}{b}\right)^2 \tag{3-5}$$

式中:$\sigma_{\rm cr, st}$——长桁缘条或腹板的局部屈曲应力;

K——屈曲系数,对于腹板,$K=4$,对于缘条,$K=0.64$;

μ——长桁材料弹性泊松比;

$E_{\rm t}$——长桁的压缩切线弹性模量;

δ——长桁缘条或腹板的厚度;

b——长桁缘条或腹板的宽度。

无论是弯制剖面还是挤压剖面,算至邻边元件的中线。

(2) 临界应变法计算长桁临界应力。临界应变法计算公式为

$$\varepsilon_{\rm cr} = K/(b/\delta)^2 \tag{3-6}$$

由式(3-6)计算得到 $\varepsilon_{\rm cr}$ 后,可以从 $\sigma_{\rm cr} - \varepsilon_{\rm cr}$ 关系图查处 $\sigma_{\rm cr}$(关系曲线图见参考文献[1]图 21-8~图 21-14)。分别计算剖面各板元的临界应力,取其中最小值作为长桁局部失稳应力。

式(3-6)中 b 的取法如下:对弯制型材,取至邻边的中线;对于挤压型材,从圆角开始算起,如图 3-3 所示;K 为临界应变系数,对于腹板 $K=3.5$;对于凸缘,弯制型材 $K=0.4$,挤压和铣切型材,K 的取值见参考文献[1]的表 21-1。

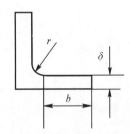

图 3-3　挤压型材板元宽度

长桁局部屈曲应力计算方法是通过理论推导获得的,也已通过大量试验数据验证。

3.1.2.2　长桁压损

型材的横剖面由板元组成。研究表明,当型材长细比较小时,这类由板元组成的切面发生屈曲后仍具有承受更大载荷的能力,换言之,局部屈曲和局部破坏的载荷是不同的。当板元局部屈曲应力发生在较低应力情况下,压损应力远高于屈曲应力;对于板元局部屈曲应力发生在高应力情况下,如 $(0.7 \sim 0.9)\sigma_{\rm cy}$($\sigma_{\rm cy}$ 材料屈服强度),局部屈曲应力和压损应力基本一致,也即屈曲和压损同时发生。图 3-4 表示型材局部屈曲已发生,但还没有出现压损时型材切面上的应力分布。

在型材的压损破坏形式中,组成的板元件在低于破坏载荷时首先发生局部失稳,其横剖面会出现局部扭曲变形,由于型材的弯角支撑,已发生局部失稳的结构继续承载,当弯角处的应力超过型材的材料屈服应力时,型材因不能继续承受载荷而破坏。型材破坏时,作用在型材剖

面上的平均应力称为压损应力。

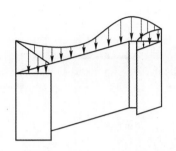

图 3 - 4　屈曲后压损破坏前型材切面应力分布

在飞机结构设计中,型材的压损应力常常采用半经验方法计算,如格拉德(Gerard) 法、尼德汉法、板元法。这三种方法在飞机结构设计手册和教科书中常得到推荐:如 Bruhn 的 *Analysis and Design of Flight Vehicle Structures*、崔德刚的《结构稳定性设计手册》、牛春匀 *Ai frame Stress Analysis and Sizing*《实用飞机结构应力分析及尺寸设计》等。工程方法适用于单角、双角和多角剖面形式,如工形、Z 形、T 形、L 形等剖面。本节主要介绍型材压损应力计算方法,并利用试验数据对方法的适应性予以说明。

1. 格拉德法

1958 年,格拉德给出了一种较尼德汉法用途更普遍的型材压损应力计算半经验法,并进行了详细说明和试验验证。格拉德方法考虑了非承载自由边变形对切面破坏强度影响,分别给出了具有变形的非承载边切面、直的非承载边切面和二拐角切面的计算式。

对于具有变形的非承载边切面,如角形、管形、V 形板、多角形剖面,计算式为

$$\frac{\sigma_{\mathrm{f}}}{\sigma_{\mathrm{cy}}} = 0.56 \left[\left(\frac{gt^2}{A} \right) \left(\frac{\bar{\eta}E}{\sigma_{\mathrm{cy}}} \right)^{1/2} \right]^{0.85} \tag{3-7}$$

对于直的非承载边切面,如 T 形、十字形和 H 形剖面,计算式为

$$\frac{\sigma_{\mathrm{f}}}{\sigma_{\mathrm{cy}}} = 0.67 \left[\left(\frac{gt^2}{A} \right) \left(\frac{\bar{\eta}E}{\sigma_{\mathrm{cy}}} \right)^{1/2} \right]^{0.40} \tag{3-8}$$

对于二拐角切面,如 Z 形、J 形和槽形剖面,有

$$\frac{\sigma_{\mathrm{f}}}{\sigma_{\mathrm{cy}}} = 3.2 \left[\left(\frac{t^2}{A} \right) \left(\frac{\bar{\eta}E}{\sigma_{\mathrm{cy}}} \right)^{1/3} \right]^{0.75} \tag{3-9}$$

式中:σ_{f}—— 剖面的压损应力,MPa;

σ_{cy}—— 材料的压缩屈服极限,MPa;

t—— 板元件厚度,mm;

A—— 剖面面积,mm^2;

E—— 弹性模量,MPa;

$\bar{\eta}$—— 包覆层修正系数,可表示为 $[1+3(\sigma_{\mathrm{cl}}/\sigma_{\mathrm{cr}})\tau]/(1+3\tau)$,$\sigma_{\mathrm{cl}}$ 为包覆层屈服应力,σ_{cr} 为型材屈服应力,τ 包层厚度与总厚度比;

g—— 组成剖面凸缘的个数加上将剖面分割成一系列凸缘所需的切口个数,如图 3 - 5 所示。

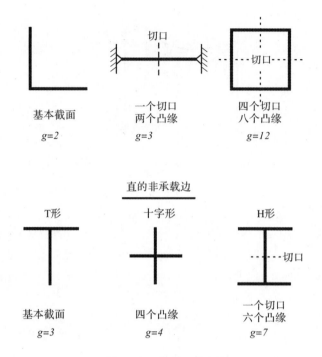

图 3-5　确定 g 的方法

根据型材含有角的个数,型材压损应力另一种格拉德计算方法如下:

(1) 单角元件:对于一般弯制角材和挤压角角材,其计算式为

$$\frac{\sigma_{\mathrm{f}}}{\sigma_{\mathrm{cy}}} = \beta\left[\left(\frac{ft^2}{A}\right)\left(\frac{\bar{\eta}E}{\sigma_{\mathrm{cy}}}\right)^{1/2}\right]^m \tag{3-10}$$

式中:t—— 型材厚度,mm;

$\quad f$—— 型材凸缘数(角材 $f = 2$);

$\quad A$—— 型材的剖面面积,mm^2;

$\quad \bar{\eta}$—— 包覆层修正系数;

$\quad \beta$—— 修正系数,取值见表 3-1;

$\quad m$—— 幂指数,取值见表 3-1。

(2) 双角元件:双角元件包括 Z 形、槽形和 H 形等型材。另外,把带挤压圆头的单角型材也视为双角型材。双角型材的计算式为

$$\frac{\sigma_{\mathrm{f}}}{\sigma_{\mathrm{cy}}} = \beta\left[\left(\frac{t^2}{A}\right)\left(\frac{\bar{\eta}E}{\sigma_{\mathrm{cy}}}\right)^{1/3}\right]^{0.75} \tag{3-11}$$

其中 β 的取值见表 3-2,其他变量的含义同式(3-10)。

(3) 多角元件:含两个以上角的型材称为多角元件,多角型材广义压损应力式为

$$\frac{\sigma_{\mathrm{f}}}{\sigma_{\mathrm{cy}}} = \beta\left[\left(\frac{ct^2}{A}\right)\left(\frac{\bar{\eta}E}{\sigma_{\mathrm{cy}}}\right)^{1/2}\right]^{0.85} \tag{3-12}$$

其中,c 为角数,β 的取值见表 3-3,其他变量的含义同式(3-10)。

表 3 - 1　单角弯制挤压型材参数值

元　件	m	$\bar{\sigma}_{cy} / \sigma_{cy}$ [1]	β	备注
弯制角材	0.85	1.0	0.59	
		1.1	0.62	
		1.2	0.65	
		> 1.25	0.66	适应于 2024 - T3
			0.63	适应于 7075 - T6
挤压角材	0.85		0.57	$R/t = 1.2$ [2]
			0.60	$R/t = 1.0$

注:[1] $\bar{\sigma}_{cy}$ 为弯制角材圆角处的 σ_{cy},其值大于 σ_{cy} 是由于在热处理的条件下弯制剖面角处屈服性能有所提高。

[2] R 为型材圆角处的半径。

表 3 - 2　双角元件 β 的取值

元　件	$\bar{\sigma}_{cy} / \sigma_{cy}$	β	备注
弯制角材	1.0	3.3	判定值
	1.1	3.5	
	1.2	3.8	
	> 1.25	4.0	
挤压角材	1	3.6	$R/t = 1.0$

表 3 - 3　多角元件的 β 值

元　件	$\bar{\sigma}_{cy} / \sigma_{cy}$	β	备注
弯制型材	1.0	1.1	判定值
	1.1	1.2	判定值
	> 1.25	1.3	
挤压型材		1.2	$R/t = 1$
挤压方管		1.4	

　　格拉德给出的型材压损应力计算方法,都是通过等凸缘夹角为 90° 的元件结构验证的,文献[2] 指出,如果夹角的变化不会使型材的回转半径减小到足以初始失稳,那么型材的压损应力就与弯角无关。对于非等凸缘,文献[2] 又指出,在型材端部均匀缩短的过程中,宽凸缘的角处首先达到对应角点破坏边缘的应力值,在短部继续缩短以使第二个角破坏的过程中,前一个角不再承受任何附加的载荷,所以型材的压损应力是每一角破坏应力的加权平均值。

对于上述计算式，一些参考资料对压损应力最大值作了限制，如对于式(3-7) ～ 式(3-12)，文献[3]给出了不同型材压损应力截止值，见表3-4，当计算值大于截止值时，压损应力取截止值。

表 3-4　剖面压损应力的最大值

剖面类型	σ_f 最大值
角形	$0.7\sigma_{cy}$
V 形	σ_{cy}
多角剖面、管形	$0.8\sigma_{cy}$
T 形、十字形和 H 形	$0.8\sigma_{cy}$
两角剖面、Z 形、J 形和槽形	$0.9\sigma_{cy}$

2. 板元法

对于型材压损应力计算，文献[4]给出了另一种计算方法，即板元法。所谓板元法，是将型材剖面划分为若干个板元(见图3-6)，然后按下式计算整个剖面的压损应力：

$$\sigma_f = \sum_{i=1}^{N}(b_it_i\sigma_{fi})/\sum_{i=1}^{N}(b_it_i) \qquad (3-13)$$

式中：b_i—— 第 i 个板元的宽度；

t_i—— 第 i 个板元的厚度；

σ_{fi}—— 第 i 个板元的压损应力；

N—— 组成剖面的板元总个数。

采用式(3-13)，如果计算得到的压损值大于材料的屈服应力，取材料的屈服应力，即$\sigma_f = \sigma_{cy}$。

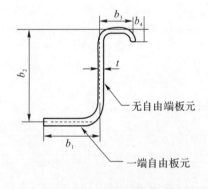

（a）弯制型材剖面

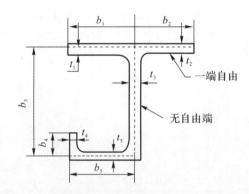

（b）挤压型材剖面

图 3-6　型材剖面划分的板元

（a）弯制型材剖面；（b）挤压型材剖面

每个板元的压损应力计算有两种方法：一种是通过查图3-7或图3-8获得；另一种是通过计算获得，其方法介绍如下。

对于只有一个自由边的凸缘,有

$$\sigma_f = 0.566\sigma_{cy}^{0.6} E^{0.4} / (b/t)^{0.8} \qquad (3-14)$$

对无自由边的腹板,有

$$\sigma_f = 1.425\sigma_{cy}^{0.6} E^{0.4} / (b/t)^{0.8} \qquad (3-15)$$

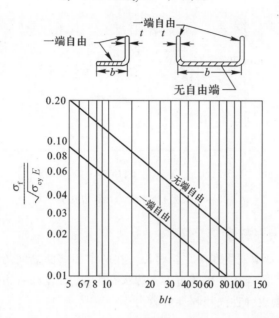

图 3-7　弯制铝合金型材剖面板元的压损应力计算曲线

图 3-9 给出三类型材(Z、L 和 T 形型材)计算值和试验值之比曲线[5],从对比结果来看,格拉德法和板元法是较为保守的:对于格拉德方法,除了两个点稍大于 1 外,其余都小于 1;对于板元法,计算值都不大于 1。特别是对于 T 形型材,由于板元法无法考虑板元三边之间相互支持关系,计算值较试验值小得多,因此不建议采用板元法计算这类直的非承载边切面,可采用格拉德法。

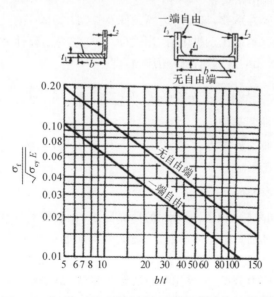

图 3-8　挤压铝合金型材剖面板元的压损应力计算曲线

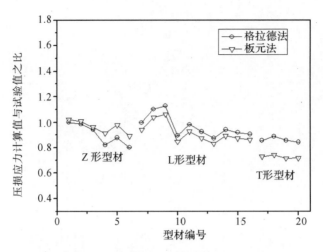

图 3 - 9   型材压损应力计算方法验证

3.1.2.3 蒙皮的局部屈曲

蒙皮压缩局部屈曲是指发生在两个相邻长桁和两个相邻肋之间的板元的屈曲,考虑到前后梁的支持效应,与前后梁连接蒙皮的边界支持状态为三边简支、一边固支,其他蒙皮的边界支持状态为四边简支。蒙皮弹性失稳临界应力为

$$(\sigma_{cr})_e = \frac{K_c \pi^2 E}{12(1-\mu^2)} \left(\frac{\delta}{b}\right)^2 \tag{3-16}$$

式中: E —— 材料的弹性模量;

　　　 b —— 加载边的宽度;

　　　 δ —— 板的厚度;

　　　 μ —— 材料的弹性泊松比;

　　　 K_c —— 压缩临界应力系数,与板的边界条件及长宽比 (a/b) 有关,如图 3-10 所示。

当临界应力超过板材料的比例极限时,用式(3-16)求得的弹性失稳临界应力需按下式进行塑性修正,才能作为板元的局部屈曲许用应力,即

$$(\sigma_{cr})_p = \eta (\sigma_{cr})_e = \eta \frac{K_c \pi^2 E}{12(1-\mu^2)} \left(\frac{\delta}{b}\right)^2 \tag{3-17}$$

式中: $(\sigma_{cr})_e$ —— 弹性屈曲临界应力;

　　　 $(\sigma_{cr})_p$ —— 塑性屈曲临界应力;

　　　 η —— 塑性修正系数。

3.1.2.4 加筋板总体屈曲

加筋壁板结构中,如果长桁不发生元件的局部屈曲,在长桁相对惯性矩较小时,可能发生包括蒙皮和长桁一起的加筋壁板总体屈曲。一般认为当加筋板的长细比大于 60 时,加筋板发生总体屈曲。

对加筋板总体屈曲应力分析,可采用欧拉法和能量法。能量法是假设加筋板四边铰支,利用能量泛函取极小值推导而来的。对于图 3-11 的加筋板,能量法计算如下。

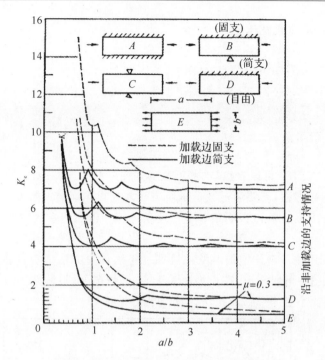

图 3 - 10　矩形平板的压缩临界应力系数

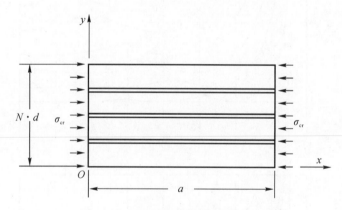

图 3 - 11　加筋板轴向载荷作用下示意图

$$\gamma = \dfrac{\dfrac{4}{\pi^2}\dfrac{\sqrt{k}\beta^3}{m^3}}{\dfrac{\dfrac{\sin\theta_1}{\theta_1}}{\cos\pi\dfrac{q}{N}-\cos\theta_1} - \dfrac{\dfrac{\sinh\theta_2}{\theta_2}}{\cos\pi\dfrac{q}{N}-\cosh\theta_2}} + \dfrac{\beta^2 k\delta}{m^2} \tag{3-18}$$

式中：γ—— 加筋板有效抗弯刚度比；

　　q—— 沿 y 方向的半波数；

　　m—— 沿 x 方向的半波数；

　　k—— 屈曲应力系数（$k=\dfrac{\sigma_{cr}d^2 t}{\pi^2 D}$）；

β—— 筋条之间蒙皮长宽比$(\beta = \dfrac{a}{d})$；

δ—— 筋条和蒙皮面积比$(\delta = \dfrac{A}{dt})$；

θ_1—— $\pi\sqrt{\dfrac{m}{\beta}(\sqrt{k} - \dfrac{m}{\beta})}$；

θ_2—— $\pi\sqrt{\dfrac{m}{\beta}(\sqrt{k} + \dfrac{m}{\beta})}$。

显然，从方程式(3-18)可以看出，加筋板临界屈曲系数k与a/d、A/dt、EI/dD有关。由于方程式(3-18)为超越方程，需要通过数值求解方法才能得到屈曲系数k。为了计算方便，文献[6]给出含1根筋条、2根筋条、3根筋条和多根筋条的加筋板屈曲系数计算值，如图3-12～图3-15所示。

参考文献[7]利用化铣整体壁板对欧拉法和能量法计算方法适应性进行验证，验证结果如图3-16所示。从图中可以看出，在长细比大于60的情况下，两种方法的计算结果与试验结果十分接近；当长细比小于60时，欧拉法计算结果稍有偏大。

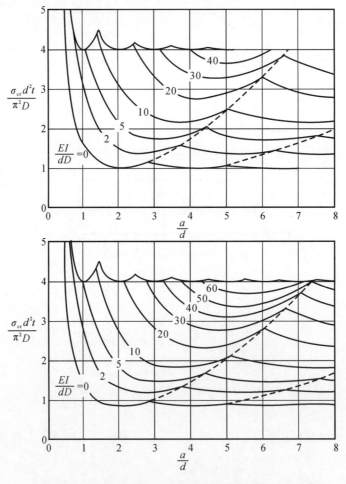

图3-12　1根纵向加筋条的简支平板纵向压缩屈曲系数

(a) $\dfrac{A_{st}}{dt} = 0$；　(b) $\dfrac{A_{st}}{dt} = 0.2$；

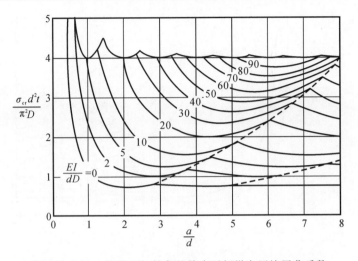

续图 3 - 12　1 根纵向加筋条的简支平板纵向压缩屈曲系数

(c) $\dfrac{A_{st}}{dt} = 0.4$

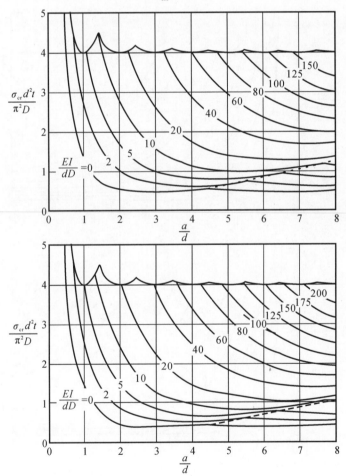

图 3 - 13　2 根纵向加筋条的简支平板纵向压缩屈曲系数

(a) $\dfrac{A_{st}}{dt} = 0$;　(b) $\dfrac{A_{st}}{dt} = 0.2$;

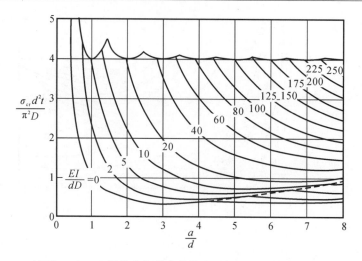

续图 3-13 2根纵向加筋条的简支平板纵向压缩屈曲系数

(c) $\dfrac{A_{st}}{dt} = 0.4$

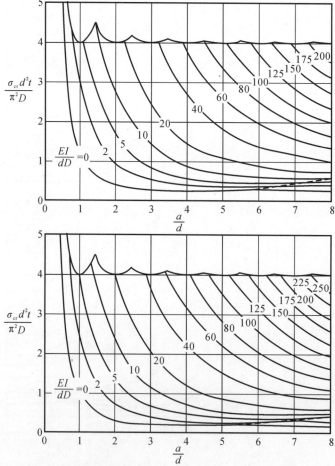

图 3-14 3根纵向加筋条的简支平板纵向压缩屈曲系数

(a) $\dfrac{A_{st}}{dt} = 0$; (b) $\dfrac{A_{st}}{dt} = 0.2$;

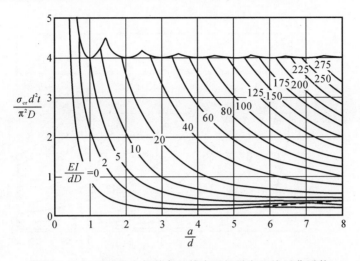

续图 3-14　3 根纵向加筋条的简支平板纵向压缩屈曲系数

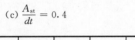

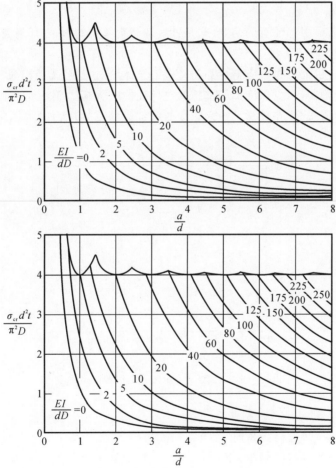

图 3-15　无限根纵向加筋条的简支平板纵向压缩屈曲系数

(a) $\dfrac{A_{st}}{dt} = 0$；　(b) $\dfrac{A_{st}}{dt} = 0.2$；

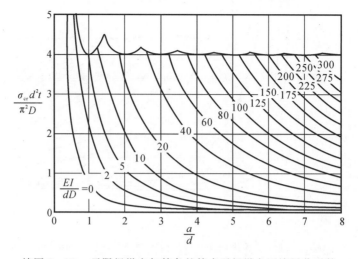

续图 3 - 15　无限根纵向加筋条的简支平板纵向压缩屈曲系数

$$(c) \frac{A_{st}}{dt} = 0.4$$

对于能量法，需要引起注意的是，公式是针对加载边铰支的板，对于有支持的加筋板，必须等效到铰支的情况。

实际上，在飞机机翼结构中应避免加筋壁板的总体屈曲，这就需要对长桁和蒙皮的面积比例及刚度比例进行限制，至少保证加筋壁板的总体屈曲临界应力不小于相同尺寸的四边铰支平板屈曲临界应力值。这样在计算长桁间蒙皮的局部失稳临界应力时可以将其假设为四边简支平板。

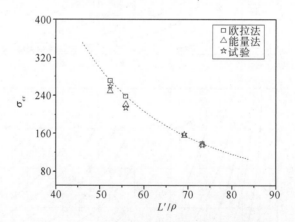

图 3 - 16　欧拉法、能量法计算值和试验比较

3.1.2.5　中长加筋板强度计算

工程上，对机翼壁板进行分析时，通常取两翼肋间、带长桁的蒙皮作为计算单元，忽略蒙皮的微小曲度，理想化为具有等间距、相互平行排列的"加筋平板"，加筋板以局部失稳和弯曲失稳混合形式破坏。机翼壁板有效长细比一般为 $20 \sim 60$，属中长加筋板，中长加筋板强度计算通常采用半经验公式，主要采用抛物线方程、Johnson-Euler 方程和极限载荷法。

1. 抛物线近似法

文献[1]和[8]介绍了抛物线近似法。对于中长加筋板,采用下式进行抛物线拟合估算:

$$\frac{\bar{\sigma}_{co}}{\bar{\sigma}_f} = 1 - \left(1 - \frac{\sigma_{cr}}{\bar{\sigma}_f}\right)\frac{\sigma_{cr}}{\sigma_e} \tag{3-19}$$

式中:$\bar{\sigma}_{co}$—— 加筋平板的平均破坏应力;

　　$\bar{\sigma}_f$—— 加筋的压损破坏应力;

　　σ_e—— 加筋板的欧拉柱失稳应力;

　　σ_{cr}—— 蒙皮或桁条的局部屈曲应力。

2. 约翰逊抛物线方程

约翰逊抛物线方程是工程中普遍采用的一种计算方法,得到了众多设计手册推荐。约翰逊抛物线方程是从抛物线近似法简化而来,在工程中,常近似地取 $\sigma_{cr} = \bar{\sigma}_f/2$,将其代入式(3-19),则得到如下的约翰逊抛物线方程:

$$\bar{\sigma}_{co} = \bar{\sigma}_f - \frac{\bar{\sigma}_f^2}{4\pi^2 E}\left(\frac{L'}{\rho}\right)^2 \tag{3-20}$$

式中:　　　　$\bar{\sigma}_{co}$—— 加筋与蒙皮有效宽度组成的柱的破坏应力;

　　　　$\bar{\sigma}_f$—— 柱在 $L'/\rho = 0$ 时的压损应力,一般取筋条的压损应力;

　$L' = L/\sqrt{c}$,L—— 加筋板长度,c 为端部支持系数;

　　　　ρ—— 柱的回转半径。

对薄蒙皮的铆接加筋板,采用约翰逊抛物线方程,强度计算结果满足工程精度,对于整体加筋板情况则不同,参考文献[9]利用蒙皮含凸台的三类整体加筋板("T""Ⅰ"和"Z"形加筋板)的试验数据对约翰逊抛物线方程适应性进行验证,当蒙皮较厚(大于2.5mm)时,整体加筋板破坏预计值显著偏低,研究发现这是由于在约翰逊抛物线方程推导中假设了蒙皮或筋条的局部屈曲应力为加筋板压损应力的一半造成的,这个假设在薄蒙皮的时候是合适的,当蒙皮较厚时,经验和试验都表明:蒙皮局部屈曲应力明显提高,约为加筋板压损应力的80%左右。因此提出了改进的约翰逊抛物线方程,即

$$\bar{\sigma}_{co} = \bar{\sigma}_f - (\eta - \eta^2)\frac{\bar{\sigma}_f^2}{\pi^2 E}\left(\frac{L'}{\rho}\right)^2 \tag{3-21}$$

显然,当 $\eta = 0.5$ 时,式(3-21)简化为式(3-20),即为原约翰逊抛物线方程。

在实际计算中,式(3-21)中的系数 η 取以下值为宜:当蒙皮厚度 $t < 2.5\text{mm}$ 时,η 取0.5;当蒙皮厚度 $t \geqslant 2.5\text{mm}$ 时,η 取0.8。

采用改进的翰逊抛物线方程,对三类共15件机身和机翼整体壁板破坏载荷进行计算,计算误差结果如图3-17所示。采用改进的Johnson-Euler方程,可以较为准确地预计整体加筋板破坏载荷,相比试验值,误差绝对值都不大于12%。

3. 极限载荷法

按蒙皮和加筋桁条能承受的极限载荷估算加筋板的承载能力[10],加筋板的轴压破坏载荷为

$$P_{ult} = P_{skin} + P_{long}$$
$$\bar{\sigma}_{co} = (P_{skin} + P_{long})/\left(\sum b_s t_s + \sum A_{st}\right) \tag{3-22}$$

式中:$\bar{\sigma}_{co}$—— 加筋板的平均破坏应力;

P_{ult}——加筋板所能承受的极限载荷；

P_{skin}——蒙皮所承受的载荷，$P_{skin} = \sum \sigma_s b_s t_s$，$t_s$ 为蒙皮的厚度，b_s 为蒙皮的宽度，σ_s 为蒙皮的平均破坏应力；

P_{long}——桁条所承受的载荷，$P_{long} = \sum \bar{\sigma}_{f_0} A_{st}$，$\bar{\sigma}_{f_0}$ 为单个桁条的压损应力；

A_{st}——桁条剖面积。

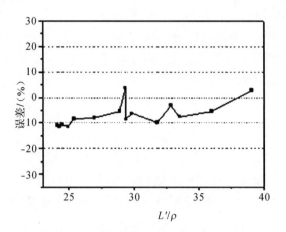

图 3 - 17　改进的翰逊抛物线方程计算误差

蒙皮的平均破坏应力 σ_s 应取 σ_f 和 σ_w 中的较小者。σ_w 为蒙皮的皱曲应力，σ_f 按如下经验式计算：

$$\bar{\sigma}_f = 1.42\sigma_e \left[\frac{t_s}{b_s}\left(\frac{E}{\sigma_{cy}}\right)^{1/2}\right]^{0.85} \tag{3-23}$$

式中：σ_e——破坏时板边界（桁条处）的应力，取 σ_r 和 σ_{cy} 中较小者；

　　σ_r——钉间屈曲应力，只要铆钉设计合理，简化计算时可取 $\sigma_e = \sigma_{cy}$；

　　σ_{cy}——蒙皮板的压缩屈服强度；

　　E——蒙皮材料的弹性模量。

若板侧边支持桁条的欧拉失稳应力 $\sigma_e < 3\sigma_{cr}$ 时，板的平均破坏应力 σ_s 应按下式计算：

$$\frac{\sigma_s}{\sigma_{cr}} = 1 - \beta + \beta \sigma_e/\sigma_{cr} \tag{3-24}$$

式中：σ_{cr}——蒙皮板的局部屈曲应力；

　　β——经验系数，参见文献[10]；

若 $\sigma_e < \bar{\sigma}_{fo}$，桁条的压损应力应取为欧拉失稳应力。

在计算筋条的压损强度时，需要将筋条从整体加筋板分离出来。与试验数据比较发现，按图 3 - 18 所示分离筋条是合适的。

采用极限载荷法，对 14 件整体加筋板破坏载荷进行计算[11]，计算误差如图 3 - 19 所示。从图中可以看到，计算误差最大值为 12%。

3.1.2.6　喷丸成形加筋板的压缩强度

喷丸成形是一种利用高速弹丸流撞击金属零件的表面，使受喷表面的表层材料产生塑性变形，从而使零件达到外形曲率要求的先进制造技术。该技术已在现代大型飞机金属机翼壁板制造中得到广泛应用,如空客 310 ~ 340、波音 707 ~ 777、MD80、MD10、ARJ21 等机型。同时,由于喷丸后在零件表面产生残余压应力,从而提高了零件的疲劳性能,因此,也常常对零件表面进行喷丸强化处理,以提高其疲劳寿命。

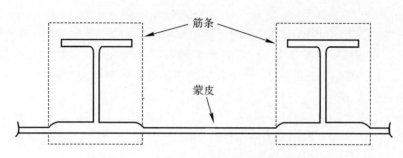

图 3-18 整体加筋板蒙皮和筋条分离方法

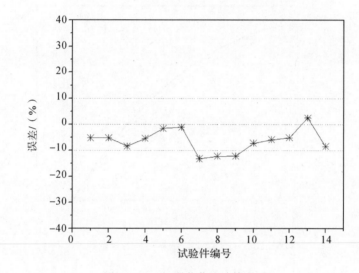

图 3-19 极限载荷法计算误差

喷丸处理在提高结构疲劳性能的同时,对屈服强度、延伸率等材料静力学性能也产生不同程度的影响。如何在强度设计中考虑喷丸处理对其压缩强度性能的影响,是亟待解决的问题,也是国内研究的空白。喷丸处理对壁板强度性能的影响宏观上主要表现在材料的压缩屈服强度有所降低。因此,在计算喷丸成形加筋板的压缩强度时,需要引入喷丸对压损应力的修正系数。

按照这一思路,文献[12]根据结构几何尺寸及相应的喷丸工艺参数,进行了喷丸前、后典型壁板单元的压缩性能对比测试试验,以确定不同参数下的影响量。

喷丸影响系数 κ_1、κ_2 的定义为

$$\kappa_1 = \frac{\sigma_{\text{f-unp}} - \sigma_{\text{f-p}}}{\sigma_{\text{f-unp}}} \tag{3-25}$$

$$\kappa_2 = \frac{E_{\text{unp}} - E_{\text{p}}}{E_{\text{unp}}} \tag{3-26}$$

式中:$\sigma_{\text{f-unp}}$ —— 未喷丸试件压损强度;

$\sigma_{\text{f-p}}$ —— 喷丸试件压损强度;

民用飞机典型结构静强度分析手册

E_{unp}——未喷丸试件压缩模量;

E_{p}——喷丸试件压缩模量。

引入喷丸影响系数 κ_1 和 κ_2 后的约翰逊抛物线方程如下:

$$\bar{\sigma}_{\mathrm{co}} = (1 - \kappa_1)\bar{\sigma}_{\mathrm{f}} - \frac{(1 - \kappa_1)^2 \bar{\sigma}_{\mathrm{f}}^2}{4\pi^2 (1 - \kappa_2) E}\left(\frac{L'}{\rho}\right)^2 \tag{3-27}$$

由式(3-27)可知,壁板的压损应力是计算破坏应力的前提。喷丸影响系数 κ_1 直接表征了喷丸成形给壁板压损强度带来的影响。而喷丸影响系数 κ_2 则表示了喷丸引起压缩模量的差异。因此,用 κ_1 和 κ_2 修正 Johnson-Euler 方程中的压损应力和弹性模量,即把喷丸的两个影响因素计入壁板柱强度的设计中。

将厚度为 3.5mm 壁板压损试验得到的喷丸影响系数计入 Johnson-Euler 方程得到对比曲线如图 3-20 所示。可见,在中长柱范围内,与未喷丸相比,引入喷丸影响系数后修正的 Johnson-Euler 方程曲线明显有所降低。

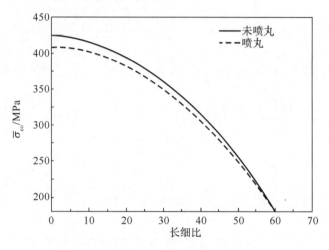

图 3-20   有无喷丸影响系数的对比曲线图

3.1.3   壁板剪切强度分析

3.1.3.1   蒙皮的抗剪强度

蒙皮剪切许用应力为

$$[\tau] = k\tau_{\mathrm{b}} \tag{3-28}$$

式中:τ_{b}——材料剪切强度极限;

k——开孔削弱系数。

如果材料的剪切强度未知,则取 $\tau_{\mathrm{b}} = 0.6\sigma_{\mathrm{b}}$,$\sigma_{\mathrm{b}}$ 为材料的拉伸极限应力。

蒙皮的最大剪应力按下式计算:

$$\tau_{\max} = \sqrt{\left(\frac{\sigma_{\mathrm{x}} - \sigma_{\mathrm{y}}}{2}\right)^2 + \tau_{\mathrm{xy}}^2} \tag{3-29}$$

式中:σ_{x}——板元展向应力;

σ_{y}——板元弦向应力;

τ_{xy}——板元剪应力。

— 92 —

安全裕度计算如下：

$$\text{M. S.} = \frac{[\tau]}{\tau_{\max}} - 1 \qquad (3-30)$$

3.1.3.2　壁板剪切总体屈曲

对于等间距分布横向加筋条的长平板,弹性总体剪切失稳临界应力为

$$\tau_{cr} = K_s \cdot E \cdot (\delta/d)^2 \quad (\mu = 0.3) \qquad (3-31)$$

式中：K_s—— 剪切临界应力系数,由图 3-21 和图 3-22 中曲线插值获取;

　　　E—— 板的弹性模量;

　　　d—— 筋条间距;

　　　δ—— 板的厚度。

图 3-21 和图 3-22 分别给出了不考虑筋条扭转刚度 $J = 0$,长边简支和长边固支的横向加筋平板的 K_s-γ_b 关系曲线。图中 b 为板沿筋条方向长度,$\gamma_b = \left(\dfrac{E_{st} I d}{E b^2 \delta^3}\right)^{1/3}$,$E_{st}$ 为筋条弹性模量,I 为筋条剖面的有效惯性矩。计算时把筋条与板的重叠部分板考虑在内,取通过筋条与部分板的组合形心与板平行的轴的惯性矩。剪切屈曲临界应力的截止值可取为蒙皮材料的剪切屈服应力,$\tau_{cr} = 0.55\sigma_{cy}$。

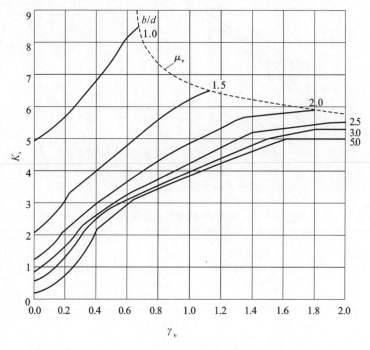

图 3-21　长边简支横向加筋长板剪切临界应力系数($J = 0$)

3.1.3.3　壁板剪切局部屈曲

壁板受剪时,剪切载荷只能由蒙皮来承受。蒙皮剪切屈曲是指发生在两个相邻的长桁和两个相邻的肋之间的板元的屈曲,蒙皮剪切屈曲临界应力按下式进行计算：

$$\tau_{cr} = \frac{K_s \pi^2 E}{12(1 - \mu^2)} \left(\frac{\delta}{d}\right)^2 \qquad (3-32)$$

式中:K_s—— 剪切临界应力系数,见表 3 - 5;

　　　δ—— 蒙皮厚度;

　　　d—— 长桁间距;

　　　τ_{cr}—— 壁板剪切许用值。

安全裕度计算如下:

$$\text{M. S.} = \frac{\tau_{cr}}{\tau_{xy}} - 1 \qquad\qquad (3 - 33)$$

式中:τ_{xy} 为板的名义应力。

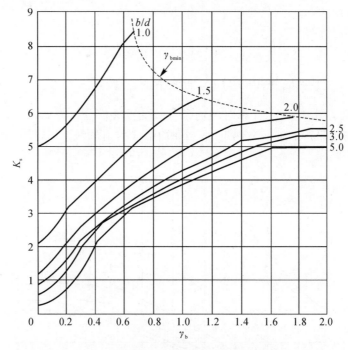

图 3 - 22　长边固支横向加筋长板剪切临界应力系数($J = 0$)

表 3 - 5　矩形平板的剪切屈曲系数 K_s

a/b	1.0	1.1	1.2	1.3	1.4	1.5	1.6	1.8	2.0	2.5	3.0	∞
四边铰支 K_s	9.34	8.47	7.96	7.57	7.28	7.09	6.90	6.63	6.47	6.20	6.04	5.35
四边固支 K_s	14.58		12.8		11.80	11.40	11.30	10.70	10.96	10.85	9.60	8.99

3.1.4　蒙皮压剪屈曲

蒙皮在压缩载荷和剪切载荷作用下,其屈由应力计算相关方程为

$$R_c + R_s^2 \leqslant 1 \qquad\qquad (3 - 34)$$

式中:$R_c = |\sigma_c / \sigma_{cr}|$

　　　$R_s = |\tau / \tau_{cr}|$

　　　σ_c—— 压缩名义应力;

σ_{cr}—— 蒙皮纯压时临界屈曲许用应力；

τ—— 剪切名义应力；

τ_{cr}—— 蒙皮纯剪时剪切临界屈曲许用应力。

压剪复合载荷下，屈曲的稳定性裕度为

$$\mathrm{M.\,S.} = \frac{2}{(R_c + \sqrt{R_c^2 + 4R_s^2})} - 1 \qquad (3-35)$$

3.1.5　蒙皮拉剪屈曲

蒙皮在拉伸载荷和剪切载荷作用下，其屈曲应力计算相关方程为

$$R_t + R_s^2 \leqslant 1 \qquad (3-36)$$

式中：$R_t = -\left|\sigma_t/\sigma_{cr}\right|$

$\qquad R_s = \left|\tau/\tau_{cr}\right|$

$\qquad\sigma_t$—— 拉伸工作应力；

$\qquad\sigma_{cr}$—— 蒙皮纯压时临界屈曲许用应力；

$\qquad\tau$—— 剪切工作应力；

$\qquad\tau_{cr}$—— 蒙皮纯剪时剪切临界屈曲许用应力。

拉剪复合载荷下，屈曲的稳定性裕度为

$$\mathrm{M.\,S.} = \frac{2}{(R_t + \sqrt{R_t^2 + 4R_s^2})} - 1 \qquad (3-37)$$

3.1.6　油压载荷作用下壁板强度

根据规范或强度计算原则确定油箱区壁板所承受的最大压力 p。

选择油箱区蒙皮最薄的、两肋之间的部分进行计算。采用有限元方法，分析计算蒙皮在油压作用下的应力。

蒙皮简化为弯曲板元，长桁简化为梁元。在模型四周，即前后梁、两肋处，施加线位移约束；沿蒙皮法向施加油压 p。

根据应力计算结果，得到蒙皮最大工作应力 σ，蒙皮材料的拉伸极限应为 σ_b。

蒙皮的安全裕度为

$$\mathrm{M.\,S.} = \frac{\sigma_b}{\sigma} - 1 \qquad (3-38)$$

同样根据应力计算结果得到长桁最大名义应力 σ，长桁材料的拉伸极限为 σ_b。

长桁的安全裕度为

$$\mathrm{M.\,S.} = \frac{\sigma_b}{\sigma} - 1 \qquad (3-39)$$

3.1.7　连接强度分析

3.1.7.1　蒙皮对缝

壁板对缝连接的螺栓布置通常采用双排平行排列。

（1）连接螺栓剪切强度。壁板对缝连接处每个连接螺栓上作用的载荷大小为

$$P_y = \frac{\sqrt{\tau^2 + \sigma_y^2} \cdot t \cdot d_A}{n} \tag{3-40}$$

式中：τ—— 极限载荷下蒙皮剪应力；

σ_y—— 极限载荷下蒙皮弦向正应力；

t—— 蒙皮厚度；

d_A—— 连接螺栓间距；

n—— 连接螺栓排数。

壁板对缝连接的螺栓剪切安全裕度：

$$\text{M. S.} = \frac{P_{xy}}{P_y} - 1 \tag{3-41}$$

式中：P_y—— 作用在连接螺栓上的载荷；

P_{xy}—— 连接螺栓许用剪切载荷。

（2）连接螺栓挤压强度。连接螺栓孔挤压应力为

$$\sigma_{jy} = \frac{P_y}{D t_{st}} \tag{3-42}$$

式中：D—— 连接螺栓直径；

t_{st}—— 计算部位蒙皮（含对接长桁凸缘）的厚度。

连接螺栓孔挤压安全裕度：

$$\text{M. S.} = \frac{K_{br} \sigma_b}{\sigma_{jy}} - 1 \tag{3-43}$$

式中：K_{br}—— 挤压系数；

σ_b—— 螺栓材料的抗拉强度。

（3）对接长桁挤压强度。对接长桁凸缘孔挤压应力为

$$\sigma_{jy} = \frac{P_y}{D t_{st}} \tag{3-44}$$

式中：D—— 连接螺栓直径；

t_{st}—— 计算部位对接长桁凸缘的厚度。

对接长桁凸缘孔挤压安全裕度：

$$\text{M. S.} = \frac{\sigma_{brust}}{\sigma_{jyst}} - 1 \tag{3-45}$$

式中：σ_{brust}—— 对接长桁材料的挤压极限强度；

σ_{jyst}—— 对接长桁连接螺栓孔挤压应力。

（4）蒙皮挤压强度。蒙皮连接螺栓孔挤压应力：

$$\sigma_{jy} = \frac{P_y}{D t_{sk}} \tag{3-46}$$

式中：D—— 连接螺栓直径；

t_{sk}—— 计算部位蒙皮的厚度。

蒙皮连接螺栓孔挤压安全裕度：

$$\text{M. S.} = \frac{\sigma_{brust}}{\sigma_{jy}} - 1 \tag{3-47}$$

式中: σ_{brust}——蒙皮材料的挤压极限强度。

3.1.7.2 长桁接头

在壁板对接区的长桁末端,壁板由典型工形剖面过渡为矩形剖面。当载荷由壁板典型剖面传递到长桁末端剖面时,由于上壁板典型剖面与长桁末端剖面形心位置不同,还会产生一个偏心力矩。因此,在对接区剖面,除承受载荷引起的剖面基本压缩应力外,同时还要承受偏心力矩引起的弯曲应力。长桁末端最大应力为压缩应力与偏心力矩引起的弯曲应力之和。上壁板长桁末端受载示意图如图 3-23 所示,壁板剖面如图 3-24 和图 3-25 所示。

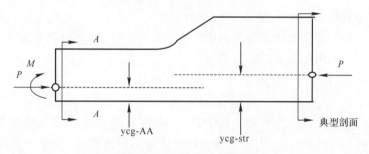

图 3-23 壁板长桁末端受载示意图

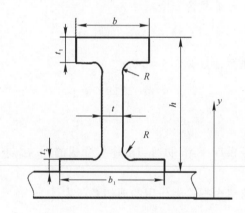

图 3-24 壁板典型剖面

A—A 剖面

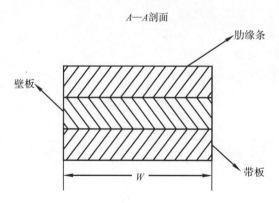

图 3-25 壁板对接区 A—A 剖面

假设作用在壁板典型剖面形心处的轴向载荷为 P，则长桁末端剖面由压缩载荷引起的应力为

$$\sigma_{ct} = \frac{P}{A_{A-A}} \qquad (3-48)$$

式中：A_{A-A}—— 长桁末端 A—A 剖面的面积。

长桁末端剖面由弯矩引起的应力为

$$\sigma_w = \frac{M}{W_{A-A}} \qquad (3-49)$$

式中：　　M—— 载荷 P 引起的偏心力矩，$M = P \times (y_{cg\text{-}str} - y_{cg\text{-}AA})$，$y_{cg\text{-}str}$，$y_{cy\text{-}AA}$ 分别为壁板典型剖面和长桁末端剖面的形心位置，参考点为壁板典型剖面外表面；

　　W_{A-A}—— 长桁末端剖面的抗弯模量。

长桁末端最大应力出现在肋缘条部位，最大应力为

$$\sigma_{ct\ max} = \sigma_{ct} + \sigma_w \qquad (3-50)$$

长桁末端距离肋轴线很近，不会发生柱破坏和局部屈曲，长桁末端会发生弯曲和压缩复合破坏。对于上壁板而言，许用应力取肋缘条材料的压缩屈服强度；对于下壁板而言，保守起见，许用拉伸应力取肋缘条材料拉伸极限强度的 0.8 倍。

上壁板长桁末端弯曲和压缩复合安全裕度为

$$\mathrm{M.S.} = \frac{\sigma_{cy}}{\sigma_{ct\ max}} - 1 \qquad (3-51)$$

下壁板长桁末端弯曲和拉伸复合安全裕度为：

$$\mathrm{M.S.} = \frac{\sigma_{许用拉伸}}{\sigma_{ct\ max}} - 1 \qquad (3-52)$$

3.1.7.3　蒙皮与肋

翼肋通过剪切角片与壁板连接，翼肋剪切角片与壁板的连接螺栓必须能承受由剪切角片传给壁板的载荷。

翼肋角片与壁板连接的单个螺栓上作用的剪切载荷为

$$Q_1 = \frac{qS}{n} \qquad (3-53)$$

式中：q—— 翼肋两侧壁板最大剪流差；

　　S—— 长桁最大间距；

　　n—— 两长桁间螺栓数量。

肋角片螺栓孔挤压应力为

$$\sigma_{jy1} = \frac{Q_1}{Dt_1} \qquad (3-54)$$

式中：D—— 螺栓直径；

　　t_1—— 连接部位肋角片厚度。

壁板螺栓孔挤压应力为

$$\sigma_{jy2} = \frac{Q_1}{Dt_2} \qquad (3-55)$$

式中：t_2—— 连接部位壁板最小厚度。

螺栓剪切安全裕度为

$$\mathrm{M.S.} = \frac{T}{Q_1} - 1 \tag{3-56}$$

式中：T——螺栓许用剪切载荷。

肋角片螺栓孔挤压安全裕度为

$$\mathrm{M.S.} = \frac{\sigma_{\mathrm{bru}}}{\sigma_{\mathrm{yj1}}} - 1 \tag{3-57}$$

式中：σ_{bru}——翼肋材料许用极限挤压应力。

壁板螺栓孔挤压安全裕度为

$$\mathrm{M.S.} = \frac{\sigma_{\mathrm{bru}}}{\sigma_{\mathrm{jy2}}} - 1 \tag{3-58}$$

式中：σ_{bru}——壁板材料许用极限挤压应力。

3.2　翼梁结构静强度分析

3.2.1　概述

翼梁按结构形式大致可以分为桁架式翼梁和腹板式翼梁两种。其中桁架式翼梁现在并不常见，翼梁结构分为六类，如图 3-26 所示，其中使用较多的为整体腹板梁、组合式腹板梁、薄板钣弯成形腹板梁，前两者多用于大中型飞机，后者多用于小型飞机。

对于翼梁，其典型结构一般由翼梁腹板、上缘条、下缘条、支柱及止裂筋构成。组合腹板梁的各部分由铆钉或螺栓连接在一起；整体腹板梁自成一体，为了便于分析，可根据其受力特点人为将其划分成各个构件；薄板弯曲成形的腹板梁多用于小载荷飞机，一般不设置止裂筋，在两肋之间也不布置支柱。

现代飞机机翼整体腹板梁的典型结构、整体翼梁典型剖面及参数定义分别如图 3-27 和图 3-28 所示。

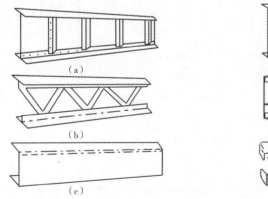
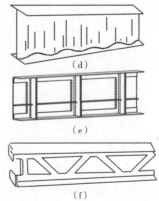

图 3-26　翼梁的分类

(a)组合腹板梁；(b)桁架腹板梁；(c)薄板弯曲成形腹板梁；(d)波纹板腹板梁；

(e)整体腹板梁；(f)整体桁架腹板梁

对于梁式机翼,翼梁要承受全部拉、压正应力,而单块式机翼的翼梁仅承受部分拉、压正应力,大部分由壁板承受。翼梁和壁板各分配多少,由载荷分配比确定,分配比由梁缘条和壁板的刚度大小决定,一般取决于梁缘条承受正应力的总剖面积与壁板承受正应力的总剖面积之比。载荷分配比一般为 $7\%\sim15\%$,最大不得超过 20%。翼梁占的比例愈大,单块式机翼结构效率愈低,单块式机翼的承载优点愈少。如波音 707 翼梁仅占 $5\%\sim8\%$,运 10 仅为 7%,MD-82 为 10%,运 8 和水轰 5 都在 15% 左右。后掠角比较大的机翼有向后部应力集中的倾向,后梁所承受的弯矩比按刚度分配要大些。

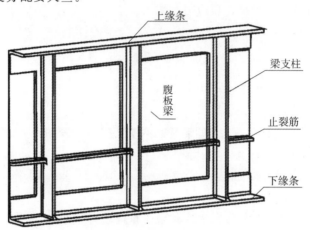

图 3-27　整体腹板梁典型结构示意图

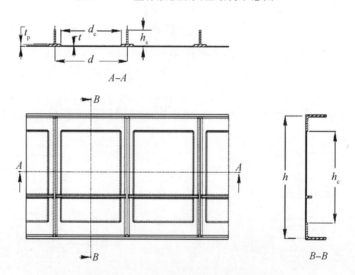

图 3-28　整体翼梁典型剖面及参数

梁腹板主要承受剪力和扭转剪流,由于刚心和气动力压心位置的影响,一般前梁腹板受剪力大,后梁腹板较小。但后掠翼后梁承剪也大于切面计算结果。一般设计都要简化腹板不受正应力,由于腹板临界应力的提高,部分腹板与缘条共同承受正应力,参与承受正应力的腹板高度称为腹板有效高度。一般取与梁缘条立筋连接平齐的那部分腹板高度,有时根据情况可取腹板高度的 $1/6\sim1/8$ 作为腹板有效高度。

现代飞机的翼盒内大部分为整体油箱,翼梁不仅承受气动载荷,腹板还要承受附加的油箱内压和飞行中的燃油晃动载荷。因此一般要求腹板在限制载荷下,不允许屈曲失稳。

翼梁缘条设计可以与壁板设计一起考虑,按稳定性和受拉控制应力进行设计,也可以单独进行设计。不管怎样设计都应尽量提高梁缘条剖面的惯性半径,才能具有比较高的总体失稳临界应力。

飞机机翼、尾翼的翼梁主要承受的外部载荷为剪力 F 和由剪力引起的弯矩 M,如图 3-29 所示。剪力使梁腹板中产生较为均匀的剪应力 τ,在分析时,该应力从全机有限元分析结果中获取,如果局部模型的参数不准确,可通过载荷和实际厚度推算出实际应力;弯矩由梁缘条和梁腹板共同承受,弯矩使受压缘条中产生压应力 σ_c,受拉缘条中产生拉应力 σ_t,由于在单块式翼盒结构中,缘条的应力大小主要取决于翼盒的总体弯曲刚度,而翼梁在翼盒中所占的弯曲刚度比例较小,因此在取缘条的拉压应力时,应避免根据模型中单元的载荷和实际面积进行计算,而应直接取全机有限元分析结果中的应力值,这一点非常重要。

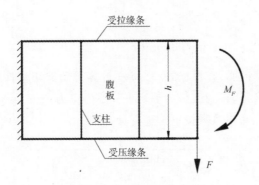

图 3-29　翼梁受力示意图

一般情况下,翼梁可以设计为剪切梁或者半张力场梁,剪切梁意味着梁腹板在设计载荷下不允许发生剪切失稳,对其应分析梁腹板的剪切稳定性、梁缘条的拉伸强度、梁缘条的压缩稳定性,并且应对梁支柱的刚度进行检查,以保证梁腹板的计算结果是可靠的;对于半张力场梁,由于腹板允许提前失稳,失稳后腹板以对角拉伸的形式承受增加的剪切载荷,继而导致梁缘条、梁支柱产生附加的载荷,因此在分析时应该对梁腹板的剪切稳定性、剪切破坏强度、梁支柱的稳定性(含局部失稳、柱失稳以及强迫压损)、梁缘条的拉伸强度以及梁缘条的压缩稳定性进行分析。

3.2.2　梁腹板剪切稳定性分析

3.2.2.1　无孔腹板稳定性

在分析梁腹板的剪切稳定性时,一般假设其为四边简支的矩形平板(梁缘条和支柱为腹板的边界)。在材料的弹性范围内,梁腹板在均匀剪切载荷作用下的弹性失稳临界应力为

$$\left.\begin{array}{l} \tau_{\mathrm{cr,e}} = \dfrac{K_s \pi^2 E}{12(1-\mu_e^2)} \left[\dfrac{t}{\min(d,h)}\right]^2 \\[3mm] \tau_{\mathrm{cr}} = \eta_s \tau_{\mathrm{cr,e}} \end{array}\right\} \tag{3-59}$$

式中:K_s—— 剪切屈曲系数;

　　　h—— 梁高;

　　　d—— 梁支柱间距离;

μ_e——梁腹板材料的弹性泊松比;

t——梁腹板厚度;

E——梁腹板材料的压缩弹性模量;

η_s——剪切塑性修正系数。

剪切屈曲系数 K_s 是梁高度、支柱间距和边缘约束的函数。要确定边缘约束是很困难的,实际分析时采用简支边情况,除非有充分的试验数据证明可以采用较高的边缘约束屈曲系数。应注意的是,假设梁腹板四边简支时,对于梁缘条一侧,一般均能满足,但对于梁支柱,必须满足刚度要求(见式 3-65),才可以认为支柱能对腹板起到简支的效果,否则采用四边简支的假设进行分析是偏危险的。

对于整体梁而言,如图 3-28 所示,如果满足 $t_p \geqslant 3t$,则在计算 K_s 以及 τ_{cr} 时可以采用 d_c 代替 d,这个条件同样适用于 h_c 代替 h。

四边简支的矩形平板的剪切屈曲系数 K_s 为

$$K_s = 3.8 \left[\min\left(\frac{h}{d}, \frac{d}{h}\right) \right]^2 + 5.35 \tag{3-60}$$

塑性修正系数的计算说明:在根据式(3-59)计算得到剪切弹性失稳临界应力 $\tau_{cr,e}$ 后,应根据需要对其进行塑性修正,得到腹板的剪切失稳临界应力。若 $\tau_{cr} \leqslant \sigma_{0.2}/2$ 则不需要进行塑性修正,即 $\eta_s = 1$,否则塑性修正系数按下式进行计算:

$$\eta_s = \left[\cfrac{1}{1 + \left(\cfrac{0.002Gn}{0.55\sigma_{0.2}}\right) \left(\cfrac{\tau_{cr}}{0.55\sigma_{0.2}}\right)^{n-1}} \right]^{1/2}$$

式中: G——材料剪切模量;

$\sigma_{0.2}$——材料压缩屈服应力;

n——材料形状系数,若没有可用的 n 值,可以取 $n = 20$。

在计算塑性修正系数时,可以通过假定不同的 τ_{cr},计算对应的 η_s,从而绘制出完整的塑性修正曲线,再通过曲线获得需要的 η_s。

梁腹板剪切屈曲安全裕度:

$$M.S. = \frac{\tau_{cr}}{\tau} - 1 \tag{3-61}$$

式中: τ——腹板剪应力,取自有限元总体应力分析结果。

3.2.2.2 含孔腹板剪切稳定性

对于含孔腹板剪切稳定性,计算方法如下。

1. 孔边无加强

对于一般孔边无加强的腹板(见图 3-30),剪切屈曲临界应力为

$$\tau_{cr,0} = \frac{k_s E \pi^2}{12(1 - \mu_e^2)} \left(\frac{t}{b}\right)^2 \varphi \tag{3-62}$$

式中: b——梁的最小尺寸;

E——弹性模量;

t——腹板厚度;

k_s——无孔腹板剪切屈曲系数;

φ——孔的影响因子,是 $\sqrt{\dfrac{a}{b}}\left(\dfrac{A_{\mathrm{g}}}{ab-A_{\mathrm{g}}}\right)$ 的函数(a 为梁的最大尺寸,A_{g} 为孔的面积),其值见图 3-31。

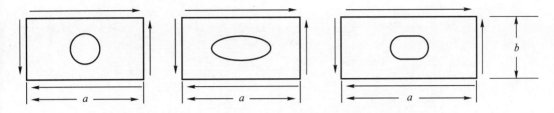

图 3-30　含孔腹板示意图

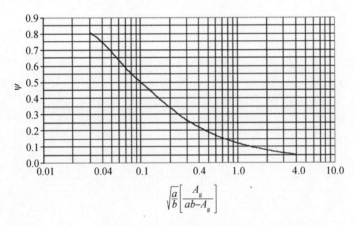

图 3-31　影响因子 φ 的值

2. 含有加强的圆孔

对于带弯边凸缘的孔(见图 3-32),其腹板屈曲临界应力为

$$\tau_{\mathrm{cr}} = \eta_{\mathrm{s}}\eta_{\mathrm{cl}}\frac{k_{\mathrm{s}}E\pi^2}{12(1-\mu_{\mathrm{e}}^2)}\left(\frac{t}{b}\right)^2\varphi_2 \tag{3-63}$$

式中:η_{s}——塑性缩减系数;

η_{cl}——包覆层缩减系数;

φ_2——增强孔影响因子,如图 3-33 所示。

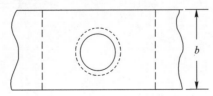

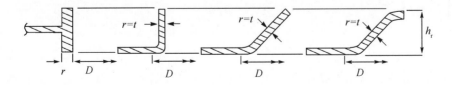

图 3-32　含增强孔的腹板

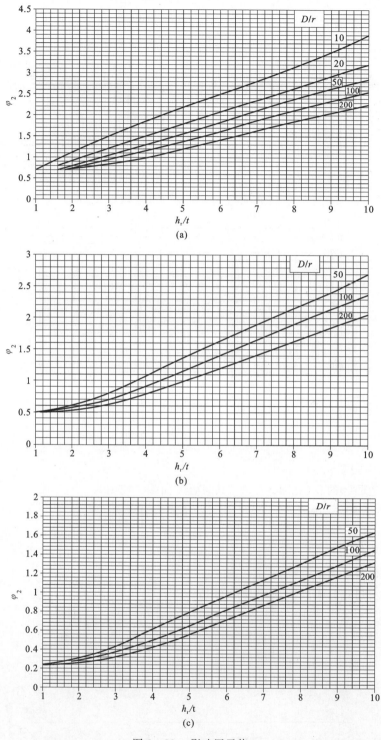

图 3 - 33   影响因子值

(a)$D/b = 0.25$;(b)$D/b = 0.5$;(c)$D/b = 0.75$

注意上式适应于梁腹板近似为正方形,即 $a \leqslant 1.2b$。直径 D 取孔的外径(直径取到弯曲倒角与平腹板交会处);对于孔边厚度增加腹板,直径 D 取孔的内径,如图 3-32 所示。

3. 含有弱弯边孔

含弱弯边孔的腹板如图 3 - 34 所示，其临界屈曲应力为

$$\sigma_{\mathrm{cr}} = \eta_{\mathrm{s}}\eta_{\mathrm{cl}}\frac{k_{\mathrm{s}}E\pi^{2}}{12(1-\mu_{\mathrm{e}}^{2})}\left(\frac{t}{b}\right)^{2}H \tag{3-64}$$

式中：k_{s}——尺寸为 A 和 h 无孔板的剪切屈曲系数；

b——$\min(A, h)$；

A——孔的分离间距，如图 3 - 34 所示；

h——梁高度，如图 3 - 34 所示；

H——有孔腹板修正因子，如图 3 - 35 所示。

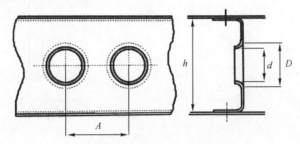

图 3 - 34　含弱弯边孔的腹板

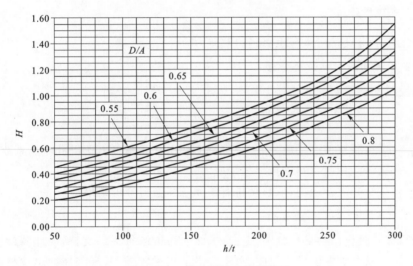

图 3 - 35　有孔腹板的修正因子

3.2.3　梁支柱刚度及强度

对于整体梁，支柱刚度应满足最小惯性矩的要求。当腹板剪切屈曲强度由式(3 - 59)确定后，为了防止腹板发生横穿过支柱的屈曲，加强支柱应有足够的刚度。支柱所需的最小惯性矩按下式进行计算：

$$I_{\mathrm{s,min}} = \frac{0.021\,7dt^{3}}{\left[\dfrac{d}{h\sqrt{\dfrac{\pi^{2}K_{\mathrm{s}}}{12(1-\mu_{\mathrm{e}}^{2})}}}\right]^{8/3}} \tag{3-65}$$

式中：$I_{s,min}$ —— 加强支柱所需的最小惯性矩；

$\quad\quad h$ —— 梁腹板全高度；

$\quad\quad K_s$ —— 剪切屈曲系数。

应注意的是，式(3-65)中的参数 d 应与 3.2.1 节中保持一致。若 d 为全宽度，则计算支柱实际惯性矩时，支柱的剖面不包含腹板的任何部分，如图 3-36 中支柱剖面 1；若 d 为净宽度(d_c)，则计算支柱实际惯性矩时，支柱包含净宽度以外的腹板，如图 3-36 中支柱剖面 2 所示。h 取梁腹板全高度。

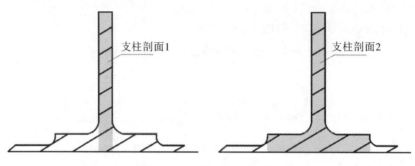

图 3-36   支柱剖面选取

3.2.4   梁缘条强度

梁缘条主要承受机翼总体弯矩引起的轴向力。

3.2.4.1   梁缘条受拉强度分析

梁缘条受拉安全裕度按下式确定：

$$\mathrm{M.S.} = \frac{[\sigma_b]}{\sigma_{f,t}} - 1 \qquad\qquad (3-66)$$

式中：$[\sigma_b]$ —— 梁缘条拉伸许用应力，$[\sigma_b] = 0.8\sigma_b$，其中系数 0.8 为开孔削弱系数；

$\quad\quad \sigma_b$ —— 梁缘条相应材料的拉伸极限应力；

$\quad\quad \sigma_{f,t}$ —— 梁缘条工作应力，取自全机有限元总体应力分析结果。

3.2.4.2   梁缘条受压强度分析

机翼壁板和梁腹板及梁支柱分别在各自平面内为梁缘条提供支持，因此翼梁缘条不会发生总体失稳破坏，只可能发生局部屈曲。由于梁缘条相对较强，其局部屈曲可达材料的压缩屈服极限。在飞机翼梁结构分析中，建议采用较为保守的值，即梁缘条局部屈曲临界应力取其压损强度值。

在计算梁缘条压损强度时，可采用图 3-37 的剖面，如果梁腹板在靠近缘条处无加厚凸台，建议取 $b_2 = h/6$。

梁缘条受压安全裕度按下式确定：

$$\mathrm{M.S.} = \frac{[\sigma]_f}{\sigma_{f,c}} - 1 \qquad\qquad (3-67)$$

式中：$[\sigma]_f$ —— 梁缘条压损强度值；

$\quad\quad \sigma_{f,c}$ —— 梁缘条工作应力，取自全机有限元总体应力分析结果。

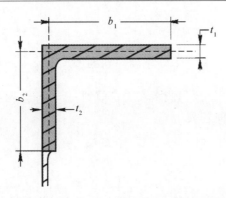

图 3-37　梁缘条压损应力的剖面及参数

3.2.5　张力场强度分析

当梁腹板中的剪应力 τ 小于其屈曲临界剪应力 τ_{cr} 时,腹板的受力为纯剪切状态,通常称为"剪力场",其内力状态如图 3-38 所示;当梁腹板中的剪应力 τ 达到其屈曲临界剪应力 τ_{cr} 时,梁腹板开始失稳,此时,由于压应力 σ_2 的作用,腹板沿拉伸力 σ_1 方向形成了大致互相平行的失稳波纹。由于梁腹板四周有梁缘条、梁支柱支撑,腹板失稳后还能继续承受增加的外载荷,但其内力发生了重新分配,压应力 σ_2 几乎不再增加,拉应力 σ_1 随外载荷继续增加,波纹数增多并趋于规则。这时腹板主要靠拉力(张力)承受外载荷,故称之为张力场。从内力状态来看,张力场可以分为完全张力场和不完全张力场,事实上,完全张力场仅仅是一种极限状态,在飞机结构中,相当一部分外载荷可以由剪力场承受,其余部分由张力场承受,即结构是不完全张力场的受力状态,这就是不完全张力场。

完全张力场梁内力示意图如图 3-39 所示。

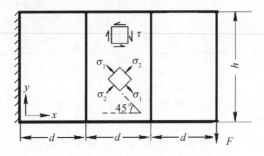

图 3-38　剪力场梁内力示意图

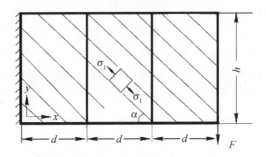

图 3-39　完全张力场梁内力示意图

在剪力场梁中，梁腹板的剪应力为 $\tau = \dfrac{F}{ht}$，$\sigma_1 = -\sigma_2 = \tau$，在完全张力场梁中，$\sigma_1 = \dfrac{2F}{ht\sin 2\alpha} = \dfrac{2\tau}{\sin 2\alpha}$，$\sigma_2 = 0$。而不完全张力场梁是介于纯剪切和完全张力场之间的受力状态，可以将其总剪应力分为独立的两部分来进行分析，腹板在失稳前的一部分 τ_{cs} 用剪力场承受，腹板失稳后的其余部分 τ_{td} 用完全张力场承受，则

$$\left.\begin{array}{c} \tau = \tau_{cs} + \tau_{td} \\ \tau_{td} = K\tau \\ \tau_{cs} = (1-K)\tau \end{array}\right\} \qquad (3-68)$$

式中：K 为张力场系数，表示结构在给定载荷下张力场发展的程度。$K=0$ 即为剪力场，用"CS"表示；$K=1$ 为完全张力场，用"TD"表示；$0 < K < 1$ 为不完全张力场，可以用剪力场和完全张力场两种应力状态叠加得出，用"TDI"表示，如图 3-40 所示。

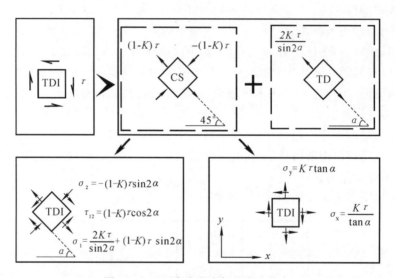

图 3-40　不完全张力场的内力状态

不完全张力场整体梁强度分析应包括腹板强度分析、支柱强度分析、梁缘条强度分析、梁缘条与壁板的连接强度分析。

目前不完全张力场梁设计分析采用 NACA2661 给出的半经验工程方法，方法本身是建立在试验基础上的，对于整体梁，其限用条件为

（1）支柱间距不应超出以下范围：

$$0.2 < d/h < 1.0$$

（2）腹板的有效高度与厚度之比应在以下范围之内：

$$120 < h/t \leqslant 1\,500$$

以上条件中的 d 和 h 与 3.2.1 节中取法相同。

3.2.5.1　梁腹板强度分析

不完全张力场的梁腹板强度按以下步骤进行分析。

1. 梁腹板失稳临界剪应力计算

按 3.2.2 节方法计算梁腹板失稳临界剪应力 τ_{cr}。

2. 求对角张力场系数

求加载比 τ/τ_{cr}，然后由下式计算张力场系数 K：

$$\left.\begin{aligned} K &= \tanh\left[0.5\lg\left(\frac{\tau}{\tau_{cr}}\right)\right], & \frac{\tau}{\tau_{cr}} &\geqslant 2 \\ K &= 0.434\left[\frac{\tau-\tau_{cr}}{\tau+\tau_{cr}}+\frac{1}{3}\left(\frac{\tau-\tau_{cr}}{\tau+\tau_{cr}}\right)^3\right], & 1 &\leqslant \frac{\tau}{\tau_{cr}} < 2 \end{aligned}\right\}$$

$$(3-69)$$

式中：τ——腹板中的平均剪应力或名义应力，取自总体有限元应力分析结果，不考虑腹板屈曲后对应力的影响；

τ_{cr}——腹板剪切屈曲应力。

此外，在结构设计时应对极限载荷情况下的对角张力系数进行限制，其最大值为

$$K_{max} = 0.78 - \left(\frac{t}{25.4} - 0.012\right)^{1/2} \qquad (3-70)$$

这是为了避免在限制载荷情况发生过度的皱损和永久变形，从而引起疲劳破坏。当按式（3-69）确定的张力场系数 K 值大于式（3-70）所给出的限制值时，应对结构进行设计更改，保证张力场系数 $K \leqslant K_{max}$。

3. 计算张力场角

在不完全张力场计算中，张力场角 α 与梁腹板沿对角拉伸方向的总应变 ε、梁缘条的应变 ε_F 以及梁支柱的应变 ε_s 有关。其中梁缘条及梁支柱的应变是由于张力场腹板对角拉伸引起的。张力场角 α 可以表示为

$$\tan^2\alpha = \frac{\varepsilon - \varepsilon_F}{\varepsilon - \varepsilon_S} \qquad (3-71)$$

腹板的总应变包含纯张力场部分的应变和剪力场部分的应变，可以表示为

$$\varepsilon = \frac{\tau}{E}\left[\frac{2K}{\sin 2\alpha} + (1-K)(1+\mu_e)\sin 2\alpha\right] \qquad (3-72)$$

缘条的应变为

$$\varepsilon_F = -\frac{K\tau ht}{2E\min(A_{UF}, A_{LF})\tan\alpha} \qquad (3-73)$$

支柱的应变为

$$\varepsilon_S = -\frac{K\tau dt\tan\alpha}{EA_{s,e}} \qquad (3-74)$$

式中：A_{UF}、A_{LF}——承受张力场附加载荷的上、下缘条面积，可按图 3-41 所示的剖面进行计算；

$A_{s,e}$——承受张力场附加载荷的支柱有效面积，对于整体翼梁的单支柱结构形式，由于支柱偏心受载，其有效面积为

$$A_{s,e} = \frac{A_s}{1 + \left(\dfrac{e}{\rho}\right)^2} \qquad (3-75)$$

式中：e——腹板中心到支柱形心的距离；

ρ——支柱的剖面回转半径，$\rho = \sqrt{I_s/A_s}$；

A_s—— 支柱的剖面面积，按图 3 - 42 所示的剖面进行计算。

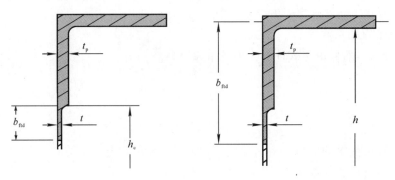

图 3 - 41　不完全张力场状态梁缘条等效承载剖面

$(a)t_p \geqslant 3t, b_{ftd} = (1 - K)\dfrac{h_c}{4}$; $(b)t_p < 3t, b_{ftd} = (1 - K)\dfrac{h}{4}$

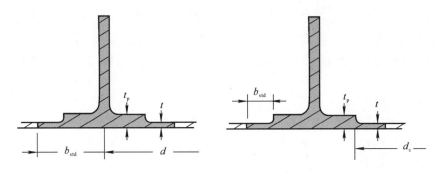

图 3 - 42　不完全张力场状态梁支柱等效承载剖面

$(a)t_p < 3t, b_{std} = (1 - K)\dfrac{d}{4}$; $(b)t_p \geqslant 3t, b_{std} = (1 - K)\dfrac{d_c}{4}$

求解方程式(3 - 72) ～ 式(3 - 74)时，可先假设一张力场角的初始值 α_0，将其代入式(3 - 72) ～ 式(3 - 74)各式中，即可求解得 $\tan^2\alpha$，然后可得 α 值。再取 α 作为新的张力场角值代入式(3 - 72) ～ 式(3 - 74)各式中，反复迭代直至得到符合精度要求的解为止。其流程如图 3 - 43 所示。

应当指出，在平板张力场设计中，α 不再是真实的波纹方向，而是一个人为的、只在计算过程中起作用的量。对于大多数实际设计情况，α 介于 $38° \sim 45°$ 之间。因此，初始计算时，张力场角 α 初值可取 $45°$，一般情况下，当 $|\alpha_i - \alpha_{i-1}| < 0.5°$ 时可停止迭代计算。

4. 腹板最大作用剪应力计算

一旦腹板失稳，其最大剪应力为

$$\tau_{s,\max} = (1 + K^2 C_1)(1 + K C_2)\tau \tag{3 - 76}$$

式中：C_1 —— 对角拉伸角不等于 $45°$ 时的修正系数，$C_1 = \dfrac{1}{\sin 2\alpha} - 1$;

C_2 —— 梁缘条柔度引起的应力集中系数，可通过查图 3 - 44 获得；

τ —— 腹板中的平均剪应力或名义应力，取自总体有限元应力分析结果。

凸缘柔度系数 ω_d 为

$$\omega_d = 0.7d \left[\frac{t}{h_e(I_{UF} + I_{LF})}\right]^{1/4} \tag{3 - 77}$$

式中：h_e —— 上、下缘条形心之间的距离；

I_{UF} —— 上缘条的惯性矩，该惯性矩是关于通过缘条形心且垂直于梁腹板的轴线的；

I_{LF} —— 受拉凸缘的惯性矩。

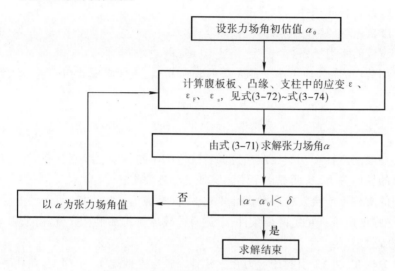

图 3 - 43　迭代求解张力场角的流程图

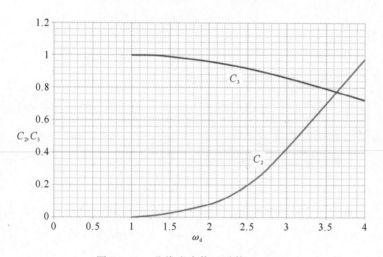

图 3 - 44　凸缘应力修正系数 C_2 和 C_3

修正系数 C_2 和 C_3 也可以用下式表示：

$$C_2 = 0.017\ 4\omega_d^6 - 0.259\ 7\omega_d^5 + 1.527\ 5\omega_d^4 - 4.500\ 5\omega_d^3 + 7.077\ 1\omega_d^2 - 5.608\ 2\omega_d + 1.746\ 5$$

$$(3-78)$$

$$C_3 = 0.004\ 3\omega_d^3 - 0.057\ 3\omega_d^2 + 0.103\ 9\omega_d + 0.949\ 5 \tag{3-79}$$

5. 腹板许用剪应力的确定

腹板的许用剪应力 $[\tau]$ 一般由试验结果确定。它取决于对角张力系数 K、腹板与梁突缘及腹板与支柱连接的细节设计。将腹板许用剪应力作为 K 和材料强度的函数，若没有试验结果，可采用下式进行计算：

$$[\tau] = 0.99\sigma_{0.2}\left[1 + \frac{1}{2}\left(\frac{\sigma_b}{\sigma_{0.2}} - 1\right)^2\right]\left[\frac{1}{2} + (1-K)^3\left(\frac{\tau_b}{\sigma_b} - \frac{1}{2}\right)\right] \qquad (3-80)$$

式中：σ_b——腹板材料的拉伸极限强度；

$\sigma_{0.2}$——腹板材料的拉伸屈服强度；

τ_b——腹板材料的剪切极限强度；

K——腹板的张力场系数。

腹板的许用剪应力$[\tau]$应不小于最大作用剪应力$\tau_{s,max}$，即腹板剪切安全裕度为

$$M.S. = \frac{[\tau]}{\tau_{s,max}} - 1 \qquad (3-81)$$

3.2.5.2 支柱强度分析

对角张力场梁的支柱在初始屈曲前遵循与抗剪梁相同的刚度准则。一旦发生初始屈曲，对支柱就引入新的轴向应力，从而提出了增强支柱的额外要求。

张力场中的支柱可能会发生两种破坏模式：一种是强迫压损破坏，另一种是受压总体失稳破坏。因此支柱强度应该满足这两个条件。上述两种破坏模式都很难分析，需采用经验数据。

1. 支柱的最大应力

由腹板张力场在支柱中引起的应力在支柱整个长度上两端小、中间大，在柱的中部达到最大值，可以用下式计算：

$$\sigma_{s,max} = k_1\sigma_s \qquad (3-82)$$

式中：σ_s——支柱沿长度方向的平均应力；

k_1——支柱应力修正系数。

支柱沿长度方向的平均应力σ_s由下式求得：

$$\sigma_s = -\frac{K\tau dt\tan\alpha}{A_{s,e}} \qquad (3-83)$$

支柱的应力修正系数k_1由下式求得：

$$k_1 = (1-K)\left[0.775 - \left(0.645\frac{d}{h}\right)\right] + 1 \qquad (3-84)$$

2. 支柱许用应力

支柱强迫压损应力——腹板中形成的剪切屈曲会使支柱与腹板相连的一边发生强迫屈曲，支柱因此而削弱，继而在支柱外伸边上诱发屈曲，最终导致支柱破坏。这类破坏具有局部特性，取决于支柱沿长度上的最大应力。

支柱强迫压损破坏应力许用值$\sigma_{s,c}$按下式计算：

$$\sigma_{s,c} = -0.051\frac{\sigma_{0.2}}{\sqrt{\dfrac{\sigma_{0.2}}{E} + 0.002}}K^{\frac{2}{3}}\left(\frac{t_p}{t}\right)^{\frac{1}{3}} \qquad (3-85)$$

支柱强迫压损安全裕度为

$$M.S. = \frac{\sigma_{s,c}}{\sigma_{s,max}} - 1 \qquad (3-86)$$

对角张力场的梁支柱屈曲强度不能用简单柱理论来处理，因为腹板限制了支柱的屈曲。只要支柱一发生屈曲离开腹板平面，支柱的张力对角线就会扭结，产生一个沿支柱长度分布的约束力，其大小与支柱挠度成正比。这种柱作用问题的屈曲应力$\sigma_{s,g}$，采用实心柱的总体破坏

式 —— 欧拉式加以修正来计算。

对于单支柱,由于受偏心压缩,为防止发生柱破坏或过度变形,要求支柱横截面上的平均应力 $\sigma_{s,av}$ 小于长细比为 $h/2\rho$ 的两端铰支支柱总体屈曲应力 σ_g,即支柱按失稳成两个半波计算:

$$\sigma_{s,g} = \frac{\pi^2 E}{(h/2\rho)^2} \tag{3-87}$$

支柱总体失稳安全裕度为

$$\text{M. S.} = \frac{\sigma_{s,g}}{\sigma_{s,av}} - 1 \tag{3-88}$$

$$\sigma_{s,av} = \sigma_s \frac{A_{s,e}}{A_s} \tag{3-89}$$

3.2.5.3　梁缘条强度分析

1. 梁缘条中由张力场引起的附加应力

梁缘条中由张力场引起的附加应力 $\sigma_{f,dt}$ 为

$$\sigma_{f,dt} = -\frac{K\tau h t}{2A_F \tan\alpha} \tag{3-90}$$

该分量使受压梁缘条的基本应力增加而受拉梁缘条的基本应力减少,基本应力取自有限元总体应力分析结果。

2. 梁缘条中由张力场引起的最大附加弯矩 M_{max}

梁缘条中最大附加弯矩 M_{max} 为

$$M_{max} = \frac{1}{12}K\tau t d^2 C_3 \tag{3-91}$$

式中:C_3 —— 应力修正系数,根据梁缘条柔度系数 ω_d 从图 3-44 中查取。

3. 梁缘条工作应力

凸缘应力 $\sigma_{f,all}$ 由下式计算:

$$\sigma_{f,all} = \sigma_f + \sigma_{f,dt} + \frac{M_{f,max}}{W_f} \tag{3-92}$$

式中:σ_f —— 由外载荷在梁缘中引起的基本应力,取自有限元总体应力分析结果;

　　　W_f —— 梁缘条剖面的抗弯系数。

应注意的是,在对缘条的工作应力以及张力场引起的附加应力进行叠加时,应考虑应力的符号,并保证缘条各处位置均考虑到。

获取梁缘条的总应力 $\sigma_{f,all}$ 后,可按 3.2.4 节方法计算梁缘条的许用应力以及安全裕度。

3.2.6　油箱压力载荷作用下的梁强度计算

翼梁在油箱均布压力载荷作用下,梁腹板按照均布载荷(压强 p)下的四边简支矩形板简化计算,梁支柱按照双支点简支梁简化计算,单个支柱上承受的载荷如图 3-45 所示,图 3-46 为支柱的剖面。

对于梁腹板,首先计算压力系数 $\dfrac{p}{E}\left(\dfrac{d}{t}\right)^4$,通过图 3-47 中曲线查取腹板的最大变形 δ。其次,根据变形和腹板厚度的关系判断腹板应按照厚板($\delta/t < 0.5$)分析还是按照薄板($0.5 < \delta/t < 5$)分析。

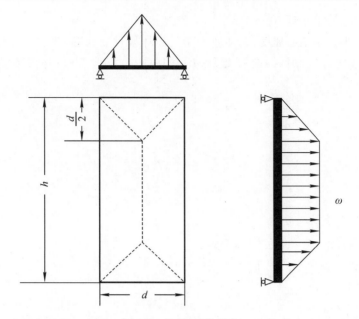

图 3-45　梁支柱受力

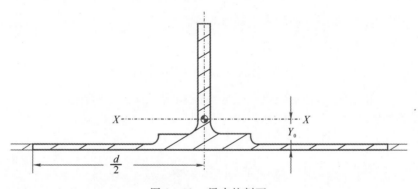

图 3-46　梁支柱剖面

若按照厚板分析,则腹板的最大应力为

$$\sigma = \beta \left(p \frac{d^2}{t^2} \right) \tag{3-93}$$

式中:β 通过图 3-48 中的曲线查取。

若按照薄板进行分析,腹板的应力 σ 包含薄膜应力 σ_m 和弯曲应力 σ_d 两部分,可以通过查图 3-49 中曲线得到腹板的最大应力 σ。

最后,计算腹板的安全裕度,即

$$M.S. = \frac{\sigma_b}{\sigma} - 1 \tag{3-94}$$

如果令

$$x = \frac{p}{E} \left[\frac{\min(d,h)}{t} \right]^4 \tag{3-95}$$

则图 3-49 两条曲线可以通过下式数值拟合:

$$\frac{\sigma}{E}\left[\frac{\min(d,h)}{t}\right]^2 = -0.000\ 3x^2 + 0.170\ 6x \tag{3-96}$$

$$\frac{\sigma_d}{E}\left[\frac{\min(d,h)}{t}\right]^2 = -0.000\ 2x^2 + 0.088\ 4x + 0.067\ 2 \tag{3-97}$$

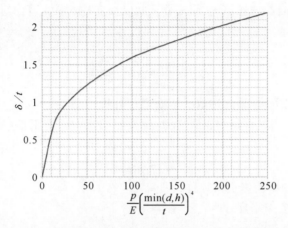

图 3-47 受均布载荷作用下的矩形板中心变形与板厚比例

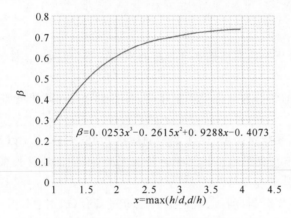

图 3-48 受均布载荷作用下的矩形板的系数

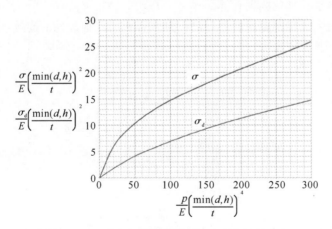

图 3-49 受均布载荷作用下的矩形薄板的应力

对于梁支柱,首先计算其承受的最大弯矩,即

$$\omega = p \times d \tag{3-98}$$

$$M = \frac{1}{8}\omega h^2 - \frac{1}{24}\omega d^2 \tag{3-99}$$

其次,计算支柱剖面的惯性矩 I_s、形心距 Y_0,以及支柱的最大弯曲应力。

$$\sigma_{s,t} = \frac{M}{I_s} \times Y_0 \tag{3-100}$$

$$\sigma_{s,c} = \frac{M}{I_s} \times (h_s - Y_0) \tag{3-101}$$

由于支柱受压面较危险,因此选取受压面进行分析。

若支柱的弯曲应力超过材料的屈服应力,则按照塑性弯曲对剖面的许用弯曲应力进行修正。即

$$\sigma_s = k\sigma_{0.2} \tag{3-102}$$

式中:k—— 支柱剖面的弯曲修正系数。

最后,计算支柱的安全裕度,即

$$M.S. = \frac{\sigma_s}{\sigma_{s,c}} - 1 \tag{3-103}$$

3.2.7 翼梁连接强度分析

翼梁连接静强度分析是机翼结构强度分析的重要内容,包括连接件和被连接件的拉伸、剪切、挤压等。

按结构形式,翼梁通常分为组合梁和整体梁,典型组合梁和整体机加梁分别如图 3-50 ～ 图 3-54 所示。

整体翼梁的连接关系相对简单,仅涉及与周围结构(蒙皮、肋等)以及分段区(分段套合、分段对合等)的连接;组合翼梁除整体梁的连接关系外,其内部连接关系更为复杂,如缘条与腹板的连接、腹板与支柱的连接等。

翼梁结构连接静强度分析内容通常包括翼梁分段套合(或对合)区、翼梁与周围骨架、翼梁与蒙皮、组合梁内部(缘条与腹板、腹板与支柱、支柱与缘条等)连接强度分析,主要涉及钉载计算、连接件与被连接件的强度计算。

翼梁与机身连接,翼梁与前缘缝翼、襟翼、副翼等机翼其他部件的连接,以及与机翼挂架等连接强度分析,属于接头连接强度分析的内容,不包含在本节内容中。

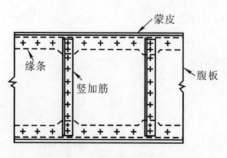

图 3-50 典型组合梁结构

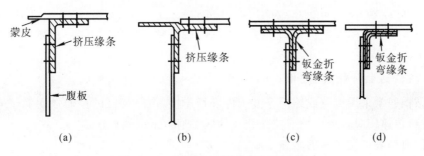

图 3-51　典型组合梁缘条剖面连接

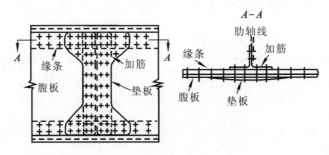

图 3-52　典型的翼梁腹板连接设计

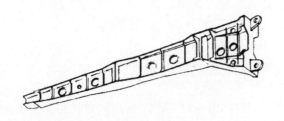

图 3-53　典型整体翼梁结构

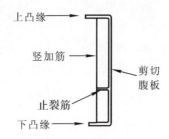

图 3-54　典型整体翼梁剖面

　　翼梁连接静强度分析,通常是从总体或细节有限元模型中计算或提取钉载,然后依据钉载以及相关飞机的强度设计准则要求进行连接件和被连接件的应力计算和静强度分析,并给出安全裕度。

　　连接强度计算方法在飞机结构设计手册和教科书中常得到推荐,如航空工业出版社《飞机设计手册》第 9 分册、Bruhn 的 *Analysis and Design of Flight Vehicle Structures*,以及牛春匀

编著的 *Ai frame Stress Analysis and Sizing* 等。

本节主要基于有限元分析方法介绍翼梁结构连接静强度分析方法,并对分析方法的适应性予以说明。

3.2.7.1 连接件静强度分析

翼梁结构通常采用铆钉或螺栓等紧固件进行连接。由于铆钉的拉伸强度低于同样材料和尺寸的螺栓,传递相对较大剪切或拉伸载荷的区域通常采用螺栓连接。

紧固件典型破坏模式为剪坏和拉脱,如图 3-55 所示。

连接件静强度分析内容通常包括:铆钉的剪切、挤压、抗拉强度,螺栓(抽钉、高锁等)抗拉、抗剪切、挤压以及同时受拉和受剪切强度。

螺栓剪环   螺栓拉脱

图 3-55 　螺栓典型破坏模式

1. 铆钉的抗拉强度

铆钉主要承剪,由于面外载荷的存在,在蒙皮与梁连接中会有拉伸载荷。在无铆钉拉伸强度数据的情况下,拉伸强度可作如下保守估算:

凸头铆钉:$P_t = 0.4 P_s$。

平头铆钉:$P_t = 0.2 P_s$。

其中,P_t、P_s 分别为铆钉的拉伸强度、单面剪切强度。

2. 拉剪组合强度

钢螺栓、钛合金高轻型(Hi-Lites)以及铆钉拉伸、剪切相互作用包线见表 3-6,安全裕度(M.S.)用图形法或迭代法确定。

表 3-6 　拉剪相互作用包线及安全裕度计算

紧固件类型	相互作用包线	安全裕度(M.S.)
钢螺栓	$R_s^3 + R_t^2 = 1$	$(\lambda R_s)^3 + (\lambda R_t)^2 = 1$ M.S. $= \lambda - 1$
钛合金高轻型(Hi-Lites)	$R_s^2 + R_t^2 = 1$	M.S. $= \dfrac{1}{\sqrt{R_s^2 + R_t^2}} - 1$
铆钉	$R_s^2 + R_t^2 = 1$	M.S. $= \dfrac{1}{\sqrt{R_s^2 + R_t^2}} - 1$

注:$R_s = \dfrac{\text{工作剪切载荷}}{\text{许用剪切强度}}$,$R_t = \dfrac{\text{工作拉伸载荷}}{\text{许用拉伸强度}}$。

3.2.7.2 被连接件静强度分析

被连接件指通过紧固件连接的翼梁结构,如翼梁缘条、腹板、立柱、带板以及周围结构(如蒙皮、肋等)。

被连接件典型破坏模式为拉断、拉剪破坏、剪断以及挤压破坏,如图 3-56 所示。

对应于各自破坏模式,静强度分析内容通常包括:紧固件孔挤压、边距剪切、端距剪切、净截面拉断等。

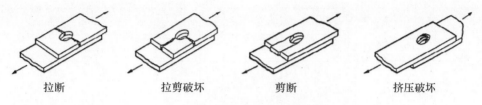

拉断　　　　　拉剪破坏　　　　　剪断　　　　　挤压破坏

图 3-56　被连接件典型破坏模式

1. 弯曲应力

翼梁是机翼主承力结构,翼梁连接厚度较大时(如多层连接等),常常需考虑偏心载荷对连接强度的影响。由于偏心产生的附加力矩,使连接钉孔厚度方向上的应力不再均匀分布(见图 3-57 所示),弹性范围内的最大应力(单位宽度应力)按下式计算:

$$\sigma_{\max} = \frac{P}{t} + \left(\frac{Pt}{2}\right)\left(\frac{6}{t^2}\right) = \frac{4P}{t} \tag{3-104}$$

对于金属翼梁结构,进入塑性阶段后,应力分布趋于平均。

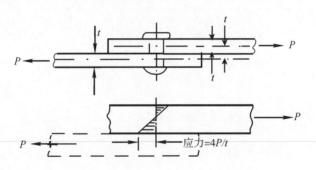

图 3-57　由于偏心产生的弯曲应力

2. 挤压强度许用值

挤压强度计算如下:

$$[F_{\text{bry}}] = k_{\text{ET}} \cdot k_{\text{wpb}} \cdot k_{\text{ta\_bry}} \cdot F_{\text{bry}} \tag{3-105}$$

$$[F_{\text{bru}}] = k_{\text{ET}} \cdot k_{\text{wpb}} \cdot k_{\text{ta\_bru}} \cdot F_{\text{bru}} \tag{3-106}$$

式中:$[F_{\text{bry}}]$—— 钉孔挤压屈服强度许用值;

$\quad[F_{\text{bru}}]$—— 钉孔极限挤压强度许用值;

$\quad F_{\text{bry}}$—— 金属材料挤压屈服强度;

$\quad F_{\text{bru}}$—— 金属材料极限载荷下挤压强度;

$\quad k_{\text{ET}}$—— 温度影响系数;

$\quad k_{\text{wpb}}$——"湿铆"影响系数;

$\quad k_{\text{ta\_bry}}$—— 厚铝板 F_{bry} 降低系数;

$k_{\text{ta\_bru}}$——厚铝板 F_{bru} 降低系数。

"湿铆"影响系数只在 $e/D < 2.5$ 时使用（e 为边距，D 为孔径名义尺寸），见表 3-7。

表 3-7 "湿铆"影响系数

材　　料	e/D	"湿铆"影响系数 k_{wpb}
铝合金	< 2.5	0.82
	$\geqslant 2.5$	1.00
其他金属材料	< 2.5	0.90
	$\geqslant 2.5$	1.00

当连接铝板的厚度大于 25.4mm，并且载荷作用方向沿边的方向时，要考虑厚铝板降低系数，见表 3-8（$e/D \geqslant 3.0$ 时，不必考虑此系数）。

表 3-8 厚铝板降低系数

挤压性能	e/D	降低系数 k_{br}
F_{bru}	< 3.0	$0.10 \times (e/D) + 0.70$
	$\geqslant 3.0$	1.00
F_{bry}	< 3.0	0.95
	$\geqslant 3.0$	$K_{bry} = 1.00$

3. 挤压强度

凸头和沉头连接件挤压强度计算式如下：

$$P_{\text{bru}} = [F_{\text{bru}}] \times D \times t_{\text{eff}} \tag{3-107}$$

$$P_{\text{bry}} = [F_{\text{bry}}] \times D \times t_{\text{eff}} \tag{3-108}$$

式中：D——连接件光杆名义直径；

t_{eff}——结构分析用连接厚度。

$$t_{\text{eff}} = t \quad (t \leqslant D) \tag{3-109}$$

$$t_{\text{eff}} = D \quad (t > D) \tag{3-110}$$

凸头铆钉使用铆钉孔的名义直径代替铆钉名义直径。

沉头连接件如果要求连接在蒙皮或口盖的外形之下，则 $t_{\text{eff}} = t - d_s$，其他 $t_{\text{eff}} = t$。用于计算的有效连接厚度如图 3-58 所示。

平头钉连接件挤压强度计算式如下：

$$P_{\text{bru}} = [F_{\text{bru}}] \cdot D \cdot \left(t_{\text{eff}} - \frac{h}{2} \right) \quad (t_{\text{eff}} \leqslant D) \tag{3-111}$$

$$P_{\text{bru}} = [F_{\text{bru}}] \cdot D \cdot \left[D - \frac{(h + D - t_{\text{eff}})}{2} \right] \quad (t_{\text{eff}} > D, h > t_{\text{eff}} - D) \tag{3-112}$$

$$P_{\text{bru}} = [F_{\text{bru}}] \times D^2 \quad (t_{\text{eff}} > D, h \leqslant t_{\text{eff}} - D) \tag{3-113}$$

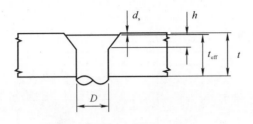

图 3-58　平头钉连接示意

3.2.7.3　刚度和钉载分配

翼梁连接静强度分析首先需要确定钉载,通常依据刚度分配原则进行钉载的计算。对于多钉或钉群连接的区域,计算钉载时,需考虑以下因素。

(1) 金属翼梁结构具有良好的塑性,若连接设计合理,在高载时,常常可以认为各螺栓上承受的载荷趋向于与每个螺栓刚度成正比。

(2) 应避免将螺栓与铆钉或干涉配合的紧固件混用。若必须采用这种混合连接方式,配合更好的紧固件应能承担全部的剪切载荷。

(3) 对于多层连接,按照载荷传递路径,依据被连接件刚度进行紧固件剪切面的钉载分配。

对于相同连接厚度和紧固件间距,三个紧固件、四个紧固件以及五个紧固件连接的钉载分配分别如图 3-59 ~ 图 3-61 所示。图中 K_f、K 分别为

$$K_f = \frac{1}{C} \tag{3-114}$$

$$K = \frac{AE}{L} \tag{3-115}$$

式中:K_f—— 紧固件刚度系数,N/mm;

C—— 紧固件柔度系数,mm/N;

A—— 加载板的截面面积,mm²;

E—— 加载板的弹性模量,MPa;

L—— 钉间板的长度,mm。

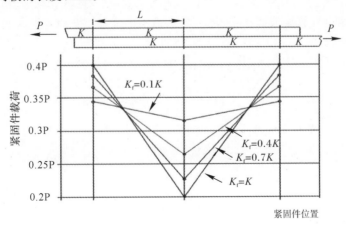

图 3-59　三个紧固件连接钉载分配

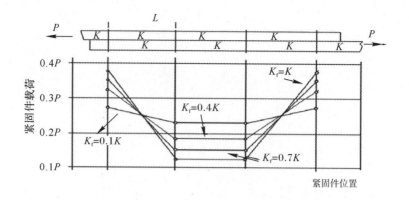

图 3-60　四个紧固件连接钉载分配

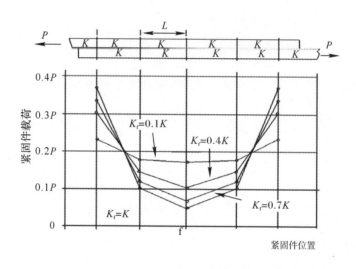

图 3-61　五个紧固件连接钉载分配

3.2.7.4　组合式翼梁的连接

组合式翼梁结构连接关系与整体翼梁相比更为复杂,主要是翼梁组合件(凸缘、腹板、立柱等)的连接。按照组合式翼梁典型连接形式,分别给出连接静强度的分析方法。

1. 缘条与腹板连接

缘条与腹板典型连接形式(见图 3-62)主要有:单排钉连接、双排钉和双排双列钉连接。

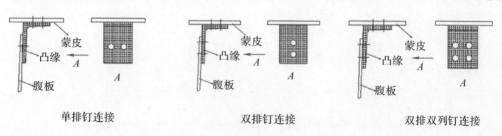

图 3-62　缘条与腹板典型连接

翼梁 L 形缘条一边与腹板连接,另一边与蒙皮连接。与腹板连接的连接件主要承受剪切载荷,缘条与腹板通常采用凸头铆钉连接。

腹板与缘条连接钉载:

$$P = p \cdot l \qquad (3-116)$$

式中:p—— 腹板与缘条连接区单位长度工作剪流,N/mm;

　　　l—— 腹板长度,mm。

腹板与缘条连接的连接件安全裕度为

$$M.S. = \frac{[P]}{P/n} - 1 \qquad (3-117)$$

式中:$[P]$—— 钉剪切强度,N;

　　　n—— 连接钉的数量。

2. 腹板与支柱连接

腹板与支柱典型连接形式(见图 3-63)主要有:L 形支柱单排钉连接和 L 形支柱双排钉连接、T 形支柱双排钉连接。

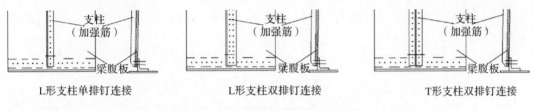

L 形支柱单排钉连接　　　　L 形支柱双排钉连接　　　　T 形支柱双排钉连接

图 3-63　腹板与支柱典型连接

支柱对翼梁腹板起支撑与隔波作用,通常按刚度设计,与梁腹板和梁缘条连接,应满足承受机翼盒段弯曲时的压塌力。

支柱最大压塌力为

$$P_{c,max} = \frac{2\bar{\sigma}_{fp}^2}{E} \cdot \frac{b_s t_s l_p}{b_w} \qquad (3-118)$$

式中:$P_{c,max}$—— 支柱上最大压塌力;

　　　$\bar{\sigma}_{fp}$—— 蒙皮平均破坏应力;

　　　E—— 蒙皮材料弹性模量;

　　　l_p—— 支柱间距;

　　　b_w—— 上下蒙皮间距;

　　　t_s—— 蒙皮厚度;

　　　b_s—— 闭室宽度。

支柱承载能力为

$$P = \frac{A\pi^2 E}{(h_p/\rho)^2} \qquad (3-119)$$

式中:h_p—— 支柱高度,指支柱与上、下加筋连接钉间距;

　　　A—— 支柱横截面积;

　　　ρ—— 支柱横截面惯性矩。

需满足支柱承载能力：$P > P_{\mathrm{c,max}}$。

通常支柱承载能力远大于支柱与腹板连接钉的剪切强度，支柱连接强度分析需检查钉的剪切强度是否大于压塌力，即

$$T \geqslant P_{\mathrm{c,max}} \qquad (3-120)$$

式中：T—— 连接钉的剪切强度，N。

3. 支柱与梁缘条连接

支柱与梁缘条典型连接形式如图 3-64 所示。

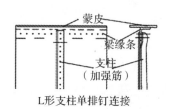
L形支柱单排钉连接

L形支柱双排钉连接

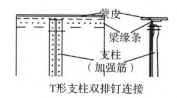
T形支柱双排钉连接

图 3-64   支柱与梁缘条典型连接

支柱与梁缘条连接，通常为腹板、支柱、缘条多层连接，涉及边距／端距剪切，需进行边距／端距剪切强度计算。

边距／端距剪切强度：

$$\tau = \frac{P}{t(2e-D)}, \quad \mathrm{M.S.} = \frac{\tau_b}{\tau} - 1 \qquad (3-121)$$

式中：D、t、e—— 分别为钉孔直径、板厚度、边距／端距，如图 3-65 所示；

$\quad\quad P$—— 工作载荷；

$\quad\quad \tau$、τ_b—— 分别为工作剪应力、材料剪切强度。

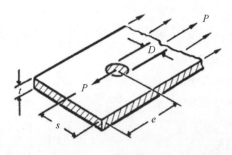

图 3-65   典型连接单元

4. 梁缘条与蒙皮连接

梁缘条与蒙皮典型连接形式（见图 3-66）主要有：单排钉连接、单列钉连接、双排双列钉连接。

L形梁缘条与蒙皮连接，连接件主要承受拉脱载荷，同时考虑到外形面要求，缘条与蒙皮通常选用沉头抗拉脱的钉进行连接。

蒙皮与缘条连接的连接件单位长度拉脱强度为

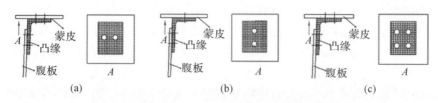

图 3 - 66　梁缘条与蒙皮典型连接

（a）单排钉连接；（b）双排钉连接；（c）双排双列钉连接

$$p_t = \frac{P}{d_{t1}} \tag{3-122}$$

式中：P——单钉拉脱强度，N；

　　d_{t1}——蒙皮与缘条连接钉距，mm；

　　p_t——蒙皮与缘条连接的连接件单位长度拉脱强度，N/mm。

蒙皮与缘条连接拉脱钉载：

$$P = p \times d_{t1} \tag{3-123}$$

式中：p——蒙皮与缘条连接区单位长度拉脱力，N/mm。

5. 翼梁分段连接

在梁长度较大时，通常采用分段设计，翼梁各段之间采用套合或对合等方式进行连接。套合直接采用紧固件进行连接，对合则通过角盒或带板进行连接。

典型套合、对合连接方式分别如图 3 - 67（见彩图）和图 3 - 68（见彩图）所示。

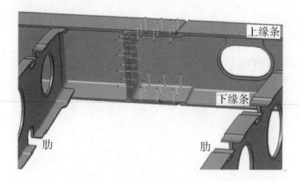

图 3 - 67　典型套合连接

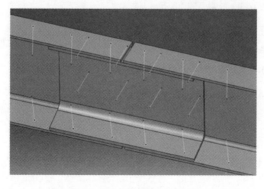

图 3 - 68　典型对合连接

翼梁分段连接钉载计算中，通常假设梁缘条的连接钉传递轴向载荷 P，腹板主要传递剪切载荷 Q。最大钉载可依据多钉连接的钉载分配规律进行确定，对于连接关系比较简单的金属梁分段区域，也可假设钉载平均分配，对于翼梁重要连接区域的钉载，建议采用细节有限元模型计算钉载。

在接头区域，翼梁连接静强度计算还应依据强度设计准则考虑相应的接头系数。

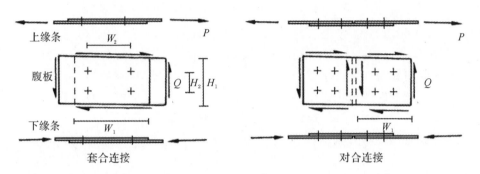

图 3-69　分离体受力示意

对缘条连接紧固件：

$$N = kP \tag{3-124}$$

$$M.S. = \frac{P_s}{N} - 1 \tag{3-125}$$

式中：P_s——紧固件单剪强度；

　　P——缘条拉伸总载荷；

　　k——多钉连接钉载分配系数（参见 3.2.7.3 节）；

　　N——缘条单钉剪切载荷。

对于腹板连接紧固件：

$$N = \sqrt{\left(\frac{qH_1}{m}\right)^2 + \left(\frac{qW_1}{n}\right)^2} \tag{3-126}$$

$$M.S. = \frac{P_s}{N} - 1 \tag{3-127}$$

式中：　　P_s——紧固件单剪强度；

　　　　q——腹板剪流，N/mm；

　　m、n——腹板连接钉群行、列个数；

　　W_1、H_1——腹板宽度、高度。

根据缘条和腹板钉载分别计算钉孔挤压强度以及边距／端距剪切强度。

3.2.7.5　有限元分析方法

翼梁连接钉载通常采用两种方式获取：方式一，基于总体有限元模型，考虑载荷传递路径以及分离体力平衡关系计算载荷；方式二，基于 LOCAL-GLOBAL 的细节有限元模型，模拟连接，直接获取钉载。

1. 有限元模型

有限元分析是机翼翼梁的连接强度分析的基础。采用 GLOBAL-LOCAL 进行翼梁钉载计算，可以准确考虑周边结构支持刚度的影响，获取更为准确的钉载情况，提高连接强度分析准确性。

钉元的模拟及参数计算对计算结果精度影响较大。一般用以下三种方法模拟钉元，具体选用哪一种与被连接件的特性及精度要求有关。

（1）梁元。被连接板厚度大，需考虑弯曲效应时，钉元用短梁元模拟较合适。钉本身为圆柱体，参数取为钉圆柱体自然参数，主平面最好与主要载荷方向一致。短梁端点取为板中面上，梁元长度为

$$L = \frac{t_1 + t_2}{2} \tag{3-128}$$

式中：t_1、t_2—— 板厚，当取钉的真实参数（即自然参数）作为梁元参数时，钉的刚度偏小。

（2）弹簧元。弹簧元是一维标量单元，力学式为

$$P = k\delta \tag{3-129}$$

式中：δ—— 两端点（或仅有一点）的广义位移，可以是线位移，也可以是角位移。当薄板连接仅求钉剪力时，δ 为两板面内位移。

应注意，一个钉要用三个弹簧元模拟，面外的元素是为约束位移用，面内两个弹簧元广义位移应取任两个互相垂直方向。弹簧元刚度选取分两种情况。

第一种，板为薄膜元时，建议采用：

$$k = \frac{GA}{L} \tag{3-130}$$

式中：G—— 钉剪切模量；
A—— 钉横截面积。

$$L = \frac{t_1 + t_2}{4} \tag{3-131}$$

第二种，板为弯曲元时，建议采用：

$$k_0 = 4 \times \frac{EI}{L} \tag{3-132}$$

其中，$L = c(t_1 + t_2)$，$c = 0.25 \sim 0.5$。

（3）刚体元。钉可以用刚体元或多点约束，不建议用此法，但钉较多时，仍可采用。

2. 钉载的获取

细节有限元模型准确模拟了翼梁连接关系（见图 3 - 70），可以直接得到钉载。需要注意的是，线性计算所获得的钉载通常偏于保守。

对于总体有限元模型计算结果，需要考虑对有限元计算的钉载结果进行必要的修正。有限元模型的腹板尺寸一般来说要大于真实结构尺寸，因为有限元模型用杆、梁和壳单元来模拟翼梁凸缘，这些单元是没有厚度的，所以腹板的边界与真实结构会有区别，而外蒙皮按外形线建模，在有些区域使这种差别更加明显。因为使用比真实结构尺寸偏大的有限元计算结果获得的钉载偏小，会导致结构偏危险，所以应按高度对有限元结果进行修正以考虑尺寸差别的影响。

图 3 - 70　翼梁连接示意

考虑高度修正的钉载为

$$F' = F \cdot \left(\frac{h_{\text{FEM}}}{h_{\text{web}}} \right) \qquad (3-133)$$

式中：F—— 修正前钉载；

F'—— 修正后钉载。

3.2.7.6　工程应用

1. 连接强度计算

某型飞机前梁 1 段、2 段通过套合方式进行连接，如图 3 - 71（见彩图）所示。基于总体有限元模型计算结果，采用工程方法，计算翼梁套合连接强度。

翼梁材料：7050 - T7451，$E = 70\ \text{GPa}$，$\sigma_{\text{b}} = 490\text{MPa}$，$\tau_{\text{b}} = 294\text{MPa}$。

翼梁 2 段、3 段剖面为] 字形，腹板厚度 2mm，上下缘条分别为 $100\text{mm} \times 4\text{mm}$、$100\text{mm} \times 2\text{mm}$ 矩形剖面，端板厚度 2mm。上下缘条、端板三面套合，分别通过紧固件连接。

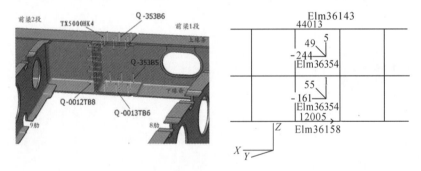

图 3 - 71　前梁 1 段与 2 段连接

紧固件强度数据见表 3 - 9。

表 3 - 9　紧固件数据

牌号	直径 /mm	许用拉力 /N	许用单面剪切力 /N
Q - 0013TB6	4.76	14 140	11 960
Q - 0012TB8	6.35	25 870	20 670
Q - 353B6	6	19 000	18 500

1）上缘条紧固件材料 Q - 353B6，数量 9；

2）下缘条紧固件材料 Q - 0013TB6，数量 9；

3）梁端板紧固件材料 Q - 0012TB8，数量 12。

翼梁连接计算项目如下：

1）上缘条紧固件强度、钉孔挤压、边距剪切强度；

2）下缘条紧固件强度、钉孔挤压、边距剪切强度；

3）套合端板紧固件连接强度。

（1）计算方法。本算例基于总体有限元模型的计算结果，采用工程方法，对翼梁套合连接进行强度计算。

（2）有限元模型。在总体有限元模型中，机翼上、下翼面节点通常建立在蒙皮外轮廓线上，蒙皮厚度 2mm，上、下缘条厚度 4mm、2mm，前梁上、下缘条模拟为 BAR 元素，需对元素特性进行偏置。

上缘条偏置：$2 + (4/2) = 4mm$；

下缘条偏置：$2 + (2/2) = 3mm$。

（3）连接强度计算。铝合金翼梁结构具有良好的塑性，在高载时，各螺栓上承受的载荷趋向于与每个螺栓刚度成正比。翼梁分段各套合面的螺栓刚度相同，可假设各套和面钉载均匀分布。

翼梁套合处总体有限元模型计算结果如图 3-71 所示。

（1）上缘条连接。分段处上缘条载荷通过连接螺栓传递。

上缘条轴力 44 013N，9 颗连接螺栓材料 Q-353B6。上缘条厚度 4mm，边距 13.5mm，净边距 10.5mm，钉孔挤压系数 1.6。

上缘条载荷高度修正：$F' = F \cdot \left(\dfrac{h_{FEM}}{h_{web}}\right) = 44\ 013 \times \dfrac{130}{124} = 46\ 143N$。

单钉钉载：$q = 46\ 143/9 = 5\ 127N, M.S. = 18\ 500/5\ 127 - 1 = 2.61$。

钉孔挤压：$\sigma_{jy} = 5\ 127/(6 \times 4) = 214MPa, M.S. = 1.6 \times 490/214 - 1 = 2.66$。

边距剪切：$\tau_{bj} = 5\ 127/(2 \times 4 \times 10.5) = 61MPa, M.S. = 294/61 - 1 = 3.82$。

（2）下缘条连接。分段处下缘条载荷通过连接螺栓传递。

下缘条轴力 12 005 N，9 颗连接螺栓材料 Q-0013TB6。上缘条厚度 2mm，边距 13.5mm，净边距 10.5mm，钉孔挤压系数 1.6。

下缘条载荷高度修正：$F' = F \cdot \left(\dfrac{h_{FEM}}{h_{web}}\right) = 12\ 005 \times \dfrac{130}{124} = 12\ 586N$。

单钉钉载：$q = 12\ 586/9 = 1\ 398N, M.S. = 11\ 960/1\ 398 - 1 = 7.56$；

钉孔挤压：$\sigma_{jy} = 1\ 398/(4.76 \times 2) = 147MPa, M.S. = 1.6 \times 490/147 - 1 = 4.33$；

边距剪切：$\tau_{bj} = 1\ 398/(2 \times 2 \times 10.5) = 33MPa, M.S. = 294/33 - 1 = 7.91$。

（3）端板连接。分段处腹板载荷通过端板连接螺栓传递，其中，腹板正应力产生拉伸和弯曲载荷，拉伸载荷钉载均分，弯曲载荷按线性分布。

每个腹板元素（Elm36354、Elm36353）高度 64.2mm，单位长度拉伸载荷分别为 244 N/mm、161N/mm，剪流分别为 49N/mm、55N/mm。

端板通过 2×6 颗 Q-0012TB8 连接，第 1 排与第 6 排钉间距 $L = 79mm$（六排钉均布）。

$$F_{Elm36354} = 244 \times 64.2 = 15\ 665N$$

$$F_{Elm36353} = 161 \times 64.2 = 10\ 336N$$

弯曲载荷：$M = [15\ 665 - (15\ 665 + 10\ 336)/2] \times 64.2 = 171\ 048N \cdot mm$。

端钉载荷分别如下。

拉伸钉载：$f = [15\ 665 + 10\ 336)/12] + M/L/3 = 2\ 888\mathrm{N}$。

剪切钉载：$q = [49 \times 64.2 + 55 \times 64.2)/12] = 556\mathrm{N}$。

螺栓横截面积：$A = 3.14 \times 6.35^2/4 = 31.67\ \mathrm{mm}^2$。

螺栓正应力 $\sigma = 2\ 888/31.67 = 91\mathrm{MPa}$。

螺栓剪切应力：$\tau = 556/31.67 = 18\mathrm{MPa}$。

根据第四强度理论，有

$$\sqrt{\sigma^2 + 3\tau^2} = 96\mathrm{MPa} \ll \sigma_\mathrm{b} = 1\ 100\mathrm{MPa}$$
$$\mathrm{M. S.} = 1\ 100/96 - 1 = 10.44$$

2. 梁强度计算实例

某型飞机机翼翼梁局部结构尺寸如图 3-72 所示。

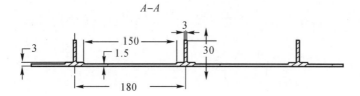

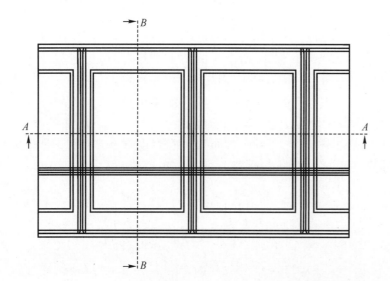

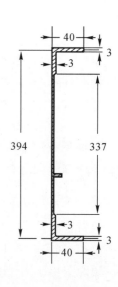

图 3-72　某型飞机机翼翼梁局部结构尺寸

该翼梁为整体结构，翼梁材料为铝合金 7050-T7451，材料性能如下：

$$E = 71\ 019\mathrm{MPa}$$
$$E_\mathrm{c} = 73\ 085\mathrm{MPa}$$
$$\mu_\mathrm{e} = 0.33$$
$$\sigma_\mathrm{b} = 490\mathrm{MPa}$$
$$\sigma_{0.2} = 400\mathrm{MPa}$$

$$\tau_b = 296\text{MPa}$$

全机应力分析结果如下。

梁腹板剪应力：$\tau = 150\text{MPa}$。

上缘条压应力：$\sigma_{c,uf} = -350\text{MPa}$。

下缘条拉应力：$\sigma_{t,lf} = 350\text{MPa}$。

油箱压力载荷为：$p = 0.1\text{MPa}$。

要求分析该梁的强度，给出分析过程及安全裕度。

按照以上计算方法，计算过程如下：

（1）检查梁支柱的刚度。

对于缘条和支柱，均有

$$t_p/t = 3/1.5 = 2 < 3$$

因此，$d = 180\text{mm}$，$h = 394\text{mm}$。

根据式（3-60），剪切屈曲系数 K_s 为

$$K_s = 3.8\left(\frac{180}{394}\right)^2 + 5.35 = 6.14$$

根据式（3-65），支柱所需要的最小刚度为

$$I_{s,\min} = \frac{0.021\,7 \times 180 \times 1.5^3}{\left[\dfrac{180}{394\sqrt{\dfrac{\pi^2 \times 6.14}{12(1-0.33^2)}}}\right]^{8/3}} = 1\,076\text{mm}^4$$

梁支柱的惯性矩为

$$I = 6\,750\text{mm}^4 > I_{s,\min}$$

因此，梁支柱满足刚度要求。

（2）梁腹板稳定性。

根据式（3-59）计算梁腹板剪切临界失稳应力为

$$\tau_{cr,e} = 6.14 \times \frac{\pi^2 \times 71\,019}{12 \times (1-0.33^2)} \times \left(\frac{1.5}{180}\right)^2 = 27.935\text{MPa}$$

显然，不需要进行塑性修正，即

$$\tau_{cr} = 27.935\text{MPa}$$

$$\frac{\tau}{\tau_{cr}} = \frac{150}{27.935} = 5.37 > 1$$

由于梁腹板的应力大于其临界失稳应力，需要按半张力场理论对翼梁进行相关分析。

以下按张力场理论对翼梁强度进行分析。

1）首先应判断适用条件：

$$0.2 < d/h = 180/394 = 0.457 < 1.0$$
$$120 < h/t = 263 < 1\,500$$

满足张力场分析的条件。

根据式（3-69）计算张力场系数：

$$K = \tanh(0.5\lg_{10}5.37) = 0.35$$

$$K < K_{\max} = 0.78 - \left(\frac{1.5}{25.4} - 0.012\right)^{1/2} = 0.57$$

满足对张力场分析限制条件。

2）然后计算张力场角：梁腹板进入张力场后，部分梁腹板与梁缘条一起承受张力场引起的水平方向的附加载荷，承受附加载荷的梁腹板等效宽度为

$$w_f = \frac{h}{4}(1-K) = \frac{394}{4} \times (1-0.35) = 64\text{mm}$$

缘条的面积

$$A_F = 254.25\text{mm}^2$$

缘条的惯性矩

$$I_F = 89\,532\text{mm}^4$$

腹板进入张力场以后，支柱及其两侧的部分腹板共同承受张力场带来的垂向附加载荷，单侧腹板有效宽度为

$$w_u = (1-K)\frac{d}{4} = (1-0.35) \times \frac{180}{4} = 29.25\text{mm}$$

对于支柱，其剖面特性如下：

$$I_s = 16\,699\text{mm}^4$$

$$A_s = 213.75\text{mm}^2$$

$$\rho = \sqrt{16\,699/213.75} = 8.84\text{mm}$$

$$e = 6.284\text{mm}$$

支柱的有效面积（见图 3 - 73）为

$$A_{s,e} = \frac{A_s}{1+\left(\frac{e}{\rho}\right)^2} = \frac{213.75}{1+\left(\frac{6.284}{8.84}\right)^2} = 142\text{mm}^2$$

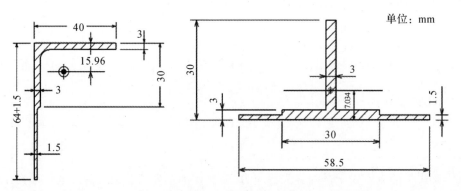

图 3 - 73　承受张力场附加载荷的梁缘条和梁支柱有效剖面

采用图 3 - 43 的流程，取初始值 $\alpha_0 = 45°$，由式（3 - 72）～式（3 - 74）可知

$$\varepsilon = \frac{150}{71\,019}\left[\frac{2 \times 0.35}{\sin 90°} + (1-0.35)(1+0.33)\sin 90°\right] = 3.304 \times 10^{-3}$$

$$\varepsilon_F = -\frac{0.35 \times 150 \times 394 \times 1.5}{2 \times 71\,019 \times 254.25 \times \tan 45°} = -0.859 \times 10^{-3}$$

$$\varepsilon_S = -\frac{0.35 \times 150 \times 180 \times 1.5\tan 45°}{71\,019 \times 142} = -1.405 \times 10^{-3}$$

$$\tan^2\alpha = \frac{\varepsilon - \varepsilon_F}{\varepsilon - \varepsilon_S} = \frac{3.304 + 0.859}{3.304 + 1.405} = 0.884$$

$$\alpha = 43.23°$$

$$|43.23° - 45°| > 0.5°$$

取 $\alpha_1 = 43.23°$，同上可得

$$\varepsilon = 3.303 \times 10^{-3}$$

$$\varepsilon_F = -0.914 \times 10^{-3}$$

$$\varepsilon_S = -1.321 \times 10^{-3}$$

$$\tan^2\alpha = 0.912$$

$$\alpha = 43.68°$$

$$|43.68° - 43.23°| < 0.5°$$

求解结束，张力场角 α 为 43.68°。

现在求解腹板最大作用剪应力。

由式(3-77)有

$$\omega_d = 0.7d\left[\frac{t}{h_e(I_{UF} + I_{LF})}\right]^{1/4} = 0.7 \times 180\left[\frac{1.5}{365.08 \times (89\,532 \times 2)}\right]^{1/4} = 1.55$$

$$C_1 = \frac{1}{\sin 2\alpha} - 1 = \frac{1}{\sin 87.36°} - 1 = 0.001$$

$$C_2 = 0.032$$

由式(3-76)确定：

$$\tau_{s,\max} = 151.7\text{MPa}$$

由式(3-80)确定：

$$[\tau] = 0.99\sigma_{0.2}\left[1 + \frac{1}{2}\left(\frac{\sigma_b}{\sigma_{0.2}} - 1\right)^2\right]\left[\frac{1}{2} + (1-K)^3\left(\frac{\tau_b}{\sigma_b} - \frac{1}{2}\right)\right] = 214.55\text{MPa}$$

由式(3-81)确定腹板剪切安全裕度为

$$\text{M.S.} = 0.41$$

(3) 支柱强度分析。

首先计算支柱最大应力。支柱沿高度上的平均应力 σ_s 由式(3-83)求得，即

$$\sigma_s = -\frac{K\tau dt\tan\alpha}{A_{s,e}} = -\frac{0.35 \times 150 \times 180 \times 1.5 \times \tan 43.68°}{142} = -95.33\text{MPa}$$

修正系数 k_1 由式(3-84)求得，即

$$k_1 = (1-K)\left[0.775 - \left(0.645 \times \frac{d}{h}\right)\right] + 1 = (1 - 0.35)\left[0.775 - \left(0.645 \times \frac{180}{394}\right)\right] + 1 = 1.31$$

则支柱的最大应力用式(3-82)计算，有

$$\sigma_{s,\max} = k_1\sigma_s = -124.88\text{MPa}$$

其次计算支柱的强迫压损应力。支柱强迫压损破坏应力许用值 $\sigma_{s,c}$ 的计算按式(3-85)进行，即

$$\sigma_{s,c} = -0.051\frac{400}{\sqrt{\frac{400}{71\,019} + 0.002}}0.35^{\frac{2}{3}}\left(\frac{3}{1.5}\right)^{\frac{1}{3}} = -146.12\text{MPa}$$

支柱强迫压缩安全裕度按式(3-86)计算,即

$$M.S = \frac{-146.12}{-124.88} - 1 = 0.17$$

最后计算支柱的柱损应力。长细比为 $h/2\rho$ 的两端铰支支柱总体屈曲应力 $\sigma_{s,g}$ 由式(3-87)计算,即

$$\sigma_{s,g} = \frac{\pi^2 E}{(h/2\rho)^2} = \frac{71\,019\pi^2}{[394/(2 \times 8.84)]^2} = 1\,409.9\text{MPa}$$

$$\sigma_{s,g} \gg \sigma_{0.2}$$

取 $\sigma_{s,g} = \sigma_{0.2} = 400\text{MPa}$。

支柱横截面上的平均应力 $\sigma_{s,av}$ 由式(3-89)计算,即

$$\sigma_{s,av} = \sigma_s \frac{A_{s,e}}{A_s} = 95.33 \times \frac{142}{213.75} = 63.33\text{MPa}$$

支柱柱损屈曲安全裕度为

$$M.S. = \frac{\sigma_{s,g}}{\sigma_{s,av}} - 1 = \frac{400}{63.33} - 1 = 5.31$$

(4) 梁缘条强度分析。

梁缘条中由张力场引起的附加应力 $\sigma_{f,dt}$ 按式(3-90)计算,即

$$\sigma_{f,dt} = -\frac{K\tau h t}{2A_F \tan\alpha} = -\frac{0.35 \times 150 \times 394 \times 1.5}{2 \times 254.25 \times \tan 43.68°} = -63.90\text{MPa}$$

由图3-44,取 $C_3 = 0.99$。

梁缘条中最大附加弯矩 $M_{f,max}$ 按式(3-91)计算,即

$$M_{f,max} = \frac{1}{12}K\tau t d^2 C_3 = \frac{1}{12} \times 0.35 \times 150 \times 1.5 \times 180^2 \times 0.99 = 210\,498.75\text{N} \cdot \text{mm}$$

附加弯矩引起的上缘条上端压应力为

$$\frac{M_{f,max}}{W_f} = -\frac{210\,498.75 \times (65.5 - 15.96)}{89\,532} = -116.47\text{MPa}$$

附加弯矩引起的上缘条下端拉应力为

$$\frac{M_{f,max}}{W_f} = \frac{210\,498.75 \times 15.96}{89\,532} = 37.52\text{MPa}$$

同理,附加弯矩引起的下缘条下端拉应力为

$$\frac{M_{f,max}}{W_f} = \frac{210\,498.75 \times 15.96}{89\,532} = 37.52\text{MPa}$$

附加弯矩引起的下缘条上端压应力为

$$\frac{M_{f,max}}{W_f} = -\frac{210\,498.75 \times (65.5 - 15.96)}{89\,532} = -116.47\text{MPa}$$

上缘条工作应力 $\sigma_{f,all}$ 由式(3-92)计算,即

$$\sigma_{f,all} = -350 - 63.90 - 116.47 = -530.37\text{MPa}$$

下缘条工作应力 $\sigma_{f,all}$ 由式(3-92)计算,即

$$\sigma_{f,all} = 350 - 63.90 + 37.52 = 323.62\text{MPa}$$

梁缘条受拉安全裕度为

$$M.S. = \frac{[\sigma_b]}{\sigma_{f,t}} - 1 = \frac{0.8\sigma_b}{323.62} - 1 = 0.21$$

梁缘条压损强度按下式确定：

$$[\sigma]_f = \frac{\sum\limits_{i=1}^{n}[\sigma]_{f,i}A_i}{\sum A_i} = 400\text{MPa}$$

梁缘条受压安全裕度按式为

$$\text{M. S.} = \frac{[\sigma]_f}{\sigma_{f,c}} - 1 = \frac{400}{530.37} - 1 = -0.25$$

因此，受压缘条不满足强度要求。

（5）油箱压力载荷作用下的梁强度分析。

1）梁腹板。压力系数为

$$\frac{p}{E}\left(\frac{d}{t}\right)^4 = \frac{0.1}{71\,019}\left(\frac{180}{1.5}\right)^4 = 291.98$$

由图 3-47 曲线可查得：$0.5 < \delta/5 < 5$，因此腹板应按照薄板分析。

通过查图 3-49 中曲线得到腹板的最大应力 σ，即

$$\frac{\sigma}{E}\left[\frac{\min(d,h)}{t}\right]^2 = 25.4$$
$$\sigma = 125.27\text{MPa}$$

按式（3-94）计算腹板的安全裕度，即

$$\text{M. S.} = \frac{\sigma_b}{\sigma} - 1.0 = \frac{490}{125.27} - 1 = 2.91$$

2）梁支柱。承受的最大弯矩由式（3-98）和式（3-99）计算，即

$$\omega = p \times d$$

$$M = \frac{1}{8}\omega h^2 - \frac{1}{24}\omega d^2 = \frac{1}{8} \times 18 \times 394^2 - \frac{1}{24} \times 18 \times 180^2 = 324\,981\text{mm} \cdot \text{N}$$

支柱剖面的惯性矩 $I_s = 20\,617.8\text{mm}^4$，形心距 $Y_0 = 4.142\text{mm}$。

支柱的最大弯曲应力由式（3-100）和式（3-101）计算，即

$$\sigma_{s,t} = \frac{M}{I_s} \times Y_0 = \frac{324\,981}{20\,617.8} \times 4.142 = 65.29\text{MPa}$$

$$\sigma_{s,c} = \frac{M}{I_s} \times (h_s - Y_0) = \frac{324\,981}{20\,617.8} \times (30 - 4.142) = 407.58\text{MPa}$$

按式（3-102）塑性弯曲对剖面的许用弯曲应力进行修正，即

$$\sigma_s = \sigma_{0.2} \times k = 400 \times 2 = 800\text{MPa}$$

（3）支柱的安全裕度为

$$\text{M. S.} = \frac{\sigma_s}{\sigma_{s,c}} - 1.0 = 0.96$$

因此，翼梁在油箱压力载荷下满足强度要求。

3.3　翼肋结构静强度分析

3.3.1　概述

翼肋按结构形式通常分为腹板式翼肋、框架式翼肋和桁架式翼肋。MA60、ARJ21 等飞机

机翼和尾翼均采用腹板式翼肋结构。

腹板式翼肋是凸缘、支柱和腹板的组合结构。为了减轻重量,在腹板上开有减重孔。由于腹板式翼肋有很多优点,所以飞机上一般都采用剪切腹板式翼肋设计,它的腹板能阻止或缓冲燃料的左右晃动。剪切腹板式翼肋常留有较大的安全余量,因此是一个坚固的结构。当翼肋上的载荷随飞机总重量增大而增大时,只需要加强小部分结构,甚至无须加强就能满足强度和刚度的要求。图3-74为腹板式翼肋结构示意图。

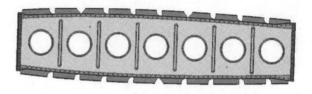

图 3-74　腹板式翼肋结构示意图

桁架肋取消了肋腹板,腹板式翼肋支柱通常为垂向布置,而桁架式翼肋部分支柱为斜向布置。一般情况下桁架式翼肋比较重。桁架式翼肋的优点是导管和操纵系统可以容易地通过,而这恰恰是腹板式翼肋所不具备的。桁架式翼肋结构示意图如图3-75所示。

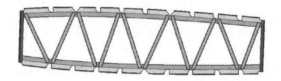

图 3-75　桁架式翼肋结构示意图

空客在A350飞机的设计中,中央翼翼肋采用了桁架式翼肋结构,如图3-76所示。

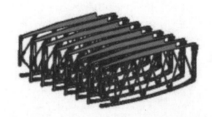

图 3-76　空客 A350 飞机中央翼结构示意图

框架式翼肋也取消了部分肋腹板,它的优点和桁架式翼肋一样,通过性和维修性好,导管和操纵系统可以容易地通过;缺点是不能阻止或缓冲燃料的左右晃动,且承载能力较小,故一般用于机翼外段或尾翼结构中。如国内某飞机翼盒段采用了图3-77(见彩图)的框架式翼肋结构。

图 3-77　飞机翼盒段采用的框架式翼肋结构

翼肋主要作用是维持机尾翼一定的外形,使机尾翼壁板在受力后不应发生明显的变形。翼肋也用作壁板的支持,使它们有足够的纵向抗压强度。翼肋的另一个作用是用来传递或分配载荷。

3.3.2　翼肋的载荷

翼肋主要承受以下载荷:

(1)气动载荷 —— 将作用在翼肋上的外表面的空气动力载荷传给翼梁;

(2)惯性载荷 —— 燃油、结构、设备和外挂物等;

(3)机翼和尾翼弯曲引起的压塌载荷 —— 当机翼和尾翼受弯曲载荷作用时,整个机翼弯曲而对翼肋产生向内的作用力,该向内的作用力作用在翼肋上,对翼肋构成一对压缩载荷;

(4)集中载荷的重新分配 —— 如发动机短舱和起落架对机翼翼梁和蒙皮壁板的载荷,需由翼肋进行分配和传递;

翼肋结构承受外部载荷的方式和作用在翼肋上的反作用力,取决于结构的类型。

腹板式翼肋通常用来扩散吊挂、发动机或起落架等的集中载荷,并将其传给翼梁。对于腹板上有减重孔和加强条的翼肋,弯矩由翼肋缘条承受,剪切载荷由腹板承受。

在桁架式翼肋中,分布的外载荷和反作用力是以集中载荷形式作用在桁架的各个接点处,将翼肋作为一个简单的桁架结构进行分析。分布在翼肋凸缘上的载荷,通过剪切作用全部传递到附近的接点上。因此,桁架式翼肋的外部元件受到弯曲和压缩或弯曲和拉伸的共同作用。

对于框架肋,分布在壁板上的外载荷是以集中载荷形式作用在框架的各个角片处,将翼肋作为一个简单的框架结构进行分析。分布在翼肋角片上的载荷,通过剪切作用传递到附近的缘条和支柱上。因此,框架肋的缘条和支柱受到弯曲和压缩或弯曲和拉伸的共同作用。

3.3.3　翼肋结构静强度分析

无论是腹板式翼肋,还是框架式和桁架式翼肋,结构静强度分析主要涵盖以下方面:① 肋缘条强度;② 肋支柱强度;③ 翼肋连接强度;④ 压塌载荷下的支柱强度。对于腹板式还要关注肋腹板,以及框架角片强度。

3.3.3.1　肋缘条强度分析

1. 肋缘条受拉强度

肋缘条受拉时,破坏形式为拉断破坏。

肋缘条受拉安全裕度为

$$\text{M. S.} = \frac{\sigma_b}{\sigma_{\text{工作}}} - 1 \tag{3-134}$$

式中:σ_b —— 肋缘材料拉伸极限强度;

　　$\sigma_{\text{工作}}$ —— 肋缘条工作应力,可取有限元分析结果。

2. 肋缘条受压局部屈曲

肋缘条在轴向压缩载荷作用下可能发生局部失稳,局部失稳临界应力按临界应变法计算。

用 $\varepsilon_{cr} = K/(b/\delta)^2$ 计算,然后在挤压型材的局部失稳临界应力计算曲线可查得相应的临界失稳应力 σ_{cr},如图 3-78 所示。如果 σ_{cr} 超过缘条材料的屈服强度,取屈服强度为截止值。

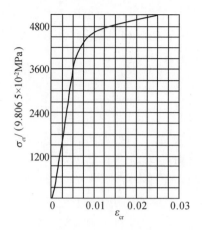

图 3-78 挤压型材局部失稳临界应力计算曲线

3. 肋缘条受压失稳应力

对于桁架肋,需要计算肋缘条受压失稳应力。如果 L' 为肋缘条有效长度,ρ 为肋缘条剖面的回转半径,则计算方法如下:

(1) 当 $L'/\rho \leqslant 20$ 时,采用短柱的计算方法,其压损应力按 3.1.2.2 节方法计算;

(2) 当 $L'/\rho \geqslant 60$ 时,采用长柱的计算方法,其屈曲应力采用欧拉方法计算;

(3) 当 $20 < L'/\rho < 60$ 时,采用中长柱的计算方法,其屈曲应力采用 3.1.2.5 节方法计算。

4. 压缩和侧向载荷作用下的应力

压缩和侧向载荷下的肋缘条受力示意图如图 3-79 所示。

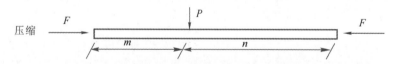

图 3-79 压缩和侧向载荷下的肋缘条受力示意图

压缩和侧向载荷作用下的肋缘条应力为

$$\sigma_c = \frac{F}{A} + \frac{M_x}{I_x} Y_t = \frac{F}{A} + \frac{Y_t}{I_x} \left(P \sqrt{EI_x/F} \, \frac{\sin \dfrac{m}{\sqrt{EI_x/F}} \sin \dfrac{n}{\sqrt{EI_x/F}}}{\sin \dfrac{m+n}{\sqrt{EI_x/F}}} \right) \quad (3-135)$$

式中: σ_c —— 肋缘条最大压缩应力;

$\quad\ F$ —— 肋缘条压缩载荷;

$\quad\ A$ —— 肋缘条剖面积;

$\quad M_x$ —— 肋缘条受到最大弯矩;

$\quad\ P$ —— 肋缘条受到的侧向载荷;

$\quad\ I_x$ —— 肋缘条剖面的弯曲惯性矩;

$\quad\ Y_c$ —— 肋缘条剖面的弯曲中性轴至最外层受压面的距离;

m, n —— 侧向载荷至肋缘条左、右两端的距离。

5.拉伸和侧向载荷作用下的应力

拉伸和侧向载荷下的肋缘条受力示意图如图 3-80 所示。

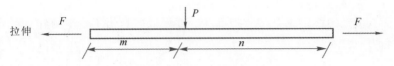

图 3-80　拉伸和侧向载荷下的肋缘条受力示意图

拉伸和侧向载荷作用下的肋缘条应力为

$$\sigma_c = \frac{F}{A} + \frac{M_x}{I_x}Y_t = \frac{F}{A} + \frac{Y_t}{I_x}\left[P \sqrt{EI_x/F} \frac{\text{sh}\dfrac{m}{\sqrt{EI_x/F}}\text{sh}\dfrac{n}{\sqrt{EI_x/F}}}{\text{sh}\dfrac{m+n}{\sqrt{EI_x/F}}} \right] \qquad (3-136)$$

式中：　σ_c—— 肋缘条最大拉伸应力；

F—— 肋缘条拉伸载荷；

A—— 肋缘条剖面积；

M_x—— 肋缘条受到最大弯矩；

P—— 肋缘条受到的侧向载荷；

I_x—— 肋缘条剖面的弯曲惯性矩；

Y_c—— 肋缘条剖面的弯曲中性轴至最外层受压面的距离；

m,n—— 侧向载荷至肋缘条左、右两端的距离。

3.3.3.2　肋支柱强度分析

1. 肋支柱强度分析方法

肋支柱在轴向压缩载荷作用下可能发生局部失稳和总体失稳。局部失稳临界应力按临界应变法计算。总体失稳依据翼肋支柱的有效长细比 L'/ρ 进行判定,若 L'/ρ 小于 20,按照压损强度计算;若 L'/ρ 在 20～60 之间,型材以局部失稳和弯曲失稳的复合形式失稳破坏,其破坏应力按照约翰逊抛物线方程进行计算;若 L'/ρ 大于 60,按照弹性总体失稳计算。

2. 顶压载荷作用下柱的强度分析

机尾翼受弯矩作用时,在肋上产生顶压载荷,如图 3-81 所示。对于框架肋和桁架肋,该载荷由肋支柱承受。

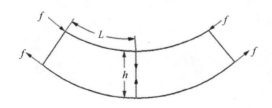

图 3-81　翼盒顶压载荷

作用在肋上的顶压载荷为

$$F = \frac{\sigma^2 AL}{EZ} \tag{3-137}$$

式中:F—— 机尾翼弯曲引起的肋上的顶压载荷;

σ—— 受压板上的作用应力,对实际结构,可近似取长桁工作应力作为受压板上的作用应力;

L—— 肋距;

Z—— 上翼面长桁轴线处自蒙皮形心到机尾翼剖面形心的距离;

A—— 受压板的面积,由当地长桁和蒙皮面积组成(见图3-82),计算方法为

$$A = A_{st} + 0.5b_1 t_1 + 0.5b_2 t_2 \tag{3-138}$$

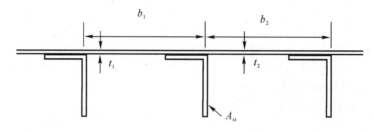

图 3-82　结构示意图

作用在肋上的顶压载荷按图3-83所示分配在肋支柱上。

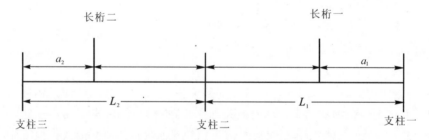

图 3-83　翼肋支柱顶压载荷

作用在肋支柱上的顶压载荷为

$$F = \frac{a_1 F_1}{L_1} + \frac{a_2 F_2}{L_2} \tag{3-139}$$

式中:　　F—— 作用在支柱二上的力;

F_1、F_2—— 在长桁一和长桁二之处作用的顶压载荷。

顶压载荷下柱的工作应力为

$$\sigma = \frac{F}{A_{uc}} \tag{3-140}$$

式中:A_{uc}—— 柱的剖面积。

顶压载荷下柱的安全裕度为

$$M. S. = \frac{\sigma_{cr}}{\sigma} - 1 \tag{3-141}$$

式中:σ_{cr}—— 柱的失稳应力。

3.3.3.3　框架肋角片强度分析

框架肋角片承受翼肋传递到壁板上的剪切载荷和剪切载荷引起的弯曲载荷。

框架肋角片在弯曲下的许用剪切载荷为

$$Q_{弯曲} = \frac{0.985K_m Ebt^3}{h^2} \qquad (3-142)$$

式中:$Q_{弯曲}$——框架肋角片在临界弯曲下的许用剪切载荷;

$\quad K_m$——取 13.1;

$\quad E$——框架肋角片材料弹性模量;

$\quad t$——框架肋角片厚度;

$\quad b$——框架肋角片宽度;

$\quad h$——框架肋角片高度。

框架肋角片在材料剪切极限下的许用剪切载荷为

$$Q_{剪切} = \tau_b bt \qquad (3-143)$$

式中:τ_b——框架肋角片材料的剪切极限强度。

根据弯曲和剪切耦合的相关方程,框架肋角片的安全裕度为

$$M.S. = \frac{1}{\sqrt{\left(\dfrac{Q}{Q_{弯曲}}\right)^2 + \left(\dfrac{Q}{Q_{剪切}}\right)^2}} - 1 \qquad (3-144)$$

式中:Q——框架肋角片最大剪切载荷。

3.3.3.4　肋腹板强度分析

翼肋腹板稳定性分析主要有轴压稳定性、剪切稳定性和压剪复合稳定性分析。限于篇幅,这里不再介绍。

3.3.3.5　翼肋连接强度分析

典型的翼肋结构连接包括:肋支柱与肋缘条连接、肋腹板与肋支柱连接、肋腹板与肋缘条连接、肋与梁连接,以及肋与壁板连接。典型翼肋结构示意图如图 3-84 和图 3-85 所示。图 3-85 中的肋结构比图 3-84 多了肋剪切角片,其余结构基本一致(图 3-85 中的肋结构常用于传递外部集中载荷,包括起落架、发动机、襟翼等结构的载荷)。典型翼肋结构尺寸参数定义如图 3-86 所示。

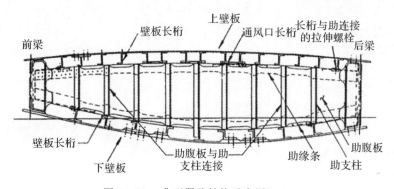

图 3-84　典型翼肋结构示意图(一)

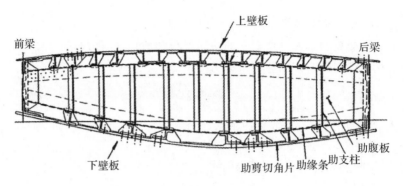

图 3-85　典型翼肋结构示意图(二)

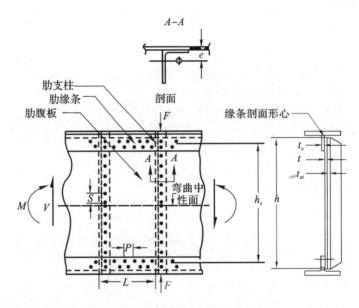

图 3-86　典型翼肋结构尺寸参数定义

翼肋连接强度分析方法具体如下：

1. 肋腹板与肋缘条连接强度

肋腹板与缘条及支柱连接形式如图 3-87 所示，肋腹板传递肋缘条的剪流按下式计算：

$$q_{\text{sweb}} = (1+0.41k)\sigma_s t \qquad (3-145)$$

作用在单颗紧固件上的剪力按下式计算：

$$Q_s = \frac{q_{\text{sweb}}p}{n_{\text{row}}} + \frac{F}{n_{\text{eff}}} \qquad (3-146)$$

紧固件剪切安全裕度按下式计算：

$$\text{M. S.} = \frac{[Q_s]}{Q_s} - 1 \qquad (3-147)$$

肋腹板和肋缘条的紧固件孔挤压工作应力按下式计算：

$$\sigma_{\text{br}} = \frac{Q_s}{dt_{\text{br}}} \qquad (3-148)$$

紧固件孔挤压安全裕度按下式计算：

$$M. S. = \frac{\sigma_{bru}}{\sigma_{br}} - 1 \qquad (3-149)$$

式(3-145)～式(3-149)中:

q_{sweb}—— 肋腹板传递肋缘条的剪流,N/mm;

k—— 肋腹板进入张力场后的对角张力因子;

σ_s—— 肋腹板剪应力,即 $V/(ht)$(V 为肋腹板剪力,h 为肋腹板高度),MPa;

t—— 肋腹板厚度,mm;

p—— 连接肋腹板和肋缘条的紧固件间距,mm;

F—— 由壁板传到肋上的载荷,N;

n_{row}—— 连接肋腹板和肋缘条的紧固件排数;

n_{eff}—— 在一个有效肋腹板宽度 b 内,连接肋腹板和肋缘条的紧固件个数;

Q_s—— 作用在单颗紧固件上的工作剪力,N;

$[Q_s]$—— 单颗紧固件的许用剪力,N;

d—— 紧固件直径,mm;

t_{br}—— 连接处的板厚度(肋腹板取 t,肋缘条取 t_c,肋支柱取 t_{st}),mm;

σ_{br}—— 紧固件孔处的板材料挤压工作应力,MPa;

σ_{bru}—— 紧固件孔处的板材料挤压许用应力,MPa。

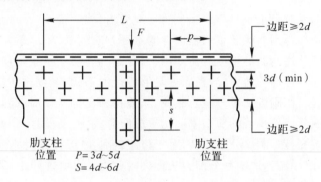

图 3-87　肋腹板与缘条及支柱连接的局部示意图

2. 肋缘条与肋支柱连接强度

介绍两种典型的肋缘条与肋支柱连接形式及其连接强度分析。

(1) 肋缘条与肋支柱连接形式一(见图 3-88)。

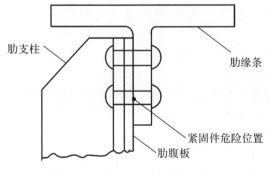

图 3-88　肋缘条与肋支柱连接形式一

在肋缘条和肋支柱连接处,因肋腹板剪力影响而产生的肋支柱垂向载荷按下式计算:

$$P_v = \frac{0.75k\sigma_s tL}{n_{hv}} \tag{3-150}$$

产生的肋缘条水平方向载荷按下式计算:

$$P_h = \frac{(1+0.41k)\sigma_s tL}{n_h} \tag{3-151}$$

作用在单颗紧固件上的总剪力按下列两式计算:

$$Q_s = \sqrt{(P_v + F_{ch1})^2 + P_h^2} \tag{3-152}$$

$$F_{ch1} = \max\left[\frac{G_{bolt}d^2}{\sum\limits_{i=1}^{n} G_i d_i^2}F, \frac{d(E_{web}t + E_{st}t_{st})}{\sum\limits_{i=1}^{m} E_i d_i t_i}F\right] \tag{3-153}$$

紧固件剪切安全裕度按式(3-147)计算,肋缘条的紧固件孔挤压工作应力按式(3-148)计算。

肋腹板和肋支柱的紧固件孔挤压工作应力按式3-154计算:

$$\sigma_{br} = \frac{Q_s}{d(t + t_{st})} \tag{3-154}$$

各紧固件孔挤压安全裕度均按式(3-149)计算。

式(3-150)～式(3-154)中:

P_v—— 肋腹板传递到肋支柱单颗紧固件的垂直方向载荷,N;

P_h—— 肋腹板传递到肋缘条单颗紧固件的水平方向载荷,N;

F_{ch1}—— 在壁板传递到肋的垂向载荷作用下,分配到连接肋缘条与肋腹板、肋支柱的单颗紧固件传递的剪力(当紧固件足够刚硬时,每颗紧固件传递的剪力按照连接板的孔挤压刚度比重分配总载荷;当连接板足够刚硬时,每颗紧固件传递的剪力按照紧固件本身的剪切刚度比重分配总载荷;工程上计算时,对于限制载荷,一般按孔挤压刚度分配载荷,对于极限载荷,一般按紧固件剪切刚度分配载荷,而保守计算时,取两种分配方法得到的剪力最大值进行计算),N;

t—— 肋腹板厚度,mm;

L—— 肋支柱间距,mm;

n_{hv}—— 连接肋缘条和肋支柱的紧固件个数(应不少于2颗);

n_h—— 在一个肋支柱间距 L 宽度内,连接肋腹板和肋缘条的紧固件个数;

G_{bolt}—— 需要校核的紧固件材料剪切模量,MPa;

G_i—— 在一个肋腹板有效宽度内,肋缘条与肋腹板连接的每颗紧固件材料剪切模量,MPa;

d_i—— 与 G_i 或 E_i 对应的紧固件直径,mm;

n—— 在一个肋腹板有效宽度内,肋缘条连接肋腹板的紧固件个数;

m—— 在一个肋腹板有效宽度内,肋缘条连接肋腹板和肋支柱的紧固件剪切面个数;

E_{web}—— 肋腹板材料剪切模量,MPa;

E_{st}—— 肋支柱材料剪切模量,MPa;

E_i—— 在一个肋腹板有效宽度内,每个紧固件剪切面对应的肋腹板或肋支柱的材料弹性模量,MPa;

t_i—— 与 E_i 对应的肋腹板或肋支柱的连接厚度,mm;

t_{st}—— 连接处的肋支柱厚度,mm。

（2）肋缘条与肋支柱连接形式二（见图 8-89）。

当肋缘条位于肋腹板和肋支柱之间时,应分别校核肋缘条与肋腹板连接,以及肋缘条与肋支柱连接两个剪切面上的连接强度。

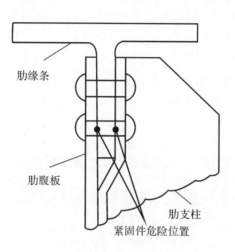

图 3-89　肋缘条与肋支柱连接形式二

对于肋缘条与肋腹板连接的剪切面,单颗紧固件剪力按下列两式计算：

$$Q_s = \sqrt{F_{web}^2 + P_h^2} \tag{3-155}$$

$$F_{web} = \max\left[\frac{G_{bolt}d^2}{\sum\limits_{i=1}^{m}G_i d_i^2}F, \frac{E_{web}dt}{\sum\limits_{i=1}^{m}E_i d_i t_i}F\right] \tag{3-156}$$

式中：F_{web}—— 在壁板传递到肋的垂向载荷作用下,分配到肋缘条与肋腹板连接面上的单颗紧固件传递的剪力,N。

当紧固件足够刚硬时,紧固件的每个剪切面传递的剪力按照连接板的孔挤压刚度比重分配总载荷;当连接板足够刚硬时,紧固件的每个剪切面传递的剪力按照紧固件本身的剪切刚度比重分配总载荷;保守计算时,取两种分配方法得到的剪力最大值进行计算。对于肋缘条与肋支柱连接的剪切面,单颗紧固件剪力按下列两式计算：

$$Q_s = F_{st} + P_v \tag{3-157}$$

$$F_{st} = \max\left[\frac{G_{bolt}d^2}{\sum\limits_{i=1}^{m}G_i d_i^2}F, \frac{E_{st}dt_{st}}{\sum\limits_{i=1}^{m}E_i d_i t_i}F\right] \tag{3-158}$$

式中：F_{st}—— 在壁板传递到肋的垂向载荷作用下,分配到肋缘条与肋支柱连接面上的单颗紧固件传递的剪力,N。

校核肋缘条上的紧固件孔挤压工作应力时,孔壁上作用的剪力按下列两式（该剪力不用于校核紧固件剪切强度）计算：

$$Q_s = \sqrt{(P_v + F_{ch2})^2 + P_h^2} \tag{3-159}$$

$$F_{ch2} = \max\left[\frac{G_{bolt}d^2}{\sum_{i=1}^{m}G_id_i^2}F, \frac{d(E_{web}t+E_{st}t_{st})}{\sum_{i=1}^{m}E_id_it_i}F\right] \qquad (3-160)$$

式中：F_{ch2}—— 在壁板传递到肋的垂向载荷作用下，分配到肋缘条上的单颗紧固件传递的剪力，N。

各剪切面上的紧固件剪切安全裕度按式(3-147)计算，各连接板上的紧固件孔挤压工作应力按式(3-148)计算，紧固件孔挤压安全裕度按(3-149)计算。

3. 肋腹板与肋支柱连接强度

肋腹板和肋支柱的连接载荷见表3-10(表中的σ_{tu}为肋腹板材料许用的拉伸极限应力，t为肋腹板厚度，A_{st}为支柱剖面面积，L为肋支柱间距)。为防止紧固件之间的肋腹板屈曲，应尽量减小肋腹板和肋支柱连接的紧固件间距，同时为满足结构疲劳强度的要求，紧固件间距建议为$4d \sim 6d$。

表 3-10　　肋腹板与肋支柱连接的紧固件载荷

载荷		单侧支柱	双侧支柱
单位距离上的紧固件拉伸载荷 q_t（垂直于肋腹板）/（N·mm^{-1}）	铝合金紧固件	$0.15\sigma_{tu}t$	$0.10\sigma_{tu}t$
	钛合金紧固件	$0.22\sigma_{tu}t$	$0.15\sigma_{tu}t$
单位距离上的紧固件剪切载荷 q_s（平行于肋腹板）/（N·mm^{-1}）	所有材料紧固件	$\dfrac{0.85\sigma_s A_{st}}{L}$	$\dfrac{0.60\sigma_s A_{st}}{L}$

肋腹板和肋支柱连接的单颗紧固件剪切载荷和拉伸载荷分别按下列两式计算：

$$Q_s = sq_s \qquad (3-161)$$
$$Q_t = sq_t \qquad (3-162)$$

紧固件剪切安全裕度和拉伸安全裕度分别按式(3-147)和下式计算：

$$M.S. = \frac{[Q_t]}{Q_t} - 1 \qquad (3-163)$$

式(3-161)～式(3-163)中：

s—— 支柱上的紧固件间距，mm；

q_t—— 单位长度上的肋腹板拉伸载荷(按表3-10计算)，N/mm；

q_s—— 单位长度上的肋腹板剪切载荷(按表3-10计算)，N/mm；

Q_t—— 紧固件拉伸载荷，N。

肋腹板和肋支柱的紧固件孔挤压工作应力按式(3-148)计算，紧固件孔挤压安全裕度按式(3-149)计算。

4. 肋与梁连接强度

肋与梁结构的典型连接形式示意图如图3-90所示。

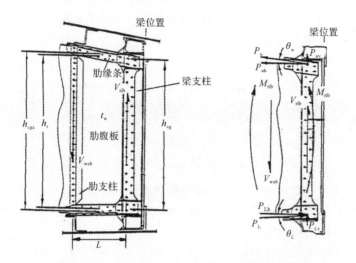

图 3 - 90　肋与梁连接的尺寸参数定义及主要受载形式

(1) 肋缘条与梁支柱连接强度。肋缘条与梁支柱连接处受力图如图 3 - 91 所示。在肋与梁连接处，由二者间传递的弯矩载荷引起的肋缘条水平方向载荷和垂向载荷分别按下列两式计算：

$$P_{uh} = P_{Lh} = \frac{M_{rib}}{h_{cg}} \qquad (3 - 164)$$

$$P_{uv} = P_{uh} \tan\theta_u, \quad P_{Lv} = P_{Lh} \tan\theta_L \qquad (3 - 165)$$

剪切载荷引起的肋缘条垂向载荷按下式计算：

$$V_{chus} = V_{rib} \frac{\sum d_{chus}}{\sum d_{spar}}, \quad V_{chLs} = V_{rib} \frac{\sum d_{chLs}}{\sum d_{spar}} \qquad (3 - 166)$$

因肋腹板进入张力场，在肋缘条与梁支柱连接处产生的水平方向载荷、垂向载荷、弯矩分别按下式计算：

$$P_k = \frac{kV_{rib}}{2} \qquad (3 - 167)$$

$$V_k = \frac{0.75k\sigma_s tL}{2} \qquad (3 - 168)$$

$$M_{chk} = \frac{kt\sigma_s L^2}{12} \qquad (3 - 169)$$

式(3 - 164) ～ 式(3 - 169) 中：

P_{uh} —— 肋与梁之间传递的弯矩引起的肋上缘条水平方向载荷，N；

P_{Lh} —— 肋与梁之间传递的弯矩引起的肋下缘条水平方向载荷，N；

P_{uv} —— 肋与梁之间传递的弯矩引起的肋上缘条垂向载荷，N；

P_{Lv} —— 肋与梁之间传递的弯矩引起的肋下缘条垂向载荷，N；

M_{rib} —— 肋与梁之间传递的弯矩，N·mm；

h_{cg} —— 肋与梁连接处的上下缘条剖面形心距离，mm；

θ_u —— 肋与梁连接处的上缘条轴线与垂向夹角，(°)；

θ_L —— 肋与梁连接处的下缘条轴线与垂向夹角，(°)；

V_{chus}—— 肋与梁之间传递的剪切载荷引起的肋上缘条垂向载荷,N;

V_{chLs}—— 肋与梁之间传递的剪切载荷引起的肋下缘条垂向载荷,N;

V_{rib}—— 肋与梁之间传递的剪切载荷,N;

$\sum d_{\text{chus}}$—— 肋上缘条与梁连接的紧固件直径总和,mm;

$\sum d_{\text{chLs}}$—— 肋下缘条与梁连接的紧固件直径总和,mm;

$\sum d_{\text{spar}}$—— 肋与梁连接的紧固件直径总和,mm;

P_{k}—— 肋腹板进入张力场而引起的肋缘条水平方向载荷,N;

V_{k}—— 肋腹板进入张力场而引起的肋缘条垂向载荷,N;

M_{chk}—— 肋腹板进入张力场而引起的肋缘条与梁支柱连接处弯矩,N·mm;

t—— 肋腹板厚度,mm;

k—— 肋腹板进入张力场后的对角张力因子;

σ_{s}—— 肋腹板剪应力,MPa;

L—— 肋支柱间距,mm。

肋缘条和梁支柱连接处的紧固件组传递的剪切载荷按下式计算:

$$P_{\text{chu}} = P_{\text{uh}} + P_{\text{k}}, \quad P_{\text{chL}} = P_{\text{Lh}} + P_{\text{k}} \tag{3-170}$$

$$V_{\text{chu}} = V_{\text{chus}} + V_{\text{k}} + P_{\text{uv}}, \quad V_{\text{chL}} = V_{\text{chLs}} + V_{\text{k}} + P_{\text{Lv}} \tag{3-171}$$

传递的弯矩按式(3-172)计算(图3-91中显示的载荷是梁对肋的作用载荷):

$$M_{\text{chu}} = M_{\text{chk}} + P_{\text{uh}}e, \quad M_{\text{chL}} = M_{\text{chk}} + P_{\text{Lh}}e \tag{3-172}$$

式中:P_{chu}—— 连接肋上缘条与梁的紧固件组传递的水平方向载荷,N;

P_{chL}—— 连接肋下缘条与梁的紧固件组传递的水平方向载荷,N;

V_{chu}—— 连接肋上缘条与梁的紧固件组传递的垂向载荷,N;

V_{chL}—— 连接肋下缘条与梁的紧固件组传递的垂向载荷,N;

M_{chu}—— 连接肋上缘条与梁的紧固件组传递的弯矩,N·mm;

M_{chL}—— 连接肋下缘条与梁的紧固件组传递的弯矩,N·mm;

e—— 连接肋下缘条和梁的紧固件组形心与肋缘条剖面形心之间的距离,mm。

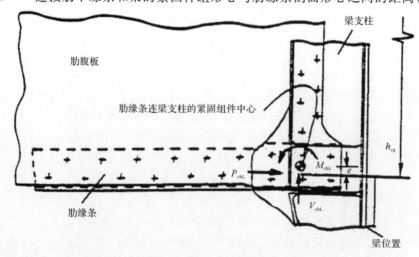

图3-91　肋缘条与梁支柱连接处的局部受力示意图

　　如图 3-92 所示,紧固件组偏心受载时,各紧固件的载荷近似计算方法如下(当连接板的刚度较大时,该方法得到的结果准确度较高)。

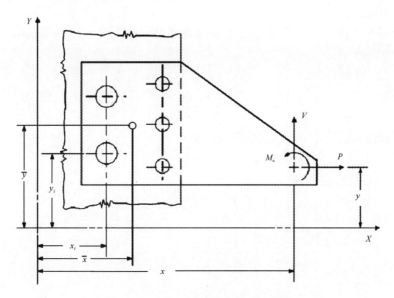

图 3-92　偏心受载接头受力示意图

　　1) 计算紧固件组形心坐标。

$$x_c = \frac{\sum A_i x_i}{\sum A_i} \tag{3-173}$$

$$y_c = \frac{\sum A_i y_i}{\sum A_i} \tag{3-174}$$

式中:　x_c—— 紧固件组形心横坐标,mm;

　　　　y_c—— 紧固件组形心纵坐标,mm;

　　　　x_i—— 各紧固件的横坐标,mm;

　　　　y_i—— 各紧固件的纵坐标,mm;

　　　　A_i—— 各紧固件的剪切剖面面积,mm^2;

　　$\sum A_i$—— 紧固件组中的所有紧固件面积总和,mm^2。

　　2) 计算紧固件组的极惯性矩。

$$I_{xc} = \sum A_i y_i^2 - \frac{\left(\sum A_i y_i\right)^2}{\sum A_i} \tag{3-175}$$

$$I_{yc} = \sum A_i x_i^2 - \frac{\left(\sum A_i x_i\right)^2}{\sum A_i} \tag{3-176}$$

$$I_c = I_{xc} + I_{yc} \tag{3-177}$$

式中:I_{xc}—— 紧固件组绕 x 轴的极惯性矩,mm^4;

　　I_{yc}—— 紧固件组绕 y 轴的极惯性矩,mm^4;

I_c—— 紧固件组总的极惯性矩，mm^4。

3）计算对紧固件组形心的总力矩。

$$M_c = M_o + V(x - x_c) - P(y - y_c) \tag{3-178}$$

式中：M_c—— 对紧固件组形心的总力矩（计算肋缘条与梁连接时，为 M_{chu} 或 M_{chL}），$N \cdot mm$；

$\quad M_o$—— 外部弯矩，$N \cdot mm$；

$\quad V$—— 紧固件组传递的 y 方向（垂向）载荷（计算肋缘条与梁连接时，为 V_{chu} 或 V_{chL}），N；

$\quad P$—— 紧固件组传递的 x 方向（水平方向）载荷（计算肋缘条与梁连接时，为 P_{chu} 或 P_{chL}，N；

$\quad x$—— 载荷 M_o、V、P 的作用点横坐标，mm；

$\quad y$—— 载荷 M_o、V、P 的作用点纵坐标，mm。

4）计算各紧固件传递载荷。

$$P_{xi} = \left[\frac{P}{\sum A_i} - \frac{M_c(y_i - y_c)}{I_c} \right] A_i \tag{3-179}$$

$$P_{yi} = \left[\frac{V}{\sum A_i} - \frac{M_c(x_i - x_c)}{I_c} \right] A_i \tag{3-180}$$

$$Q_s = \max\left(\sqrt{P_{xi}^2 + P_{yi}^2} \right) \tag{3-181}$$

式中：P_{xi}—— 所校核的单颗紧固件组传递的 x 方向载荷；

$\quad P_{yi}$—— 所校核的单颗紧固件组传递的 y 方向载荷。

在肋缘条和梁支柱连接处，单颗紧固件剪切安全裕度按式（3-147）计算，梁支柱的紧固件孔挤压工作应力按式（3-148）（梁支柱厚度为 t_{spar}）计算，肋腹板和肋缘条的紧固件孔挤压工作应力按下式计算：

$$\sigma_{br} = \frac{Q_s}{d(t + t_c)} \tag{3-182}$$

各紧固件孔挤压安全裕度均按式（3-149）计算。

（2）肋腹板与梁支柱连接强度。肋腹板和梁支柱连接的单颗紧固件拉伸载荷和剪切荷分别按下式两式计算：

$$Q_t = s_{webs} q_t \tag{3-183}$$

$$Q_s = \frac{V_{rib}}{n_{webs}} \tag{3-184}$$

式中：s_{webs}—— 连接肋腹板和梁支柱紧固件间距，mm；

$\quad q_t$—— 单位距离上的紧固件拉伸载荷（按表 3-10 计算），mm；

$\quad V_{rib}$—— 与梁支柱连接处的肋腹板剪力，N；

$\quad n_{webs}$—— 肋腹板与梁支柱连接的紧固件个数。

紧固件剪切安全裕度和拉伸安全裕度分别按式（3-147）、式（3-163）计算，肋腹板和梁支柱的紧固件孔挤压工作应力按式（3-148）计算，紧固件孔挤压安全裕度按式（3-149）计算。

5. 肋与壁板连接强度

当肋与壁板之间需要传递较大的剪切载荷时，通常会设置肋剪切角片（见图 3-93）。肋剪切角片连接壁板的单颗紧固件传递的剪力按下式计算（若剪力不经过紧固件组中心，应考虑附加弯矩的影响）：

$$Q_s = \frac{\Delta P}{n_{skin}} \tag{3-185}$$

式中：n_{skin}——连接肋剪切角片和壁板的紧固件个数；

　　ΔP——肋剪切角片与壁板间传递的剪力，N。

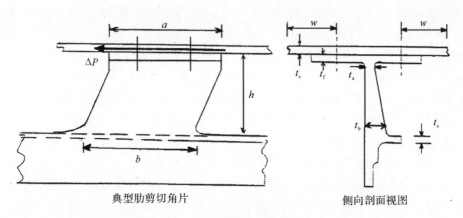

典型肋剪切角片　　　　　　侧向剖面视图

图 3-93　肋剪切角片示意图

　　紧固件剪切安全裕度按式(3-147)计算，肋剪切角片翻边(厚度为 t_f) 和壁板蒙皮(厚度为 t_s) 的紧固件孔挤压工作应力按式(3-148)计算，紧固件孔挤压安全裕度按式(3-149)计算。

　　当肋与壁板之间有较大的拉伸载荷时，紧固件的拉剪耦合安全裕度按下式计算：

$$M.S. = \frac{1}{\sqrt{\left(\frac{Q_s}{[Q_s]}\right)^2 + \left(\frac{Q_t}{[Q_t]}\right)^2}} - 1 \tag{3-186}$$

3.3.3.6　翼肋连接算例

1. 算例一

计算图3-94所示结构中肋腹板与肋缘条、肋缘条与肋支柱、肋腹板与肋支柱的连接强度。

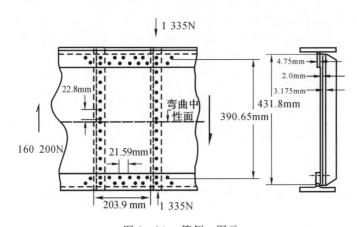

图 3-94　算例一图示

肋腹板材料2000系列铝板，材料拉伸极限应力 $\sigma_{tu} = 434.4\text{MPa}$，剪切极限应力 $\sigma_{su} =$

268.9MPa,材料挤压破坏应力 $\sigma_{bru} = 779.1$MPa,弹性模量 $E_{web} = 72\,397.5$MPa,泊松比 $\mu = 0.33$;肋支柱(单侧支柱)和肋缘条材料均为 2000 系列型材,材料拉伸许用应力 $\sigma_{tu} = 413.7$MPa,压缩屈服应力 $\sigma_{cy} = 255$MPa,材料挤压破坏应力 $\sigma_{bru} = 744.6$MPa,弹性模量 $E_{st} = E_{ch} = 73\,776.5$MPa,泊松比 $\mu = 0.33$;肋腹板与肋缘条的连接采用普通铆钉,铆钉排数 $n_{row} = 2$,铆钉间距 $p = 21.59$mm,铆钉直径 $d = 4.76$mm,许用剪切载荷 $[Q_s] = 4672.5$N,许用拉伸载荷 $[Q_t] = 3\,132.8$N,材料剪切模量 $G = 27\,580$MPa;肋腹板与肋支柱的连接采用单排普通铆钉,铆钉间距 $s = 22.8$mm,铆钉直径 $d = 4.76$mm,许用剪切载荷 $[Q_s] = 4\,672.5$N,用拉伸载荷 $[Q_t] = 3\,132.8$N,材料剪切模量 $G = 27\,580$MPa;肋缘条与肋支柱的连接采用 2 颗高锁紧固件,紧固件直径 $d = 4.76$mm,许用剪切载荷 $[Q_s] = 11\,659$N,许用拉伸载荷 $[Q_t] = 7\,809.75$N,材料剪切模量 $G = 68\,950$MPa;肋与壁板之间传递的载荷 $F = 1\,335$N,用于传递该载荷的肋腹板有效宽度内的紧固件个数 $n_{eff} = 6$,含 2 颗高锁紧固件和 4 颗普通铆钉;肋腹板剪切载荷 $V = 160\,200$N,肋腹板的张力场因子 $k = 0.26$;肋腹板厚度 $t = 2.0$mm,肋腹板高度 $h = 431.8$mm,与肋腹板和肋缘条连接的肋支柱厚度 $t_{st} = 3.175$mm,与肋腹板和肋支柱连接的肋缘条厚度 $t_c = 4.749\,8$mm,肋支柱剖面面积 $A_{st} = 230.91$mm^2,支柱间距 $L = 203.2$mm。

(1)步骤1:计算肋腹板与肋缘条连接强度。

肋腹板剪应力为

$$\sigma_s = \frac{V}{ht} = \frac{160\,200}{431.8 \times 2.032} = 182.5\text{MPa}$$

肋腹板剪流为

$$q_{sweb} = (1 + 0.41k)\sigma_s t = (1 + 0.41 \times 0.26) \times 182.5 \times 2 = 403.9\text{N/mm}$$

单颗紧固件工作剪力为

$$Q_s = \frac{q_{sweb}p}{n_{row}} + \frac{F}{n_{eff}} = \frac{403.9 \times 21.59}{2} + \frac{1\,335}{6} = 4\,582.6N$$

紧固件剪切安全裕度为

$$\text{M. S.} = \frac{[Q_s]}{Q_s} - 1 = \frac{4\,672.5}{4\,582.6} - 1 = 0.02$$

肋腹板的紧固件孔挤压工作应力为

$$\sigma_{br} = \frac{Q_s}{dt} = \frac{4\,582.6}{4.76 \times 2} = 481.3\text{MPa}$$

肋腹板的紧固件孔挤压安全裕度为

$$\text{M. S.} = \frac{\sigma_{bru}}{\sigma_{br}} - 1 = \frac{779.1}{481.3} - 1 = 0.62$$

肋缘条的紧固件孔挤压工作应力为

$$\sigma_{br} = \frac{Q_s}{dt} = \frac{4582.6}{4.76 \times 4.75} = 202.6\text{MPa}$$

肋缘条的紧固件孔挤压安全裕度为

$$\text{M. S.} = \frac{\sigma_{bru}}{\sigma_{br}} - 1 = \frac{779.1}{202.6} - 1 = 2.84$$

(2)步骤2:计算肋缘条与肋支柱连接强度。

张力场引起的垂向载荷为

$$P_v = \frac{0.75 k \sigma_s t L}{n_{hv}} = \frac{0.75 \times 0.26 \times 182.5 \times 2 \times 203.2}{2} = 7\ 231 \text{N}$$

张力场引起的水平方向载荷为

$$P_h = \frac{(1 + 0.41 k)\sigma_s t L}{n_h} = \frac{(1 + 0.41 \times 0.26) \times 182.5 \times 2 \times 203.2}{11} = 7\ 461.3 \text{N}$$

计算单颗紧固件上的工作剪力为

$$\frac{G_{bolt} d^2}{\sum\limits_{i=1}^{n} G_i d_i^2} = \frac{68\ 950 \times 4.76^2}{4 \times 27\ 580 \times 4.76^2 + 2 \times 68\ 950 \times 4.76^2} = 0.278$$

$$\frac{d(E_{web} t + E_{st} t_{st})}{\sum\limits_{i=1}^{m} E_i d_i t_i} = \frac{(72\ 397.5 \times 2 + 73\ 776.5 \times 3.175)}{11 \times 72\ 397.5 \times 2 + 2 \times 73\ 776.5 \times 3.175} = 0.183$$

$$F_{ch1} = \max \left[\frac{G_{bolt} d^2}{\sum\limits_{i=1}^{n} G_i d_i^2} F, \frac{d(E_{web} t + E_{st} t_{st})}{\sum\limits_{i=1}^{m} E_i d_i t_i} F \right] = \max(0.278 \times 13\ 350.183 \times 1\ 335) = 371.7 \text{N}$$

$$Q_s = \sqrt{(P_v + F_{ch1})^2 + P_h^2} = \sqrt{(7\ 231 + 371.7)^2 + 7\ 461.3^2} = 10\ 652.3 \text{N}$$

紧固件剪切安全裕度为

$$\text{M. S.} = \frac{[Q_s]}{Q_s} - 1 = \frac{11\ 659}{10\ 652.3} - 1 = 0.09$$

肋缘条的紧固件孔挤压工作应力为

$$\sigma_{br} = \frac{Q_s}{d t_c} = \frac{10\ 652.3}{4.76 \times 4.75} = 471.1 \text{MPa}$$

肋缘条的紧固件孔挤压安全裕度为

$$\text{M. S.} = \frac{\sigma_{bru}}{\sigma_{br}} - 1 = \frac{744.6}{471.1} - 1 = 0.58$$

肋腹板和肋支柱的紧固件孔挤压工作应力为

$$\sigma_{br} = \frac{Q_s}{d(t + t_{st})} = \frac{10\ 652.3}{4.76 \times (2 + 3.175)} = 432.4 \text{MPa}$$

肋腹板材料挤压破坏应力高于肋支柱材料,因此取肋支柱材料挤压破坏应力作为挤压许用应力,则紧固件孔挤压安全裕度为

$$\text{M. S.} = \frac{\sigma_{bru}}{\sigma_{br}} - 1 = \frac{744.6}{432.4} - 1 = 0.72$$

(3) 步骤 3:计算肋腹板与肋支柱连接强度。

肋腹板和肋支柱连接的单颗紧固件剪切载荷为

$$Q_s = s q_s = s \frac{0.85 \sigma_d s A_{st}}{L} = 22.86 \times \frac{0.85 \times 182.5 \times 230.91}{203.2} = 4\ 033.5 \text{N}$$

紧固件剪切安全裕度为

$$\text{M. S.} = \frac{[Q_s]}{Q_s} - 1 = \frac{4\ 672.5}{4\ 033.5} - 1 = 0.16$$

肋腹板和肋支柱连接的单颗紧固件拉伸载荷为

$$Q_t = s q_t = s(0.15 \sigma_{tu} t) = 22.86 \times 0.15 \times 434.4 \times 2 = 2\ 979 \text{N}$$

紧固件拉伸安全裕度为

$$\text{M. S.} = \frac{[Q_t]}{Q_t} - 1 = \frac{3\,132.8}{2\,979} - 1 = 0.05$$

肋腹板的紧固件孔挤压工作应力为

$$\sigma_{br} = \frac{Q_s}{dt} = \frac{4\,033.5}{4.76 \times 2} = 423.7 \text{MPa}$$

肋腹板的紧固件孔挤压安全裕度为

$$\text{M. S.} = \frac{\sigma_{bru}}{\sigma_{br}} - 1 = \frac{779.1}{423.7} - 1 = 0.84$$

肋支柱的紧固件孔挤压工作应力为

$$\sigma_{br} = \frac{Q_s}{dt_{st}} = \frac{4\,033.6}{4.76 \times 3.175} = 266.89 \text{MPa}$$

肋支柱的紧固件孔挤压安全裕度为

$$\text{M. S.} = \frac{\sigma_{bru}}{\sigma_{br}} - 1 = \frac{744.6}{266.89} - 1 = 1.78$$

2. 算例二

用下列给定信息计算如图 3-95 所示结构肋与梁的连接强度。

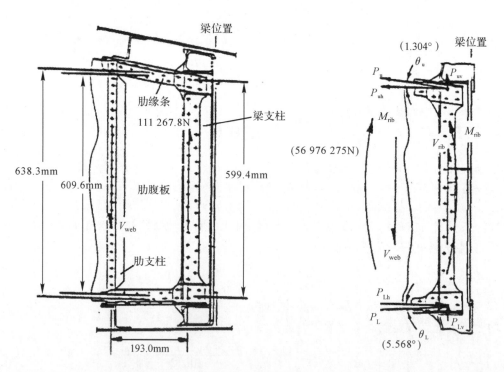

图 3-95　算例二图示

肋腹板材料采用铝合金板材,材料拉伸极限应力 $\sigma_{tu} = 434.4$MPa,剪切极限应力 $\sigma_{su} = 268.9$MPa,材料挤压破坏应力 $\sigma_{bru} = 779.1$MPa,弹性模量 $E_{web} = 72\,397.5$MPa,泊松比 $\mu = 0.33$;肋缘条和梁支柱材料均为铝合金型材,材料拉伸许用应力 $\sigma_{tu} = 413.7$MPa,压缩屈服应力 $\sigma_{cy} = 255$MPa,材料挤压破坏应力 $\sigma_{bru} = 744.6$MPa,弹性模量 $E_{st} = E_{ch} = 73\,776.5$MPa,泊

松比 $\mu = 0.33$；肋腹板与梁支柱的连接采用双排紧固件，含 12 颗直径 $d = 7.937\,5\text{mm}$ 的紧固件和 37 颗直径 $d = 6.35\text{mm}$ 的紧固件，紧固件间距 $s = 22.86\text{mm}$，直径 $d = 7.937\,5\text{mm}$ 的紧固件许用剪切载荷 $[Q_s] = 27\,990.5\text{N}$，许用拉伸载荷 $[Q_t] = 18\,752.3\text{N}$，直径 $d = 6.35\text{mm}$ 的紧固件许用剪切载荷 $[Q_s] = 17\,911.25\text{N}$，许用拉伸载荷 $[Q_t] = 12\,001.65\text{N}$，材料剪切模量 $G = 68\,950\text{MPa}$；上下肋缘条与梁支柱的连接均采用 6 颗紧固件，紧固件组中心距离缘条剖面形心线距离 $e = 5.08\text{mm}$，紧固件直径 $d = 7.937\,5\text{mm}$，许用剪切载荷 $[Q_s] = 27\,990.5\text{N}$，许用拉伸载荷 $[Q_t] = 18\,752.3\text{N}$，材料剪切模量 $G = 68\,950\text{MPa}$；与梁支柱连接处的弯矩 $M_{rib} = 56\,976\,275\text{Nmm}$，上下肋缘条剖面形心距离 $h_{cg} = 599.44\text{mm}$，肋腹板剪切载荷 $V_{rib} = -111\,267.8\text{N}$，上下肋缘条剖面形心的平均距离 $h_{cga} = 638.3\text{mm}$，肋腹板的张力场因子 $k = 0.3$；肋腹板厚度 $t = 1.6\text{mm}$，与肋腹板和肋缘条连接的梁支柱厚度 $t_{spar} = 4.826\text{mm}$，与肋腹板和梁支柱连接的肋缘条厚度 $t_c = 4.775\,2\text{mm}$，肋上下缘条与水平方向夹角分别为 $1.304°$ 和 $5.568°$，支柱间距 $L = 193.04\text{mm}$。

（1）步骤 1：计算肋缘条与梁支柱连接强度。

上下肋缘条与梁支柱连接的形式相同，因此仅给出肋下缘条处的连接强度计算过程。

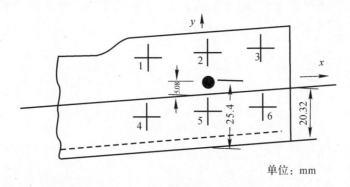

单位：mm

图 3 - 96　肋缘条与梁支柱连接

与梁连接处的肋腹板平均剪应力为

$$\sigma_s = \frac{V_{rib}}{h_{cga}t} = \frac{111\,267.8}{638.3 \times 1.6} = 108.9\text{MPa}$$

$$P_{uh} = P_{Lh} = \frac{M_{rib}}{h_{cg}} = \frac{56\,976\,275}{599.44} = 95\,049.17\text{N}$$

$$P_{Lv} = P_{Lh}\tan\theta_L = 95\,049.17 \times \tan 1.304° = 2\,162.5N$$

$$V_{chLs} = V_{rib}\frac{\sum d_{chLs}}{\sum d_{spar}} = 111\,267.8 \times \frac{6 \times 7.94}{12 \times 7.94 + 37 \times 6.35} = 16\,051.8\text{N}$$

$$P_k = \frac{kV_{rib}}{2} = \frac{0.3 \times 111\,267.8}{2} = 16\,690.17\text{N}$$

$$V_k = \frac{0.75k\sigma_s tL}{2} = \frac{0.75 \times 0.3 \times 108.9 \times 1.6 \times 193.04}{2} = 3\,783.9\text{N}$$

$$M_{chk} = \frac{kt\sigma_s L^2}{12} = \frac{0.3 \times 1.6 \times 108.9 \times 193.04^2}{12} = 162\,323.9\text{N} \cdot \text{mm}$$

计算肋缘条和梁支柱连接处的紧固件组传递的剪切总载荷：

$$P_{\text{chL}} = P_{\text{Lh}} + P_{\text{k}} = 95\,049.17 + 16\,690.17 = 111\,739.3\text{N}$$

$$V_{\text{chL}} = V_{\text{chLs}} + V_{\text{k}} + P_{\text{Lv}} = 16\,051.8 + 3\,783.9 + 2\,165.5 = 22\,001.2\text{N}$$

$$M_{\text{chL}} = M_{\text{chk}} + P_{\text{Lh}}e = 162\,323.9 + 95\,049.17 \times 5.08 = 645\,173.7\text{N} \cdot \text{mm}$$

表 3 - 11　紧固件坐标

	紧固件 1	紧固件 2	紧固件 3	紧固件 4	紧固件 5	紧固件 6
x 坐标 /mm	− 25.4	0	25.4	− 25.4	0	25.4
y 坐标 /mm	12.7	12.7	12.7	− 12.7	− 12.7	− 12.7

紧固件在局部坐标系下的坐标见表 3 - 11，因此，紧固体组形心坐标为：

紧固件组形心横坐标为

$$x_{\text{c}} = \frac{\sum A_i x_i}{\sum A_i} = \frac{(\pi/4) \times 7.937^2 \left[2 \times (-25.4) + 2 \times 25.4\right]}{6 \times (\pi/4) \times 7.937^2} = 0\text{mm}$$

紧固件组形心纵坐标为

$$y_{\text{c}} = \frac{\sum A_i y_i}{\sum A_i} = \frac{(\pi/4) \times 7.937^2 \left[3 \times (-12.7) + 3 \times 12.7\right]}{6 \times (\pi/4) \times 0.3125^2} = 0\text{mm}$$

计算紧固件组的极惯性矩：

$$I_{\text{xc}} = \sum A_i y_i^2 - \frac{\left(\sum A_i y_i\right)^2}{\sum A_i} =$$

$$(\pi/4) \times 7.937^2 \times \left[6 \times 12.7^2 - \frac{(3 \times 12.7 + 3 \times (-12.7))^2}{6}\right] = 47\,856.5\text{mm}^4$$

$$I_{\text{yc}} = \sum A_i x_i^2 - \frac{\left(\sum A_i x_i\right)^2}{\sum A_i} =$$

$$(\pi/4) \times 7.937^2 \times \left[4 \times 25.4^2 - \frac{(2 \times 25.4 + 2 \times (-25.4))^2}{6}\right] = 127\,617.4\text{mm}^4$$

$$I_{\text{c}} = I_{\text{xc}} + I_{\text{yc}} = 47\,856.5 + 127\,617.4 = 175\,473.9\text{mm}^4$$

计算紧固件组中心的总力矩：

$$M_{\text{c}} = M_{\text{o}} + V(x - x_{\text{c}}) - P(y - y_{\text{c}}) = M_{\text{chL}} = 645\,173.7\text{Nmm}$$

计算各紧固件传递载荷：

$$P_{\text{x1}} = \left[\frac{P}{\sum A_i} - \frac{M_{\text{c}}(y_1 - y_{\text{c}})}{I_{\text{c}}}\right]A_i = \left[\frac{P_{\text{chL}}}{\sum A_i} - \frac{M_{\text{c}}(y_1 - y_{\text{c}})}{I_{\text{c}}}\right]A_i =$$

$$\left[\frac{111\,739.3}{6 \times (\pi/4) \times 7.937^2} - \frac{645\,173.7 \times (12.7 - 0)}{175\,473.9}\right] \times (\pi/4) \times 7.937^2 = 16\,313.7\text{N}$$

$$P_{\text{y1}} = \left[\frac{V}{\sum A_i} - \frac{M_{\text{c}}(x_1 - x_{\text{c}})}{I_{\text{c}}}\right]A_i = \left[\frac{V_{\text{chL}}}{\sum A_i} - \frac{M_{\text{c}}(x_1 - x_{\text{c}})}{I_{\text{c}}}\right]A_i =$$

$$\left[\frac{645\,173.7}{6 \times (\pi/4) \times 7.937^2} - \frac{645\,173.7 \times (-25.4 - 0)}{175\,473.9}\right] \times (\pi/4) \times 7.937^2 = 8\,285.9\text{N}$$

计算其余紧固件传递载荷并汇总,见表 3 – 12。

表 3 – 12　紧固件传递载荷

	紧固件 1	紧固件 2	紧固件 3	紧固件 4	紧固件 5	紧固件 6
P_{xi}/N	16 313.7	16 313.7	16 313.7	20 932.8	20 932.8	20 932.8
P_{yi}/N	8 285.9	3 666.8	− 952.3	8 285.9	3 666.8	− 952.3
$\sqrt{P_{xi}^2 + P_{yi}^2}/N$	18 293.95	16 718.65	16 340.4	22 512.55	21 248.75	20 955.05

得紧固件最大剪力为

$$Q_s = \max\left(\sqrt{P_{xi}^2 + P_{yi}^2}\right) = 22\,512.55\text{N}$$

紧固件剪切安全裕度为

$$\text{M. S.} = \frac{[Q_s]}{Q_s} - 1 = \frac{27\,990.5}{22\,512.55} - 1 = 0.24$$

肋腹板和肋缘条的紧固件孔挤压工作应力为

$$\sigma_{br} = \frac{Q_s}{d(t+t_c)} = \frac{22\,512.55}{7.937 \times (1.6+4.775)} = 444.9\text{MPa}$$

肋腹板和肋缘条的紧固件孔挤压安全裕度为

$$\text{M. S.} = \frac{\sigma_{bru}}{\sigma_{br}} - 1 = \frac{744.6}{444.9} - 1 = 0.67$$

梁支柱的紧固件孔挤压工作应力为

$$\sigma_{br} = \frac{Q_s}{dt_{spar}} = \frac{22\,512.55}{7.937 \times 4.826} = 587.7$$

梁支柱的紧固件孔挤压安全裕度为

$$\text{M. S.} = \frac{\sigma_{bru}}{\sigma_{br}} - 1 = \frac{744.6}{587.7} - 1 = 0.27$$

(2) 步骤 2:计算肋腹板与梁支柱连接强度。

连接肋腹板与梁支柱的紧固件剪切载荷为

$$Q_s = \frac{V_{rib}}{n_{webs}} = \frac{111\,267.8}{49} = 2\,270.7\text{N}$$

紧固件剪切安全裕度为

$$\text{M. S.} = \frac{[Q_s]}{Q_s} - 1 = \frac{17\,911}{2\,270.7} - 1 = 6.89$$

连接肋腹板与梁支柱的紧固件拉伸载荷为

$$Q_t = sq_t = s(0.15\sigma_{tu}t) = 22.86 \times 0.15 \times 434.4 \times 1.6 = 2\,383.3\text{N}$$

紧固件拉伸安全裕度为

$$\text{M. S.} = \frac{[Q_t]}{Q_t} - 1 = \frac{17\,911.25}{2\,383.3} - 1 = 6.51$$

肋腹板的紧固件孔挤压工作应力为

$$\sigma_{br} = \frac{Q_s}{dt} = \frac{2\,270.7}{6.35 \times 1.6} = 223.5\text{MPa}$$

肋腹板的紧固件孔挤压安全裕度为

$$M. S. = \frac{\sigma_{bru}}{\sigma_{br}} - 1 = \frac{779.1}{223.5} - 1 = 2.49$$

梁支柱的紧固件孔挤压工作应力为

$$\sigma_{br} = \frac{Q_s}{dt_{spar}} = \frac{2\,270.7}{6.35 \times 4.826} = 74.1\text{MPa}$$

梁支柱的紧固件孔挤压安全裕度为

$$M. S. = \frac{\sigma_{bru}}{\sigma_{br}} - 1 = \frac{744.6}{74.1} - 1 = 9.04$$

3.算例三

用下列给定信息计算如图 3-97 所示肋与壁板的连接强度。

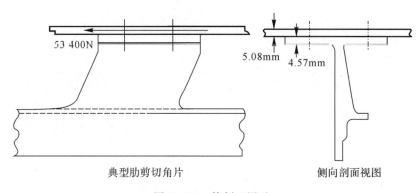

典型肋剪切角片　　　　　　　　侧向剖面视图

图 3-97　算例三图示

肋剪切角片和壁板蒙皮材料均采用铝合金板材,材料挤压破坏应力 $\sigma_{bru} = 779.1$MPa,肋剪切角片与壁板蒙皮的连接采用双排紧固件,共 4 颗直径 $d = 7.937\,5$mm 的紧固件,紧固件许用剪切载荷 $[Q_s] = 279\,90.5$N,许用拉伸载荷 $[Q_t] = 187\,52.3$N,与肋剪切角片连接的壁板蒙皮厚度 $t_s = 5.08$mm,与壁板蒙皮连接的肋剪切角片翻边厚度 $t_f = 4.57$mm,肋剪切角片与壁板之间传递的剪切载荷 $\Delta P = -53\,400$N。

连接肋剪切角片与壁板蒙皮的紧固件剪切载荷

$$Q_s = \frac{\Delta P}{n_{skin}} = \frac{53\,400}{4} = 13\,350\text{N}$$

紧固件剪切安全裕度为

$$M. S. = \frac{[Q_s]}{Q_s} - 1 = \frac{27\,990.5}{13\,350} - 1 = 1.10$$

肋剪切角片翻边的紧固件孔挤压工作应力为

$$\sigma_{br} = \frac{Q_s}{dt} = \frac{13\,350}{7.937\,5 \times 4.57} = 368\text{MPa}$$

肋腹板的紧固件孔挤压安全裕度为

$$M. S. = \frac{\sigma_{bru}}{\sigma_{br}} - 1 = \frac{779.1}{368} - 1 = 1.12$$

壁板蒙皮的紧固件孔挤压工作应力

$$\sigma_{br} = \frac{Q_s}{dt_s} = \frac{13\ 350}{7.937\ 5 \times 5.08} = 331 MPa$$

壁板蒙皮的紧固件孔挤压安全裕度

$$M.S. = \frac{\sigma_{bru}}{\sigma_{br}} - 1 = \frac{779.1}{331} - 1 = 1.35$$

3.4　翼面典型开口结构静强度分析

3.4.1　概述

　　机翼上设计大开口的目的是为了收藏起落架。对于双梁式机翼,大开口通常开在前、后梁之间;在大展弦比后掠机翼上,为了避免在受力翼盒上开口,也常把主起落架连接到后梁后面,沿展向向内收放在机身下部;对于单梁式机翼,翼梁通常布置在弦长的 30% 左右处,因此,开口可布置在单梁的前面,也可布置在单梁的后面。这里主要介绍双梁式机翼在前、后梁之间存在大开口时的受力分析方法。

3.4.1.1　开口区剪力的传递分析

　　由于开口部位的翼梁是完整的,所以垂直平面内的剪力和未开口时一样,仍由前、后翼梁腹板承受和传递。

3.4.1.2　开口区弯矩的传递分析

　　梁式机翼的蒙皮很薄,桁条的数量不多而且很弱,有些机翼的桁条还是分段断开的。因此,梁式机翼的桁条和蒙皮承受轴力的能力很小,弯矩引起的轴力主要是由翼梁缘条承受的。这样,在机翼前、后梁之间开口,蒙皮和桁条被去掉后,对机翼结构传递弯矩的影响不大。

　　对于单块式机翼,它的蒙皮较厚,桁条多而且较强,翼梁的缘条也较弱。因此,弯矩引起的上、下翼面上的轴力,有很大一部分是由蒙皮和桁条传递的。蒙皮和桁条被去掉后,这部分轴力就要由相应的翼梁缘条来承受和传递。下面就来分析原来由蒙皮和桁条承受的轴力,在开口部位是怎样传递到翼梁上去的。

　　图 3-98(a) 所示为机翼前、后梁之间的下翼面(图中向上的一面)有开口的结构示意图。为了说明蒙皮和桁条承受的轴向力在开口部位向翼梁缘条的传递过程,可以取开口部位外侧两翼梁间的一块带桁条的蒙皮 abcd 来分析。这块蒙皮的内侧铆接在开口边缘翼肋上,两侧铺接在翼梁缘条上,外端则和外段蒙皮、桁条连接在一起,并受到外段壁板传来的、由弯矩引起的轴力 P_1。翼梁缘条能对壁板起到支持作用,因此,翼梁缘条通过铆缝向壁板提供了支反剪流 q。同样,外段壁板传来的轴力,经过蒙皮侧边铆缝,也以剪流 q 的形式逐渐传给翼梁缘条,使缘条承受的轴力逐渐增大。假设壁板轴力向翼梁缘条传递所需要的长度为两翼梁间的距离 B,则根据分离体 abcd 的平衡条件,可以得到剪流为

$$q = P_1/2B \qquad\qquad (3-187)$$

　　单块式机翼的翼梁缘条,在开口部位及其附近受力要显著增大。设远离开口部位处翼梁缘

条的轴力为 P_2 ,则在开口部位及其附近翼梁缘条的轴力图如图 3-98(b) 所示。

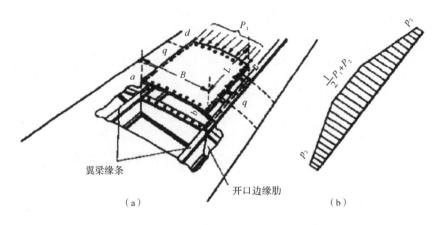

图 3-98　开口部位外侧壁板轴力的传递

3.4.1.3　开口区扭矩的传递分析

对于双梁式机翼,扭矩是通过前、后梁和上、下壁板组成的闭室以及前缘闭室和后缘闭室等 3 个闭室传递的,其中前、后梁和上、下壁板组成的中间闭室传递大部分的扭矩。显然,前、后梁之间下壁板开口后,就不能再以翼盒闭室来传递剪流,但前缘闭室和后缘闭室还可以继续传递部分扭矩。因此,这里只介绍中间闭室的扭矩是如何转化为双梁参差弯矩进行传递的。

为了简单起见,我们先讨论梁式机翼前、后梁之间的下蒙皮开口后的传扭分析。如图 3-99 所示开口部位外侧机翼的扭矩,通过蒙皮以剪流 q 的形式传递给外侧边缘加强肋以后,再以力偶的形式传给两翼梁。作用在开口端头、大小相等而方向相反的两个剪力,一个使翼梁向上弯曲,另一个使翼梁向下弯曲。当这两个剪力分别经翼梁传到内侧边缘加强翼肋时,由于蒙皮的支持作用,内侧边缘加强翼肋又要通过铆缝将这个力偶转变成剪流传给内侧机翼蒙皮。

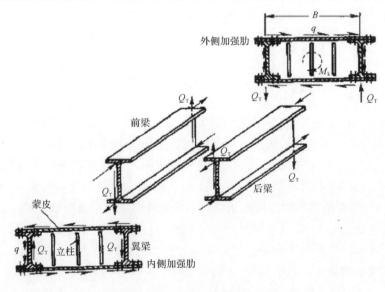

图 3-99　扭矩在开口部位的传递

设作用在开口部位外侧机翼的扭矩为 M_T，则根据外侧边缘加强肋的平衡条件，可得作用在翼梁上的剪力 Q_T 为

$$Q_T = M_T / B \qquad (3-188)$$

因此，开口部位的翼梁腹板除承受和传递原来的剪力 Q_s 外，还要承受附加的剪力 Q_T，即作用在翼梁腹板上的剪力为

$$Q = Q_s \pm Q_T \qquad (3-189)$$

由于附加剪力的作用，梁腹板承受的总剪力可能增大，因此，开口部位翼梁腹板是加厚的。

图 3-100(a) 所示的开口部位翼梁段在两端的附加剪力作用下，有沿垂直平面旋转的趋势，不满足翼梁段的平衡条件。因此，开口部位两侧的翼梁段产生反作用力矩 M' 和 M'' 来阻止它的旋转，满足翼梁段的平衡条件。当开口两端翼梁段的刚度差不多时，可以近似地认为，作用在开口段翼梁两端的反作用力矩大小相等，即

$$M' = M'' \qquad (3-190)$$

根据翼梁段的平衡条件，可得

$$M = Q_T L / 2 \qquad (3-191)$$

根据开口部位翼梁段附加剪力和弯矩的作用情况，可以画出开口部位翼梁的附加弯矩图，如图 3-100(b) 所示。从图中可以看出，开口部位翼梁段的两端受到的附加弯矩最大值等于 M，中间位置的弯矩等于零。

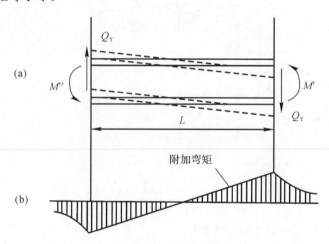

图 3-100　开口部位翼梁承受的附加剪力和弯矩

由式 $M = Q_T L / 2$ 可以看出，附加弯矩的最大值与开口部位沿展向的长度 L 有关；开口越长，附加弯矩的最大值越大。

式(3-190) 和(式 3-191) 是在开口两端翼段的刚度差不多时推导出来的，也就是说开口位于机翼半翼展中间附近位置。当开口位于机翼根部时，由于翼根处刚度大，大部分附加力矩 M 位于根部一侧，即根部一侧的弯矩 M'' 远远大于开口外侧端的弯矩 M'。

开口部位的翼梁不仅要承受机翼的全部弯矩，而且还要承受机翼扭矩产生的附加弯矩。因此，开口段翼梁横截面上的总弯矩就是这两个弯矩的代数和。翼梁缘条在开口处及附近均应做适当加强。

单块式机翼开口区的受力分析方法与梁式机翼相同，只是开口区的上壁板参与承受轴力。

在这种情况下,如果开口部位位于半翼展中间位置附近,则翼梁下缘条的最大轴力为

$$N = M_T L / 2HB \qquad (3-192)$$

式中:L—— 开口区长度;

$\quad\ H$—— 翼梁的高度;

$\quad\ B$—— 开口区宽度。

上缘条的正应力为

$$\sigma = NB / W \qquad (3-193)$$

式中:W—— 上壁板对 y 轴的抗弯截面系数。

机翼开口区横截面上的翼梁下缘条轴力 N 以及上壁板和上缘条的正应力如图 3-101 所示。

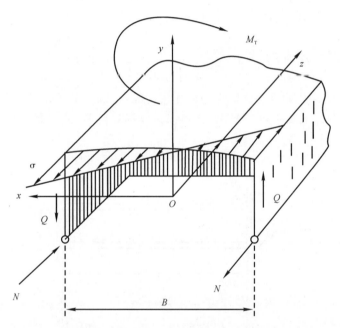

图 3-101 单块式机翼开口区横截面上的轴力和正应力

3.4.2 翼梁及肋腹板开口强度计算

3.4.2.1 腹板不加强的剪切梁

1. 设计方法

小开口或减轻孔(见图 3-102)通常用在小载荷的机翼肋间梁或普通翼肋上。这些孔也用作导线束、控制缆线以及液压管路的通道。由于结构尺寸及工艺等原因,不可能制造出有效的张力场梁。从减轻结构重量角度考虑,可以省去一些腹板加强条,而在腹板上制作标准的有凸缘的减重孔,使用翻边孔的成本也比较低(通常不建议用平孔,因为在使用过程中,平孔边容易产生裂纹)。

由于这些腹板不仅需要满足强度要求,还需满足一定的刚度要求,因此,在满足剪切载荷下的强度外,还需要有额外的安全裕度。许用剪切设计数据是基于腹板只受纯剪切载荷的假设得到的。从重量的角度来看,去掉腹板上的加强件,代以一系列标准的翻边减轻孔可能更有利。

为了便于设计员，NACA 提出了一个用于带有 45° 翻边减轻圆孔腹板的设计方法（见图 3-103）。

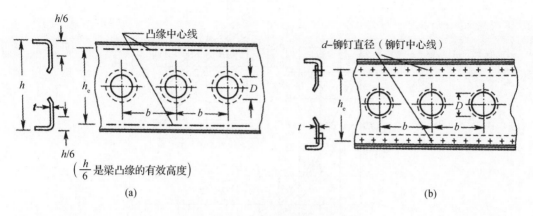

图 3-102　有 45° 翻边孔的腹板

(a) Ⅰ 型；(b) Ⅱ 型

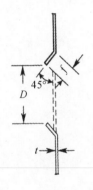

D /mm	50.8	63.5	76.2	88.9	101.6	114.3	127	152.4
f /mm	6.35	7.62	10.16	11.43	12.7	12.7	12.7	13.97

图 3-103　有 45° 翻边孔的典型尺寸组合

2. 尺寸计算步骤

（1）本设计中的限制条件如下。

1）$0.25 \leqslant \dfrac{D}{h_c} \leqslant 0.75$；

2）$0.3 \leqslant \dfrac{D}{b} \leqslant 0.7$；

3）$40 \leqslant \dfrac{h_c}{t} \leqslant 250$；

4）$0.4\text{mm} \leqslant t \leqslant 3.2\text{mm}$；

5）使用图 3-103 所示的标准 45° 平均边孔。

（2）有孔腹板的最大许用总剪应力为

$$\tau_{su} = K_1 \tau_b \qquad\qquad (3-194)$$

式中：K_1—— 系数，在图 3-104 中给出；

τ_b —— 无孔梁腹板的极限许用应力。

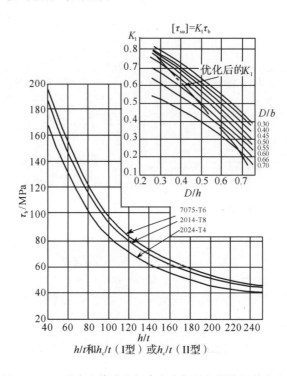

图 3-104 具有凸缘孔的铝合金腹板的极限许用剪应力

（3）为了弥补扩大孔或间隔密的孔和铆钉所造成的损失，应当计算净剪应力。

净剪应力 τ_s 不得超过 $[\tau_{su}]$（$[\tau_{su}]$ 为腹板的极限容许剪应力），在两孔之间的腹板处

$$\tau_s = \frac{q}{t}\left(\frac{b}{b-D}\right) \tag{3-195}$$

在有孔处腹板的净垂直截面处

$$\tau_s = \frac{q}{t}\left(\frac{h}{h_c-D}\right) \tag{3-196}$$

在铆钉处腹板的净截面处

$$\tau_s = \frac{q}{K_r t} \tag{3-197}$$

其中，$K_r = 1.0$（Ⅰ型），$K_r = \dfrac{S-d}{S}$（Ⅱ型），Ⅰ型和Ⅱ型的区别如图 3-102 所示。

由于孔的存在会使应力不均匀，Ⅱ型梁的腹板缘条铆接应当按下面两数值中较大的那个数值计算：

$$q_r = 1.25q \tag{3-198}$$

或

$$q_r = 0.67\left(\frac{b}{b-D}\right)q \tag{3-199}$$

具有减重孔的平面腹板梁的当量厚度按下式计算：

$$t_{eq} = t\left(\frac{1-0.785D^2}{h_c b}\right) \tag{3-200}$$

3. 工程应用一

以某垂尾前梁 1-2 肋间的结构为例,计算开孔梁腹板剪切强度,该部位梁的尺寸如图 3-105(见彩图)所示。

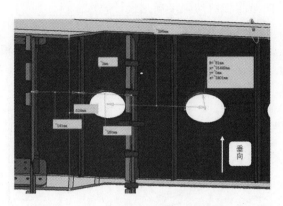

图 3-105　肋间结构及梁截面参数示意图

梁腹板材料为 2024-T42 铝合金,材料的剪切模量 $G = 27\,216$MPa,根据全机有限元计算结果,限制载荷情况下,前梁 1-2 肋间最大剪应力大小为 15.8MPa(对应工况为侧向突风),对应工况该部位的试验测量剪应变(修正后)为 $557\mu m$,剪应力为 15.16MPa,试验测量结果与计算分析结果相比小 4.05%。

1-2 肋间梁总高度 H 为 624mm;梁缘条剖面形心距离外表面高度 h_o 为 $48 - 36.9 = 11.1$mm,于是梁上、下缘条形心间距离 h 为

$$h = H - 2h_o = 624 - 2 \times 11.1 = 602 \text{mm}$$

梁腹板实际剪应力大小:

$$\tau_r = \tau_0 \times \frac{H}{h} = 15.8 \times \frac{624}{602} = 16.4 \text{MPa}$$

(1) 开孔腹板的最大许用剪应力。梁上、下缘条形心间高度 h 为 602mm,孔径 D 为 122mm,孔间距 b 为 295mm,厚度 t 为 3.0mm,得

$$\frac{h}{t} = 200.7, \frac{D}{b} = 0.41, \frac{D}{h} = 0.2$$

查图 3-104,得

$$\tau_b = 48 \text{MPa}, K_1 = 0.9$$
$$\tau_{su} = K_1 \times \tau_b = 43.2 \text{MPa}$$

(2) 孔之间的净腹板剪切强度校核。孔之间的净腹板剪应力为

$$\tau = \tau_r \times \frac{b}{b - D} = 16.4 \times \frac{295}{295 - 122} = 27.9 \text{MPa}$$

孔之间净腹板剪切强度裕度为

$$\text{M. S.} = \frac{\tau_{su}}{f \times \tau} - 1 = \frac{43.2}{1.5 \times 27.9} - 1 = 0.031$$

强度裕度大于 0,孔之间净腹板剪切强度满足设计要求。

(3) 垂向的净腹板剪切强度校核。垂向的净腹板剪应力为

$$\tau = \tau_r \times \frac{h_e}{h_e - D} = 16.4 \times \frac{602}{602 - 122} = 20.54 \text{MPa}$$

垂向净腹板剪切强度裕度为

$$\text{M. S.} = \frac{\tau_{su}}{f\tau} - 1 = \frac{43.2}{1.5 \times 20.54} - 1 = 0.4$$

强度裕度大于 0,垂向净腹板剪切强度满足设计要求。

4. 工程应用二

已知一槽形截面成形件的厚度 $t = 1.02\text{mm}$,材料为 7075 - T6 薄板,截面参数如图 3 - 106 所示,承受 $q = 61.32\text{N/mm}$ 的剪流。试确定孔的直径 D 和间距 b。

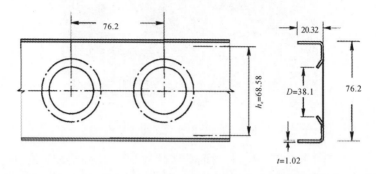

图 3 - 106　肋间结构及梁截面参数示意图(单位:mm)

对于 7075 - T6 薄板,$F_{su} = 331.08\text{N/mm}^2$,$F_{tu} = 551.80\text{N/mm}^2$,$F_{bru} = 1\ 103.60\text{N/mm}^2$。

(1) 本设计的限制条件为

$$0.406\text{mm} \leqslant t \leqslant 3.175\text{mm}$$

$t = 1.016\text{mm}$,满足条件。

$$0.25 \leqslant \frac{D}{h_e} \leqslant 0.75(\text{后面确定})$$

$$0.3 \leqslant \frac{D}{b} \leqslant 0.7(\text{后面确定})$$

$$40 \leqslant \frac{h_e}{t} \leqslant 250$$

$\dfrac{h_e}{t} = 68$,满足条件。

(2) 设计许用剪应力。

$$\tau_s = \frac{q}{t} = \frac{61.32}{1.02} = 60.35\text{N/mm}^2$$

$h_e/t = 68$,并由图 3 - 104 得

$$\tau_b = 137.95\text{N/mm}^2,$$

$$\tau_s = K_1\tau_b \text{ 或 } K_1 = \frac{\tau_s}{\tau_b} = \frac{60.35}{137.95} = 0.44$$

优化减重孔(根据图 3 - 104 中优化后的 K 曲线):

$$\frac{D}{h_e} = 0.54$$

则

$$D = 0.54 \times 68.58 = 37.08\text{mm}$$

$$\frac{D}{b} = 0.62$$

则
$$b = \frac{37.08}{0.62} = 60.96 \text{mm}$$

采用 $D = 38.1 \text{mm}, b = 76.2 \text{mm}$（采用宽 b 值的原因是使孔间拥有足够的间距，以便安装支架，如用来固定机身内部的设备）。

利用 $\dfrac{h_e}{t} = \dfrac{68.58}{1.02} = 68$ 或 $\dfrac{b}{t} = \dfrac{76.2}{1.02} = 75$，有

$$\frac{D}{h_e} = \frac{38.1}{68.58} = 0.56$$

$$\frac{D}{b} = \frac{38.1}{76.2} = 0.5$$

由图 3 - 104 得

$$\tau_b = 127.60 \text{N/mm}^2$$

且 $K_1 = 0.51$，则

$$q_{all} = K_1 \tau_b t = 0.51 \times 127.6 \times 1.02 = 66.05 \text{N/mm}$$

$$\text{M. S.} = \frac{q_{all}}{q} - 1 = \frac{66.05}{61.32} - 1 = 0.08$$

满足要求。

校核限制条件：

$$\frac{D}{h_e} = \frac{38.1}{68.58} = 0.56$$

$0.25 \leqslant \dfrac{D}{h_e} \leqslant 0.75$，满足条件。

$$\frac{D}{b} = \frac{38.1}{76.2} = 0.5$$

$0.3 \leqslant \dfrac{D}{b} \leqslant 0.7$，满足条件。

（3）净剪应力。

1）孔之间腹板上的剪应力：

$$f_s = \frac{q}{t}\left(\frac{b}{b - D}\right) = 120.71 \text{N/mm}^2 < F_{su} = 331.08 \text{N/mm}^2$$

满足要求。

2）开孔处垂直方向净腹板上的剪应力：

$$f_s = \frac{q}{t}\left(\frac{h_e}{h_e - D}\right) = 135.80 \text{N/mm}^2 < F_{su} = 331.08 \text{N/mm}^2$$

满足要求。

3.4.2.2　开口周围带翻边的腹板强度计算

直径大于 50mm 而介于梁／肋高度 40% ～ 50% 之间的中等开口，应尽量做成圆形，标准翻边能对减轻孔进行加强，延迟孔边腹板的屈曲。

带翻边腹板的许用剪应力计算式（大量试验验证的经验式）为

$$\tau_{adm} = k \times \left\{ \tau_h \left[1 - \left(\frac{d}{h} \right)^2 \right] + \tau_c \sqrt{\frac{d}{h}} \right\} \times \frac{C'}{g} \qquad (3-201)$$

$$M.S. = \frac{\tau_{adm}}{f \cdot \tau} - 1 \qquad (3-202)$$

式中：τ_{adm}—— 剪切破坏许用值；

k—— 修正系数，$k = 0.85 - 0.000\,6 \times \left(\frac{h}{t} \right)$；

h—— 梁或肋腹板高度（上、下缘条铆钉中心线间的距离）；

C—— 孔间距（含翻边）；

g—— 相邻两孔中心的间距；

τ_h—— 宽度为 h、厚度为 t 的长板（无孔）剪切屈曲应力，由图 3-107 查得；

τ_c—— 宽度为 C、厚度为 t 的长板（无孔）剪切屈曲应力，由图 3-107 查得；

f—— 安全系数，取 1.5；

τ—— 工作剪应力。

D、d、B、g、C、C'、h、t、H 详见图 3-108，$B = \dfrac{D-d}{2}$ 和 $C = g - d$，$C' = C - 2B = C + d - D = g - D$。

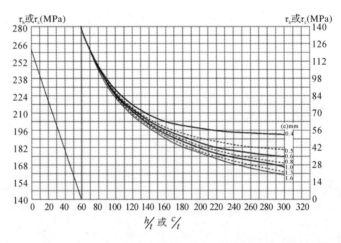

图 3-107　2024-T42 铝合金腹板（无孔）的剪切屈曲应力 τ_h 和 τ_c

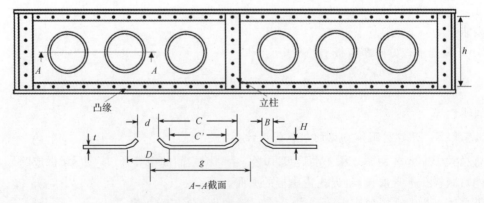

图 3-108　典型翻边减轻孔结构参数简图

3.4.2.3 开口用环形加强板加强的腹板强度计算

1. 设计方法

在中等载荷的抗剪梁上,较大尺寸的梁腹板需要在某两立柱间开通过孔,为了方便设计,通常使用环形加强板加强圆孔,如图 3 - 109 所示。

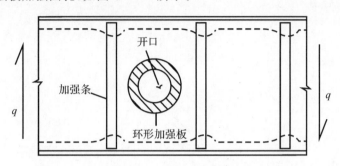

图 3 - 109 典型的开口用环形加强板加强的梁腹板

开口用环形加强板加强的梁腹板,开口的设计限制条件如下:

(1) 孔的直径 $D \leqslant 50\%$ 的梁高度;

(2) 环形加强板的宽度 W 和孔直径 D 之比 $W/D = 0.35 \sim 0.50$;

(3) $0.02\text{in} < t_w < 0.05\text{in}$。

2. 确定尺寸的步骤

(1) 先假定铆钉的尺寸和排列方式,确定环形加强板的宽度 W;

(2) 通过给定的 W/D 和剪流 q,由图 3 - 110 确定环形加强板的厚度;

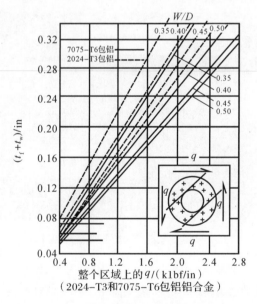

图 3 - 110 剪切梁腹板孔边的环形加强板

(3) 铆钉的排列方式如图 3 - 111 所示。

$$q_R = 2q\left(\frac{t_r}{t_r + 0.8t_w}\right) \qquad (3 - 203)$$

式中：q_R —— 切线之间的铆钉排列形式，每英寸宽度所传递的载荷；

     W —— 环形加强板的宽度；

     q —— 腹板上的剪流；

     t_r —— 环形加强板的厚度；

     t_w —— 腹板厚度。

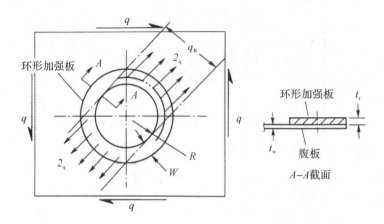

图 3 - 111 环形加强板铆钉排列形式的计算

3. 工程应用一

以某机身 9 - 10 框龙骨腹板开孔为例，开孔尺寸如图 3 - 112（见彩图）所示。

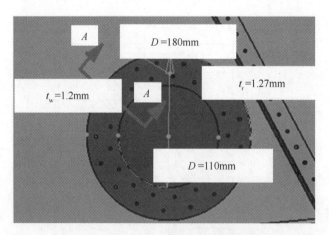

图 3 - 112 机身 9 - 10 框龙骨腹板开口

机身 9 - 10 框之间龙骨梁腹板材料为 2024（包铝）- T3，厚度 $t_w = 1.2\text{mm}$，材料的剪切模量 $G = 27\ 216\text{MPa}$，材料的许用剪切破坏强度为 $\tau_{\text{su1}} = 262\text{MPa}$，$\sigma_{\text{bru1}} = 269\text{MPa}$，开孔半径 $R = 55\text{mm}$，开孔通过环形加强板加强，加强板材料为 7075（包铝）- T6，$F_{\text{tu}} = 517\text{MPa}$，环板宽 35mm，$\sigma_{\text{bru2}} = 2\ 696\text{MPa}$，$\tau_{\text{su2}} = 262\text{MPa}$。

根据全机有限元计算，限制载荷情况下，机身 9 - 10 框龙骨腹板最大剪应力为 25.68MPa（对应工况为稳定俯仰 2.5g），对应工况该部位的试验测量剪应变（修正后）为

897μm，剪应力为 24.41MPa，试验测量结果与计算分析结果相比小 4.95%。

在稳定俯仰 2.5g 工况下，此处最大剪流：$q = \tau \cdot t = 25.68 \times 1.2 = 30.82$N/mm

（1）A—A 截面应力为

$$\sigma_{tu} = \sigma_b + \sigma_t = \frac{0.75 \times q \cdot D(D + W)}{t_r \cdot W^2} + \frac{q \cdot D}{W \cdot t_r} = 313.25\text{MPa}$$

$$\text{M. S.} = \frac{F_{tu}}{f \times \sigma_{tu}} - 1 = \frac{517}{1.5 \times 313.25} - 1 = 0.1$$

A—A 截面强度满足设计要求。

（2）环形加强板铆接强度计算：

龙骨腹板开孔通过 32 个标准号为 MS20470AD5、直径为 3.97mm 的铆钉连接，铆钉的单剪破坏强度为 $F_{ph} = 2\ 651$N，$t_w = 1.2$mm，$t_r = 1.27$mm。

在 45° 方向上，单位长度上铆钉所传递的剪流为

$$q_R = 2q\left(\frac{t_r}{t_r + 0.8t_w}\right) = 2 \times 30.82 \times \left(\frac{1.27}{1.27 + 0.8 \times 1.2}\right) = 35.1\text{N/mm}$$

作用在铆钉上的总载荷为

$$F_R = D \times q_R \times f_1 = 108 \times 35.1 \times 1.5 = 9\ 478\text{N}$$

在 45° 方向上共有 8 个标准号为 MS20470AD5、直径为 ϕ3.97mm 的铆钉连接。

（3）铆钉剪切强度校核。铆钉的剪切安全裕度为：

$$\text{M. S.} = \frac{8F_{ph}}{F_R} - 1 = \frac{8 \times 2\ 651}{9\ 478} - 1 = 1.24$$

铆钉剪切满足静强度设计要求。

（4）铆钉孔挤压强度校核：

$$F_{br} = 8 \times 0.8 \times d_0 \times \delta_1 \times \sigma_{brul} = 8 \times 0.8 \times 3.97 \times 1.2 \times 696 = 21\ 220.76\text{N}$$

铆钉孔挤压安全裕度为

$$\text{M. S.} = \frac{F_{br}}{F_R} - 1 = \frac{21\ 220.76}{9\ 478} - 1 = 1.24$$

铆钉孔的挤压满足静强度设计要求。

机身 9-10 框龙骨腹板开孔强度满足设计要求。

4. 工程应用二

作用在图 3-113 所示梁上的剪流为 $q = 176.60$N/mm，每一腹板上开孔的直径 $D = 127$mm，试确定梁腹板的厚度。

腹板的材料为 7075-T6 薄板，$F_{su} = 331.08$N/mm^2，$F_{tu} = 551.80$N/mm^2，$F_{bru} = 1\ 103.60$N/mm^2。

（1）校核限制条件。采用如图 3-103 所示的标准 45° 翻边减重孔，有

$$0.635\text{mm} \leqslant t \leqslant 3.175\text{mm（后面校核）}$$

$$0.235 \leqslant \frac{d_c}{h_c} = 0.67 \leqslant 1.0$$

满足条件。

$$115 \leqslant \frac{h_c}{t} \leqslant 1\ 500\text{（后面校核）}$$

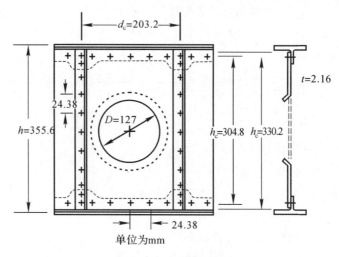

图 3-113　梁腹板开口

优化腹板的厚度 t(见表3-13)。重量最轻的腹板尺寸应使第⑤栏与第⑥栏的数值相等。所以，腹板厚度 t 的值处在 $2.03 \sim 2.16$ mm 之间，本计算中取 $t = 2.16$ mm。

表 3-13　各个变量值

t ① ($\times 25.4$ mm)	$b = d_c$ ② ($\times 25.4$ mm)	$\dfrac{d_c}{t}$ $\dfrac{②}{①}$	Fu (图 13-104) ③ ($\times 6.89 \times 10^{-3}$ MPa)	K_2 (文献[6] 图 13-3-6) ④	F_s (③×④) ⑤ ($\times 6.89 \times 10^{-3}$ MPa)	f_n ⑥ ($\times 6.89 \times 10^{-3}$ MPa)
0.063	8	127	11 500	1.0	11 500	16 000
0.08	8	100	14 200	0.84	11 930	12 600
0.085	8	94	15 000	0.81	12 150	11 860
0.09	8	89	15 700	0.78	12 250	11 200
0.1	8	80	17 500	0.72	12 600	10 080

(2) 孔间腹板剪切破坏。

$$\frac{D}{h_c} \leqslant 0.85 - 0.1 \left(\frac{h_c}{d_c} \right)$$

$$0.85 - 0.1 \left(\frac{h_c}{d_c} \right) = 0.7$$

$$\frac{D}{h_c} = 0.42 \leqslant 0.7$$

满足要求。

(3) 单角加强条必须满足下列条件：

$$t_0 > t$$

$$t_0 = 3.175\text{mm}, t = 2.16\text{mm}$$

满足条件。

加强条的最小面积要求为

$$A_0 = d_c t \left[0.385 - 0.08 \left(\frac{d_c}{h_c} \right)^3 \right] = 158.71 \text{mm}^2$$

得加强条的最小惯性矩要求为

$$I_0 \geqslant \frac{f_s t d_c h_c^3}{10^8 \times (h_c - D)} = 8\ 324.63 \text{mm}^4$$

加强条的尺寸大小如图 3 - 114 所示。

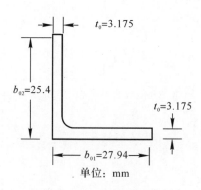

图 3 - 114　加强条的尺寸

加强条的面积为

$$A_0 = 0.159.27 \text{mm}^2 > 158.71 \text{mm}^2$$

满足要求。

这里,$b_{01} = 27.94 \text{mm}$,$b_{02} = 25.4 \text{mm}$。

计算惯性矩,得

$$I = \frac{t_0 b_{02}^3 (4b_{01} + b_{02})}{12(b_{01} + b_{02})} = 11\ 155 \text{mm}^4 > 8\ 324.63 \text{mm}^4$$

满足要求。

（4）计算最大的加强条宽厚比（b_{01}/t_0 和 b_{02}/t_0）。

$$t_0 = 3.175 \text{mm}$$

满足要求。

$$\frac{b_{01}}{t_0} = \frac{27.94}{3.175} = 8.8 < 9.0$$

满足要求。

$$\frac{b_{02}}{t_0} = \frac{25.4}{3.175} = 8.0 < 12.0$$

满足。

（5）$t_0 = 2.16 \text{mm}$ 时的腹板设计许用总剪应力为

$$F_s = 83.80 \text{N/mm}^2（由表 3 - 13 查得）$$

$$\text{M. S.} = \frac{F_s}{f_s} - 1 = \frac{83.80}{81.80} - 1 = 0.02$$

满足要求。

（6）铆钉。

1）腹板与缘条间的铆钉：

$$q_{\rm R} = 1.25 f_s t \left(\frac{h_{\rm c}}{h_{\rm c} - t} \right) = 378.43 {\rm N/mm}$$

采用双排铆钉，其直径 $d = 4.76{\rm mm}$（E-铆钉），间距 $s = 619.25{\rm mm}$（$P_{s,{\rm all}} = 5\,473.5{\rm N/}$铆钉，挤压不是临界情况）。

$$\rm M.S. = \frac{2 \times P_{s,all}}{q_R} - 1 = 0.14$$

满足。

2）缘条与加强条间的铆钉：

$$P_{\rm u} = \frac{0.002\,4 A_0 f_s d_{\rm c}}{t} \left(\frac{h_{\rm c}}{h_{\rm c} - D} \right) = 5\,046.3{\rm N}$$

采用双排铆钉，其直径 $d = 6.35{\rm mm}$（E-铆钉），间距 $s = 24.384{\rm mm}$（$P_{s,{\rm all}} = 9\,923.5$N/铆钉，挤压不是临界情况）。

$$\rm M.S. = \frac{2 \times P_{s,all}}{q_R} - 1 = 2.93$$

满足。

3）腹板与加强条间的铆钉应根据腹板厚度、材料拉伸破坏强度及张力场系数等来确定。对于单角加强条，铆钉应该具备的拉伸强度为

$$P_{\rm t} = 0.20 F_{\rm tu} t = 0.20 \times 551.80 \times 2.16 = 238.27{\rm N/mm}$$

采用铆钉的直径 $d = 4.76{\rm mm}$（E-铆钉），间距 $s = 24.384{\rm mm}$。拉伸许用载荷 $P_{\rm t,all} = 5\,802.8{\rm N}$。

3.4.3 翼面加筋壁板开口强度计算

加筋壁板中的开口一般分布在机身侧壁、机翼及尾翼的上下壁板中。为了方便维护、检查或添加燃油（机翼油箱），必须在加筋壁板上增设开口，这种开口一般要切断几根长桁，导致飞机的主承载结构传力不连续。开口区域结构受拉伸或压缩载荷，同时还受剪切载荷，是应力分析中最复杂的问题之一。

加筋壁板中的开口切断了长桁，载荷需扩散到开口周边的结构，因此，开口两侧的围栏长桁的面积会明显增大，开口周围的壁板也会逐步加厚，因此开口周边的结构相当复杂。为了得到相对精确的应力分布，工程上一般采用三桁条法进行强度计算。

三桁条法是一种简化的开口分析方法，即将多根长桁合并到一起用一根长桁代替，这样便大大减少了长桁的数量。如果该开口结构承受轴向载荷，还必须对其局部屈曲性能进行仔细分析。实际上，围栏桁条设计成具有较高的惯性矩以增加其屈曲强度，以及具有较小的横截面积以减小和吸收由开口引起的局部轴向载荷。但是，在开口区与围栏桁条相邻的桁条应该具有更大的截面面积，以分担围栏桁条上的载荷。此外，开口周围的蒙皮也应该加厚，这样便可以通过蒙皮将轴向力和面内剪切力分配给围栏桁条（2号桁条）以外的邻近连续桁条（1号桁条）。

加筋壁板典型开口示意图如图 3-115 所示。

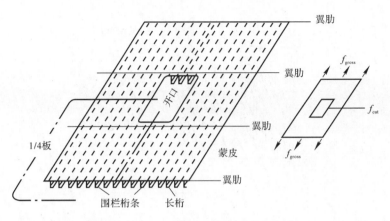

图 3-115　加筋壁板典型开口示意图

（1）采用以下设计考虑（见图 3-116 和图 3-117）：

1）根据轴向载荷的大小确定围栏桁条的最小截面积 A_2，在面积 A_2 的情况下，尽量提高其惯性矩；

2）尽量减小沿桁条长度方向（包括蒙皮）的偏心距；

3）增加开口周围蒙皮的厚度；

4）在开口处切断桁条（需要进行细节设计，以减少应力集中）。

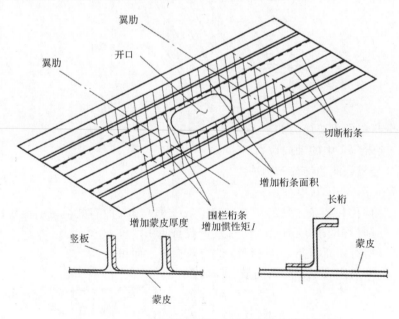

图 3-116　加筋壁板典型开口周围结构的设计考虑

（2）三桁条法（轴向载荷作用区开口结构的简化分析方法）的基本法则如下：

1）如果假定壁板有两条相互垂直的对称轴，那么分析可以只对其中的 1/4 结构进行；

2）桁条与蒙皮的截面面积沿纵向不变；

3）壁板很长时，沿纵向离开口一段距离后桁条内的应力均匀分布；

4）围栏桁条（2 号桁条）在替代结构中仍然保持为一根独立的桁条，如图 3-117 所示。

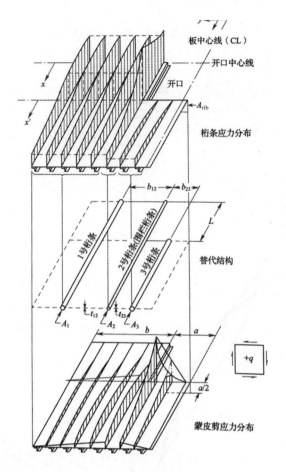

图 3-117　1/4 壁板替代结构示意图

（3）尺寸分析中的重要应力如下：

1）围栏（2 号桁条）中的轴向应力；

2）2 号和 3 号桁条间的剪流和剪应力。

图 3-117 ～ 图 3-120 中：

A_1 —— 除围栏桁条之外的所有连续桁条（1 号桁条）的有效横截面面积；

A_2 —— 围栏桁条（2 号桁条）的有效横截面面积；

A_3 —— 所有切断桁条（3 号桁条）的有效横截面面积；

A_{rib} —— 开口边缘围栏肋条的横截面面积；

$$B = \sqrt{\dfrac{K_1^2 + K_2^2 + 2K}{K_1^2 + K_2^2 + 2K - (K_3 K_4)/K_1^2}};$$

C_0 —— 零长度开口的应力剩余系数，见图 3-118；

$$D = \sqrt{K_1^2 + K_2^2 + 2K}, 见图 3-120;$$

E —— 弹性模量；

G —— 剪切模量；

$$K_1^2 = \dfrac{G t_1}{E b_1}\left(\dfrac{1}{A_1} + \dfrac{1}{A_2}\right);$$

$$K_2^2 = \frac{Gt_2}{Eb_2}\Big(\frac{1}{A_2} + \frac{1}{A_3}\Big);$$

$$K_3 = \frac{Gt_2}{Eb_1 A_2};$$

$$K_4 = \frac{Gt_1}{Eb_2 A_2};$$

$$K = \sqrt{K_1^2 K_2^2 - K_3 K_4};$$

L—— 开口区长度的一半；

R—— 应力缩减系数，用于考虑开口区长度变化带来的影响，见图 3 - 119；

b_{12}—— A_1 和 A_2 形心间的距离；

b_{23}—— A_2 和 A_3 形心间的距离；

$$r_1 = \frac{f_{s,23R} t_{23}}{A_3 f_{gross}}，衰减系数；$$

$$r_2 = \frac{f_{s,23R} t_{23} - f_{s,12R} t_{12}}{A_2(f_{s,23R} - f_{gross})}，衰减系数；$$

$$r_3 = \frac{Gf_{2R}}{Eb_{23} f_{s,23R}}，衰减系数；$$

t_{12}—— 1 号桁条和 2 号桁条间连续蒙皮的厚度；

t_{23}—— 2 号桁条和 3 号桁条间非连续蒙皮的厚度；

x—— 展向（或纵向）距离，原点在开口的中央，见图 3 - 117；

x'—— 展向（或纵向）距离，原点在开口围栏肋条处，见图 3 - 117；

y—— 弦向距离，原点在开口的中央；

f_{gross}—— 总截面上的平均轴向应力；

f_1—— 替代连续桁条（1 号桁条）的轴向应力；

f_2—— 替代连续桁条（2 号桁条）的轴向应力；

f_3—— 替代连续桁条（3 号桁条）的轴向应力；

f_{rib}—— 围栏肋条（弦向）中的轴向应力；

f_{cut}—— 净截面内的平均轴向应力（在开口截面）；

$f_{s,12}$—— 厚度为 t_{12} 的替代连续蒙皮内的剪应力；

$f_{s,23}$—— 厚度为 t_{23} 的替代非连续蒙皮内的剪应力。

（4）分析过程。

1）计算下列参数：$K_1^2, K_2^2, K_3, K_4, K, r_1, r_2, r_3$。

由图 3 - 118 查得 C_0 的值，由图 3 - 119 查得 R 的值。

2）围栏肋条位置处（$x = L$）的应力：

1 号桁条内的应力为

$$f_{1R} = f_{cut}\Big(1 - \frac{RC_0 A_2}{A_1}\Big) \tag{3-204}$$

2 号桁条内的应力为

$$f_{2R} = f_{cut}(1 + RC_0) \tag{3-205}$$

1 号桁条与 2 号桁条间壁板内的剪流为

$$q_{12R} = f_{s,12R} t_{12} = f_{cut} R C_0 A_2 K_1 \tanh K_1 L \qquad (3-206)$$

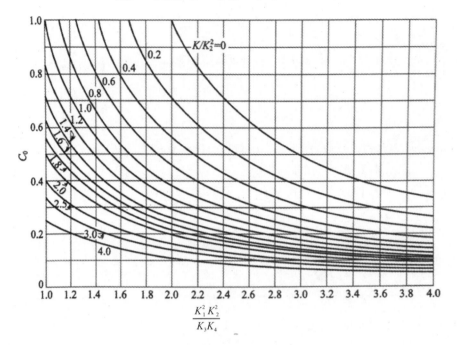

图 3 - 118　应力剩余系数 C_0

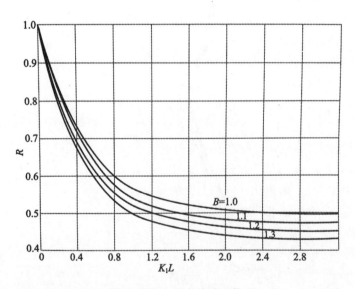

图 3 - 119　应力缩减系数 R

2 号桁条与 3 号桁条间壁板内的剪流为

$$q_{23R} = f_{s,23R} t_{23} = f_{cut} A_2 (K_4/D)(1 + R C_0 + K_1^2/K) \qquad (3-207)$$

式中：　　　D—— 由图 3 - 120 查得；

　　f_{1R}、f_{2R}——f_1 与 f_2 的最大值；

　　　f_1—— 在开口中心线处达到最大值；

$f_{s,12}$—— 在 $f_1 = f_2 \neq f_{gross}$ 的总截面处达到最大值,如图 3 - 117 所示。

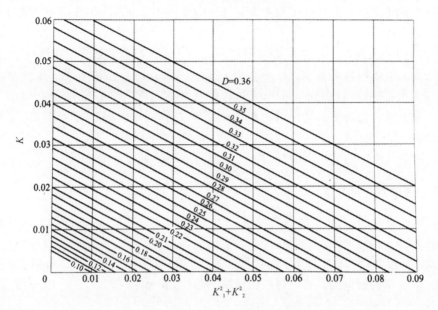

图 3 - 120　系数 D

3) 替代结构净截面(开口区)上的应力(x 轴的原点为开口的中心线,见图 3 - 117)。

1 号桁条内的应力为

$$f_1 = f_{cut} \left(1 - \frac{RC_0 A_2 \cosh K_1 x}{A_1 \cosh K_1 L}\right) \tag{3 - 208}$$

2 号桁条内的应力为

$$f_{2R} = f_{cut} \left(1 + \frac{RC_0 \cos K_1 x}{\cosh K_1 L}\right) \tag{3 - 209}$$

厚度为 t_{12} 板内的剪流为

$$q_{12} = f_{s,12R} t_{12} = f_{cut} RC_0 A_2 K_1 \left(\frac{\sinh K_1 x}{\cosh K_1 L}\right) \tag{3 - 210}$$

此剪流在开口的中心线 $x = 0$ 处迅速降至零。

4) 总截面上的应力(x' 轴的原点在开口围栏肋条处,见图 3 - 117)。

切断桁条(3 号桁条)内的应力为

$$f_3 = f_{gross}(1 - e^{-r_1 x'}) \tag{3 - 211}$$

围栏桁条(2 号桁条)内的应力为

$$f_2 = f_{gross} + (f_{2R} - f_{gross}) e^{-r_2 x'} \tag{3 - 212}$$

连续桁条(1 号桁条)内的应力为

$$f_1 = f_{gross} + \frac{A_1}{A_2}(f_{gross} - f_2) + \frac{A_3}{A_1}(f_{gross} - f_3) \tag{3 - 213}$$

1 号与 2 号桁条间蒙皮内的剪流为

$$q_{12} = f_{s,12} t_{12} = f_{s,23R} t_{23} e^{-r_1 x'} - (f_{s,23R} t_{23} - f_{s,12R} t_{12}) e^{-r_2 x'} \tag{3 - 214}$$

2 号与 3 号桁条间蒙皮内的剪流为

$$q_{23} = f_{s,23R} t_{23} e^{-r_3 x'} \tag{3 - 215}$$

5）实际结构中的应力：

a）作用在替代结构上的载荷按双曲余弦规律沿弦向（y 方向）作用在对应的实际结构桁条内；

b）替代结构中的剪力 $f_{s,12}$ 等于与围栏桁条（2 号桁条）相邻的连续蒙皮壁板内的剪应力；

c）桁条应力沿弦向均匀分布；

d）剪应力沿弦向按线性分布，从 τ_1 至板边缘减为零；

e）开口蒙皮壁板内的剪应力沿弦向按线性分布，从围栏桁条临近壁板内的 $f_{s,23}$ 减至壁板中心线处为零；

f）围栏肋条位置处的剪应力沿弦向按三次抛物线规律分布。

3.4.4　有限元计算方法

对开口周边结构，由于其传载较为复杂，为了得到相对精确的应力分布，强度计算一般采用细节有限元法。

典型加筋壁板开口结构如图 3-121（见彩图）所示。通过有限元计算分析得对开口区域最大危险点的应力 σ，根据危险点材料的极限强度，得孔边安全裕度。

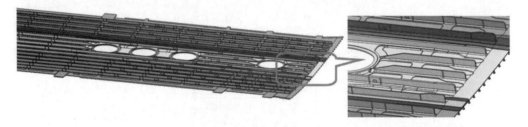

图 3-121　典型加筋壁板开口结构示意图

刚度判据：根据细节有限元开口区域的位移分布，得到开口周边的最大相对位移，判断开口区域的刚度是否满足设计要求。具体要求：某两点的最大相对位移与这两点的间距比值不超过 5%（但不绝对）。

强度计算方法：开口两侧的长桁及框（或肋），需要计算其拉伸强度（如果是铆接结构，需要考虑铆钉的削弱因素）、长桁内缘条的局部失稳及侧向失稳、长桁腹板的局部失稳、长桁外缘条及蒙皮的钉间失稳、蒙皮剪切失稳、加筋板的剪切失稳及压剪联合失稳等。

通过有限元计算分析得到开口区域最大危险点的应力，根据危险点材料的极限强度，得孔边安全裕度为

$$\mathrm{M.S.} = \frac{\sigma_\mathrm{b}}{\sigma} - 1 \qquad (3-216)$$

1. 工程应用一

以机翼上壁板在 5~6 肋间的重力加油口为例，其结构如图 3-122（见彩图）所示。

5~6 肋重力加油口位于 6 长桁和 7 长桁之间，直径为 104mm，加油口周边有增厚凸台，蒙皮厚度从 4.5mm 渐变至孔边 7.5mm，孔边处由于要安装口盖，此处厚度减薄为 4.8mm。由于此处结构较为复杂，因此在全机有限元模型中将加油口区域的有限元网格进行局部细化，重新对局部细化的模型进行有限元内力计算。

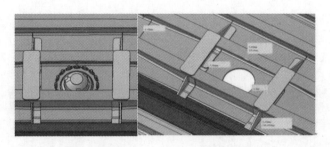

图 3 - 122　5 ～ 6 肋重力加油口结构图

有限元细节模型基于全机有限元模型,仅仅将 5 ～ 6 肋、6 ～ 7 长桁间开口区域模型进行细化,对周边长桁及加强件进行模拟,细节有限元模型如图 3 - 123(见彩图)所示。

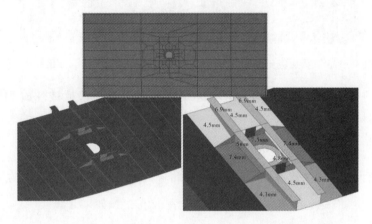

图 3 - 123　5 ～ 6 肋重力加油口区域细节有限元模型简图

将 6 长桁和 7 长桁及加强件均采用壳元模拟,3 ～ 10 长桁间的蒙皮也采用壳元模拟,其余结构仍用偏置梁元和膜元模拟。在 6、7 长桁端头用 RBE2(MPc)将壳元长桁结构与原有偏置梁元长桁结构连接起来传递长桁载荷。取机翼严重的四种工况进行计算,选取此处壁板受拉和受压最大的两种工况,分别计算得到孔边的最大受压及受拉应力,孔边板元最大应力(Mises 应力)分布及长桁最大应力(Mises 应力)分别如图 3 - 124(见彩图)和图 3 - 125(见彩图)所示,细节模型中载荷均为极限载荷。

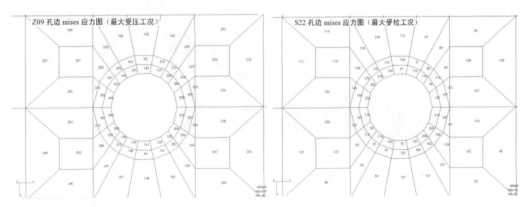

图 3 - 124　孔边板元最大应力(Mises)分布及长桁最大应力(Mises)(一)

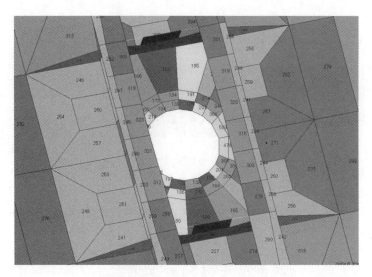

图 3-125　孔边板元最大应力(Mises)分布及长桁最大应力(Mises)(二)

由图 3-125 可以看出,孔边最大 Mises 应力为 509MPa,上壁板材料 σ_b 为 496MPa,σ_s 为 413MPa,则孔边拉伸安全裕度为

$$M. S. = \frac{\sigma_b}{\sigma} - 1 = \frac{496}{509} - 1 = -0.03$$

由于此处最大复合应力出现在受压情况,因此求出在限制载荷下得应力为

$$\sigma_{限制} = \frac{\sigma}{1.5} = \frac{509}{1.5} = 339.33MPa$$

材料的屈服极限为 413MPa,因此在限制载荷下孔边未进入屈服状态,满足受压设计要求。但孔边 Mises 应力已超过材料极限强度,考虑孔边稍有应力集中且分析应力略高于材料的极限强度,可得出强度满足设计要求。

2. 工程应用二

以某右外翼翼盒下壁板21～32肋间的检查维护开口为例,其结构如图3-126(见彩图)和图3-127(见彩图)所示。

21肋至32肋每两肋间均布置有检查维护口盖,共11个,如图3-126所示,口盖尺寸为250mm×180mm。

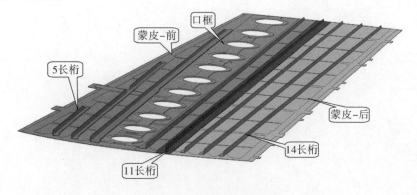

图 3-126　外翼下壁板结构图(一)

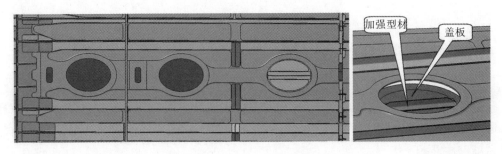

图 3 - 127　外翼下壁板结构图(二)

有限元细节模型在全机有限元模型基础上,将开口区域模型进行细化,对周边长桁及加强件进行模拟,细节有限元模型如图 3 - 128(见彩图)所示。取机翼严重工况进行计算,对细节模型进行线性计算,得开口区域结构的最大应力(Mises),细节模型中载荷均为极限载荷。

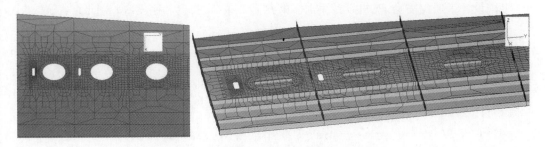

图 3 - 128　外翼下壁板细节有限元模型简图

由图 3 - 129(见彩图)可以看出孔边最大 Mises 应力为 424MPa,壁板材料 σ_b 为 427MPa,则孔边安全裕度为

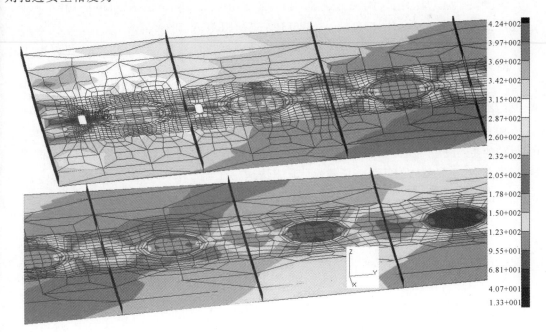

图 3 - 129　设计工况孔边 Von Mises 应力分布图(单位:MPa)

$$M.S. = \frac{\sigma_b}{\sigma} - 1 = \frac{427}{424} - 1 = 0.007$$

由于此处最大复合应力出现在受压情况,因此求出在限制载荷下得应力为

$$\sigma_{限制} = \frac{\sigma}{1.5} = \frac{424}{1.5} = 282.67\text{MPa}$$

孔边材料的极限强度满足设计要求,但材料的屈服极限为 268MPa,即在限制载荷下孔边材料进入屈服状态,考虑孔边稍有应力集中且分析屈服应力略高于材料的屈服强度,可得出,强度满足设计要求。

参 考 文 献

[1] 飞机设计手册编委会.飞机设计手册:第九册 载荷、强度和刚度[M].北京:航空工业出版社,2001.

[2] GERARD G. Handbook of structural stability:Part Ⅳ failure of plates and composite elements. NACA TN 3784[R]. America, 1957.

[3] BRUHN E F. Analysis and design of flight vehicle structures[M]. JACOBS PUBLISHINGINC,1973.

[4] NIU C Y. Airframe stress analysis and sizing [M]. Beijing:Aviation Industry Press, 2009 (in Chinese).

[5] 吴存利.飞机结构型材压损强度工程计算方法试验验证:AA-623S-2017-110-0011A[R].西安:中国飞机强度研究所,2017.

[6] PAUL S. MANUEL S. Compressive buckling of simply supported plates with longitudinal stiffeners. NACA TN No. 1825[R]. AMERICA,1949.

[7] 吴存利.加筋板总体屈曲临界应力计算方法及其适应性验证:AA-623S-2020-110-0014 [R].西安:中国飞机强度研究所,2020.

[8] 崔德刚.结构稳定性设计手册[M].北京:航空工业出版社,1996.

[9] 吴存利.整体加筋壁板轴压载荷作用下改进的压缩强度计算方法:AA-623S-2020-110-0006 [R].西安:中国飞机强度研究所,2020.

[10] 孙侠生.民用飞机结构强度刚度设计和验证指南[M].北京:航空工业出版社,2012.

[11] 吴存利.金属整体加筋板破坏载荷计算方法适应性研究:AA-623S-2019-110-0009 [R].西安:中国飞机强度研究所,2019.

[12] 刘存,万亚峰,李健.整体加筋壁板轴压承载能力计算方法研究[J].机械强度,2017,39(6):1338-1342.

第4章　机身典型结构静强度分析方法

本章主要针对机身典型结构,如壁板、普通框、加强框和开口结构等,给出静强度分析方法。这些分析方法多来自国内外飞机设计手册或参考资料,方法的可靠性已得到试验验证,并已应用到型号设计中。

4.1　机身加筋壁板静强度分析

机身加筋壁板重量占机身整体重量的 $20\%\sim30\%$ 左右,是机身最重要的组合件之一,几乎作用于机身的载荷都要通过壁板来传递。机身壁板的受力形式复杂,不同部位要考虑不同的受力情况,飞机一般需要承受多种载荷工况。对于特定部位的机身壁板,需要通过对载荷工况综合分析,选取几种严重和有代表性的载荷工况进行分析计算。不同部位壁板主要承力情况如下。

(1) 后机身壁板:来自尾翼载荷引起的扭矩和弯矩;

(2) 中前机身上壁:轴向压力;

(3) 中前机身侧壁:剪切载荷;

(4) 中前机身下壁:轴向压力;

(5) 进气道壁板:进气道压力;

(6) 油箱内壁:油箱压力;

(7) 油箱底板:油箱压力。

机身壁板是典型的薄壁加筋曲板结构,薄壁结构的强度计算通常有两种方法可供选择:一是采用以工程梁理论为基础的工程方法;二是采用有限元法进行强度分析。本节将详细给出机身壁板强度工程分析方法,对于壁板强度的有限元分析方法参见其他参考文献,如文献[1] 和[2]。

4.1.1　壁板拉伸强度分析方法

壁板的拉伸强度许用值和工作应力计算方法,可参见 3.1.1 节的分析方法,这里不再赘述。

4.1.2　壁板屈曲强度分析方法

机身加筋壁板在压缩、剪切、弯曲载荷及其复合载荷作用下,其稳定性应满足以下要求:使用载荷下不应出现局部失稳,设计载荷下不应发生总体破坏。由于长桁、蒙皮、框的相对刚度强弱不同,机身壁板结构会出现下面 3 种失稳形式,它们可能不同程度地相互耦合在一起。

（1）蒙皮失稳：指相邻两长桁和框间小块蒙皮的失稳，通常发生在长桁相对惯性矩较大时，迫使壁板受压的失稳波形在长桁处形成节点，其半波长相当于长桁的间距。此种类型的屈曲实质上是圆柱曲板的屈曲，其屈曲应力较低。

（2）板屏失稳：在弯曲或轴压载荷作用下，具有较强的框和较弱的长桁的机身壁板，通常发生框间板屏失稳，通常限于相邻两框之间的板屏，此时框的刚度能迫使长桁在框上出现节点。对于这种破坏形式，除了长桁和框间小块蒙皮失稳以外，还须考虑以下 4 种情况：

1）长桁局部失稳；

2）长桁的扭转失稳；

3）钉间蒙皮失稳；

4）框间蒙皮-长桁组成柱屈曲破坏。

（3）总体失稳：如果长桁不发生元件的局部失稳，在长桁相对惯性矩较小时，会发生包括机身壁板的总体失稳，此时失稳波形不限于相邻两框之间的区域。

4.1.2.1　蒙皮失稳应力计算

1. 轴压失稳应力

对于大半径的曲板（$b^2/R\delta < 1$），圆柱曲板轴压屈曲应力 σ_{cr} 计算公式为

$$\sigma_{cr} = \eta \frac{K_c \pi^2 E}{12(1-\mu_e^2)} \left(\frac{\delta}{b}\right)^2 \tag{4-1}$$

式中：b——蒙皮宽度；

μ_e——弹性泊松比；

K_c——屈曲系数，与板的支持边界及长宽比（a/b）有关；

δ——蒙皮厚度；

η——塑性修正系数。

K_c 和 η 可利用平板轴压的公式进行计算。

表 4-1 和表 4-2 给出了无限长板和不同支持条件下平板的屈曲系数。

表 4-1　无限长板的屈曲系数

边界条件	四边铰支	四边固支	一非加载边自由，其余边铰支	一非加载边自由，其余边固支
K_c	4.0	6.98	0.43	1.28

表 4-2　当 $a/b \leqslant 1$ 时，几种边界条件组合下平板的屈曲系数

边界条件	a/b								
	0.2	0.3	0.4	0.5	0.6	0.7	0.8	0.9	1
	27	13.2	8.41	6.25	5.14	4.53	4.2	4.04	4
				4.4	3.65		2.15		1.44

边界条件	a/b								
	0.2	0.3	0.4	0.5	0.6	0.7	0.8	0.9	1
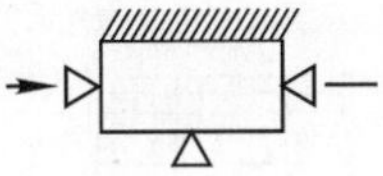	27.6	13.83		6.76	5.92	5.51	5.41	5.5	5.74
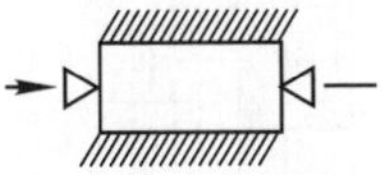			9.44	7.69	7.05	7.00	7.29	7.83	7.69
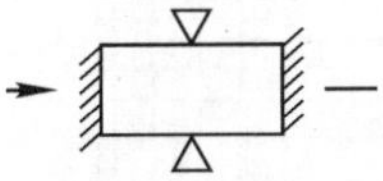			27.12		13.38		8.73		6.74

表 4-3 列出了压缩载荷作用下，平板的塑性修正系数，表中 $j = \dfrac{E_s(1-\mu_e^2)}{E(1-\mu^2)}$，$E_s = \dfrac{\sigma}{\varepsilon}$，$E_t = \dfrac{\mathrm{d}\sigma}{\mathrm{d}\varepsilon}$。

表 4-3　平板的塑性修正

结构情况	η/j
长凸缘，一非加载边铰支	1
长凸缘，一非加载边固支	$0.330 + 0.335(1 + 3E_t/E_s)^{1/2}$
长板，两非加载边铰支	$0.500 + 0.250(1 + 3E_t/E_s)^{1/2}$
长板，两非加载边固支	$0.352 + 0.324(1 + 3E_t/E_s)^{1/2}$
如同柱一样承载的短板 $a/b \geqslant 1$	$0.250(1 + 3E_t/E_s)$
如同柱一样承载的正方形板 $a/b = 1$	$0.114 + 0.886E_t/E_s$
长柱 $a/b \leqslant 1$	E_t/E_s

对于过渡长度和过渡宽度的曲板，也可利用式(4-1)，其中 $\eta = 1$，K_c 从图 4-1 的曲线中查出，图中 $Z_b = \dfrac{b^2}{R\delta}(1-\mu_e^2)^{1/2}$。

对于长曲板，可用式(4-1)，其中 $\eta = 1$，而 k_c 从图 4-2 中查出，塑性修正系数 η 用下式计算：

$$\eta = \frac{E_s}{E}\left[\frac{E_t(1-\mu_e^2)}{E_s(1-\mu^2)}\right]^{1/2} \tag{4-2}$$

$$\mu = \mu_p - (\mu_p - \mu_e)\frac{E_s}{E} \tag{4-3}$$

式中：E—— 弹性模量；

E_s —— 割线模量；

E_t —— 切线模量；

μ_e —— 弹性泊松比；

μ_p —— 塑性泊松比。

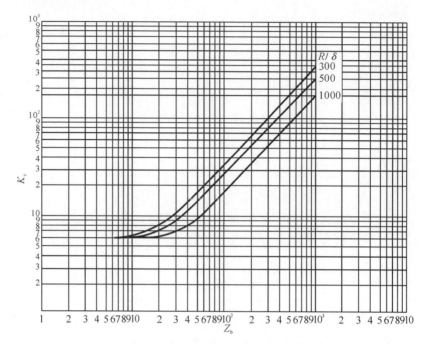

图 4-1　轴压下曲板的屈曲系数

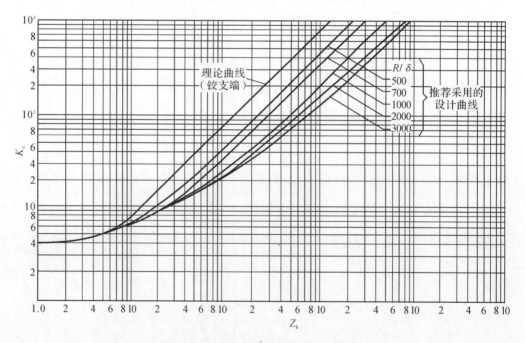

图 4-2　在轴压下长曲板的屈曲系数

在轴压和内压联合作用下,圆柱曲板屈曲的相关方程为

$$R_c^2 + R_p = 1 \qquad (4-4)$$

式中：　R_c——作用于曲板的压缩应力与轴压作用下屈曲应力之比,$R_c = \sigma_c / \sigma_{cr,c}$,$\sigma_{cr,c}$ 为曲板轴压屈曲应力;

　　　　R_p——内压应力比,$R_p = \sigma_p / \sigma_{cr,p}$,为负值,$\sigma_{cr,p}$ 为与曲板相应的圆筒外压屈曲应力,此时曲板应为相应圆筒的一部分。

2. 剪切失稳应力

对于大半径的曲板($b^2 / R\delta < 1$),可采用平板受剪的公式计算其剪切失稳应力。

$$\tau_{cr} = \eta \frac{K_s \pi^2 E}{12(1 - \mu_e^2)} \left(\frac{\delta}{b} \right)^2 \qquad (4-5)$$

式中：b——较短边边长;

　　　μ_e——弹性泊松比;

　　　K_s——屈曲系数,与板的支持边界及长宽比(a/b)有关,见表 3 - 5;

　　　δ——蒙皮厚度。

剪切载荷作用下,平板的塑性修正 $\eta / j = 0.83 + 0.17 \left(\dfrac{E_t}{E_s} \right)$,$j = \dfrac{E_s(1 - \mu_e^2)}{E(1 - \mu^2)}$。

对于未充压的受剪柱形曲板($b^2 / R\delta > 1$),也可采用式(4-5)计算其剪切失稳应力,K_s 可从图 4 - 3 和图 4 - 4 曲线中得到,图中,b 为曲板较短的边长,$Z_b = \dfrac{b^2}{R\delta}(1 - \mu_e^2)^{1/2}$。

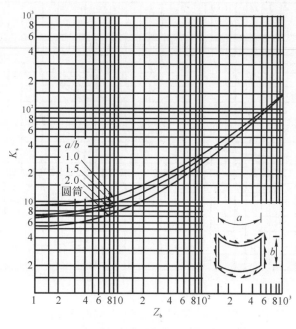

图 4 - 3　铰支曲板的剪切屈曲系数

(a) 周向尺寸大于轴向尺寸;

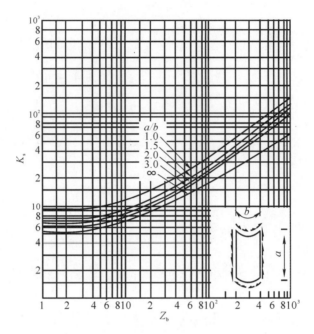

续图 4－3　铰支曲板的剪切屈曲系数

（b）轴向尺寸大于周向尺寸

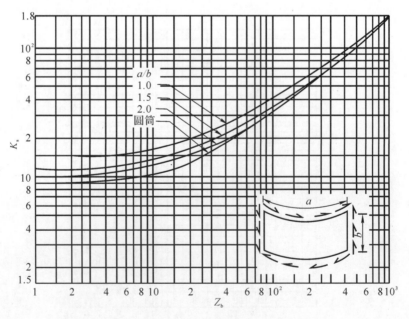

图 4－4　固支曲板的剪切屈曲系数

（a）周向尺寸大于轴向尺寸；

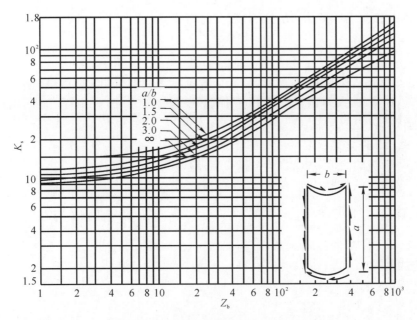

续图 4 - 4　固支曲板的剪切屈曲系数

（b）轴向尺寸大于周向尺寸

对于弹性范围，$\eta = 1$，对于塑性范围，$\eta = \dfrac{E_s(1 - \mu_e^2)}{E(1 - \mu^2)}$。

对于充压曲板，设计允许剪切临界应力为

$$\tau_{cr} = \eta(K_s + \Delta K_s) \frac{\pi^2 E}{12(1 - \mu_e^2)} \left(\frac{\delta}{b}\right)^2 \tag{4-6}$$

式中，ΔK_s——由内压引起的剪切屈曲系数的增量，可从图 4 - 5 求得。

图 4 - 5 的曲线适用于这样的载荷条件，即由内压引起的轴向压力未被外部轴向载荷所平衡。塑性修正系数同未充压情况。

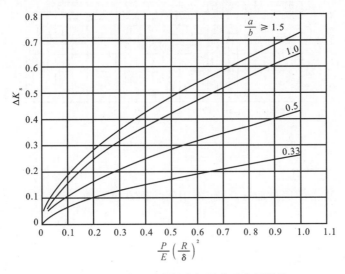

图 4 - 5　由内压引起的剪切屈曲系数的增量

在剪切和内压联合作用下,圆柱曲板屈曲的相关方程为

$$R_s^2 + R_p = 1 \qquad (4-7)$$

式中：R_s—— 作用剪应力与曲板屈曲剪应力之比,$R_s = \sigma_s / \sigma_{sr,s}$；

R_p—— 内压应力比,$R_p = \sigma_p / \sigma_{cr,p}$,为负值,$\sigma_{cr,p}$ 为与曲板相应的圆筒外压(径向压力)屈曲应力,此时曲板应为相应圆筒的一部分。

3. 弯曲失稳应力

曲板的弯曲屈曲无试验数据可用,可按如下方法估算：

(1) 对 Z_b 较小的曲板,用受弯长平板的应力系数；

(2) 对 Z_b 很大的曲板,用承弯长圆筒的屈曲系数；

(3) 对过渡区的曲板,用 $\sigma_{cr} = \eta \dfrac{K_b \pi^2 E}{12(1-\mu_e^2)} \left(\dfrac{\delta}{b}\right)^2$ 来计算弯曲临界应力。

K_b 从图 4-6 中求得,对于弹性范围,$\eta = 1$。

对于塑性范围

$$\eta = \frac{E_s}{E}\left(\frac{1-\mu_e^2}{1-\mu^2}\right)$$

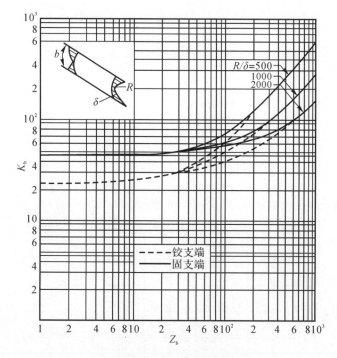

图 4-6   承弯长曲板的屈曲系数

4. 外压弯曲失稳应力

对于具有四边支持的圆柱曲板,外压作用下的临界应力为

$$P_{cr} = \phi P_{cr,cy} \qquad (4-8)$$

其中,ϕ 为考虑圆心角 α 的影响系数,其值可从图 4-7 中查到。$P_{cr,cy}$ 为与曲板具有相同厚度、长度和半径的圆筒的临界外压,计算公式如下(K_y 从图 4-8 的曲线中得到)：

$$\sigma_{cr} = \eta \frac{K_y \pi^2 E}{12(1-\mu_e^2)}\left(\frac{\delta}{L}\right)^2 \qquad (4-9)$$

$$P_{cr,cy} = \sigma_{cr}\delta/R \qquad (4-10)$$

注意:曲板的直边边界应满足无周向移动(顶住铰支)的条件。

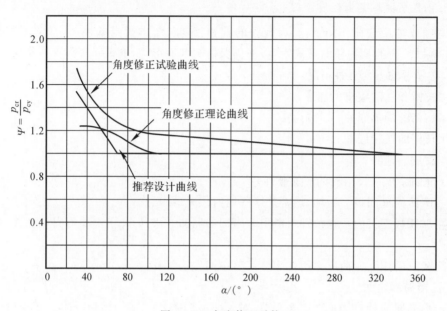

图 4 - 7　角度修正系数

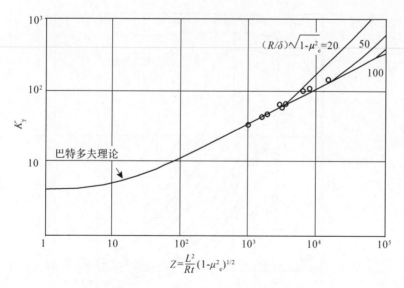

图 4 - 8　在径向外压下的临界应力

5. 压缩和剪切复合失稳应力

在轴压和剪切复合作用下,对于 $10 < Z_b < 100$ 以及 $1 < \dfrac{a}{b} < 3$ 的曲板,其屈曲相关

方程为

$$R_s^2 + R_c = 1 \qquad (4-11)$$

式中：R_s—— 作用剪应力与纯剪作用下曲板的屈曲剪应力之比；

$\quad R_c$—— 作用轴向应力与纯轴压作用下曲板的轴向屈曲应力之比。

4.1.2.2 板屏失稳强度

在弯曲或轴压载荷作用下，具有较强的框和较弱长桁的机身壁板，通常发生框间板屏屈曲。破坏将以长桁的某种屈曲形式发生，框仍保持圆剖面形式，框仅起端部支持作用。对这种破坏形式，必须考虑下面五种情况：

(1) 长桁和框间蒙皮的屈曲；

(2) 长桁的局部屈曲；

(3) 长桁的扭转屈曲；

(4) 蒙皮的起皱；

(5) 框间蒙皮 - 长桁板的压缩破坏。

加筋圆筒的框间最终破坏，通常是这些屈曲形式的组合。

铆接加筋板连接的不连续性可能引起附加的屈曲和破坏形式，其中有钉间屈曲、起皱和铆钉破坏。

框间蒙皮的压缩屈曲应力用 4.1.2.1 节中的方法计算。

1. 长桁局部屈曲

长桁局部屈曲计算详见 3.1.2.1 节，对于典型桁条，如 Z 形、槽形、H 形、矩形管和帽形剖面，局部屈曲应力计算如图 4-9 ～ 图 4-12 所示。

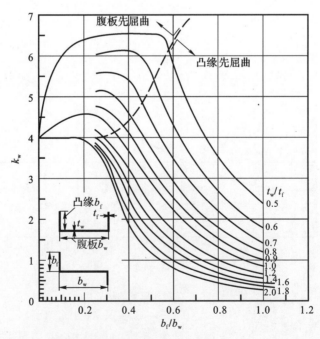

图 4-9　Z 形和槽形剖面型材的受压局部屈曲系数，其中 $\sigma_{cr} = \dfrac{k_w \pi^2 E}{12(1-\mu^2)}\left(\dfrac{t_w}{b_w}\right)^2$

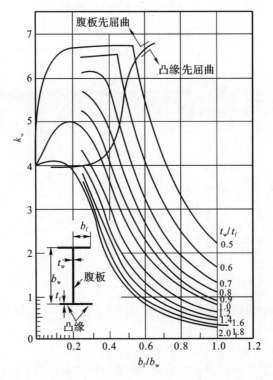

图 4 - 10　H 形剖面型材的受压局部屈曲系数，其中 $\sigma_{cr} = \dfrac{k_w \pi^2 E}{12(1-\mu^2)}\left(\dfrac{t_w}{b_w}\right)^2$

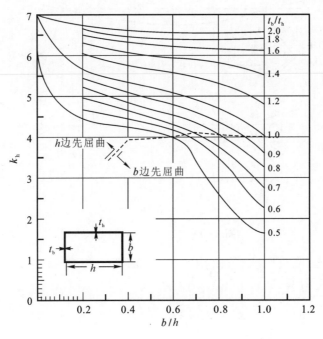

图 4 - 11　矩形管剖面型材受压局部屈曲系数，其中 $\sigma_{cr} = \dfrac{k_h \pi^2 E}{12(1-\mu_e^2)}\left(\dfrac{t_h}{h}\right)^2$

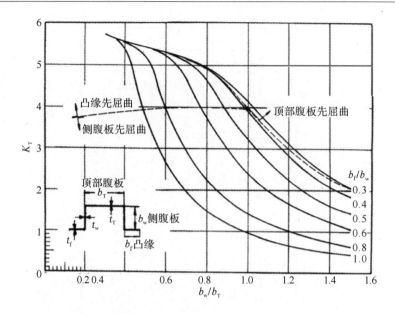

图 4 - 12　帽形剖面型材受压局部屈曲系数,其中 $\sigma_{\mathrm{cr}} = \dfrac{k_{\mathrm{T}} \pi^2 E}{12(1 - \mu^2)} \left(\dfrac{t}{b_{\mathrm{T}}}\right)^2 ; t = t_{\mathrm{f}} = t_{\mathrm{w}} = t_{\mathrm{T}}$

2. 长桁扭转失稳

长桁的扭转失稳是指长桁剖面发生旋转,典型的扭转失稳形式如图 4 - 13 所示。

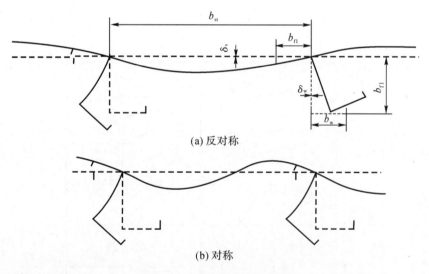

(a) 反对称

(b) 对称

图 4 - 13　长桁扭转失稳形式

对于具有典型框距[框距 $d > \pi(E\eta_{\mathrm{t}}\Gamma_0/K)^{1/4}$]的机身加筋壁板,与蒙皮连接的长桁扭转失稳应力可用下式进行计算:

$$\sigma_{\mathrm{cr}}^{\mathrm{tor}} = G\eta_{\mathrm{p}}\frac{J}{I_0} + 2\frac{\sqrt{\Gamma_0}}{I_0}\sqrt{E\eta_{\mathrm{t}}K} \tag{4-12}$$

式中:G—— 长桁材料的弹性剪切模量;

η_{p}—— 塑性减缩系数,$\eta_{\mathrm{p}} = \dfrac{E_{\mathrm{s}}}{E}$;

K——旋转弹簧常数；

E——长桁材料的弹性模量；

E_s——切线模量；

$\eta_t = \dfrac{E_t}{E}$；

I_0——剖面关于旋转中心的极惯性矩；

J——长桁的扭转常数；

Γ_0——长桁（包括有效蒙皮）关于旋转中心的弯-扭常数。

图 4-14 和图 4-15 分别给出了 Z 形与 J 形长桁-蒙皮板的扭转剖面性质，从图上可以得出 $\dfrac{J}{I_0}$ 和 $\dfrac{\sqrt{\Gamma_0}}{I_0}$，而旋转弹簧常数 K 近似用下式进行计算。

$$\frac{1}{K} = \frac{1}{K_w} + \frac{1}{K_s} \tag{4-13}$$

式中：$K_w = E\delta_w^3/(4b_w + 6b_{fl})$，$\delta_w$ 为长桁腹板的厚度，b_w 和 b_{fl} 分别为长桁腹板和凸缘的宽度，$K_s = \lambda_1(E\delta_s^3/b_{st})$，$\delta_s$ 为蒙皮的厚度，b_{st} 为桁距。

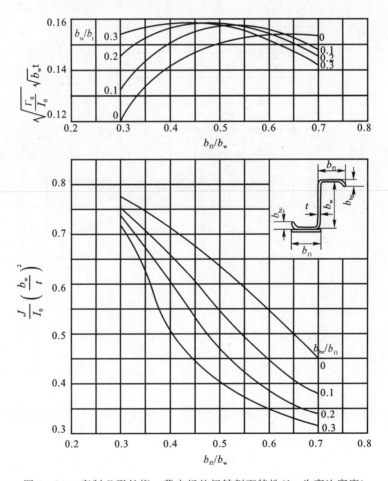

图 4-14　弯制 Z 形长桁-蒙皮板的扭转剖面特性（b_{bc} 为弯边宽度）

对于对称形式屈曲，$\lambda_1 = 1$。

对于反对称形式屈曲

$$\lambda_1 = \frac{1}{3}\left[1 + 0.6(\sigma_{cr}^{tor} - \sigma_{cr,s})/\sigma_{cr,s}\right] \tag{4-14}$$

式中：σ_{cr}^{tor} —— 长桁绕转动中心的扭转屈曲临界应力；

$\sigma_{cr,s}$ —— 蒙皮压缩屈曲临界应力。

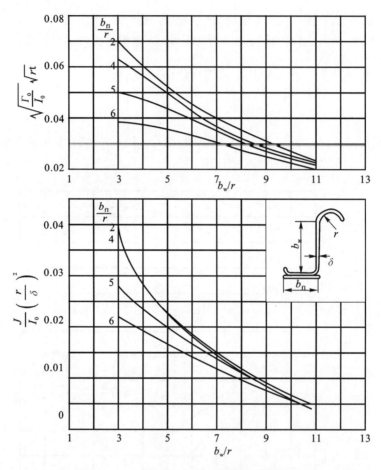

图 4-15　J 形长桁－蒙皮板的扭转剖面特性

若 $\sigma_{cr}^{tor} \leqslant 4.33\sigma_{cr,s}$，呈反对称形式屈曲；若 $\sigma_{cr}^{tor} > 4.33\sigma_{cr,s}$，呈对称形式屈曲。

由于 λ_1、η_p、η_t 均与 σ_{cr}^{tor} 有关，故求 σ_{cr}^{tor} 一般要采用试凑法。首先设 $\lambda_1 = 1$，$\eta_p = \eta_t = 1$，计算 σ_{cr}^{tor}，然后进行塑性修正（若有必要时）和 λ_1 的修正，再求出新的 σ_{cr}^{tor}，反复上述过程，直至得到要求的精度。

式(4-12)适用于框距 $d > \pi(E\eta_t\Gamma_0/K)^{1/4}$，若 $d \leqslant \pi(E\eta_t\Gamma_0/K)^{1/4}$，则扭转屈曲应力用下式计算：

$$\sigma_{cr}^{tor} = G\eta_p \frac{J}{I_0} + \frac{E\eta_t\sqrt{\Gamma_0}}{I_0}\left(\frac{\pi}{d}\right)^2 + \frac{K(d/\pi)^2}{I_0} \tag{4-15}$$

对于 Z 形与 J 形长桁－蒙皮板，J/I_0 和 $\sqrt{\Gamma_0}/I_0$ 可从图 4-14 和图 4-15 中得到，对于其

他形式剖面,则要计算 I_0、Γ_0。

3. 钉间屈曲

钉间失稳发生在铆钉间距大的加筋板中。加筋板钉间失稳时,加筋条基本不产生弯曲变形,板在铆钉间长度及整个板度内发生宽柱失稳。由于宽柱失稳和破坏基本一致,所以钉间失稳后板丧失承载能力。为避免此现象发生,铆接加筋板设计时应避免钉间失稳。

铆钉间的破坏形式是蒙皮和加筋条之间分离,筋条基本上不变形,蒙皮如同宽柱一样发生屈曲。钉间屈曲临界应力可用下式计算:

$$\sigma_r = \frac{k\pi^2 \bar{\eta}\eta E}{12(1-\mu_e^2)}\left(\frac{t_s}{p}\right) \tag{4-16}$$

式中:σ_r——铆钉间屈曲临界应力;

t_s——蒙皮厚度;

p——铆钉间距;

k——端部支持系数,见表 4-4;

$\bar{\eta}$——蒙皮包覆层修正系数,$\bar{\eta}=\dfrac{1}{1+3f}$,$f$ 为包覆层厚度百分数;

η——塑性修正系数,在弹性范围,$\eta=1$,在塑性范围用下式计算:

$$\eta = \left(\frac{E_s}{2E}\right)\{1+0.5[1+(3E_t/E_s)]^{1/2}\}(1-\mu_e^2)/(1-\mu^2) \tag{4-17}$$

其中,E_s、E_t 分别为割线模量和切线模量。

对于钉间屈曲破坏的铆接板,破坏应力用下式计算:

$$\sigma_{r,f} = \frac{2W_{eff}t_s\sigma_r + \sigma_{f,st}A_{st}}{2W_{eff}t_s + A_{st}} \tag{4-18}$$

式中：$\sigma_{r,f}$——壁板的钉间屈曲破坏应力;

σ_r——钉间屈曲临界应力;

$\sigma_{f,st}$——筋条压损应力;

A_{st}——筋条剖面面积;

t_s——蒙皮厚度;

$2W_{eff}$——与钉间屈曲临界应力相应的蒙皮有效宽度。

表 4-4　钉间屈曲的端部支持系数

紧固件类型	端部支持系数 k
平头铆钉	4.0
点焊	3.5
扁圆头铆钉	3.0
埋头铆钉	1.0

4. 蒙皮的起皱

虽然有时铆钉间距离设计得能防止钉间失稳,但当铆钉离筋条腹板较远或铆钉连接强度不够时,会发生板的大波长失稳或称作起皱。此时,板像弹性地基上的宽柱那样作用,迫使与其连接的筋条凸缘变形,铆钉承受拉伸载荷。起皱失稳的波长大于铆钉间距。

起皱破坏时,筋条要变形,屈曲波长大于铆钉间距,且铆钉受拉。相对于加筋平板,机身蒙皮曲率会提高其强度,但在所使用的机身半径情况下,这种强度提高较小,从工程使用考虑,忽略机身蒙皮的曲率效应,仍然采用平板所用公式。

铝合金壁板蒙皮起皱的破坏应力公式为

$$\sigma_{cw} = \eta \frac{K_{cw} \pi^2 E}{12(1 - \mu_e^2)} \left(\frac{t_s}{b_s}\right)^2 \tag{4-19}$$

式中: σ_{cw}—— 蒙皮起皱应力;

t_s—— 蒙皮厚度;

b_s—— 筋条之间蒙皮的宽度;

η—— 塑性修正系数,见式(4-17);

K_{cw}—— 起皱破坏系数,其值从图4-16中得到。这个系数是有效铆钉偏距 f 的函数,f 值可从图4-17得到。图中引进的参数 b_w 和 t_w 分别为筋条腹板的宽度和厚度,p 为铆钉间距,d 为铆钉直径,b_0 为铆钉线至筋条腹板的偏距。

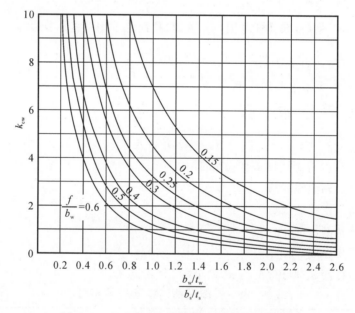

图4-16 试验确定的铆接短板起皱破坏系数

对于铆接壁板,首先计算单独加筋条压损应力 $\sigma_{f,st}$,计算蒙皮起皱强度 σ_{cw},然后按下述方法判断筋条是否稳定,并确定 $\sigma_{f,f}$ 值:

(1)若 $\sigma_{f,st} \geqslant \sigma_{cw}$,则加筋条稳定,壁板完全以起皱形式破坏,此时壁板的破坏应力为

$$\sigma_{f,f} = \sigma_{cw} \tag{4-20}$$

(2)若 $\sigma_{f,st} < \sigma_{cw}$,则加筋条不稳定,此时壁板的破坏应力为

$$\sigma_{f,f} = \frac{\sigma_{cw} b_s t_s + \sigma_{f,st} A_{st}}{b_s t_s + A_{st}} \tag{4-21}$$

(3)若 $\sigma_{f,st} < \sigma_f$,则 $\sigma_{f,f} < \sigma_f$,σ_f 为加筋板的压损强度。

钢、铜等制成的铆接壁板,起皱形式破坏应力可用下式计算:

$$\frac{\sigma_{\mathrm{cw,f}}}{\sigma_{\mathrm{cy}}} = 17.9\left(\frac{t_{\mathrm{w}}}{f}\right)^{4/3}\left(\frac{t_{\mathrm{w}}}{b_{\mathrm{w}}}\right)^{1/6}\left[\frac{t_{\mathrm{s}}}{b_{\mathrm{s}}}\left(\frac{E}{\sigma_{\mathrm{cy}}}\right)\right]^{1/2} \tag{4-22}$$

式中,有效铆钉偏距 f 可从图 4-17 中得到。

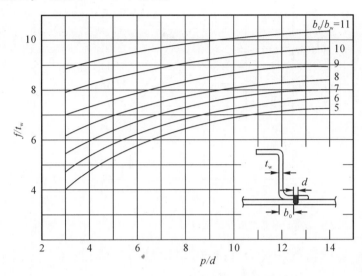

图 4-17　试验确定的有效铆钉偏距值

5. 板屏压缩破坏

框间的蒙皮-长桁板的板屏失稳,本质上是柱失稳。通常把蒙皮-长桁理想化为具有长度等于框距的柱。

如图 4-18 所示,曲线 $ABFC$ 段为"稳定"剖面型材的柱曲线,曲线 $DEFC$ 为不稳定剖面柱曲线。如果 L' 为柱的有效长度,ρ 为柱的回转半径,且 $L'/\rho \in [0,20]$,则柱为短柱(DE 段),破坏应力随长度的变化很小,柱的压缩破坏应力采用压损应力计算方法;如果 $L'/\rho \in [20,60]$,柱为中长柱范围(EF 段),柱以局部屈曲和弯曲屈曲的复合形式屈曲破坏,其破坏应力采用抛物线近似法或约翰逊抛物线方程来计算,见 3.1.2.5 节;如果 $L'/\rho \in [60,\infty)$,柱为长柱范围(FC 段),为弹性总体屈曲,采用欧拉方法计算。

(1) 蒙皮的有效宽度。

计算板屏压缩破坏,涉及蒙皮的有效宽度,本节将详细介绍国内外飞机设计人员常用的有效宽度计算方法。

1) 有效宽度概念。设加筋板受到图 4-19(a) 所示的轴压载荷,随着加载的继续,加筋板截面上载荷分布变化情况如图 4-19(c) 所示。在达到板的初始失稳应力之前,整个截面应力分布比较一致。在应力超过板的初始失稳应力后,加筋之间的薄板发生屈曲,不再承受大于临界屈曲载荷的载荷,但是与加筋连接的这部分薄板,由于与加筋相连仍有继续承载的能力,工程中把与加筋相连的薄板的宽度称作有效宽度,如图 4-19(b) 所示。在加筋之间的薄板屈曲后,加筋板截面应力分布变得不再均匀,筋条根部应力较大,离筋条越远应力基本保持为常值[见图 4-19(c)]。工程上为了计算方便,用一致的应力分布来代替不一致的应力分布,取中间板的初始失稳应力和板边最大应力代替不一致应力分布,如图 4-19(d) 所示。由以上可知,当载荷继续增加,有效宽度会越来越窄,如图 4-19(c) 所示。因此,确定加筋薄板破坏时的有效宽度成为计算加筋板破坏载荷的关键因素。

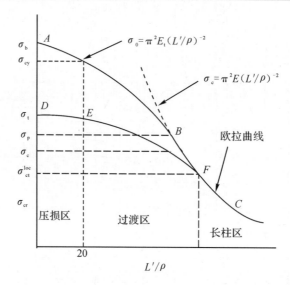

图 4-18　加筋平板压缩破坏计算方法与长细比 L'/ρ 的关系

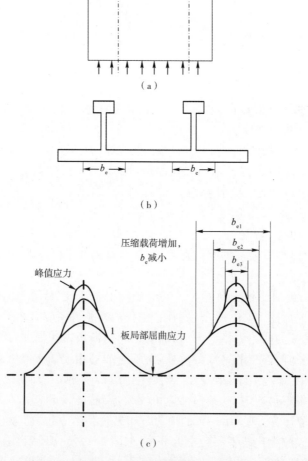

图 4-19　有效宽度理论示意图

(a) 结构示意图；(b) 有效宽度的取法；(c) 理论有效宽度；

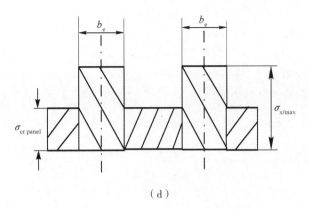

（d）

续图 4-19　有效宽度理论示意图

（d）应力的近似处理

2）有效宽度的计算方法。目前国内外对有效宽度计算常采用下列几种方法。

a）Von Karman 有效宽度。如图 4-19（c）所示，在刚开始加载时到筋条间板发生局部屈曲之前，应力分布是均匀的，在筋条间板失稳后，应力开始变得不再均匀，随着压缩载荷的增加，失稳的区域越来越多，内力越来越向筋条附近转移，使其有效宽度变窄。由板局部屈曲理论分析可知，加筋板的初始屈曲应力即为两筋间板的局部失稳应力，有下述公式：

$$\sigma_{cr} = \frac{k_c E \pi^2}{12(1-\mu^2)} \left(\frac{t}{b}\right)^2 \tag{4-23}$$

式中：b—— 两筋条之间蒙皮宽度；

　　t—— 蒙皮厚度；

　　E—— 蒙皮弹性模量；

　　μ—— 材料泊松比；

　　k_c—— 压缩临界应力系数，与板的边界支持条件及长宽比（a/b）有关。

Von Karman 认为，加筋板结构的最终失稳应力可用筋条附近的一块有效宽板的临界失稳应力来表征，于是，当 b 为有效宽度 b_e 时，σ_{cr} 应为筋条的最终失稳应力 σ_{st}，即

$$\sigma_{st} = \frac{k_c E \pi^2}{12(1-\mu^2)} \left(\frac{t}{b_e}\right)^2 \tag{4-24}$$

由式（4-23）和式（4-24）得

$$\frac{b_e}{b} = \sqrt{\frac{\sigma_{cr}}{\sigma_{st}}} \tag{4-25}$$

b）Winter 有效宽度。Winter 对式（4-25）作了修正，给出的有效宽度表达式如下：

$$\frac{b_e}{b} = \xi \sqrt{\frac{\sigma_{cr}}{\sigma_{st}}} \tag{4-26}$$

式中：ξ 为修正项，其表达式为

$$\xi = 1.0 - 0.25 \sqrt{\frac{\sigma_{cr}}{\sigma_{st}}} \tag{4-27}$$

AISI（美国钢铁学会标准）针对非加载边有无支持的情况，推荐了如下的修正项。对于两非加载边均支持的板，ξ 的值可用下式计算：

$$\xi = 1 - 0.22(\sigma_{cr}/\sigma_{st})^{1/2} \qquad (4-28)$$

对于具有一自由非加载边的情况:

$$\xi = 0.65[1 - 0.22(\sigma_{cr}/\sigma_{st})^{1/2}] \qquad (4-29)$$

c) 牛春匀书中的有效宽度。牛春匀在 *Airframe Stress Analysis and Sizing* 一书中推荐采用如下的有效宽度计算公式:

$$b_e = t\left(\frac{K_{ceff}E}{\sigma_{st}}\right)^{\frac{1}{2}} \qquad (4-30)$$

式中: K_{ceff}——蒙皮屈曲系数,与边界条件和蒙皮几何尺寸相关,其表达式为

$$K_{ceff} = \frac{k_c\pi^2}{12(1-\mu^2)} \qquad (4-31)$$

对于 b/t 较大的宽板,筋条的扭转刚度相对较大,筋条对板起到固支作用, $k_c = 6.98$,因此 $K_{ceff} = 6.32(\mu = 0.3)$;对于较厚的窄板,由于板的屈曲引起筋条的局部扭转,筋条对板起到简支的作用,因此, $k_c = 4.0$, $K_{ceff} = 3.62(\mu = 0.3)$ 。

d) Bruhn 书中的有效宽度。针对不同类型的加筋板,Bruhn 在 *Analysis and Design of Flight Vehicle Structures* 一书中采用如下有效宽度计算方法。

(Ⅰ) Z 和 J 形剖面铆接加筋板。

有效宽度计算方法为

$$b_e = 1.90t\sqrt{\frac{E}{\sigma_{st}}} \qquad (4-32)$$

式中: t——蒙皮厚度;

E——弹性模量;

σ_{st}——筋条应力(对于短板,取筋条的压损应力)。

(Ⅱ) L 和工形剖面铆接连接。

对每个凸缘用双排铆接线与蒙皮连接在一起的 L、工形剖面铆接加筋板,如图 4-20 所示。在工程计算中,一般仍按一排铆接线计算,即 b_e 仍用式(4-32)计算。但在计算筋条压损应力时,与蒙皮相连的缘条厚度取缘条厚度与蒙皮板厚度之和的 3/4。

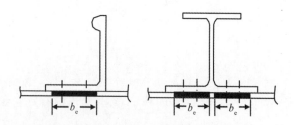

图 4-20 L 和工形剖面

(Ⅲ) 整体加筋。对于图 4-21 的情况 1,筋条的压损应力按 T 形截面计算,T 形截面的垂直部分视为两头简支。即 b_e 仍用式(4-32)计算,但蒙皮厚度取为 $t = \dfrac{(t_s + t_f)}{2}$ 。

对于图 4-21 的情况 2,筋条压损应力按工形来计算,有效宽度 b_e 仍用式(4-32)计算。

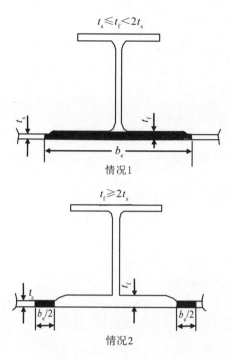

图 4 - 21　整体加筋

（Ⅳ）蒙皮一端自由。

一自由端蒙皮（见图 4-22）的有效宽度 $b_1 = 0.62t\sqrt{E/\sigma_{st}}$，或等于 b'，取两者中较小者。蒙皮总的有效宽度为 $b_1 + b_e/2$。

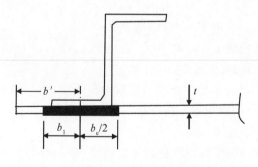

图 4 - 22　蒙皮一端自由

如果蒙皮与筋条的材料不同，b_e 可用下式计算：

$$b_e = 1.90t(\sigma_{sh}/\sigma_{st})\sqrt{E_{st}/\sigma_{st}} \tag{4-33}$$

式中：σ_{st}—— 筋条应力；

　　σ_{sh}—— 与筋条有同样应变时蒙皮的应力；

　　E_{st}—— 筋条的弹性模量。

e)《民用飞机结构强度刚度设计与验证指南》中的有效宽度。

由航空工业出版社出版，孙侠生主编的《民用飞机结构强度刚度设计与验证指南》（简称"指南"）一书中，有效宽度计算方法为

$$b_e = b_r + 1.9 t_s \sqrt{E/\sigma_{st}} \qquad t_s \geqslant 3.15\text{mm}$$

$$b_e = b_r + 2.15 t_s \sqrt{E/\sigma_{st}} \qquad 3.15\text{mm} > t_s \geqslant 2.54\text{mm} \qquad (4-34)$$

$$b_e = b_r + 2.4 t_s \sqrt{E/\sigma_{st}} \qquad t_s < 2.54\text{mm}$$

式中：t_s——蒙皮的宽度；

b_r——铆钉间距。

f) 工程有效宽度简便计算方法。

工程中采用如下的简便的计算方法，对于 2024 系列材料，蒙皮有效宽度为

$$b_e = b_r + 30 t_s \qquad (4-35)$$

对于 7075 系列材料，蒙皮有效宽度为

$$b_e = b_r + 25 t_s \qquad (4-36)$$

式中：t_s——蒙皮的厚度；

b_r——铆钉间距。

g)《飞机设计手册》中有效宽度

航空工业集团在 1998 年组织相关专业技术专家编写了《飞机设计手册》第 9 分册（简称"手册"）。在手册中蒙皮有效宽度取法如下：

对于长桁和蒙皮材料相同的情况下，相邻蒙皮的有效宽度为

$$b_e = 0.95 t \sqrt{\frac{E}{\sigma_{st}}} \qquad (4-37)$$

如果蒙皮和筋条材料不同，则有

$$b_e = 0.95 (\sigma_s/\sigma_{st}) t \sqrt{\frac{E_{st}}{\sigma_{st}}} \qquad (4-38)$$

式中：σ_s——筋条有同样应变时蒙皮的应力；

E_{st}——筋条的弹性模量。

h) 庞巴迪设计手册中的有效宽度。

加拿大庞巴迪公司的设计手册在中长加筋板极限强度计算中，有关蒙皮有效宽度的计算方法与牛春匀介绍的一致，因此这里不再介绍。

（2）有效宽度计算方法评述。

Von Karman 的有效宽度计算方法是最基础的。它是从板的临界屈曲应力公式推导而来的。后面其他计算方法都从该方法演变而来。

Winter 在 Von Karman 有效宽度计算方法的基础上增加修正项，由于修正系数小于 1，所以用 Winter 方法计算得到的有效宽度小于 Von Karman 方法。

牛春匀在 *Aiframe Stress Analysis and Sizing* 中采用的有效宽度计算方法与 Von Karman 的一致。如果将平板临界屈曲应力计算公式 $\sigma_{cr} = K_{ceff} E(t/b)^2$ 代入 Von Karman 计算公式，即得到牛春匀书中的公式。

Bruhn 在 *Analysis and design of flight vehicle structures* 一书中介绍的有效宽度的计算方法，是牛春匀方法 $K_{ceff} = 3.62$ 一种特殊情况，即认为筋条对蒙皮的支持为简支，是牛春匀方法的一种特例。

《民用飞机结构强度刚度设计与验证指南》中有效宽度在 Von Karman 公式的基础上按蒙

皮的厚度进行了分类:当蒙皮厚度大于 3.15mm,屈曲系数取简支;当蒙皮厚小于 2.54mm,屈曲系数取固支;当蒙皮厚在 2.54mm 到 3.15mm,取简支和固支的平均值。

《飞机设计手册》第 9 分册给出的有效宽度计算方法与 Bruhn 给出的公式一致。

庞巴迪公司在《应力和疲劳手册》中的蒙皮有效宽度计算方法与牛春匀介绍的一致。

从上面简述中可知,无论是国外民用飞机设计手册,还是教材或科技书籍,所采用的有效宽度根源都来自 Von Karman 的方法,不同之处是它们在 Von Karman 有效宽度的基础上增加了修正项,或是 Von Karman 的方法一种特例。

4.1.2.3　有效宽度计算方法适应性验证

文献[7]利用机身壁板的轴压 12 种构型试验数据,基于约翰逊抛物线方程,对蒙皮有效宽度计算方法适应性进行了验证。计算误差如图 4-23 所示。

从图 4-23 中的计算结果可以看出,除了民用飞机指南的方法外,采用其他有效宽度计算方法得到的计算结果差异性不大,计算结果多数小于试验值,且误差在 0% ~-10% 之间;采用民用飞机指南有效宽度计算方法多数计算结果大于试验值。

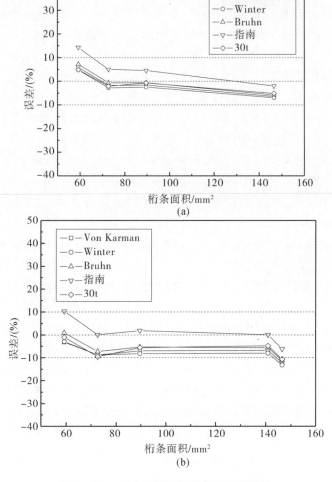

图 4-23　机身加筋板破坏载荷计算误差

(a)蒙皮厚 $t = 1.0$mm;(b)蒙皮厚 $t = 1.3$mm

4.1.3 壁板剪切强度分析

机身受到弯矩和扭矩作用时,其侧壁板和上下壁板的蒙皮处于剪切和压剪／拉剪复合载荷作用之下,可能发生屈曲。设计中,如果不允许蒙皮屈曲,就要选用很厚的蒙皮,或者要采用很密的加筋,这将会大大增加结构重量。如果采用允许蒙皮局部屈曲的"张力场分析方法"进行设计,则可充分发挥结构的承载能力,显著减轻结构重量。

受剪板的张力场设计是航空结构设计的一个特点。一般工程结构中将受剪板的屈曲作为结构元件的破坏。受剪板屈曲后,在四周框架的支持下以对角张力的形式可继续承载的能力,使得追求最轻重量的航空结构设计成为可能,并把张力场下最大应力作为结构破坏应力。显然,充分利用框架的剩余承载能力,要比加密框架和增加受剪板的厚度更加符合最轻重量设计的原则。

张力场设计计算的任务是在受剪板中的剪切应力超过屈曲应力的情况下确定结构剪切破坏应力。通过计算受剪板中的拉应力和在四周框架上的附加应力,以及确定它们失效时承受的载荷,可设计出重量轻的张力场结构。

壁板在剪切载荷作用下产生的剪应力 τ 可以分解为 $45°$ 方向上的两对大小相等的拉、压应力 σ_1 和 σ_2,当载荷增大使压应力 σ_2 超过屈曲应力 σ_{cr} 时,板发生屈曲。此后,可以认为压应力 σ_2 不再增加,而拉应力 σ_1 继续增加。同时,在框架中产生附加应力,使整个结构继续承载。这种情况下,有部分名义上的剪应力 K_τ 是以对角张力的形式也就是所谓的张力场形式承载的。当 $K = 1$ 时,即屈曲应力无限低,在无限小载荷下就发生屈曲,板完全以张力场的形式承载,称之为纯张力场。这是一种理论上的状态。当然,$K = 0$ 时,板就处于纯剪状态。其中 K 就称为张力场系数,它表征受剪板进入张力场的程度。受剪板屈曲后,逐渐形成平行的皱折波,它们与框架的夹角 α 随受剪板进入张力场的程度不同而变化。α 角的大小影响着框架上的附加应力。

由剪切载荷引起的一般破坏类型如下:

(1) 因剪切引起蒙皮破坏。在高临界区的破坏不同于低临界区,随着这种失稳张力场引起大变形,在蒙皮区出现了应力集中,使得蒙皮承载能力降低。

(2) 长桁的强迫失稳。在这种情况下,受压载作用的加筋元件(如长桁、支柱)出现由张力场变形引起的局部破坏。

(3) 长桁的柱失稳破坏。柱失稳是由加筋中结构中的对角张力所引起的压应力而诱导的(这常发生于柱的长细比很大的情况)。

(4) 隔框的失稳破坏。隔框的失稳破坏也是由加筋中结构中的对角张力所引起的压应力而诱导的。

对于加筋板在剪切载荷作用下的张力场分析方法,NACA(美国国家航空咨询委员会)报告 TN2661 对加筋曲板张力场的分析方法作了系统地阐述,文献[4] 和[6]结合飞机具体结构,对它进行了补充和拓展。

机身蒙皮 —— 曲板受压剪或拉剪复合载荷时,复合的压应力或拉应力对蒙皮的屈曲剪应力的影响显著不同,分析中需要采用屈曲相关公式分别考虑这种影响。

4.1.3.1 曲板剪切屈曲应力

圆柱曲板的剪切屈曲应力 τ_{cr} 可按下式计算:

$$\tau_{cr} = \frac{k_s \pi^2 E}{12(1 - \mu_e^2)} \left(\frac{t}{b}\right)^2 \qquad (4-39)$$

式中: k_s—— 剪切屈曲系数;

　　　E—— 板材的弹性模量;

　　　μ_e—— 板材的弹性泊松比;

　　　t—— 板厚;

　　　b—— 板的较短边的边长。

　　分析中,将沿圆柱母线较长的板定义为"长板",将沿圆柱周向较长的板定义为"宽板"。

　　图 4-24～图 4-27 分别示出了长简支曲板和宽简支曲板,以及长固支曲板和宽固支板的剪切屈曲系数 k_s。

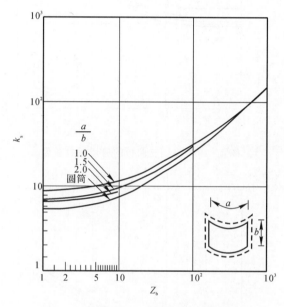

图 4-24　宽简支曲板的剪切屈曲系数

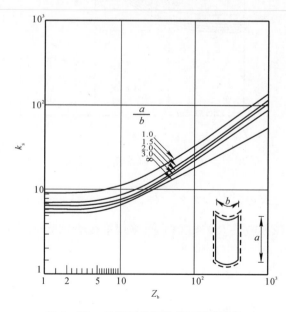

图 4-25　长简支曲板的剪切屈曲系数

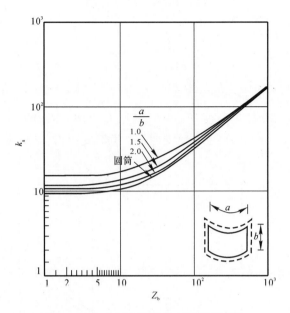

图 4-26　宽固支曲板的剪切屈曲系数

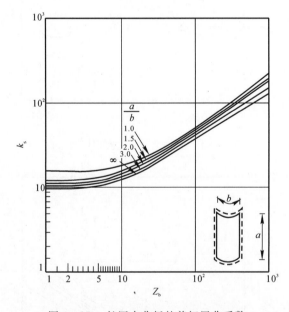

图 4-27　长固支曲板的剪切屈曲系数

注意，曲线中总是把长边标识为 a，短边标识为 b。横坐标参数 $Z_b = \dfrac{b^2}{Rt}\sqrt{1-\mu_e^2}$。

对于小曲率、大半径 R，$b^2/(Rt) < 1$ 时，可采用平板的剪切屈曲系数。

曲板受压(拉)剪复合作用下的屈曲分析。

曲板受压(拉)剪复合作用下的屈曲，可采用如下相关公式计算：

$$R_c + R_s^2 = 1 \tag{4-40}$$

式中：$R_c = \sigma_c/\sigma_{crc}^0$，$R_s = \tau/\tau_{cr}^0$，$\sigma_c$ 和 τ 为压应力和剪应力，σ_{crc}^0 和 τ_{cr}^0 分别为曲板单独受压和受剪

时的屈曲应力。

曲板受拉剪复合作用下的屈曲应采用如下相关公式计算：

$$R_{\rm s} - \frac{1}{2} R_{\rm t} = 1 \qquad (4-41)$$

式中：$R_{\rm t} = \sigma_{\rm t}/\sigma_{\rm crc}^0$，$R_{\rm s} = \tau/\tau_{\rm cr}^0$，$\sigma_{\rm t}$ 为作用的拉应力，其余的 τ、$\sigma_{\rm crc}^0$、$\tau_{\rm cr}^0$ 同前。

4.1.3.2　加筋板的张力场分析

1. 张力场系数

张力场系数可用下式表示：

$$K = \tanh\left[\left(0.5 + 300\frac{lt}{Rh}\right)\lg\left(\frac{\tau}{\tau_{\rm cr}}\right)\right] \qquad (4-42)$$

式中：l、h、t、R——加筋板长、宽、厚度和板的曲率半径；

　　　　τ——名义应力；

　　　　$\tau_{\rm cr}$——剪切屈曲应力。

在式（4-42）中，若 $h > l$，则用 h/l 代替 l/h；若 l/h（或 h/l）> 2，则取 l/h（或 h/l）为 2。

2. 蒙皮的应力和应变

沿蒙皮波纹角方向的拉应力和垂直波纹角方向的压应力为

$$\sigma_1 = \frac{2K\tau}{\sin2\alpha} + \tau(1-K)\sin2\alpha \qquad (4-43)$$

$$\sigma_2 = -\tau(1-K)\sin2\alpha$$

沿蒙皮波纹角方向的应变为

$$\varepsilon = \frac{1}{E}(\sigma_1 - \mu\sigma_2) = \frac{\tau}{E}\left[\frac{2K}{\sin2\alpha} + (1-K)(1+\mu)\sin2\alpha\right] \qquad (4-44)$$

式中：α——张力场角度；

　　　　E——材料弹性模量；

　　　　μ——材料的泊松比。

3. 桁条的应力和应变

由对角拉伸引起的桁条平均压应力、应变为

$$\sigma_{\rm st} = \frac{K\tau}{\dfrac{A_{\rm st}}{ht} + 0.5(1-K)}\cot\alpha \qquad (4-45)$$

$$\varepsilon_{\rm st} = \frac{\sigma_{\rm st}}{E_{\rm st}} \qquad (4-46)$$

式中：$A_{\rm st}$——长桁及其垫板的面积；

　　　　$E_{\rm st}$——材料割线模量。

考虑到长桁左右蒙皮有差异，计算桁条平均压应力时张力场系数和蒙皮宽度取平均值，即

$$\left.\begin{aligned}K &= \frac{1}{2}(K_1 + K_2) \\ h &= \frac{1}{2}(h_1 + h_2)\end{aligned}\right\} \qquad (4-47)$$

4. 隔框的应力和应变

（1）隔框与蒙皮直接相连：隔框轴向压应力在考虑了蒙皮有效宽度后，就有如下表达式

（框含垫板）

$$\sigma_{fr} = \frac{K\tau}{\dfrac{A_{fr}}{lt} + 0.5(1-K)} \tan\alpha \tag{4-48}$$

（2）浮框（隔框与蒙皮不直接相连）：

$$\sigma_{fr} = \frac{K\tau lt}{A_{fr}} \tan\alpha \tag{4-49}$$

隔框中的应变为

$$\varepsilon_{fr} = \frac{\sigma_{fr}}{E_{fr}} \tag{4-50}$$

式中：A_{fr}——框及其垫板的面积；

E_{fr}——材料割线模量。

5. 张力场角

在波纹角 α 没有求出来以前，以上各表达式的值是未知的。只有求得了波纹角 α，才能确定诸表达式的值。

张力场角的计算公式为

$$\left.\begin{array}{l} \tan^2\alpha = \dfrac{\varepsilon - \varepsilon_{st}}{\varepsilon - \varepsilon_{fr} + \dfrac{1}{24}\left(\dfrac{h}{R}\right)^2} \quad (l > h) \\[4mm] \tan^2\alpha = \dfrac{\varepsilon - \varepsilon_{st}}{\varepsilon - \varepsilon_{fr} + \dfrac{1}{8}\left(\dfrac{l}{R}\right)^2 \tan^2\alpha} \quad (h > l) \end{array}\right\} \tag{4-51}$$

在计算张力场角度时，由于式（4-51）是关于 α 的隐式函数，因此需要采用迭代方法，先假设张力场角度为某一个值，进行计算，直到上一次的 α 值与下一次的 α 值的差小于某个小值，停止迭代。

6. 桁条中的弯矩

实际上，由于蒙皮的对角拉伸作用，桁条受到向内的弯曲载荷并不是均匀的。由于这种分布不均匀性的影响，在桁条中产生弯矩，并在桁条中点达到峰值

$$M = \frac{K\tau th l^2}{24R} \tan\alpha \tag{4-52}$$

由弯矩引起的长桁内应力为

$$\sigma_M = \frac{M}{W} \tag{4-53}$$

式中：W——桁条断面系数，也即与蒙皮相连长桁缘条的剖面抗弯系数。在 W 的计算中，应考虑与长桁相连的左右两侧蒙皮的有效宽度。蒙皮的有效宽度计算公式为

$$b_m = 0.5(1-K)b \tag{4-54}$$

当校核结构中桁条的局部稳定性时，需要取桁条中的最大压应力 $\sigma_{st,max}$，该值计算方法为

$$\sigma_{st,max} = \sigma_{st}\left[(1-K)\left(0.775 - 0.645\frac{l}{h}\right) + 1\right] \tag{4-55}$$

也可以通过查图 4-28 得到。

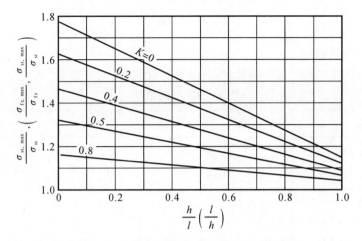

图 4 - 28　桁条、隔框中的最大应力与平均应力之比

7. 隔框中的弯矩

当采用浮框时,隔框中的最大弯矩表达式为

$$\left.\begin{aligned} M_{\text{fr,max}} &= -\frac{K\tau l t h^2}{12R}\tan\alpha \\[2mm] \sigma_{\text{fr,m}} &= \frac{M_{\text{fr,max}}}{W_{\text{fr}}} \end{aligned}\right\} \tag{4-56}$$

式中:W_{fr}—— 框的断面系数。

4.1.3.3　强度分析

1. 桁条的强度

(1) 桁条的局部失稳破坏。当长桁与蒙皮相连边和长桁自由边尺寸相近时,可只对与蒙皮相连边的受迫压损进行校核,使

$$\frac{\sigma_{\text{N}} + \sigma_{\text{M}}}{\sigma_{\text{cc}}} + \frac{\sigma_{\text{st,max}}}{\sigma_0} \leqslant 1 \tag{4-57}$$

式中:　σ_{M}—— 弯矩引起的应力,也即长桁剖面外缘的弯曲应力,见式(4-53);

σ_{N}—— 外力引起的长桁中应力;

$\sigma_{\text{st,max}}$—— 桁条中的最大压应力,见式(4-55);

σ_{cc}—— 桁条压损应力;

σ_0—— 桁条强迫局部失稳许用应力。

桁条强迫局部失稳许用应力有三种计算方法。

1) 飞机设计手册:

$$\sigma_0 = 179.26 K^{\frac{2}{3}} \left(\frac{t_{\text{st}}}{t}\right)^{\frac{1}{3}} \quad (\text{LY12})$$

$$\sigma_0 = 224.08 K^{\frac{2}{3}} \left(\frac{t_{\text{st}}}{t}\right)^{\frac{1}{3}} \quad (\text{LC4}) \tag{4-58}$$

式中:t_{st},t—— 桁条和蒙皮的厚度。

2) 空客设计手册:

桁条的强迫局部失稳许用应力由以下经验公式确定,即

$$\sigma_0 = C \times \sqrt[3]{K^2 \frac{t_{st}}{t}} \qquad (4-59)$$

式中:K—— 张力场系数;

C—— 长桁材料及其位置的函数,两种材料的取值(C^*)见表 $4-5$。

表 $4-5$ C 的取值

材料	$C^*/(\text{kg} \cdot \text{cm}^{-2})$	$\sigma_b/(\text{kg} \cdot \text{cm}^{-2})$
2024 - T3	1 827.8	4 350
7075 - T6	2 284.8	5 100

注:两种材料屈服强度为:2024 - T3,$\sigma_{cy}' = 2\ 750 \text{kg/cm}^2$;7 075 - T6,$\sigma_{cy}' = 4\ 450 \text{kg/cm}^2$。

若结构的材料数据 σ_{cy} 不同于上表给出的数据,则按下式计算对应的 C 值:

$$C = C^* \sqrt{\frac{\sigma_{cy}}{\sigma_{cy}^*}} \qquad (4-60)$$

对铝合金含铜元素时,用 2024 - T3 的 C^* 和 σ_{cy}^* 数据。对铝合金含锌元素时,用 7075 - T6 的 C^* 和 σ_{cy}^* 数据。

3)庞巴迪设计手册:

$$\sigma_0 = N \frac{\sigma_{cy} \times 10^{-5}}{5.88\left(\dfrac{\sigma_{cy}}{E_c} + 0.002\right)^{0.5}} \qquad (4-61)$$

对于平板,有

$$N = 30\ 000 K^{\frac{2}{3}} \left(\frac{t_{筋条缘条}}{t}\right)^{\frac{1}{3}} \qquad (4-62)$$

对于框或环形,有

$$N = (74R + 18\ 750) K^{\frac{2}{3}} \left(\frac{t_{筋条缘条}}{t}\right)^{\frac{1}{3}} \qquad (4-63)$$

式中:　　　R—— 框曲率半径,in;

$t_{筋条缘条}$—— 筋条缘条的厚度,in。

实际上,以上给出的强迫局部失稳许用应力三种计算方法中,国内的飞机设计手册和空客的飞机设计手册给出的方法基本相同,庞巴迪的设计手册给出的有所不同。下面以实际结构为例来说明它们之间的差异。

某加筋板:蒙皮厚1.0mm,曲率半径为1 560mm,筋条厚度为1.27mm,桁条压缩弹性模量为 72 400MPa,屈服强度为 468MPa,假设张力场系数 $K = 0.6$。

1)国内的飞机设计手册:

$$\sigma_0 = 224.08 K^{\frac{2}{3}} \left(\frac{t_{st}}{t}\right)^{\frac{1}{3}} = 224.08 \times 0.6^{2/3} \times \left(\frac{1.27}{1.0}\right)^{\frac{1}{3}} = 172.6 \text{MPa}$$

2)空客设计手册:

$$C = C^* \sqrt{\frac{\sigma_{cy}}{\sigma_{cy}}} = 2\ 284.8 \times \sqrt{\frac{468}{4\ 450 \times 0.098}} = 2\ 366.89 \text{kg/cm}^2$$

$$\sigma_0 = C \times \sqrt[3]{K^2\,\frac{t_{\mathrm{st}}}{t}} = 2\,366.89 \times 0.098 \times \sqrt[3]{0.6^2 \times \frac{1.27}{1}} = 178.69\mathrm{MPa}$$

3）庞巴迪设计手册：

$$N = (74R + 18\,750)K^{\frac{2}{3}}\left(\frac{t_{筋条缘条}}{t}\right)^{\frac{1}{3}} =$$

$$(74 \times 1\,560 \times 0.039\,4 + 18\,750) \times 0.6^{\frac{2}{3}}\left(\frac{1.27}{1}\right)^{\frac{1}{3}} = 17\,948.45$$

$$\sigma_0 = \frac{N\sigma_{\mathrm{cy}} \times 10^{-5}}{5.88\left(\frac{\sigma_{\mathrm{cy}}}{E_{\mathrm{c}}} + 0.0002\right)^{0.5}} = 17\,948.45 \times \frac{448 \times 10^{-5}}{5.88 \times \left(\frac{488}{72\,400} + 0.002\right)^{0.5}} = 151\mathrm{MPa}$$

比较上述三种方法的计算结果，庞巴迪设计手册给出的强迫局部失稳许用应力最小。

（2）柱失稳引起长桁破坏。桁条的总体失稳：将桁条作为铰支在两隔框上，对承受压应力 $\sigma_{\mathrm{st}} + \sigma_{\mathrm{N}}$ 和弯矩 M 的铰支梁柱进行校核。

2. 隔框的强度

对于与蒙皮直接相连的隔框，检查其与蒙皮相连边的局部失稳，使

$$\sigma_{\mathrm{fr}} \leqslant [\sigma_{\mathrm{fr}}] \tag{4-64}$$

式中：$[\sigma_{\mathrm{fr}}]$ 应取张力场引起的局部失稳应力 $[\sigma_{\mathrm{DT}}]$ 和框缘的局部失稳应力 $[\sigma]$ 中较小者。$[\sigma_{\mathrm{DT}}]$ 计算与式（4-58）和式（4-59）相同，只是将 t_{st} 换成 t_{fr}。t_{fr} 为框缘与蒙皮相连边的厚度。

对于浮动框，即蒙皮不和框直接相连，此时

$$\frac{\sigma_{\mathrm{fr}} + \sigma_{\mathrm{fr,m}}}{\sigma_{\mathrm{cc}}} \leqslant 1 \tag{4-65}$$

式中：σ_{cc}——框压损应力。

3. 蒙皮的强度

蒙皮的基本剪应力许用值 τ_{all}^{*} 可由图 4-29 得到。

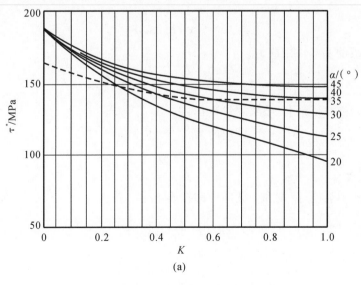

图 4-29　蒙皮基本剪应力许用值

(a)2024-T₃，$\sigma_{\mathrm{b}} = 4\,350\mathrm{kg/cm}^2$

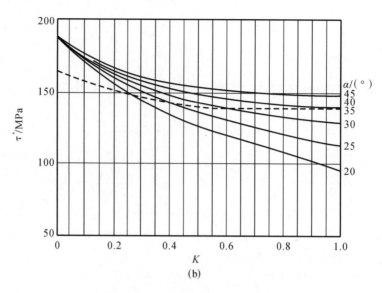

图 4 - 29　蒙皮基本剪应力许用值

(b)7075 - T6,$\sigma_b = 5\ 100\text{kg/cm}^2$

图中所给出的 τ^* 值,是针对 2024 和 7075 的合金,如果是其他材料,需要采用下列公式修正。

对图 4 - 29(a),用如下公式:

$$\tilde{\tau}_{\text{all}} = \frac{\sigma_{\text{ult}}}{4\ 350} \times \tau_{\text{all}}^* \tag{4-66}$$

对图 4 - 29(b),用如下公式:

$$\tilde{\tau}_{\text{all}} = \frac{\sigma_{\text{ult}}}{5\ 100} \times \tau_{\text{all}}^* \tag{4-67}$$

对受对角张力作用的曲板,由于对角张力的不均匀分布,还需要对许用剪力进行消减修正,即

$$\tau_{\text{all}} = \tau_{\text{all}}^* \times (0.65 + \Delta) \tag{4-68}$$

式中:τ_{all}^*——曲板的基本许用应力。

$$\Delta = 0.3\tanh\frac{A_{\text{fr}}}{lt} + 0.1\tanh\frac{A_{\text{st}}}{ht} \tag{4-69}$$

式中:A_{fr}、A_{st}——框和长桁截面积(不含垫板)。

蒙皮许用值按式(4-68)计算,蒙皮的名义应力应满足

$$\tau \leqslant \tau_{\text{all}} \tag{4-70}$$

4. 铆钉的强度

(1) 铆钉的剪切强度。蒙皮和桁条间的铆钉能承受的剪流为

$$q_{\text{r,st}} = \tau t\left[1 + K\left(\frac{1}{\cos\alpha} - 1\right)\right] \tag{4-71}$$

蒙皮和边缘隔框连接处的铆钉承受的剪流为

$$q_{\text{r,st}} = \tau t\left[1 + K\left(\frac{1}{\sin\alpha} - 1\right)\right] \tag{4-72}$$

式中:τ——名义剪应力。

（2）铆钉的拉伸强度。每个铆钉的抗拉强度应大于 Q_T，即

$$Q_T = 0.22t\sigma_b p \sqrt{K} \tag{4-73}$$

式中：σ_b——蒙皮材料的破坏应力；

　　　p——铆钉间距。

4.1.3.4　张力场分析方法试验验证

参考文献[8]利用 ARJ21 壁板 16 类构型试验件对张力场分析方法适应性进行了验证，验证结果见表 4-6。从表 4-6 可以看出，就 ARJ21 机身壁板 16 种构型而言，采用上述方法得到的剪切强度计算值，4 种构型的计算值误差大于 10%（最大为 16.6%），12 种构型计算值误差在 10% 之内，在这 12 种构型中，计算值大于试验值的有 4 种构型。可见，对于 ARJ21 这类机身壁板，张力场分析方法是较为适应的。

表 4-6　ARJ21 壁板剪切强度计算误差

试件编号	蒙皮			长桁			计算破坏应力最小值（长桁,蒙皮）/MPa	试验破坏应力/MPa	误差/%
	张力场角/(°)	张力场系数	许用值/MPa	张力场角/(°)	张力场系数	许用值/MPa			
1	41.2	0.658	123.5	40.9	0.634	113	113	127.5	−11.3
2	39.1	0.598	118	38.6	0.543	100	100	109.3	−8.5
3	42.6	0.66	123	42.6	0.67	128	123	130.0	−5.3
4	42.8	0.61	120	42.5	0.57	106	106	110.3	−3.8
5	44.0	0.675	135	44.2	0.69	140	135	160.2	−15.7
6	42.9	0.66	121	42.68	0.62	105	105	110.5	−4.9
7	41.9	0.658	122	42.1	0.73	166	122	140.8	−13.3
8	42.3	0.60	122	42.3	0.63	132	122	120.0	1.6
9	42.2	0.64	121	42.3	0.64	124	121	120.6	0.3
10	42.5	0.61	118.8	42.3	0.56	107	107	102.6	4.28
11	41.5	0.60	128	41.7	0.72	196	128	153.5	−16.6
12	42.2	0.617	125	42.3	0.679	148	125	132.3	−5.5
13	42.1	0.58	128	42	0.68	168	128	141.4	−9.4
14	42.5	0.499	125	42.4	0.567	145	125	123.5	1.21
15	41.9	0.62	126	42	0.69	163	126	138.8	−9.2
16	42.2	0.575	123	42.2	0.618	135	123	119.7	2.75

4.2 壁板对接静强度分析

4.2.1 概述

机身结构对接分为蒙皮对接与长桁对接。

机身纵向连接主要是沿梁或长桁方向的连接,通常有对接及搭接两种形式,可靠性及经济性研究结果表明,搭接是机身纵向连接最好的形式,纵向搭接元件包括上、下蒙皮和长桁/纵梁(见图 4-30)。

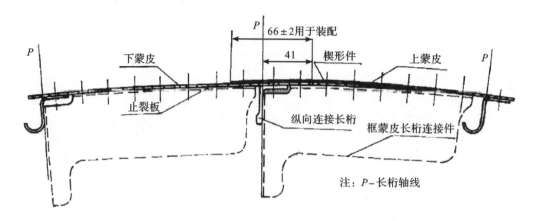

图 4-30 某机身纵向典型连接形式示意图(单位 mm)

机身段与段之间,或者每段内部蒙皮沿隔框方向连接为蒙皮环向连接,蒙皮环向连接经常采用对接的形式。环向对接的结构元件包括前后蒙皮、隔框、对接带板(见图 4-31)。

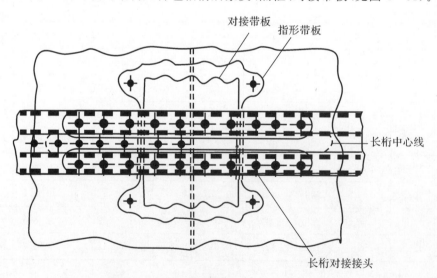

图 4-31 某机身环向典型连接形式示意图

处于蒙皮纵向、环向对接交汇处的蒙皮连接为蒙皮角部连接。

4.2.2　蒙皮的纵向对接

纵向对缝的典型连接形式如图 4 - 32 所示。

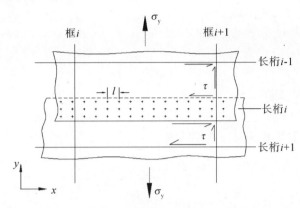

图 4 - 32　纵向对缝的典型连接形式示意图

紧固件沿 x 方向剪力为

$$P_x = \tau l t_s (1 + 0.414K) \tag{4-74}$$

式中：τ——蒙皮剪应力；

　l——铆钉间距；

　t_s——蒙皮厚度；

　K——张力场系数。

紧固件沿 y 方向剪力为

$$P_y = \sigma_y t_s l \tag{4-75}$$

式中：σ_y——蒙皮环向应力。

合成后紧固件上的剪力为

$$P_0 = \sqrt{P_x^2 + P_y^2} \tag{4-76}$$

则每个紧固件上的剪力为

$$P = n \cdot P_0 \tag{4-77}$$

n 为纵向连接中各排铆钉的载荷比例，见表 4 - 7。

表 4 - 7　多排铆钉载荷分配比例

类　　别	第 1 排	第 2 排	第 3 排	第 4 排
双排铆钉	$0.5P$	$0.5P$	—	—
三排铆钉	$0.4P$	$0.2P$	$0.4P$	—
四排铆钉	$0.37P$	$0.13P$	$0.13P$	$0.37P$

单个紧固件剪切安全裕度由下式确定：

$$\mathrm{M.S.}_s = \frac{P_{all}}{P} - 1 \tag{4-78}$$

式中：P_{all}——紧固件剪切许用值。

钉孔挤压安全裕度由下式确定：

$$M.S. = \frac{P_{br}}{P} - 1 \qquad (4-79)$$

式中：P_{br}—— 钉孔的挤压许用值。

蒙皮本体的安全裕度由下式计算：

$$M.S. = \frac{1}{\sqrt{R_t^2 + R_s^2}} - 1 \qquad (4-80)$$

式中：R_t—— 拉伸相关系数；

R_s—— 剪切相关系数。

拉伸相关系数与剪切相关系数由下式确定：

$$R_t = \frac{\sigma_y}{\psi_p \cdot \sigma_b} \qquad (4-81)$$

$$R_s = \frac{\tau_{xy}}{\psi_p \cdot \tau_b} \qquad (4-82)$$

式中：σ_b—— 蒙皮材料的拉伸极限强度；

τ_b—— 蒙皮材料的剪切极限强度；

ψ_p—— 紧固件钉孔引起的剖面积减缩系数。

平头铆钉(螺栓)钉孔减缩系数由下式确定：

$$\psi_p = \frac{l - d_f}{l} \qquad (4-83)$$

式中：d_f—— 紧固件直径。

埋头铆钉(螺栓)钉孔减缩系数由下式确定：

$$\psi_p = 1 - \frac{d_f}{l}\left[1 + \frac{d_f}{l}\left(\frac{h_f}{d_f}\right)^2 \cdot \tan\frac{\alpha}{2}\right] \qquad (4-84)$$

式中：h_f—— 埋头铆钉(螺栓)埋头深度；

α—— 埋头铆钉(螺栓)埋头角度。

4.2.3　蒙皮环向对接

环向对缝典型连接形式示意图如图 4-33 所示。

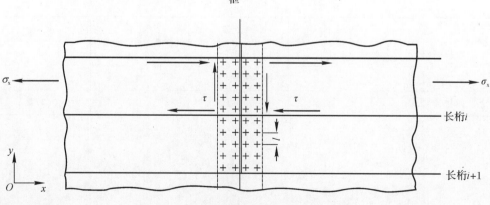

图 4-33　环向对缝典型连接形式示意图

紧固件沿 x 方向剪力为

$$P_x = \sigma_x \cdot l \cdot t_s \qquad (4-85)$$

式中：σ_x —— 蒙皮纵向应力

紧固件沿 y 方向剪力为

$$P_y = \tau \cdot l \cdot t_s \cdot (1 + 0.414K) \qquad (4-86)$$

合成后紧固件上的剪力为

$$P_0 = \sqrt{P_x^2 + P_y^2} \qquad (4-87)$$

则每个紧固件上的剪力为

$$P = n \cdot P_0 \qquad (4-88)$$

式中：n —— 环向连接中各排铆钉的载荷比例，如表 4-7 所示。

单个紧固件剪切安全裕度由下式确定：

$$\text{M. S.} = \frac{P_{all}}{P} - 1 \qquad (4-89)$$

钉孔挤压安全裕度由下式确定：

$$\text{M. S.} = \frac{P_{br}}{P} - 1 \qquad (4-90)$$

蒙皮本体的安全裕度由下式计算：

$$\text{M. S.} = \frac{1}{\sqrt{R_t^2 + R_s^2}} - 1 \qquad (4-91)$$

式中：R_t —— 拉伸相关系数；

R_s —— 剪切相关系数。

拉伸相关系数与剪切相关系数由下列两式确定：

$$R_t = \frac{\sigma_x}{\psi_p \cdot \sigma_b} \qquad (4-92)$$

$$R_s = \frac{\tau_{xy}}{\psi_p \cdot \tau_b} \qquad (4-93)$$

4.2.4　角部对接

角部对接是对处在壁板纵向及环向对接交汇处的对接载荷分析及连接强度进行计算。

蒙皮角部连接的典型连接形式示意图如图 4-34 所示。

紧固件沿 x 方向剪力为

$$P_{x1} = \sigma_x \cdot l_x \cdot t_s \qquad (4-94)$$

$$P_{x2} = \tau \cdot l_x \cdot t_s \qquad (4-95)$$

紧固件沿 y 方向剪力为

$$P_{y1} = \sigma_y \cdot l_x \cdot t_s \qquad (4-96)$$

$$P_{y2} = \tau \cdot l_y \cdot t_s \qquad (4-97)$$

其中：l_x, l_y 分别为铆钉 x 方向和 y 方向铆钉间距；t_s 为蒙皮厚度。

合成后紧固件上的剪力为

$$P_x = P_{x1} + P_{x2} \qquad (4-98)$$

$$P_y = P_{y1} + P_{y2} \qquad (4-99)$$

那么,每个紧固件上总的剪力为

$$P = \sqrt{n_x^2 \cdot P_x^2 + n_y^2 \cdot P_y^2} \tag{4-100}$$

单个紧固件剪切安全裕度由下式确定:

$$\text{M. S.} = \frac{P_{\text{all}}}{P} - 1 \tag{4-101}$$

钉孔挤压安全裕度由下式确定:

$$\text{M. S.} = \frac{P_{\text{br}}}{P} - 1 \tag{4-102}$$

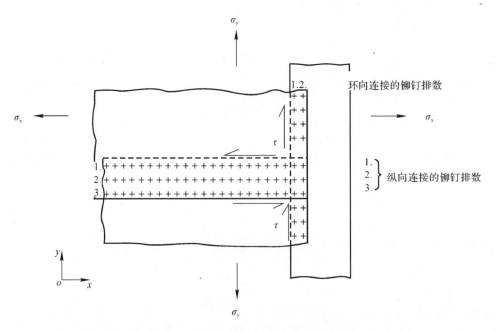

图 4-34　角部连接的典型连接形式示意图

4.2.5　长桁对接

长桁对接包括长桁与长桁在框间对接、长桁与框对接两种形式。

长桁对接破坏形式主要有:长桁或连接件本体破坏,长桁或连接件及紧固件的挤压破坏,紧固件破坏。

因此,长桁对接主要校核如下内容:长桁或连接件本体强度;紧固件强度;长桁或连接件及紧固件的挤压破坏。

长桁典型对接形式如图 4-35(a)(b)所示。其他对接形式可理想化为两种典型对接形式。

4.2.5.1　长桁载荷提取

选取有限元典型组合单元,如图 4-36(a)所示,组合单元是指桁条及其相邻两侧有效蒙皮组成的单元,组合单元应力如图 4-36(b)所示。

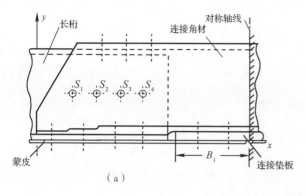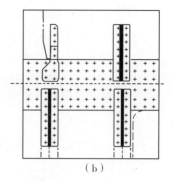

图 4-35　长桁典型对接形式

(a) 框间对接；(b) 与框对接

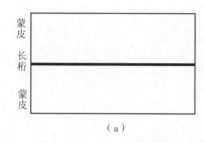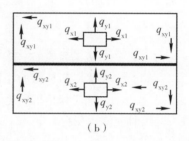

图 4-36　有限元典型组合单元

(a) 典型组合单元；(b) 组合单元内力

（1）长桁载荷计算。

作用在组合单元的总载荷为

$$p_{\text{totm}} = p_{\text{st}} + p_{\text{s1}} + p_{\text{s2}} \tag{4-103}$$

式中：　p_{st}——长桁载荷；

p_{s1}，p_{s2}——两侧有效蒙皮载荷，可表示为

$$p_{\text{s1}} = f_{1\text{sk}} \times \text{SS}_1 / 2 \tag{4-104}$$

$$p_{\text{s2}} = f_{2\text{sk}} \times \text{SS}_2 / 2 \tag{4-105}$$

式中：$f_{1\text{sk}}$、$f_{2\text{sk}}$——长桁两侧蒙皮单位长度的力；

SS_1、SS_2——长桁两侧之桁距。

（2）作用在组合单元上的最大载荷。

最大载荷位于桁条两端的节点处，即

$$p_{\text{Q}ij} = Q_{ij} \times \text{RS} / 2 \quad (i \text{ 表示节点}, j \text{ 表示蒙皮单元}) \tag{4-106}$$

其中，Q_{ij} 为输出剪流，RS 为框距。

当载荷由于模型网格划分不能按上述方法提取时，可在计算结果中取"节点平衡力"方法取得总载，再按长桁与蒙皮的有效面积比取得长桁载荷。

（3）作用在结构单元上应力。

如果典型单元承受拉伸载荷，则

$$\sigma_{\text{t}} = \frac{p_{\text{totm}}}{A_{\text{st}} + 0.5(\text{SS}_1 \times t_1 + \text{SS}_2 \times t_2)} \tag{4-107}$$

式中： A_{st}—— 长桁面积；

t_1、t_2—— 长桁两侧蒙皮厚度。

如果典型单元承受压缩载荷，则

$$\sigma_c = \frac{p_{totm}}{A_{cr}} \tag{4-108}$$

式中：A_{cr}—— 长桁面积与有效蒙皮面积之和。

4.2.5.2 接头本体强度计算

（1）接头受拉伸时的许用载荷。

$$[P_{tall}] = [\sigma_{tust}] \times A_{st} + 0.5([\sigma_{tusk1}] \times SS_1 \times t_1 + [\sigma_{tusk2}] \times SS_2 \times t_2) \tag{4-109}$$

式中：$[\sigma_{tust}]$—— 长桁的极限拉伸强度；

$[\sigma_{tusk_1}]$、$[\sigma_{tusk_2}]$ 分别为蒙皮的极限拉伸强度。

如果采用毛面积，许用拉应力为

$$[\sigma_{tall}] = \frac{\lambda_1[\sigma_{tusk}] \times A_{sknet} + \lambda_2[\sigma_{tust}] \times A_{stnet}}{A_{skgross} + A_{stgross}} \tag{4-110}$$

式中： λ_1、λ_2—— 减缩系数，对于 2024 - T3 取 0.88，对于 7075 - T6 取 0.95；

A_{sknte}、A_{stnet}—— 蒙皮和长桁的净面积；

$A_{skgross}$、$A_{stgross}$—— 蒙皮和长桁的毛面积。

（2）接头受压时的许用载荷。

接头受压时的许用载荷采用压损应力，许用应力计算方法见 3.1.2.2 节。

4.2.5.3 连接及连接件强度计算

对于长桁与框的连接，认为连接件载荷在紧固件上均匀分布。

紧固件的剪切安全裕度为

$$M.S. = \frac{[Q_s]}{Q_s} - 1 \tag{4-111}$$

长桁孔的挤压安全裕度为

$$M.S. = \frac{[P_{br}]}{P_{br}} - 1 \tag{4-112}$$

长桁开孔的剪切安全裕度为

$$M.S. = \frac{[P_s]}{Q_s} - 1 \tag{4-113}$$

式中：Q_s，P_{br}—— 单个紧固件上的剪力及对长桁的挤压应力；

$[Q_s]$—— 单个紧固件上的剪切许用值；

$[P_{br}]$—— 长桁孔挤压许用值，$[P_{br}] = d\delta_{min}\sigma_{br}$，其中 d 为铆钉直径，δ_{min} 为被连接件最小厚度，σ_{br} 为长桁的挤压破坏应力；

$[P_s]$—— 长桁孔剪切许用值，$[P_s] = d\delta_{min}\tau_b$，$\tau_b$ 为板的剪切强度。

4.2.6 壁板对接强度工程验证

4.2.6.1 蒙皮连接

如图 4 - 37 所示，某飞机蒙皮正好位于蒙皮纵向、环向连接的交汇处，蒙皮有关参数如下：

$t_s = 1.5\text{mm}, d = 550\text{mm}, h = 180\text{mm}, \sigma_x = 34\text{MPa}, \sigma_y = 45\text{MPa}, \tau = 53\text{MPa}, r = 1\,740\text{mm}$, 蒙皮材料为 LY12，其 $\sigma_b = 405\text{MPa}, \tau_b = 243\text{MPa}, E = 68\,000\text{MPa}$，纵向对缝采用 2 排 YSA612 - 4 平头铆钉连接，环向采用 3 排铆 YSA612 - 4 平头铆钉连接，铆钉间距均为 20.0mm，铆钉单剪切破坏载荷为 3 079N。

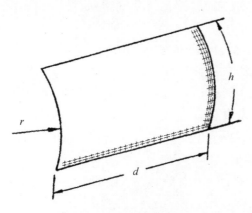

图 4 - 37　蒙皮参数示意图

1. 蒙皮纵向连接

(1) 根据4.1.3节的方法计算得蒙皮的剪切失稳应力为34.1MPa(未考虑正应力的影响)，张力场系数为 0.19。

(2) 紧固件沿 x 方向剪力。

$P_x = \tau \cdot l_x \cdot \tau_s \cdot (1 + 0.414K) = 53 \times 20 \times 1.5 \times (1 + 0.414 \times 0.19) = 1\,715.1\text{N}$

紧固件沿 y 方向剪力为

$$P_y = \sigma_y \cdot l_y \cdot t_s = 45 \times 20 \times 1.5 = 1\,350\text{N}$$

合成后紧固件上的剪力为

$$P_0 = \sqrt{P_x^2 + P_y^2} = \sqrt{1\,715.1^2 + 1\,350^2} = 2\,182.7\text{N}$$

那么，每个紧固件上的剪力为

$$P = n \cdot P_0 = 0.5 \times 2\,182.7 = 1\,091.4\text{N}$$

(3) 铆钉的剪切裕度。

$$\text{M. S.}_s = \frac{P_{all}}{P} - 1 = \frac{3\,079}{1\,091.4} - 1 = 1.82$$

钉孔挤压破坏力为 4 119N，钉孔挤压安全裕度由下式计算：

$$\text{M. S.}_{br} = \frac{P_{br}}{P} - 1 = \frac{4\,119}{1\,091.4} - 1 = 2.77$$

(4) 蒙皮纵向连接钉孔减缩系数。

$$\psi_p = \frac{l - d_f}{l} = \frac{20 - 4}{20} = 0.8$$

拉伸相关系数与剪切相关系数分别为

$$R_t = \frac{\sigma_y}{\psi_p \cdot \sigma_b} = \frac{45}{0.8 \times 405} = 0.14$$

$$R_s = \frac{\tau_{xy}}{\psi_p \cdot \tau_b} = \frac{53}{0.8 \times 243} = 0.27$$

蒙皮本体的安全裕度由下式计算：

$$\text{M. S.} = \frac{1}{\sqrt{R_t^2 + R_s^2}} - 1 = \frac{1}{\sqrt{0.14^2 + 0.27^2}} - 1 = 2.29$$

2. 蒙皮环向连接

(1) 紧固件沿 y 方向剪力。

$P_y = \tau \cdot l_x \cdot t_s \cdot (1 + 0.414K) = 53 \times 20 \times 1.5 \times (1 + 0.41 \times 0.19) = 1\,590.1\text{N}$

紧固件沿 x 方向剪力为

$$P_x = \sigma_x \cdot l_y \cdot t_s = 34 \times 20 \times 1.5 = 1\,020\text{N}$$

合成后紧固件上的剪力为

$$P_0 = \sqrt{P_x^2 + P_y^2} = \sqrt{1\,590.1^2 + 1\,020^2} = 1\,889.1\text{N}$$

那么，每个紧固件上的剪力为

$$P = n \cdot P_0 = 0.4 \times 1\,889.1 = 755.6\text{N}$$

(2) 铆钉的剪切裕度为

$$\text{M. S.}_s = \frac{P_{all}}{P} - 1 = \frac{3\,079}{755.6} - 1 = 3.07$$

钉孔挤压安全裕度由下式计算：

$$\text{M. S.}_{br} = \frac{P_{br}}{P} - 1 = \frac{4\,119}{755.6} - 1 = 4.45$$

(3) 拉伸相关系数与剪切相关系数分别为

$$R_t = \frac{\sigma_x}{\psi_p \cdot \sigma_b} = \frac{34}{0.8 \times 405} = 0.10$$

$$R_s = \frac{\tau_{xy}}{\psi_p \cdot \tau_b} = \frac{53}{0.8 \times 243} = 0.27$$

蒙皮本体的安全裕度由下式计算：

$$\text{M. S.} = \frac{1}{\sqrt{R_t^2 + R_s^2}} - 1 = \frac{1}{\sqrt{0.10^2 + 0.27^2}} - 1 = 2.47$$

3. 蒙皮角部连接

(1) 紧固件沿 x 方向剪力为

$$P_{x1} = \sigma_x \cdot l_x \cdot t_s = 34 \times 20 \times 1.5 = 1\,020\text{N}$$

$$P_{x2} = \tau_x \cdot l_x \cdot t_s = 53 \times 20 \times 1.5 = 1\,590\text{N}$$

紧固件沿 y 方向剪力为

$$P_{y1} = \sigma_y \cdot l_y \cdot t_s = 45 \times 20 \times 1.5 = 1\,350\text{N}$$

$$P_{y2} = \tau \cdot l_y \cdot t_s = 53 \times 20 \times 1.5 = 1\,590\text{N}$$

合成后紧固件上的剪力为

$$P_x = P_{x1} + P_{x2} = 1\,020 + 1\,590 = 2\,610\text{N}$$

$$P_y = P_{y1} + P_{y2} = 1\,350 + 1\,590 = 2\,940\text{N}$$

那么，每个紧固件上的剪力为

$$P_0 = \sqrt{n_x^2 \cdot P_x^2 + n_y^2 \cdot P_y^2} = \sqrt{(0.4 \times 2\,610)^2 + (0.5 \times 2\,940)^2} = 1\,803.0\text{N}$$

（2）铆钉的剪切裕度为

$$\text{M. S.}_s = \frac{P_{\text{all}}}{P} - 1 = \frac{3\ 079}{1\ 803.0} - 1 = 0.71$$

钉孔挤压安全裕度由下式计算：

$$\text{M. S.}_{\text{br}} = \frac{P_{\text{br}}}{P} - 1 = \frac{4\ 119}{1\ 803.0} - 1 = 1.28$$

4.2.6.2　长桁对接

如图 4-38（见彩图）所示为长桁典型对接结构。长桁接头通过 4 个 MAS1-301AP-6 螺栓与长桁外缘连接、3 个 MAS1-301AP-6 螺栓与长桁腹板连接、3 个 MAS1-301AP-6 螺栓与带板（隔框框缘）连接，MAS1-301AP-6 螺栓剪切破坏载荷为 11 965N。蒙皮有关参数如下：$t_1 = 3.175$mm，$L = 540$mm，$h_1 = 144.1$mm $q_{y1} = 265.4$N/mm，$q_{xy1} = 54.0$N/mm，$t_2 = 2.5$mm，$h_2 = 144.1$mm，$q_{y2} = 228.6$N/mm，$q_{xy2} = -86.9$N/mm。长桁的有关参数为：$P_{\text{st}} = 10\ 567.2$N，$A_{\text{st}} = 110.6$mm^2。

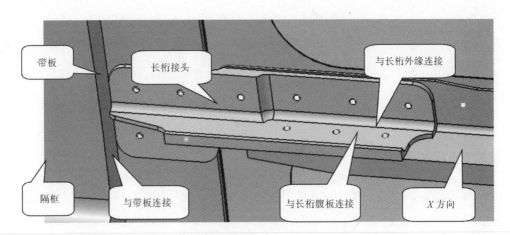

图 4-38　长桁对接典型连接结构示意图

1. 长桁对接处载荷计算

假设该长桁在隔框前对接，节点上的载荷为

$$P_{\text{tot,B}} = P_{\text{st}} + 0.5 \times q_{yq} \times h_1 + 0.5 \times q_{y2} \times h_2 + (q_{xy1} - q_{xy2}) \times L/2$$

$$= 10\ 567.2 + 0.5 \times 265.4 \times 144.1 + 0.5 \times 228.6 \times 114.1 + (54.0 + 86.9) \times 540 \div 2$$

$$= 84\ 192.0\text{N}$$

由于连接结构承受拉伸载荷，那么蒙皮截面积为

$$A_{\text{sk}} = 0.5 \times t_1 + 0.5 \times t_2 \times h_2 = 0.5 \times 3.175 \times 144.1 + 0.5 \times 2.5 \times 144.1$$

$$= 408.9\text{mm}^2$$

在长桁对接处，长桁接头传递的载荷为

$$P'_{\text{st}} = P_{\text{tot}} \times \frac{A_{\text{st}}}{A_{\text{st}} + A_{\text{sk}}} = 841\ 920 \times \frac{110.6}{110.6 + 408.9} = 17\ 924.8\text{N}$$

2. 对接强度计算

取与带板（框缘）连接的 3 个螺栓的单剪破坏载荷之和作为许用剪力，即

$$P_s = 3 \times 11\ 965 = 35\ 895\text{N}$$

同时取与接头连接的 3 个螺栓处的挤压许用载荷之和为挤压许用载荷,即

$$P_{br} = 3 \times 2.54 \times 4.76 \times 1.8 \times 510 = 33\,297.0\text{N}$$

铆钉的剪切裕度为

$$\text{M. S.}_s = \frac{P_s}{P} - 1 = \frac{35\,895}{17\,924.8} - 1 = 0.82$$

钉孔挤压安全裕度由下式计算:

$$\text{M. S.}_{br} = \frac{P_{br}}{P} - 1 = \frac{33\,297}{17\,924.8} - 1 = 0.69$$

3. 接头本体计算

长桁接头的最小截面如图 4-39 所示。

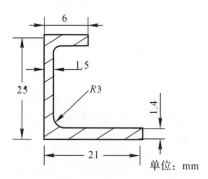

图 4-39　长桁接头最小截面示意图

拉伸许用应力为

$$[\sigma]_{tall} = k_s \cdot [\sigma]_{tusk} = 0.95 \times 510 = 484.5\text{MPa}$$

考虑钉孔的减缩,接头的截面积为

$$A_{net} = 74.8 - 4.76 \times 1.5 - 4.76 \times 1.4 = 61.0\text{mm}^2$$

长桁接头的许用拉伸载荷为

$$P_T = [\sigma]_{tall} \cdot A_{net} = 484.5 \times 61.0 = 29\,552.6\text{N}$$

拉伸载荷下长桁接头本体强度为

$$\text{M. S.} = \frac{P_{tall}}{P'_{st}} - 1 = \frac{29\,552.6}{17\,924.8} - 1 = 0.65$$

4.3　机身普通框静强度分析

4.3.1　概述

普通框一般采用钣弯成形。普通框典型结构形式如图 4-40 所示。按框缘及连接形式区分为框缘条与蒙皮直接相连,框缘条通过角片与蒙皮连接典型形式,如图 4-41 和图 4-42 所示。

普通框的作用是维持飞机外形,传递环向载荷,其内力主要为轴力和弯矩。因此,对普通框的静强度校核主要考虑框缘条的拉、压强度和框各连接部位的连接强度,如框缘或剪切角片与蒙皮的连接、框对接、剪切角片与框腹板连接、剪切角片与长桁的连接等。

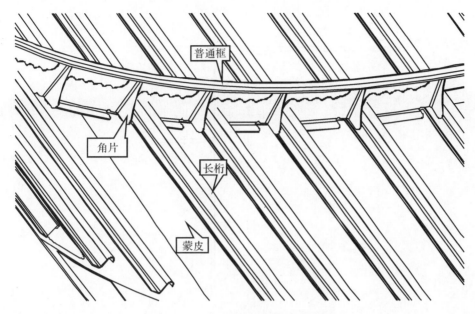

图 4 - 40　普通框典型结构形式

4.3.2　普通框强度分析

4.3.2.1　框截面特性

按框的结构形式计算框截面特性,包括 $80t$、$40t$、$30t$(t 表示蒙皮的厚度)蒙皮有效宽度三种截面特性,框截面各参数情况分别如图 4 - 41 和图 4 - 42 所示。

在截取蒙皮宽度时,若单侧蒙皮有效宽度 $40t$、$20t$、$15t$ 大于框间距的一半,则取框间距的一半宽度作为该侧蒙皮有效宽度。

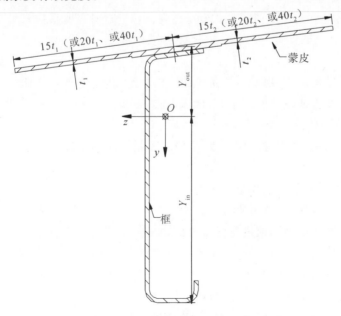

图 4 - 41　第一种框截面示意图

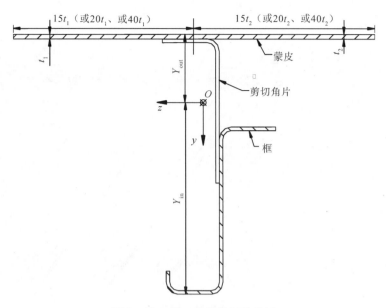

图 4 - 42　第二种框截面示意图

4.3.2.2　框缘许用应力计算

1. 框外缘受拉伸载荷的许用值

对于第一种框结构形式,取框外缘和蒙皮拉伸许用值两者中的较小值作为框外缘受拉伸载荷的许用值,框外缘和蒙皮拉伸许用值由下式计算得到:

$$[\sigma_{ot}] = K\sigma_b \qquad (4-114)$$

式中:σ_b—— 材料拉伸极限强度,MPa;

$\quad K$—— 材料减缩系数。

常用的材料减缩系数 K 取值如下:2000 系列铝合金材料减缩系数 K 取 0.88,铝锂合金材料减缩系数 K 取 0.88,7000 系列铝合金材料减缩系数 K 取 0.95,钢材料减缩系数 K 取0.95。

对于第二种框结构形式,由于剪切角片的结构特殊,认为它不承受正应力,故取蒙皮拉伸许用值作为框外缘受拉伸载荷的许用值,计算方法见式(4-114)。

2. 框内缘受拉伸载荷的许用值

对于此两种框结构,框内缘结构一致,框内缘无紧固件情况按下式计算:

$$[\sigma_{it}] = \sigma_b \qquad (4-115)$$

3. 框外缘受压缩载荷的许用值

对于第一种框结构形式,取蒙皮钉间屈曲应力 $\sigma_{cr,r}$ 和框外缘压损应力 σ_{cc} 两者中的较小值作为框外缘受压缩载荷的许用值进行强度分析。

对于第二种框结构形式,由于剪切角片的结构特殊,认为剪切角片不承受正应力,取蒙皮钉间屈曲应力 $\sigma_{cr,r}$ 作为框外缘受压缩载荷的许用值进行强度分析。

(1)蒙皮钉间屈曲应力 $\sigma_{cr,r}$。蒙皮的钉间屈曲应力 $\sigma_{cr,r}$ 由式(4-16)给出。若分析计算的蒙皮钉间屈曲应力大于蒙皮材料屈服应力 σ_{cy},取 $\sigma_{cr,r} = \sigma_{cy}$。

（2）框外缘的压损应力 σ_{cc}。用板元法计算压损应力，若每一块板材的压损应力大于框缘材料屈服应力 σ_{cy}，取 $\sigma_{cci} = \sigma_{cy}$。

4. 框内缘受压缩载荷的许用值

对于此两种框结构，框内缘结构一致，框内缘受压缩载荷的许用值 $[\sigma_{ic}]$ 取框内缘的压损应力 σ_{cc}。

4.3.2.3　框缘应力计算

在全机有限元建模时，将此两种框结构均简化成普通梁，应力分析时计算方法如下：框缘具有框平面内弯曲刚度，其单元方向严格按有限元建模规定执行，根据图 4-43 所示确定内力的正方向。框外缘与蒙皮铆接，当蒙皮承受压应力时，取 $30t$ 蒙皮有效宽度的截面特性；当蒙皮承受拉伸应力时，机身无内压情况，取 $40t$ 蒙皮有效宽度的截面特性；当蒙皮承受拉伸应力时，机身带有内压的情况，取 $80t$ 蒙皮有效宽度的截面特性（t 表示蒙皮的厚度）。计算框的各种截面特性时，惯性矩根据蒙皮受拉／压及气密情况选取与各截面特性中相应的惯性矩值。

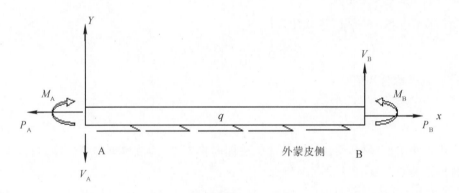

平面1

图 4-43　梁元第 1 平面内力示意图

梁元端部内外缘应力按以下两式进行计算：

$$\sigma_A = \frac{P_A}{A} - \frac{M_A Y}{I} \tag{4-116}$$

$$\sigma_B = \frac{P_B}{A} - \frac{M_B Y}{I} \tag{4-117}$$

式中：P_A、P_B—— 梁元端部轴力，N；

　M_A、M_B—— 梁元端部弯矩，N·mm。

计算内力时，梁元端部弯矩 M_A 或 M_B 直接取梁元端点处弯矩；梁元端部轴力 P_A 或 P_B 由有限元结果梁元轴力和两侧蒙皮膜元剪流力推算，其受力模型如图 4-44 所示，下面计算公式中的正负号，严格按照图 4-44 中所示膜单元方向执行。

梁元轴力 P_A 或 P_B 的计算为

$$P_A = P + [(-F_{xy1}) + F_{xy2}] \times (L/2) \tag{4-118}$$

$$P_B = P + [F_{xy1} + (-F_{xy2})] \times (L/2) \tag{4-119}$$

式中：　　P—— 有限元结果梁元轴力，N；

　F_{xy1}、F_{xy2}—— 有限元结果膜元剪流力，N/mm；

L—— 梁元长度,mm。

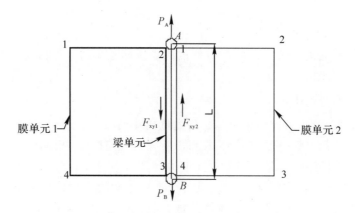

图 4-44 普通梁元端部轴力计算模型示意图

4.3.2.4 框缘安全裕度计算

安全裕度(M.S.)按下式进行计算:

$$\text{M.S.} = \frac{[\sigma]}{\sigma} - 1 \tag{4-120}$$

式中:$[\sigma]$—— 框缘许用值;

σ—— 框缘名义应力。

4.3.2.5 框的侧向失稳

带有内凸缘的曲线框,受压缩时可能失去侧向稳定性。为改善框的侧向稳定性,框的设计应该具备以下特点(各参数见图 4-45)。

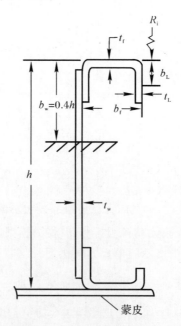

图 4-45 框侧向失稳参数示意图

(1) 对称的横截面；

(2) 降低 A_L/A_f 比值；

(3) 提高 $t_f R_i/b_f$ 比值；

(4) 降低 b_w/b_f 比值。

本节给出基于试验数据计算框侧向失稳应力的经验方法，计算中所用的参数如下：

A_{ei} —— 第 i 个单元的有效面积；

A_i —— 第 i 个单元的面积；

b_f —— 缘条宽度；

b_L —— 弯边宽度；

b_w —— 缘条腹板宽度；

b_i —— 第 i 个单元宽度；

d' —— 腹板加强件间距；

E_L —— 框材料的弹性模量；

E_s —— 蒙皮材料的弹性模量；

E_{st} —— 长桁材料的弹性模量；

σ_c —— 板元法计算得到的受压缘条的平均局部失稳应力；

G_L —— 框材料的刚性模量；

h —— 框高度；

h' —— 旋转中心到内缘条形心之间的距离；

h'' —— 框缘条形心之间距离；

h_w —— 框腹板高度；

I_V —— 腹板加强件的惯性矩；

I_{xxe} —— 框有效惯性矩；

L_o —— 框距；

l_s —— 框侧向支持距离；

η_i —— 第 i 个单元的面积有效系数；

M_e —— 框上有效弯矩（以内缘受压为正）；

T_e —— 框上有效轴力（以受压为正）；

t_f —— 缘条厚度；

t_L —— 弯边厚度；

t_w —— 腹板厚度；

t_i —— 第 i 个单元厚度；

y_i —— 第 i 个单元形心到参考 x 轴的距离；

$y_{框}$ —— 框形心到参考 x 轴的距离。

1. 有效面积

(1) 将框的横截面分成平直单元和弯曲单元，如图 4-46 所示。对于浮框，剪切带也应包括在内。

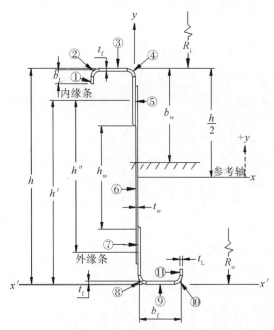

图 4-46　框横截面分析示意图

（2）确定所有单元的面积有效系数。其中，③和⑨号单元的缘条面积有效系数由图4-47曲线得到，①和⑪号单元的弯边面积有效系数由图4-48曲线得到，而⑤、⑥、⑦号单元对于承载完全有效，面积有效系数均为1.0。所有弯曲单元的面积有效系数则为相邻两个单元面积有效系数的平均值。

（3）求出全部单元的有效面积 $A_{ei} = \eta_i A_i$。计入蒙皮有效宽度 W_{tot}。对于受压框，W_e 取 $20t$；对于不受压框，W_e 取 $40t$。

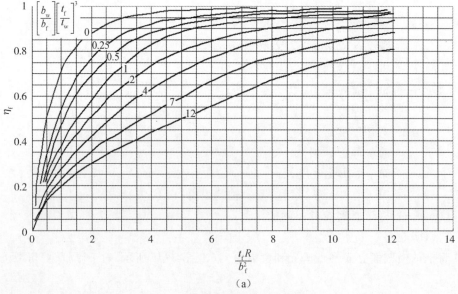

图 4-47　缘条面积有效系数曲线

(a)$A_L/A_f = 0$；

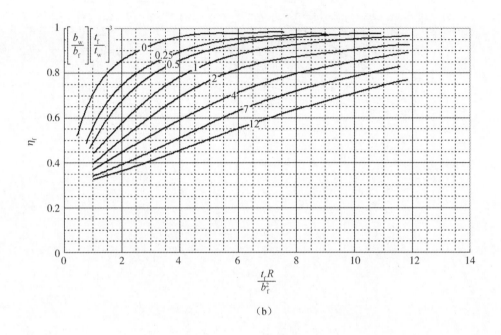

（b）

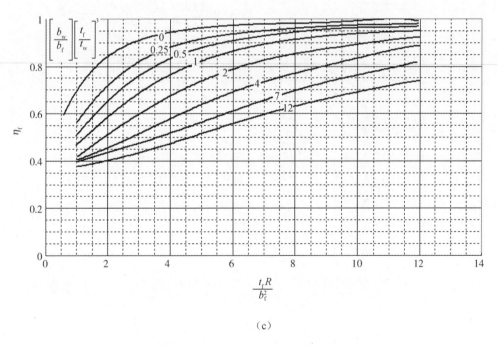

（c）

续图 4 - 47　缘条面积有效系数曲线

（b）$A_{\mathrm{L}}/A_{\mathrm{f}} = 0.2$；（c）$A_{\mathrm{L}}/A_{\mathrm{f}} = 0.4$；

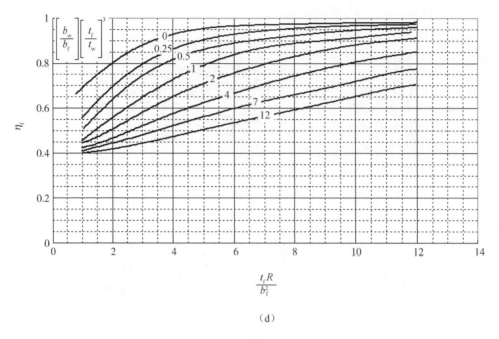

（d）

续图 4-47　缘条面积有效系数曲线

（d）$A_L/A_f = 0.6$

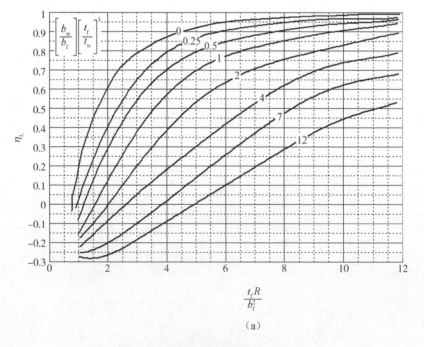

（a）

图 4-48　弯边面积有效系数曲线

（a）$A_L/A_f = 0.2$；

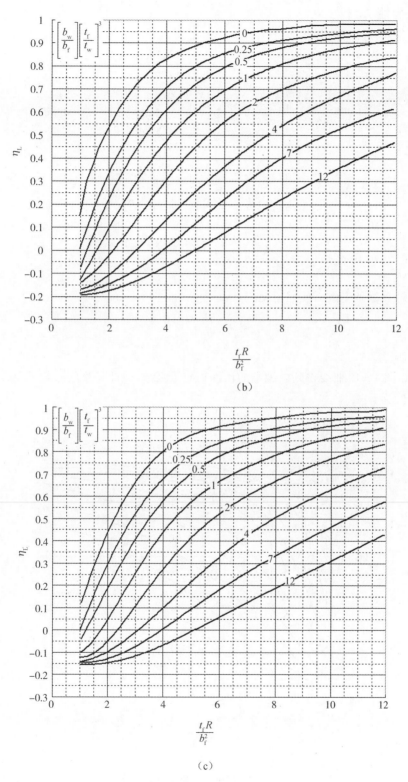

（b）

（c）

续图 4 - 48　弯边面积有效系数曲线

（b）$A_{\mathrm{L}}/A_{\mathrm{f}} = 0.4$；（c）$A_{\mathrm{L}}/A_{\mathrm{f}} = 0.6$

2. 截面特性

按下列各式计算框的各截面特性参数：

$$y_{框} = \sum A_{ei}y_i / \sum A_{ei} \tag{4-121}$$

$$c_{框} = \frac{h}{2} + y_{框} \tag{4-122}$$

$$y_{内缘条} = \sum_{i=1}^{5} A_{ei}y_i / \sum_{i=1}^{5} A_{ei} \tag{4-123}$$

$$y_{外缘条} = \sum_{i=7}^{11} A_{ei}y_i / \sum_{i=7}^{11} A_{ei} \tag{4-124}$$

$$I_{xxe} = \sum \frac{t_i b^3}{12} + \sum A_{ei}y_i^2 + \sum A_{ei}y_{框}^2 \tag{4-125}$$

$$I_{yy内缘} = \sum_{i=1}^{5} A_i x_i^2 + \sum_{i=1}^{5} \frac{t_i b_i^3}{12} \tag{4-126}$$

3. 使用应力

按下式计算缘条上最大使用压缩应力：

$$\sigma_e = \frac{M_e y}{I_{xxe}} + \frac{T_e}{A_e} \tag{4-127}$$

4. 许用应力

（1）根据图 4-49 曲线得到内缘条的惯性矩有效系数 η_l，计算受压缘条对于腹板中心的侧向有效惯性矩为

$$I_{yye内缘} = \eta_l I_{yy内缘} \tag{4-128}$$

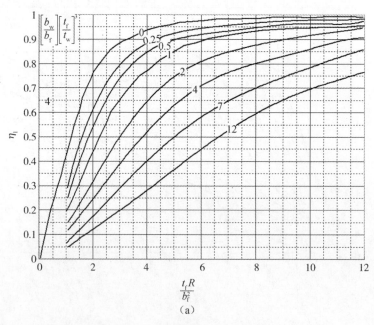

图 4-49　侧向惯性矩有效系数曲线

(a) $A_L/A_f = 0$;

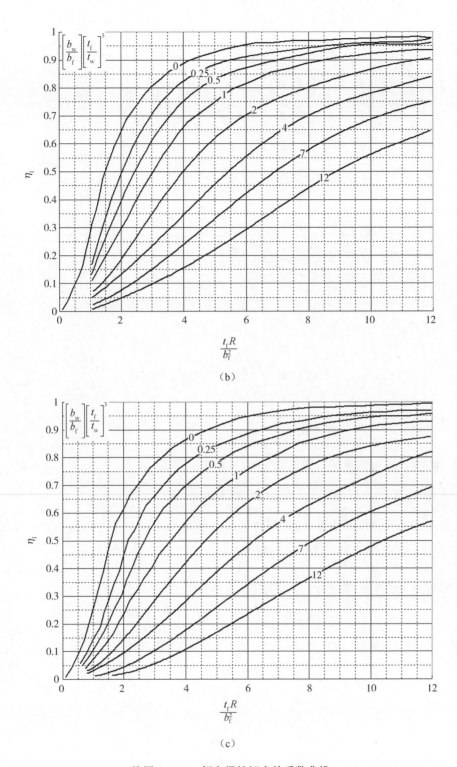

（b）

（c）

续图 4 - 49　侧向惯性矩有效系数曲线

（b）$A_L/A_f = 0.2$；（c）$A_L/A_f = 0.4$；

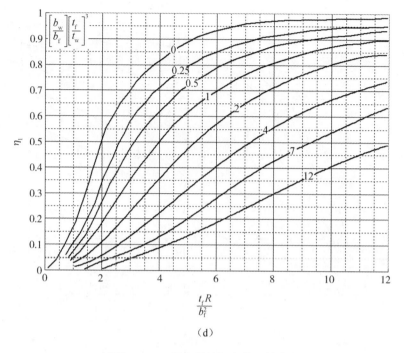

续图 4 - 49　侧向惯性矩有效系数曲线

(d)$A_L/A_f = 0.6$

（2）计算扭转-弯曲常数 Γ 为

$$\Gamma = I_{yye内缘} h^2 \tag{4-129}$$

（3）计算内缘条和腹板的扭转常数 J（腹板宽度取 h''）为

$$J = \frac{1}{3} \sum_{i=1}^{6} b_i t_i^3 \tag{4-130}$$

（4）忽略蒙皮和受拉的外缘条，采用有效面积计算框对转动中心的极惯性矩 I_p（$x'x'$ 和 $y'y'$ 为通过转动中心的水平和垂直坐标轴）：

$$I_p = I_{x'x'} + I_{y'y'} \tag{4-131}$$

（5）假设一个许用压缩应力 σ_{cr}，计算腹板转动约束 K_w：

$$K_w = \frac{E_L t_{we}^3}{4(1-\mu^2)h} \left(1 - \frac{N'}{N'_{cr}}\right) \tag{4-132}$$

对于没有加强件的框，或加强件间距大于 1.5 倍框高时，有

$$t_{we} = t_w \tag{4-133}$$

$$N'_{cr} = \frac{0.905 E_L t_{we}^3}{h''^2} \tag{4-134}$$

$$N' = \frac{\sigma_{cr} A_e}{R_i} \tag{4-135}$$

当框具有加强件，且其间距小于 1.5 倍框高时，有

$$t_{we} = t_w + \sqrt[3]{\frac{12 I_V}{d'}} \tag{4-136}$$

$$N'_{cr} = \frac{3.82 E_{L} t_{we}^{3}}{d'^{2}} \tag{4-137}$$

$$N' = \frac{\sigma_{cr} A_{e}}{R_{i}} \tag{4-138}$$

（6）计算蒙皮转动约束 K_{s}：

$$K_{s} = C_{s} \frac{E_{s} t^{3}}{3(1-\mu^{2}) l_{o}} + 0.118 E t^{2} \sqrt{\frac{t}{R_{o}}} + C_{st} \tag{4-139}$$

其中，第一项中 C_{s} 表示蒙皮拉伸约束，由图 4-50 曲线得到，图中，环向张力 $\sigma_{t} = pR_{0}/t$；第二项为曲率影响；第三项 C_{st} 为蒙皮和桁条的转动约束，对于等距框，全部约束为

$$C_{st} = \frac{8 E_{st} I_{st}}{l_{o} l_{s}} \tag{4-140}$$

由于桁条的约束随桁条与框的连接情况而改变，所以要加以判断，确定实际约束占全部约束的百分比，对于框未与蒙皮相连的例子，取 75%。

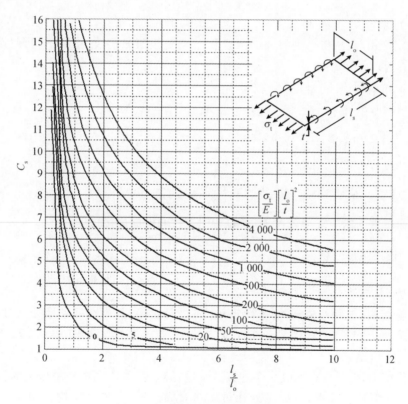

图 4-50　蒙皮转动约束系数曲线

（7）计算总的转动约束 K_{t}：

$$K_{t} = \frac{K_{w} K_{s}}{K_{w} + K_{s}} \tag{4-141}$$

（8）计算有效转动半径 ρ_{e}：

$$\rho_{e} = \sqrt{\frac{\Gamma}{I_{p}}} \tag{4-142}$$

（9）确定有效半波长 λ。

除非有间距比 λ 小得多的侧向支持，否则用 l 表示侧向支持的间距：

$$l = \lambda = \pi \left(\frac{E_{\mathrm{L}} \Gamma}{K_{\mathrm{t}}} \right) \tag{4-143}$$

（10）计算许用压应力：

对于 $1/\rho_{\mathrm{e}} > 100$ 的框，其侧向失稳许用压应力为

$$\sigma_{\mathrm{cr}} = \frac{G_{\mathrm{L}} J + E_{\mathrm{L}} \Gamma \left(\frac{\pi}{l} \right)^2 + K_{\mathrm{t}} \left(\frac{l}{\pi} \right)^2}{I_{\mathrm{p}}} \tag{4-144}$$

对于 $80 \leqslant 1/\rho_{\mathrm{e}} \leqslant 100$ 的框，其侧向失稳许用压应力为

$$\sigma_{\mathrm{cr}} = \sigma_{\mathrm{c}} + \frac{G_{\mathrm{L}} J + K_{\mathrm{t}} \left(\frac{1}{\pi} \right)^2}{I_{\mathrm{p}}} \tag{4-145}$$

对于 $1/\rho_{\mathrm{e}} < 80$ 的框，其侧向失稳许用压应力为

$$\sigma_{\mathrm{cr}} = \frac{\pi^2 E_{\mathrm{L}}}{(1/\rho_{\mathrm{e}})^2} \tag{4-146}$$

（11）确定许用应力：将得到的许用压应力 σ_{cr} 与假设值做比较，如果不同，假设一个新值，进行迭代计算，直到一致为止。

5. 侧向支持载荷

框的初始偏心率为

$$e = 1.5 \times \left(\frac{0.1 \times \rho_{\mathrm{e}}^2}{h/2} + \frac{l}{750} \right) \tag{4-147}$$

侧向支持载荷 P_{s} 为

$$P_{\mathrm{s}} = \left(\frac{\pi^2 e}{2l} \right) F_{\mathrm{cr}} A_{\mathrm{e内缘}} \tag{4-148}$$

可用上面得到的侧向支持载荷 P_{s} 校核侧向支持和框的连接强度。

4.3.3 连接强度分析

4.3.3.1 框对接

第一种框结构，框断开处通过两个连接条带进行对接，其中在框外缘处通过 1 排紧固件连接，框腹板处通过 3 排紧固件连接，框内缘处通过 1 排紧固件连接，典型结构如图 4-51（见彩图）所示。

第二种框结构，框断开处通过一个连接条带进行对接，其中在框外缘处无紧固件连接，框腹板处通过 3 排紧固件连接，框内缘处通过 1 排紧固件连接，典型结构如图 4-52（见彩图）所示。

图 4-51 和图 4-52 中，划分有效面积时，取两侧紧固件之间距离的一半为有效面积，若无紧固件，则有效面积直接取到边界。

此两种框结构进行对接强度分析时，分析方法一致，分析部位包括连接条带本体强度和连接条带与框连接强度。

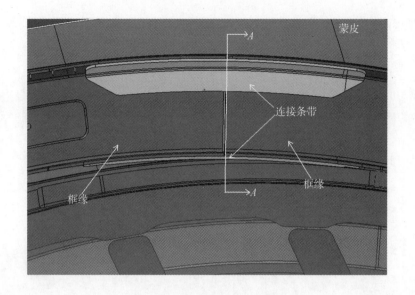

*A—A*剖面连接条带各紧固件处有效面积示意图

图 4-51 第一种框结构对接处连接示意图

1. 连接条带本体强度分析

（1）框对接处截面特性。框对接处截面特性见第 4.3.2.1 节相关内容。

（2）框对接处许用应力计算。框对接处许用应力计算方法与框缘许用应力计算方法相同，见第 4.3.2.2 节相关内容。

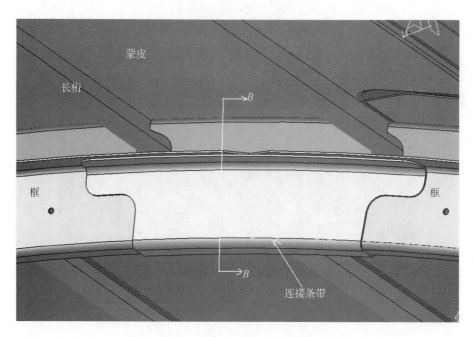

B—B剖面连接条带各紧固件处有效面积示意图

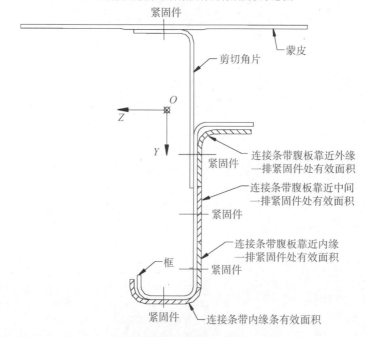

图 4-52　第二种框结构对接处连接示意图

（3）框对接处应力计算。框对接处应力计算方法与框缘应力计算方法相同，见第4.3.2.3节相关内容。

框对接处内力计算时，根据对接部位在有限元模型中对应梁元的位置不同，可分为两种情况：一种是对接部位在梁元两端处，另一种是对接部位在梁元中间处。

对于第一种框结构，由于无长桁结构，对接部位在有限元模型中的位置根据空间坐标进行确定；对于第二种框结构，由于长桁和框的交点即为有限元模型节点位置，对接部位在有限元模型中的位置根据在长桁处对接或在长桁之间对接进行确定。

对接部位在梁元两端处，内力取梁元端部处内力，计算方法见第 4.3.2.3 节相关内容。

对接部位在梁元中间处，内力取梁元中部处内力，其中轴力 P_M 直接取有限元结果梁元轴力 P，弯矩 M_M 取有限元结果梁元两端弯矩的平均值，计算公式如下：

$$M_M = \frac{M_A + M_B}{2} \tag{4-149}$$

式中：M_A、M_B——有限元结果梁元端部弯矩，N·mm。

（4）框对接处安全裕度计算。框对接处安全裕度计算方法与框缘裕度计算方法相同，见第 4.3.2.4 节相关内容。

2. 连接条带与框连接强度分析

（1）框对接处连接许用载荷计算。框对接处连接许用载荷计算方法见第 4.3.2.2 节相关内容。

（2）框对接处连接钉载计算。框对接处紧固件连接情况如图 4-53（见彩图）所示，根据框的受力特点，框对接处的剪力由框腹板处连接紧固件进行传递，故将框对接处连接计算分连接条带与框内（外）缘连接和连接条带与框腹板连接两种情况。

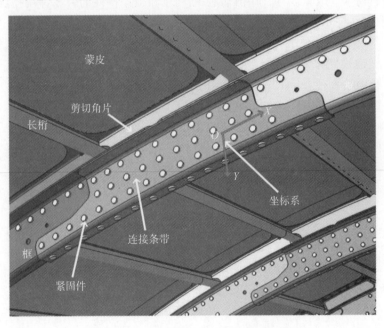

图 4-53　框对接处紧固件连接示意图

分析连接条带与框内（外）缘连接时，由连接条带有效面积形心处应力与连接条带有效面积的乘积，并除以连接紧固件数量，得到每颗紧固件的钉载 Q_r：

$$Q_r = \frac{\sigma A}{n} \tag{4-150}$$

式中：σ——连接条带有效面积形心处应力，MPa；

A——连接条带有效面积，mm²；

n——连接紧固件数量。

分析连接条带与框腹板连接时,紧固件钉载按图 4-53 中的坐标系计算 X 向和 Y 向分量,再求矢量和。X 向钉载 $Q_{r,X}$ 计算方法与框缘同。Y 向钉载 $Q_{r,Y}$ 由梁元剪力与框腹板上连接紧固件总数的比值得到,如下式所示:

$$Q_{r,Y} = \frac{Q}{n_{web}} \qquad (4-151)$$

式中:Q—— 有限元结果梁元剪力,N;

n_{web}—— 框腹板上连接紧固件总数。

框腹板处每颗紧固件的钉载由 X 向钉载和 Y 向钉载的矢量和得到,如下:

$$Q_r = \sqrt{Q_{r,X}^2 + Q_{r,Y}^2} \qquad (4-152)$$

(3) 框对接处连接安全裕度计算。框对接处连接安全裕度计算方法见第 4.3.3.2 节相关内容。

4.3.3.2 框外缘或框剪切角片与蒙皮连接

第一种框结构的框外缘直接与蒙皮连接;第二种框结构框外缘通过剪切角片与蒙皮连接,不直接与蒙皮连接。此两种连接形式的分析方法一致。

1. 框外缘或剪切角片与蒙皮连接许用载荷计算

连接许用载荷 $[Q]$ 取紧固件许用剪切载荷 $[Q_r]$ 和被连接件的钉孔许用挤压载荷 $[Q_{br}]$ 中的较小值,其中钉孔许用挤压载荷 $[Q_{br}]$ 按下式进行计算:

$$[Q_{br}] = \sigma_{bru} D t \qquad (4-153)$$

式中:σ_{bru}—— 被连接件材料挤压极限强度,MPa;

D—— 紧固件直径,mm;

t—— 被连接件厚度,mm。

2. 框外缘或剪切角片与蒙皮连接钉载计算

取框外缘两侧蒙皮单元的剪流差与钉间距的乘积,再除以紧固件排数求得每颗紧固件的剪力,如下:

$$Q_r = \frac{|F_{xy1} - F_{xy2}| \times S}{n} \qquad (4-154)$$

式中:F_{xy1}、F_{xy2}—— 两侧蒙皮剪流力,N/mm;

S—— 钉间距,mm;

n—— 紧固件排数。

3. 框外缘或剪切角片与蒙皮连接安全裕度计算

框外缘或剪切角片与蒙皮连接安全裕度按下式进行计算:

$$M.S. = \frac{[Q]}{Q_r} - 1 \qquad (4-155)$$

4.3.3.3 框剪切角片与长桁连接

第一种框结构形式一般出现在机头密框区,此部位无长桁,故无此类连接;第二种框结构形式为机身框最常见的结构形式,长桁穿过框,并通过连接角片与框腹板进行连接,如图 4-54(见彩图)所示。

连接角片的主要作用是将作用于长桁上的气密载荷以剪切的形式传递到框腹板上,故分析时使用 2 倍气密载荷进行分析。

1. 连接角片与长桁连接许用载荷计算

计算方法见 4.3.3.2 节。

2. 连接角片与长桁连接钉载计算

(1) 计算长桁、蒙皮应力。计算长桁和蒙皮的应力时的原始输入数据如下：

R——框半径，mm；

L——框距，mm；

t——化铣或机加后蒙皮厚度，mm；

b——桁距，mm；

A_{st}——长桁与凸台的总面积，mm^2；

I——长桁和蒙皮的组合截面的惯性矩，mm^4；

E——弹性模量，MPa；

r——框剖面形心所形成的圆的半径，mm；

t_f——剪切角片厚度，mm；

C_s——长桁剖面总形心到机身外表面的距离，mm；

e——框剖面剪切角片与蒙皮的连接铆钉到剪切角片弯边的距离，mm；

C_{st}——长桁剖面总形心到长桁内弯边的距离，mm；

μ——泊松比；

p——正常气密压差，MPa；

b'——剪切板宽度，mm；

A_f——框剖面中框、加强件、凸台及剪切角片的总面积，mm^2；

A'_f——框剖面中框、加强件及凸台的总面积，mm^2；

y——长桁剖面中连接角片与长桁的连接铆钉到总形心的距离，mm。

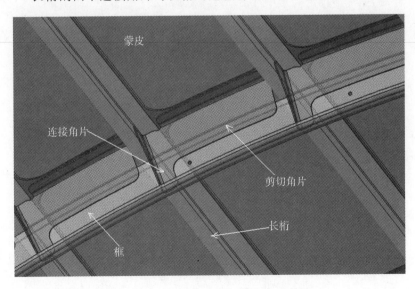

图 4-54　连接角片与长桁连接示意图

部分参数的示意图如图 4-55 和图 4-56 所示。

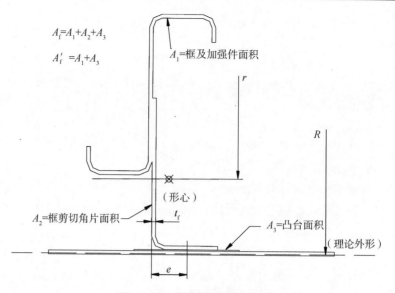

图 4-55　框剖面参数示意图

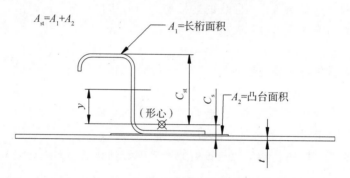

图 4-56　长桁剖面参数示意图

$$N = \frac{PR}{2} \qquad (4-156)$$

$$t_s = \frac{A_{st}}{b} \qquad (4-157)$$

$$t' = \frac{t + t_s}{1 + (1 - \mu^2) \times \dfrac{t_s}{t}} \qquad (4-158)$$

$$D = EI \qquad (4-159)$$

$$\lambda = \frac{\sqrt{t' \times \dfrac{E}{D}}}{2R} \qquad (4-160)$$

$$\alpha = \sqrt{\lambda + \frac{N}{4D}} \qquad (4-161)$$

$$\beta = \sqrt{\left| \lambda - \frac{N}{4D} \right|} \qquad (4-162)$$

$$A = \frac{\alpha L}{2} \qquad (4-163)$$

$$B = \frac{\beta L}{2} \tag{4-164}$$

$$Y = \frac{PR^2}{t'E}\left[1 - \frac{\mu t'}{1(t + t_s)}\right] \tag{4-165}$$

$$Q_f = \frac{R^2}{\left(\dfrac{b}{b'}\right)\left(\dfrac{e}{t_f}\right)^3 (1 - \mu^2) + \dfrac{R^2}{A'_f}} \tag{4-166}$$

$$C = \frac{Q_f E_f L^3}{32 D R^2} \tag{4-167}$$

隔框处挠度 δ_f 由下式计算得到：

$$\delta_f = \frac{-Y}{1 + \dfrac{C}{K_1}} \tag{4-168}$$

中点处挠度 δ_m 由下式计算得到：

$$\delta_m = -Y\left(1 - \frac{K_2}{1 + \dfrac{K_1}{C}}\right) \tag{4-169}$$

间隔中点处蒙皮的当量环向应力 σ_{sym} 由下式计算得到：

$$\sigma_{sym} = \frac{\mu N - E(t + t_s)\left(\dfrac{\delta_m}{R}\right)}{t + (1 - \mu^2)t_s} \tag{4-170}$$

框架处蒙皮的当量环向应力 σ_{syf} 由下式计算得到：

$$\sigma_{syf} = \frac{\mu N - E(t + t_s)\left(\dfrac{\delta_f}{R}\right)}{t + (1 - \mu^2)t_s} \tag{4-171}$$

(2) 计算内压引起的框架传递到桁条上的载荷。计算由内压引起的框架传递到桁条上的载荷过程如下：

名义的蒙皮环向应力 σ 由下式计算得到：

$$\sigma = \frac{PR}{t} \tag{4-172}$$

系数 C_2 和 C_3 由下列两式计算得到：

$$C_2 = \frac{\sigma_{sym}}{\sigma} \tag{4-173}$$

$$C_3 = \frac{\sigma_{syf}}{\sigma} \tag{4-174}$$

系数 A 由下式计算得到：

$$A = \left[\frac{(1 - C_2) + (1 - C_3)}{2}\right] \times \left(L - \frac{b}{2}\right) \times 1.1 \tag{4-175}$$

由内压引起的、框架通过连接角片传递到桁条上的载荷 P_s 由下式计算得到：

$$P_s = Apb \times \left(\frac{A'_f}{A_f}\right) \tag{4-176}$$

(3) 计算长桁与连接角片连接的紧固件载荷。长桁与连接角片连接紧固件受力示意图如图 4-57 所示。长桁与连接角片连接的危险部位为内侧紧固件，载荷计算过程如下。

紧固件承受的剪力由下式计算得到：

$$Q_r = P_s \times \frac{W}{S}$$

(4-177)

式中：W——外侧紧固件到框腹板的距离，mm；

S——紧固件间距，mm。

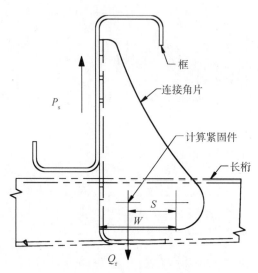

图4-57　长桁和连接角片连接紧固件受力示意图

3. 连接角片与长桁连接

连接角片与长桁连接安全裕度计算方法见第4.3.3.2节内容。

4.3.4　有限元计算方法

由于实际的框结构不是标准的圆环形，且其实际受载十分复杂，用上述方法不能得到精确的受力分析。有限元法以灵活的方式提供了一种数值解法。

在机身有限元分析中，通常把机身这一薄壁加筋结构计算模型的网格取得与真实工程结构一致，即加筋与加筋相交处都取为一个节点，加筋模拟杆元或梁元，相邻加筋之间蒙皮模拟壳元或膜元。

对于普通框，其主要功能之一在于维持机身截面形状，它的抗弯能力是主要受力特性之一，且框高度相对于机身半径较小，因此，在建立有限元模型时，应取为梁元，且应注意对其相对蒙皮进行偏置，不然会给分析结果带来较大误差。但是，通常的做法是不做偏置，而是通过在计算框的惯性矩时考虑蒙皮有效宽度来减小误差。

对如图4-58所示的曲梁参数示意图，当$R_1/h > 5$时，弯矩引起的梁应力可按直梁计算。在有限元计算结果中，取出模拟框的梁元的内力——轴力和弯矩。其中，轴力以使框拉伸为正方向，弯矩以使框外缘受拉为正方向。按下式计算框危险截面处的正应力分布情况：

$$\sigma = \frac{P}{A} + \frac{M}{I}y$$

(4-178)

式中：P——有限元分析输出的梁元轴向力；

M——有限元分析输出的梁元弯矩；

A—— 梁元面积(包括框及凸台面积,不包括剪切角片和蒙皮);

I—— 包括有效蒙皮的梁元惯性矩(包括有效宽度的蒙皮、凸台和框,其中,根据蒙皮受拉或受压,取不同的有效蒙皮宽度);

y—— 计算点 y 轴坐标。

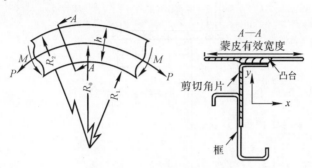

图 4 - 58　曲梁参数示意图

4.3.5　普通框强度分析方法工程应用

4.3.5.1　框内外缘许用应力计算

取某型飞机 FR31 框下部安装进行内外缘许用应力计算,如下所述。

1. 框外缘受拉伸载荷的许用值($[\sigma_{ot}]$)

由于 FR31 框外缘处,剪切角片与蒙皮连接,考虑到剪切角片的受力特性,取蒙皮的拉伸许用值$[\sigma_{ot}]$作为外缘受拉许用值。前机身蒙皮材料为 2060 - T8E30,采购规范为 CMS - AL - 101,毛料厚度为 2.40mm,蒙皮材料的拉伸极限应力为 $\sigma_{tu} = 482$MPa,蒙皮与剪切角片通过紧固件进行连接,材料减缩系数 K_N 取 0.88。

框外缘受拉伸载荷的许用值为:$[\sigma_{ot}] = K_N \cdot \sigma_{tu} = 0.88 \times 482 = 424$MPa。

2. 框内缘受拉伸载荷的许用值($[\sigma_{it}]$)

框内缘材料为 2024 - T42,采购规范为 AMS - QQ - A - 250/5,毛料厚度为 1.27mm,材料的拉伸极限应力为:$\sigma_{tu} = 406$MPa,框内缘在此处无紧固件。

框内缘受拉伸载荷的许用值为$[\sigma_{it}] = \sigma_{tu} = 406$MPa。

3. 框外缘受压缩载荷的许用值($[\sigma_{oc}]$)

由于 FR31 框外缘处剪切角片与蒙皮连接,考虑到剪切角片的受力特性,取蒙皮钉间屈曲应力作为框外缘受压的许用值$[\sigma_{oc}]$。前机身蒙皮材料为 2060 - T8E30,取 $E_t = 72\ 345$MPa,$\sigma_{cy} = 407$MPa,蒙皮与框外缘通过一排埋头钉进行连接,连接处蒙皮厚度 1.80mm,蒙皮一侧为埋头钉,钉间失稳端部支持系数 $C = 1.0$,取最大钉间距为 25.00mm 进行计算,得到蒙皮钉间屈曲应力为

$$\sigma_{cr,r} = 0.82\ \frac{CE_t}{(S/t)^2} = 0.82 \times \frac{1.0 \times 72\ 345}{(25.00/1.80)^2} = 307\text{MPa} < \sigma_{cy}$$

则$[\sigma_{oc}] = \sigma_{cr,r} = 307$MPa。

4. 框内缘受压缩载荷的许用值($[\sigma_{ic}]$)

框内缘结构形式如图 4 - 59 所示,框内缘材料为 2024 - T42,采购规范为 AMS - QQ - A -

$250/5$,厚度 $t_1 = t_2 = 1.27\text{mm}$,$E_c = 73\ 723\text{MPa}$,$\sigma_{cy} = 268\text{MPa}$。

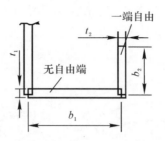

图 4-59　框内缘结构示意图

内缘条翻边为一端自由情况,其长度为 $b_2 = 7.36\text{mm}$,则有

$$b_2/t_2 = 7.36/1.27 = 5.79$$

查图 3-8,得压损应力为

$$\sigma_{cc2}/\sqrt{\sigma_{cy}E_c} = 0.081$$

$$\sigma_{cc2} = \sqrt{268 \times 73\ 723} \times 0.081 = 360\text{MPa} > \sigma_{cy}$$

则 $\sigma_{cc2} = \sigma_{cy} = 268\text{MPa}$。

内缘条无自由端情况,其长度为 $b_1 = 18.73\text{mm}$,则有

$$b_1/t_1 = 18.73/1.27 = 14.75$$

查图 3-7,得压损应力为

$$\sigma_{cc1}/\sqrt{\sigma_{cy}E_c} = 0.085$$

$$\sigma_{cc1} = \sqrt{268 \times 73\ 723} \times 0.085 = 377\text{MPa} > \sigma_{cy}$$

那么 $\sigma_{cc1} = \sigma_{cy} = 268\text{MPa}$。

$$\sigma_{cc} = \frac{\sum b_i t_i \sigma_{cci}}{\sum b_i t_i} = \frac{7.37 \times 1.27 \times 268 + 18.73 \times 1.27 \times 268}{7.37 \times 1.27 + 18.73 \times 1.27} = 268\text{MPa}$$

则内缘受压缩载荷的许用值为 $[\sigma_{ic}] = \sigma_{cc} = 268\text{MPa}$。

FR31 框各部位内外缘许用应力汇总见表 4-8。

表 4-8　FR31 框内外缘许用应力　　　　　　　　　　单位:MPa

部　位	外缘拉伸$[\sigma_{ot}]$	内缘拉伸$[\sigma_{it}]$	外缘压缩$[\sigma_{oc}]$	内缘压缩$[\sigma_{ic}]$
FR31 框(蒙皮厚度 1.60mm)	424	406	243	268
FR31 框左右侧 14～17 长桁之间(蒙皮 2.20mm)	424	406	162	268
FR31 框左右侧 16～17 长桁之间(框对接)	357	406	162	268
FR31 框左右侧 33 长桁处及 4～5 长桁间(框对接)	357	406	349	268
FR31 框其余部分框缘(蒙皮厚度 1.8mm)	424	406	307	268

4.3.5.2　普通框内外缘强度分析

选取 FR31 框左侧 33 长桁处框内缘在工况 100000（两倍气密）下为例进行框内外缘静强度分析，计算位置为单元 B 端，两侧膜元编号为 1143032、1143132。1323132 单元 B 端在工况 100000 下，$M_B = - 585\ 499\text{N} \cdot \text{mm}$，$P_B = 31\ 893\text{N}$；1143032 单元在工况 100000 下，$F_y = 153\text{N/mm}$；1143132 在工况 100000 下，$F_y = 224\text{N} \cdot \text{mm}$；蒙皮受拉，带气密。选取 $80t$ 有效蒙皮宽度下框截面特性：惯性矩 $I = 446\ 206\text{mm}^4$，模型面积 $A = 131\text{mm}^2$，框内缘在剖面形心处坐标系下 $Y = - 74.41\text{mm}$。

按公式计算得 FR31 框左侧 33 长桁处框内缘在工况 100000 下应力为

$$\sigma = \frac{P_B}{A} - \frac{M_B}{I}(-Y) = \frac{31\ 893}{131} - \frac{585\ 499}{446\ 206} \times 74.41 = 341\text{MPa}$$

内缘许用应力，有

$$[\sigma_{ic}] = 406\text{MPa}$$

按公式计算得该处安全裕度为

$$\text{M. S.} = \frac{[\sigma]}{|\sigma|} - 1 = \frac{406}{341} - 1 = 0.19$$

满足静强度要求。

4.3.5.3　连接强度分析

1. 框对接连接强度分析算例

（1）连接条带与框内缘连接。基于框对接连接件本体强度分析结果，FR31 框右侧 33 长桁上方对接处连接条带内缘处工作应力为 203MPa，严重工况编号为 100000（两倍气密）。由 FR31 框对接截面特性，FR31 框右侧 33 长桁上方对接处连接条带剖面内缘有效面积 $A_i = 40.64\text{mm}^2$，内缘连接紧固件数 $n_i = 5$。计算得内缘连接紧固件载荷为

$$Q_r = \frac{\sigma_i \times A_i}{n_i} = \frac{203 \times 40.64}{5} = 1\ 649\text{N}$$

参照紧固件连接许用值计算方法，框对接内缘连接紧固件为 CFBL1002AG6，紧固件直径 $D = 4.76\text{mm}$，许用剪切载荷 $[Q_r] = 11\ 970\text{N}$。

框内缘材料为 2024 - T42，厚度为 1.27mm，考虑 0.85 的湿安装系数，则钉孔挤压许用值为

$$[Q_{br\_frame}] = \sigma_{bru} \times D \times t \times \eta = 806 \times 4.76 \times 1.27 \times 0.85 = 4\ 141\text{N}$$

连接条带内缘材料为 2024 - T42，厚度为 1.80mm，考虑 0.85 的湿安装系数，则钉孔挤压许用值为

$$[Q_{br\_td}] = \sigma_{bru} \times D \times t \times \eta = 806 \times 4.76 \times 1.80 \times 0.85 = 5\ 869\text{N}$$

那么连接许用值 $[Q]$ 取 $[Q_{br\_frame}]$，即 $[Q] = 4\ 141\text{N}$，框对接内缘连接安全裕度为

$$\text{M. S.} = \frac{[Q]}{Q_r} - 1 = \frac{4\ 141}{1\ 649} - 1 = 1.51$$

满足静强度要求。

（2）连接条带与框腹板连接。由 FR31 框对接截面特性，FR31 框右侧 33 长桁上方对接处连接条带与框腹板有 3 排紧固件连接，严重情况为靠内缘一排紧固件和靠外缘一排紧固件。靠内缘一排紧固件有效面积 $A_{f2} = 26.11\text{mm}^2$，紧固件数 $n_{f2} = 4$；靠外缘一排紧固件有效面积 $A_{f1} = 27.02\text{mm}^2$，连接条带外缘面积 $A_o = 36.44\text{mm}^2$。紧固件数 $n_{f1} = 4$，腹板上连接紧固件总数 $n = 12$。

由框对接连接件本体强度分析计算结果可知,FR31 框右侧 33 长桁上方对接处在工况 100000 下弯矩 $M = -187\ 180\text{N} \cdot \text{mm}$,轴力 $P = 36\ 014\text{N}$,剪力 $V = -132\text{N}$,参考 FR31 框对接截面特性,$80t$ 有效蒙皮宽度下剖面惯性矩 $I = 380\ 337\text{mm}^4$,剖面面积 $A = 208.17\text{mm}^2$,腹板靠内缘一排紧固件位置距剖面形心轴坐标 $Y_{i2} = -45.58\text{mm}$,腹板靠外缘一排紧固件位置距剖面形心轴坐标 $Y_{i1} = -9.58\text{mm}$。

靠内缘一排紧固件连接处工作应力为

$$\sigma_{f2} = \frac{P}{A} + \frac{M}{I}Y_{i2} = \frac{36\ 014}{208.17} + \frac{-187\ 180}{380\ 377} \times (-45.58) = 195\text{MPa}$$

靠外缘一排紧固件连接处工作应力为

$$\sigma_{f1} = \frac{P}{A} + \frac{M}{I}Y_{i1} = \frac{36\ 014}{208.17} + \frac{-187\ 180}{380\ 377} \times (-9.58) = 177\text{MPa}$$

连接条带外缘形心处工作应力为

$$\sigma_o = \frac{P}{A} + \frac{M}{I}Y_{i0} = \frac{36\ 014}{208.17} + \frac{-187\ 180}{380\ 377} \times 0 = 173\text{MPa}$$

参考内缘紧固件钉载计算方法,靠内缘一排紧固件 X 方向钉载为

$$Q_{r,x} = \frac{\sigma_{f2} \times A_{f2}}{n_{f2}} = \frac{195 \times 26.11}{4} = 1\ 272\text{N}$$

连接条带外缘处工作应力近似取腹板靠外缘一排紧固件处工作应力,计算靠外缘一排紧固件 X 方向钉载为

$$Q_{r,x} = \frac{\sigma_o \times A_o + \sigma_{f1} \times A_{f1}}{n_{f1}} = \frac{173 \times 36.44 + 177 \times 27.02}{4} = 2\ 771\text{N}$$

框对接腹板上紧固件 Y 方向钉载,即

$$Q_{r,Y} = \frac{V}{n} = \frac{-132}{2} = -11\text{N}$$

将框对接腹板上紧固件 X 方向和 Y 方向钉载进行合成,计算得靠内缘一排紧固件钉载为

$$Q_r = \sqrt{Q_{r,x}^2 + Q_{r,Y}^2} = \sqrt{1\ 272^2 + 11^2} = 1\ 272\text{N}$$

靠外缘一排紧固件钉载为

$$Q_r = \sqrt{Q_{r,x}^2 + Q_{r,Y}^2} = \sqrt{2\ 771^2 + 11^2} = 2\ 771\text{N}$$

参考紧固件连接许用载荷计算方法,FR31 框对接腹板连接紧固件为 CFBL1001AG6,紧固件直径 $D = 4.76\text{mm}$,许用剪切载荷 $[Q_r] = 11\ 970\text{N}$。

框腹板材料为 2024 - T42,厚度为 1.27mm,紧固件采用湿安装,则钉孔挤压许用值为

$$[Q_{br\_frame}] = \sigma_{bru} \times D \times t \times \eta = 806 \times 4.76 \times 1.27 \times 0.85 = 4\ 141\text{N}$$

连接条带材料为 2024 - T42,厚度为 1.80mm,紧固件采用湿安装,则钉孔挤压许用值为

$$[Q_{br\_td}] = \sigma_{bru} \times D \times t \times \eta = 806 \times 4.76 \times 1.80 \times 0.85 = 5\ 869\text{N}$$

则连接许用值 $[Q]$ 取 $[Q_{br\_frame}]$,即 $[Q] = 4\ 141\text{N}$,框对接靠近内缘一排紧固件安全裕度为

$$\text{M. S.} = \frac{[Q]}{Q_r} - 1 = \frac{4\ 141}{1\ 272} - 1 = 2.25 > 2$$

满足静强度要求。

框对接靠近外缘一排紧固件安全裕度为

$$\text{M. S.} = \frac{[Q]}{Q_r} - 1 = \frac{4\ 141}{2\ 771} - 1 = 0.49$$

满足静强度要求。

2. 框剪切角片与蒙皮连接强度分析算例

选取 FR31 框右侧 16～17 长桁间剪切角片与蒙皮连接处在工况 180032(动着陆) 下进行计算。框单元为 1423116,两侧蒙皮单元编号为 1243096 和 1243193。工况 180032 下 1243096 蒙皮单元剪流 $F_{xy1} = 64.64N/mm$,1243193 蒙皮单元剪流 $F_{xy2} = 2.54N/mm$。

计算剪切角片与蒙皮连接紧固件载荷,钉间距 S 取 25mm,有

$$Q_r = \frac{|F_{xy1} - F_{xy2}| \times S}{n} = \frac{|64.64 - (-2.54)| \times 25}{1} = 1\ 679N$$

紧固件为 NAS1097KE5,许用剪切载荷 $[Q_r] = 3800N$。剪切角片材料为 2024 - T42,厚度为 1.27mm,紧固件采用湿安装,则钉孔挤压许用值为

$$[Q_{br\_frame}] = \sigma_{bru} \times D \times t \times \eta = 806 \times 3.97 \times 1.27 \times 0.85 = 3\ 454N$$

蒙皮材料为铝锂合金,厚度为 2.20mm,紧固件采用湿安装,则钉孔挤压许用值为

$$[Q_{br\_skin}] = \sigma_{bru} \times D \times t \times \eta = 999 \times 3.97 \times 2.20 \times 0.85 = 7\ 416N$$

则连接许用值 $[Q]$ 取 $[Q_{br\_frame}] = 3\ 454N$。

安全裕度 M.S. $= \frac{[Q]}{Q} - 1 = \frac{3\ 454}{1\ 679} - 1 = 1.06$,满足静强度要求。

3. 框剪切角片与长桁连接强度分析算例

由连接角片与长桁连接计算方法,FR31 框连接角片与长桁连接强度分析选取长桁间距较大的顶部壁板区域及右侧地板横梁位置框剖面较强部位两处位置进行计算。以右侧 24 长桁处连接角片为例,计算长桁和蒙皮的应力时的原始输入数据见表 4 - 9 和表 4 - 10。

表 4 - 9　原始输入数据(公制)

R/mm	2 590.00	L/mm	530.00	t/mm	1.30
b/mm	140.00	A_{st}/mm²	154.65	(I/b)/mm³	22 910
r/mm	2 572.61	t_f/mm	1.27	C_s/mm	− 4.83
e/mm	11.00	C_{st}/mm	25.15	E/MPa	72345
μ	0.33	p/MPa	0.124	b'/mm	112.00
A'_f/mm²	395.00	A_f/mm²	615.15	y/mm	12.85

表 4 - 10　原始输入数据(英制)

R/in	101.969	L/in	20.866	t/in	0.051
b/in	5.512	A_{st}/in²	0.240	(I/b)/in³	0.010 0
r/in	100.947	t_f/in	0.050	C_s/in	− 0.190
e/in	0.433	C_{st}/in	0.990	E/psi	10 500 000
μ	0.33	p/psi	18.00	b'/in	4.409
A'_f/in²	0.612	A_f/in²	0.953	y/in	0.506

注:1psi = 1 lbf/in² = 6.895 kPa。

计算位置框缘及长桁截面特性分别如图 4-60 和图 4-61 所示。

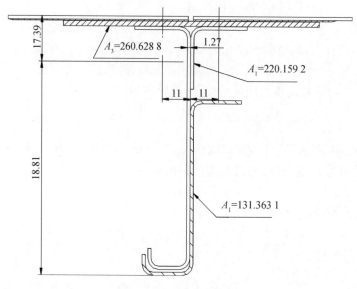

图 4-60　框截面特性

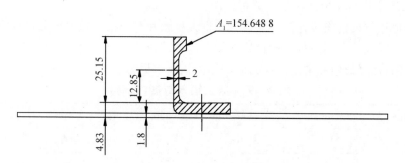

图 4-61　长桁截面特性

长桁和蒙皮的应力计算过程如下：

$$N = \frac{p \times R}{2} = 160.58 \text{MPa} \cdot \text{mm}$$

$$t_s = \frac{A_{st}}{b} = 1.10 \text{mm}$$

$$t' = \frac{t + t_s}{1 + (1 - \mu^2) t_s / t} = 1.37 \text{mm}$$

$$D = EI = 1\,657\,423\,950 \text{N} \cdot \text{mm}^2$$

$$\lambda = \sqrt{\frac{t'E/D}{2R}} = 1.49 \times 10^{-6} \text{mm}^{-2}$$

$$\frac{N}{4D} = 2.42 \times 10^{-8} \text{mm}^{-3}$$

$$\alpha = \sqrt{\lambda + \frac{N}{4D}} = 0.001\,23 \text{mm}^{-1}$$

$$\beta = \sqrt{\left| \lambda - \frac{N}{4D} \right|} = 0.001\ 21\text{mm}^{-1}$$

$$A = \frac{\alpha L}{2} = 0.326$$

$$B = \frac{\beta L}{2} = 0.321$$

$$Y = \frac{PR^2}{t'E}\left[1 - \frac{\mu t'}{2(t + t_s)} \right] = 7.58\text{mm}$$

$$Q_f = \frac{R^2}{(b/b')(e/t_f)^3(1 - \mu^2) + r^2/A_f'} = 584.19\text{mm}^2$$

$$C = \frac{Q_f E_f L^3}{32 D R^2} = 0.017$$

因为 $\lambda > N/4D$，故由 $A = 2.747\ 2$ 和 $B = 2.746\ 6$，查参考文献（《实用飞机结构设计手册（第一分册）》），得到 $K_1 = 2.79$，$K_2 = 0.80$，$K_3 = 0.77$，$K_4 = 1.74$。

将以上各 K 值代入方程得到以下结果：

隔框处挠度为

$$\delta_f = \frac{-Y}{1 + C/K_1} = -7.53\text{mm}$$

中点处挠度为

$$\delta_m = -Y\left(1 - \frac{K_2}{1 + K_1/C} \right) = -7.54\text{mm}$$

隔框处单位长度弯矩为

$$M_{stf} = \frac{-4YDK_4}{L^2(1 + K_1/C)} = -1\ 960.14\text{N}$$

中点处单位长度弯矩为

$$M_{stm} = \frac{-M_{stf}K_3}{K_4} = -867.42\text{N}$$

间隔中点处蒙皮的当量环向应力为

$$\sigma_{sym} = \frac{\mu N - E(t + t_s)(\delta_m/R)}{t + (1 - \mu^2)t_s} = 244.90\text{MPa}$$

框架处蒙皮的当量环向应力为

$$\sigma_{syf} = \frac{\mu N - E(t + t_s)(\delta_f/R)}{t + (1 - \mu^2)t_s} = 244.62\text{ MPa}$$

隔框处长桁均布轴向应力为

$$\sigma_{stf} = \frac{N(1 - \mu^2) + \mu E t(\delta_f/R)}{t + (1 - \mu^2)t_s I} = 23.18\text{ MPa}$$

长桁和角片连接紧固件处长桁弯曲应力为

$$\sigma_{stbf} = \frac{M_{stf}C_s}{I} = 0.413\text{MPa}$$

长桁和角片连接紧固件处长桁应力为

$$\sigma_{st} = \sigma_{stf} + \sigma_{stbf} = 23.183 + 0.413 = 23.596\text{MPa}$$

根据参考文献[3]第 4～83 页内容计算由内压引起的框架传递到桁条上的载荷如下。

名义的蒙皮环向应力：

$$\sigma = N/t = PR/t = 247.05\text{MPa}$$

$$C_2 = \frac{\text{间隔中点处蒙皮的当量环向应力}}{\text{名义的蒙皮环向应力}} = 0.991$$

$$C_3 = \frac{\text{框架处蒙皮的当量环向应力}}{\text{名义的蒙皮环向应力}} = 0.990$$

$$A = \left[\frac{(1 - C_2) + (1 - C_3)}{2}\right] \times \left(L - \frac{b}{2}\right) \times 1.1 = 4.69\text{mm}$$

$$P_s = A \times p \times b \times \left(\frac{A'_f}{A_f}\right) = 52.24\text{N}$$

长桁和连接角片连接铆钉受力示意图，如图 4 - 62 所示。

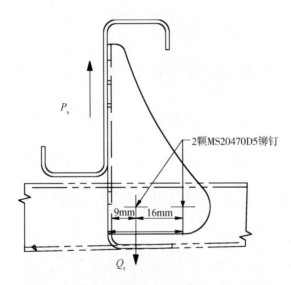

图 4 - 62   长桁和连接角片连接铆钉受力示意图

单颗铆钉承受的剪力为

$$Q_r = P_s \times \frac{16.00 + 9.00}{16.00} = 379.98 \times \frac{25.00}{16.00} = 593.71\text{lb} = 2\,642\text{N}$$

紧固件为 MS20470D5，许用剪切载荷$[Q_r] = 3\,359\text{N}$。

连接角片材料为 2024 - T42，厚度为 1.60mm，则钉孔挤压许用值为

$$[Q_{\text{br\_sheartie}}] = \sigma_{\text{bru}} \times D \times t = 847 \times 3.97 \times 1.60 = 5\,380\text{N}$$

长桁材料为 2099 - T83，厚度为 1.20mm，则钉孔挤压许用值为

$$[Q_{\text{br\_stringer}}] = \sigma_{\text{bru}} \times D \times t = 881 \times 3.97 \times 1.20 = 4\,197\text{N}$$

则连接许用值$[Q]$取$[Q_r]$，即$[Q] = 3\,359\text{N}$。

安全裕度 M.S. $= \dfrac{[Q]}{Q} - 1 = \dfrac{3\,359}{2\,642} - 1 = 0.27$，满足静强度要求。

4.4　机身加强框静强度分析

4.4.1　概述

　　加强框是飞机设计中常用的主要传力及承力的横向结构,通常其主要由框缘、加强筋及腹板组成。框缘及加强筋是隔框的主要受力部位,在结构传力中起主导作用,腹板能够承受面内剪力和正应力。同时,为了减轻结构重量,满足系统设备等要求,通常在加强框腹板处开出一些孔洞,受力较高的腹板处的开孔需要凸台加强。

　　加强框作为机身上的横向受力构件,主要承受框平面内的集中载荷,并以分布剪流的形式传给机身蒙皮,所以它是一个在集中力和分布剪流作用下平衡的平面结构。加强框与机翼、尾翼、起落架等连接,把机翼、尾翼或起落架上的载荷传递到机身。

　　机翼、尾翼和起落架等部件传来的集中载荷,直接作用在加强框上。加强框周缘与蒙皮铆接在一起,通过铆钉把载荷以剪流的形式传给蒙皮,在蒙皮的反作用剪流和集中载荷作用下,处于平衡状态。

　　当加强框受到对称的垂直集中载荷时,它把集中载荷以剪流的形式传递给蒙皮(两侧蒙皮承受的剪流作用较大),蒙皮产生反作用剪流以平衡加强框上的外载荷,如图 4-63 所示。

　　当加强框受到相对机身轴线不对称的垂直集中载荷时,可把集中载荷分解为对称部分和反对称部分,如图 4-64 所示。对称载荷的传递如上所述,反对称集中载荷部分则相当于作用在加强框上一个扭矩 $M_k = (P_2 - P_1)a/2$。加强框沿周缘铆钉把扭矩均匀地传给蒙皮,蒙皮则产生反作用剪流 q_k,形成对加强框中心的反力矩。

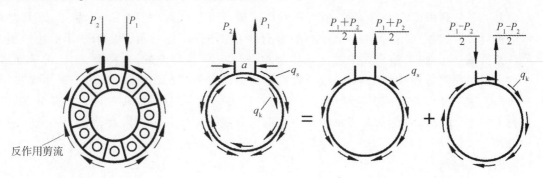

图 4-63　垂直对称载荷的传递　　　　　　图 4-64　　不对称载荷的传递

　　因此,当加强框受到相对机身轴线不对称垂直集中载荷作用时,可以认为框周缘同时产生两个剪流,即平衡 $P_1 + P_2$ 的剪流 q_s 和平衡扭矩 M_k 的剪流 q_k,框周缘各处总剪流的大小就是这两个剪流的代数和。

　　作用于加强框的水平载荷(如垂尾传来的载荷)通常是不对称的,它对框的作用可以分解为一个作用于框中心处的力 P(即对机身的剪力)和一个对框中心的力矩 M_k(即对机身的扭矩),如图 4-65 所示。

　　作用于框中心处的水平力 P 的情况与垂直载荷的传递相似,同样以剪流的形式分散地传给蒙皮,但由于力 P 的方向是水平的,所以机身上、下蒙皮处的剪流最大。

对于作用于框上的扭矩 M_k，蒙皮将产生反作用剪流，形成对框中心的反力矩，使框平衡。

同样，加强框承受水平载荷时，框周缘各处总剪流的大小也为 q_s 和 q_k 两个剪流的代数和。

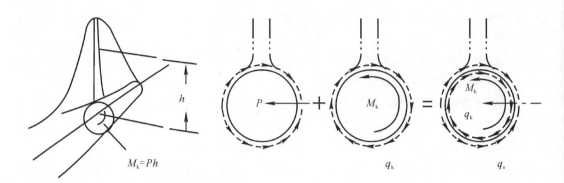

图 4 - 65　水平载荷的传递

与普通框相比，它的尺寸和重量都比较大。加强框的结构形式与机身外形、内部装载布置、集中力大小、性质以及支持它的机身结构的特点有密切关系。若加强框兼做增压舱的气密端框，则增压载荷也会影响框的结构形式。

另外，加强框可以局部连接集中受力接头，局部需要加强并考虑与接头连接。

从受力形式上看，加强框基本分为腹板框和环形框两大类。

4.4.1.1　环形刚框式加强框

为了充分利用结构内部空间，隔框多数设计成环形加强框，如图 4 - 66 所示。环形加强框结构可分成整体式刚框、组合式刚框和混合刚框三种。整体式刚框是用整体锻造或铸造毛坯经机械加工而成。组合式刚框由挤压型材弯制成刚框的缘条，与腹板、支柱铆接而成，一般用于与尾翼等连接的加强框。混合式刚框为前两种形式的组合，一般用于民用飞机。机身结构上在与翼面及起落架连接的地方作用有很大的集中载荷，这些载荷必须要分布到机身壳体中去。机翼和主起落架传来的集中载荷通过超静定结构或多重载荷传力路线传递到中央翼盒和机身结构上。图 4 - 67 为典型民用飞机机翼与机身连接结构示意图，图 4 - 68 为环形框典型结构。

4.4.1.2　腹板式加强框

腹板式加强框由框缘条、腹板和支柱组成，一般分为两种结构形式。

（1）完整的腹板式加强框，如图 4 - 69 所示，一般用于座舱或油箱舱的端框。图 4 - 69(a) 为某民用飞机的前起落架支承加强框，同时为油箱端框，因此除了前起落架转轴部分无腹板之外全部有腹板。腹板上有 Z 形和 L 形支柱，在起落架转轴处有两根较强支柱。图 4 - 69(b) 为民用飞机驾驶舱门的加强框，中间开有舱门，框上可固定设备。

（2）混合型腹板式加强框，如图 4 - 70 所示，为刚框和腹板式加强框组合，即腹板只占机身截面的一部分，其他部分为刚框，此种结构与混合式刚框相似。该框主要承受框平面内集中力。

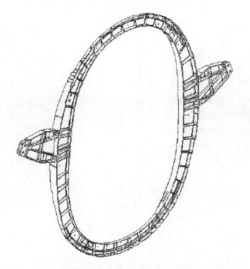

图 4 - 66　典型环形加强框

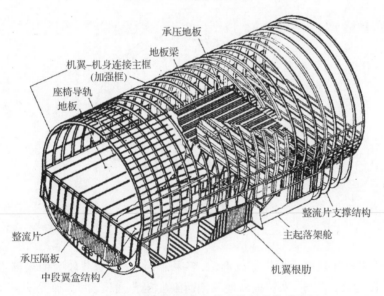

承压地板

地板梁

机翼-机身连接主框
(加强框)

座椅导轨
地板

整流片支撑结构

主起落架舱

整流片

承压隔板

中段翼盒结构

机翼根肋

图 4 - 67　典型民用飞机机翼-机身连接处结构示意图

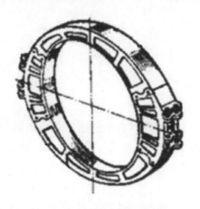

图 4 - 68　环形框典型结构

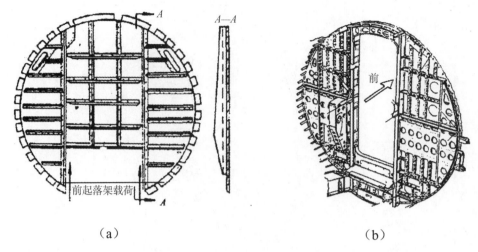

（a）　　　　　　　　　　　　　　　（b）

图 4 - 69　完整的腹板式加强框

（a）前起落架加强框；（b）门框处加强框

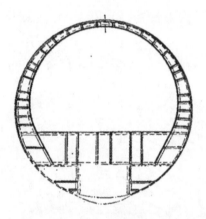

图 4 - 70　混合型腹板式加强框

目前民用飞机加强框采用机加成形，大多采用铝合金，受载较大的局部也可以采用钛合金，加强框直接与蒙皮相连，框腹板高度及截面刚度比普通框要大，加强框典型结构形式如图4 - 71 所示，通常考虑经济性，机加加强框会考虑分段机加，经机械连接进行组合。框截面可以为"C""Z""I" 和"J" 等形。

4.4.2　加强框受力分析

4.4.2.1　环形刚框式受力分析

环形刚框式相当于一个封闭的环形曲梁，受载后框内有弯矩、剪力和轴力三种内力。刚框为静不定结构，其内力的大小和分布与刚框的截面刚度沿圆周分布有关，如图4-72所示。对于等剖面环形刚框，承受集中弯矩 M_x 时，在集中力矩作用处，框截面的弯矩 M 值最大；承受法向集中力 P 时，框截面最大弯矩值约 $RP/4$；承受切向集中力 T，产生的框截面最大弯矩值约为 $RT/16$，故法向集中力引起框平面弯矩值比切向集中力产生的弯矩要大（约大 3 倍）。因此，在加强框设计时，应尽可能使框上承受切向集中力。框截面中弯矩值对框的强度影响最大，而框截面内弯矩值沿框轴向是变化的,由于工艺要求需要将框分段锻造时,其分段处应选在框截面内弯矩最小处。

弹性对刚框式隔框受力的影响(R 为刚框半径)如图 4-73 所示。

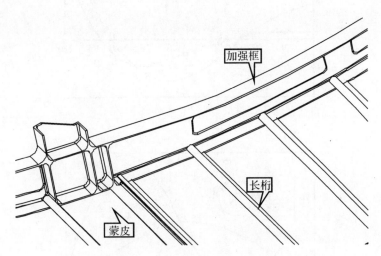

图 4-71　加强框典型结构形式

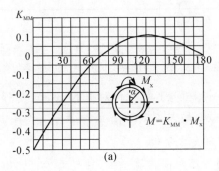

(a)

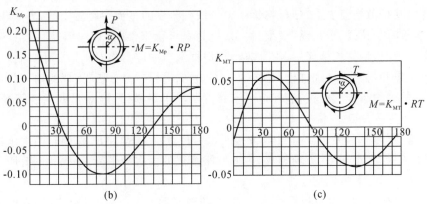

(b)　　　　　　　　　　　　(c)

图 4-72　不同形式集中力作用下刚框截面的弯矩分布图(R 为刚框半径)

(a) 弯矩 M_x 作用下框载面上弯矩;(b) 集中力 P 作用下弯矩;(c) 切力 T 作用下弯矩

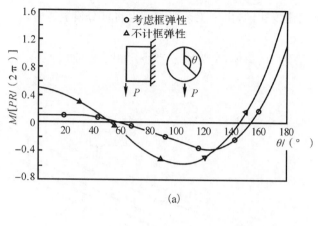

(a)

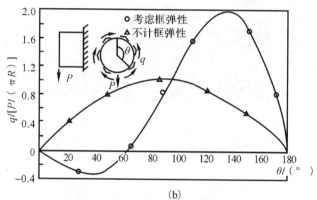

(b)

图 4 - 73　弹性对刚框式隔框受力的影响（R 为刚框半径）

（a）隔框弹性对框截面弯矩的影响；（b）隔框弹性对隔框的支反剪流的影响

　　实际机身隔框均为弹性体，机身其他元件对框的支持也是弹性支持，因此，框中内力大小和分布均有改变。一般为框截面最大弯矩略有减小，集中力作用引起蒙皮支反剪流增大。

4.4.2.2　腹板式加强框受力分析

　　腹板式加强框实质上是一个平面板杆结构，其受力主要特点是通过腹板上的加强型材承受集中力并将其扩散到蒙皮上。型材将集中力扩散到蒙皮的过程中腹板受剪。当外载荷存在分布压力时，腹板将受拉或受弯。纵、横型材用来提高腹板稳定性。型材和框缘一般只受轴力，当框承受分布压力时，型材和框缘中还存在弯矩，但框缘中的应力相对刚框要小，因此框缘较弱。

　　以某机机翼和机身连接加强框（见图 4 - 74）为例进行受力分析。该框的前面是油箱，除进气道外，其余部分均布置有腹板，进气道上下布置两根水平横梁。该加强框主要承受机翼主梁传入的弯矩 M 及剪力 Q。

　　在对称弯矩作用下，力矩 M 通过框缘接头以力 R_2 和 R_4、R_1 和 R_3 作用到两根水平横梁上，R_2 和 R_4、R_1 和 R_3 大小相等、方向相反，因此水平横梁的力自身平衡，如图 4 - 75 所示，两进气道中间的中腹板与上下腹板均不受力。

　　在对称剪力 Q_y 作用下，腹板框将集中力 Q_y 按剪流形式 q_{Q_y} 传给机身蒙皮，蒙皮上 q_{Q_y} 沿框圆周分布，根据机身结构形式确定。在剪力 Q_y 传递过程中，框缘接头和水平横梁连接处产生节点力 R_{1y} 和 R_{2y}，R_{3y} 和 R_{4y}，它们与机身上、下部分蒙皮剪流 q_{Q_y} 平衡，而水平节点力 R_{1z} 和 R_{2z}，

R_{3z} 和 R_{4z} 大小相等、方向相反,分别作用于上、下水平横梁上,并自身平衡,如图 4-76 所示,中间腹板不受力。

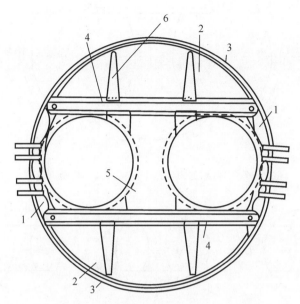

1— 缘条接头;2— 上、下腹板;3— 框外缘条;4— 横梁;5— 中腹板;6— 集中力扩散件

图 4-74　某机机翼和机身连接加强框

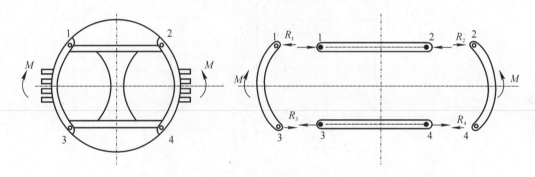

图 4-75　对称弯矩作用下腹板式加强框受力分析

当机翼两侧传入不对称力矩时,可将不对称力矩分解成一个对称力矩和一个不对称力矩,对称力矩分析同上,下面分析一侧作用一个不对称力矩 M 时腹板框受力特点。加强框总的内力为对称力矩 M_f 和一侧力矩 M 引起的内力之和。

由图 4-77(a)可知,M 由机身闭室一圈常剪流 q_M 平衡,在接头和上下横梁的四个节点处产生节点力为

$$R_{1z} = R_{3z} = q_M \Omega_1 / h \\ R_{2z} = R_{4z} = (M - q_M \Omega_2)/h \Big\}$$

$$(4-179)$$

其中,Ω_1 和 Ω_2 分别为图 4-77(b)中作用阴影面积的两倍。$R_{2z} > R_{1z}$,以及 R_{2y} 与 R_{1y},R_{4y} 与 R_{3y} 形成力矩,使上下半腹板不平衡,此时由中腹板提供剪流 q_{5-6} 和 q_{7-8} 以及集中力 R_5、R_6 和 R_7、R_8,保持上下半腹板平衡。因此,上下腹板和中腹板的集中力作用处均安置加强型材作为集中力的扩散件。

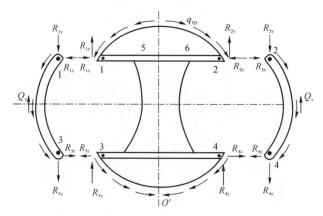

图 4 - 76　对称剪力作用下腹板式加强框受力分析

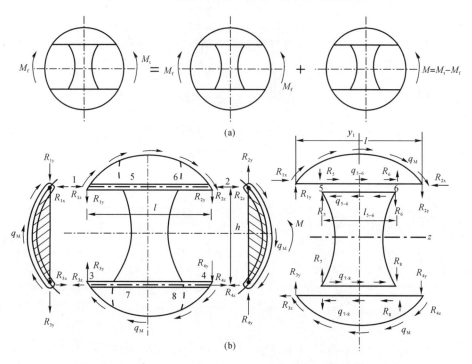

图 4 - 77　不对称力矩作用下腹板式加强框受力分析

4.4.3　框的内力计算

4.4.3.1　弹性中心法

1. 机身横截面计算简化

对于任意形状的框,可假设剪流在两长桁之间均匀分布。计算机身蒙皮对框的反作用剪流时,可首先对机身横截面进行简化。由于长桁的横截面尺寸相对于机身半径很小,可将其简化为一个集中点,如图 4 - 78 所示。同时,也将蒙皮的有效承载面积折算到邻近的长桁上。长桁的等效面积按下式计算:

$$B_i = F_i + \frac{t_{i-1}}{6}\left(2 + \frac{y_{i-1}}{y_i}\right) + \frac{t_i}{6}\left(2 + \frac{y_{i+1}}{y_i}\right) \tag{4-180}$$

式中：　B_i—— 第 i 个长桁的等效横截面面积；

　　　　F_i—— 第 i 个长桁的横截面面积；

　　　t_{i-1}—— 第 $i-1$ 和 i 个长桁间蒙皮的厚度；

　　　　t_i—— 第 i 和 $i+1$ 个长桁间蒙皮的厚度；

　　　y_{i-1}—— 第 $i-1$ 个长桁的 y 轴方向坐标；

　　　　y_i—— 第 i 个长桁的 y 轴方向坐标；

　　　y_{i+1}—— 第 $i+1$ 个长桁的 y 轴方向坐标。

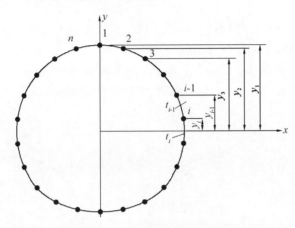

图 4 - 78　机身横截面简化模型

2. 剪流计算

如前所述，作用在框平面内的集中载荷可分解为一个作用在剪心的剪力和一个纯扭矩。对于作用在机身横截面剪心的集中载荷，蒙皮产生的反作用剪流为

$$q_s = -\left(\frac{S_x I_{xx} - S_y I_{xy}}{I_{xx} I_{yy} - I_{xy}^2}\right) \sum_{r=1}^{i} B_r x_r - \left(\frac{S_y I_{yy} - S_x I_{xy}}{I_{xx} I_{yy} - I_{xy}^2}\right) \sum_{r=1}^{i} B_r y_r + q_{s,0} \qquad (4-181)$$

式中：q_s—— 第 i 和 $i+1$ 个长桁之间蒙皮处的剪流；

　　　S_x—— 沿 x 轴方向的集中载荷；

　　　S_y—— 沿 y 轴方向的集中载荷；

　　　I_{xx}—— 机身横截面相对 x 轴的惯性矩；

　　　I_{yy}—— 机身横截面相对 y 轴的惯性矩；

　　　I_{xy}—— 机身横截面相对 x、y 轴的惯性积；

　　　x_r—— 第 r 个长桁等效集中点的 x 轴坐标；

　　　y_r—— 第 r 个长桁等效集中点的 y 轴坐标；

　　　$q_{s,0}$—— 沿框截面均匀分布的一个剪流分量。

令式（4-181）中第一项与第二项的和为 q_b，即

$$q_b = -\left(\frac{S_x I_{xx} - S_y I_{xy}}{I_{xx} I_{yy} - I_{xy}^2}\right) \sum_{r=1}^{i} B_r x_r - \left(\frac{S_y I_{yy} - S_x I_{xy}}{I_{xx} I_{yy} - I_{xy}^2}\right) \sum_{r=1}^{i} B_r y_r$$

则式（4-181）变为

$$q_s = q_b + q_{s,0}$$

可假设在截面上任一点处将机身截面切开，以任意一侧开口为起点，计算 F_1。然后，由整

个截面的剪流对形心的扭矩之和为零，求出 F_2，从而得到整个剪流的分布。

通常，机身横截面相对机身轴线对称，剪心位于对称轴上，因此 I_{xy} 为 0，则式（4-181）可简化为

$$q_s = -\frac{S_x}{I_{yy}} \sum_{r=1}^{i} B_r x_r - \frac{S_y}{I_{xx}} \sum_{r=1}^{i} B_r y_r + q_{s,0} \qquad (4-182)$$

对于纯扭矩，蒙皮产生的均布反作用剪流为

$$q_k = \frac{T}{2A} \qquad (4-183)$$

式中：T—— 扭矩；

A—— 机身横截面的蒙皮围成的面域的面积。

例题 1　某轻型客机的圆形机身横截面如图 4-79（a）所示。每一个长桁的横截面面积为 100mm^2，每一长桁位置点到机身截面中心轴的垂直距离如图 4-79（a）所示。某机身框上受到一个距机身截面中心 y 轴 150mm 的集中载荷，试计算机身对框的反作用剪流。

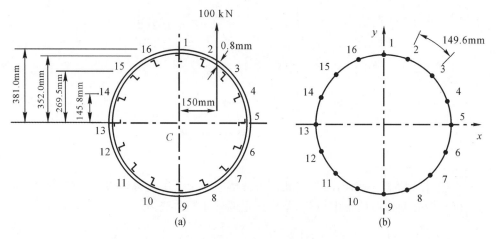

图 4-79　例题 1 示意图

（1）机身横截面计算模型简化。将机身横截面简化为如图 4-79（b）所示的模型，可得各长桁的等效面积：

$$B_1 = \frac{100 + 0.8 \times 149.6}{6} \times \left(2 + \frac{352.0}{381.0}\right) + \frac{0.8 \times 149.6}{6} \times \left(2 + \frac{352.0}{381.0}\right) = 216.6\text{mm}^2$$

类似地，可得到 $B_2 = 216.6\text{mm}^2$、$B_3 = 216.6\text{mm}^2$、$B_4 = 216.7\text{mm}^2$。由截面的对称性可得 $B_1 = B_9$、$B_2 = B_8 = B_{10} = B_{16}$、$B_3 = B_7 = B_{11} = B_{15}$、$B_4 = B_6 = B_{12} = B_{14}$。另外，由于 5 和 15 长桁位于 x 轴上，其 y 坐标为 0，在后续计算中用不到，故不对其等效面积进行计算。

由惯性矩计算方法可得简化后的机身截面对 x 轴的惯性矩为：

$$I_{xx} = 2 \times 216.6 \times 318.0^2 + 4 \times 216.6 \times 352.0^2 + 4 \times 216.6 \times 269.5^2 + 4 \times 216.7 \times 145.8^2 = 2.52 \times 10^8 \text{mm}^4$$

（2）剪流的计算。如前所述，可将该集中载荷分解为作用在截面中心的 y 向载荷和一个纯扭矩。

对于作用在中心的集中载荷分量，由于 $I_{xy} = 0$ 且 $S_x = 0$，则

$$q_s = -\frac{S_y}{I_{xx}} \sum_{r=1}^{i} B_r y_r + q_{s,0} = -\frac{100 \times 10^3}{2.52 \times 10^8} \sum_{r=1}^{i} B_r y_r + q_{s,0}$$

假设将 16 和 1 长桁之间切开,以右侧开口处开始计算 q_b,结果见表 4-11。

由于本方法假设剪流在两长桁之间均匀分布,任意两相邻长桁之间剪流对截面中心的扭矩为

$$T_{ij} = A_{ij}q_{b,ij}$$

其中,A_{ij} 为第 i 和 j 长桁之间蒙皮与截面中心所围成的扇形的面积。

由剪流对截面中心的扭矩为零,即

$$\sum A_{ij}q_{b,ij} + Aq_{s,0} = 0$$

其中,A 为机身截面蒙皮所围成的形状的面积,对于本例,$A = \pi \times 381^2 = 4.56 \times 10^5 \text{mm}^2$,$A_{ij} = \dfrac{A}{16} = 28\,500 \text{mm}^2$,因此得到 $q_{s,0} = 16.35 \text{N/mm}$,从而得到 q_s 计算结果(见表 4-11)。

对于纯扭矩部分,$T = 100 \times 10^3 \times 150 = 1.5 \times 10^7 \text{N} \cdot \text{m}$,其引起的剪流为

$$q_k = \frac{T}{2A} = \frac{1.5 \times 10^7}{2 \times \pi \times 318.0^2} = 16.4 \text{N/mm}$$

蒙皮对框产生的总的反作用剪流为

$$q_t = q_s + q_k$$

本例计算结果见表 4-11,总剪流分布示意图如图 4-80 所示。

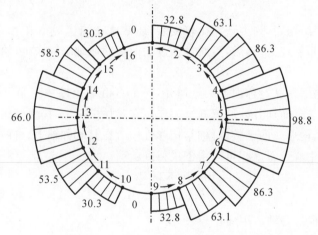

图 4-80　例题 1 总剪流分布示意图

表 4-11　例题 1 计算结果

蒙皮块号	长桁号	B_r/mm^2	y_r/mm	$q_b/(\text{N} \cdot \text{mm}^{-1})$	$q_s/(\text{N} \cdot \text{mm}^{-1})$	$q_t/(\text{N} \cdot \text{mm}^{-1})$
1-2	1	216.6	381.0	-32.7	-16.4	-32.8
2-3	2	216.6	352.0	-63	-46.7	-63.1
3-4	3	216.6	269.5	-86.2	-69.9	-86.3
4-5	4	216.7	145.8	-98.7	-82.4	-98.8
5-6	5	—	—	-98.7	-82.4	-98.8
6-7	6	216.7	145.8	-86.2	-69.9	-86.3

蒙皮块号	长桁号	B_r/mm^2	y_r/mm	$q_b/(\text{N} \cdot \text{mm}^{-1})$	$q_s/(\text{N} \cdot \text{mm}^{-1})$	$q_t/(\text{N} \cdot \text{mm}^{-1})$
7 - 8	7	216.6	269.5	-63	-46.7	-63.1
8 - 9	8	216.6	352.0	-32.7	-16.4	-32.8
9 - 10	9	216.6	381.0	0	16.4	0
10 - 11	10	216.6	352.0	30.3	46.7	30.2
11 - 12	11	216.6	269.5	53.5	69.9	53.4
12 - 13	12	216.7	145.8	66	82.4	65.9
13 - 14	13	—	—	66	82.4	65.9
14 - 15	14	216.7	145.8	53.5	69.9	53.4
15 - 16	15	216.6	269.5	30.3	46.7	30.2
16 - 1	16	216.6	352.0	0	16.4	0

3. 内力计算

由于框是静不定结构,其内力计算比较复杂,通常可在结构对称线上一点切开,并利用载荷对称性,消去一个超静定力。然后,可通过能量法的虚功原理求解。本节给出一种常用的弹性中心法。

弹性中心法是将框在其对称面上一点切开,一个自由端通过一个假定其刚度为无限大的悬臂与其弹性中心相连,而切开处的超静定力作用在弹性中心上。任何结构的弹性中心的位置是结构弹性特性和结构形式的函数,对称结构弹性中心在其对称轴上。将两个长桁之间的框看做一个单元,其弹性中心位置坐标可以由下式得到:

$$y_{EO} = \frac{\sum y \Delta l / EI_f}{\Delta l / EI_f} \tag{4-184}$$

式中: y——x 轴到框形心轴的距离;

Δl—— 长桁之间框单元的长度;

I_f—— 两长桁间框单元对在单元中点框形心轴的惯性矩。

计算从刚性悬臂端点起的每个相继单元的外力矩 M_0,计算由于切开处单位超静定力 T、N、M 引起的对每个单元中点的力矩 m_N、m_T、m_M,然后由下列公式得到超静定力:

$$N = \frac{\sum \left(\dfrac{M_0 m_N}{EI_f}\right) \Delta l}{\sum \left(\dfrac{m_N^2}{EI_f}\right) \Delta l} \tag{4-185}$$

$$T = \frac{\sum \left(\dfrac{M_0 m_T}{EI_f}\right) \Delta l}{\sum \left(\dfrac{m_T^2}{EI_f}\right) \Delta l} \tag{4-186}$$

$$M = \frac{\sum \left(\dfrac{M_{\mathrm{o}} m_{\mathrm{M}}}{EI_{\mathrm{f}}} \right) \Delta l}{\sum \left(\dfrac{m_{\mathrm{M}}^2}{EI_{\mathrm{f}}} \right) \Delta l} \tag{4-187}$$

再通过下式的累加,即可得到框的总体弯矩分布:

$$M_{\mathrm{tot}} = M_{\mathrm{o}} + N m_{\mathrm{N}} + T m_{\mathrm{T}} + M m_{\mathrm{M}} \tag{4-188}$$

弹性中心法适合于初步设计阶段框的内力计算。

4.4.3.2　ESDU 方法

对于在集中切向载荷、径向载荷和力矩作用下的圆形框,ESDU 030306 ~ 030316 给出了框的弯矩、轴力和剪力分布,分别如图 4-81 ~ 图 4-90 所示。

其中: t —— 框连接的机身蒙皮的厚度;

　　　　G —— 机身蒙皮材料的剪切模量;

　　　　R —— 机身形心轴的半径;

　　　　I —— 框截面(包括蒙皮)的有效惯性矩;

　　　　L' —— 有效框距,其值可根据实际框距 L 由图 4-81 曲线得到。对于非均匀分布的框,框距 L 可由受载框距其两侧框的距离 L_1 和 L_2 按下式计算:

$$L = 2L_1 L_2 / (L_1 + L_2) \tag{4-189}$$

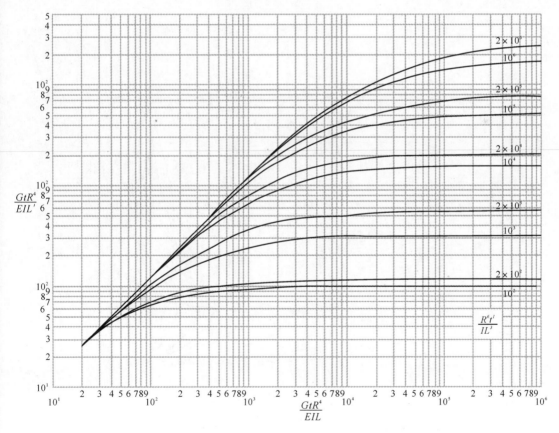

图 4-81　有效框距计算曲线

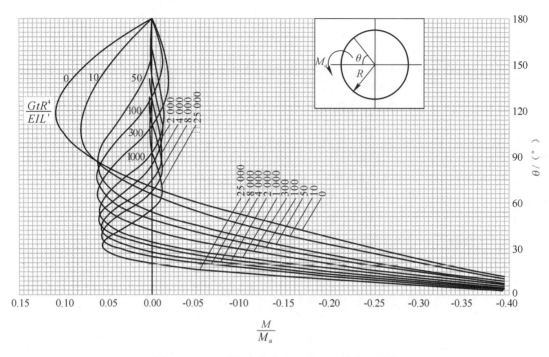

图 4 - 82　环形框在集中力矩作用下的弯矩分布

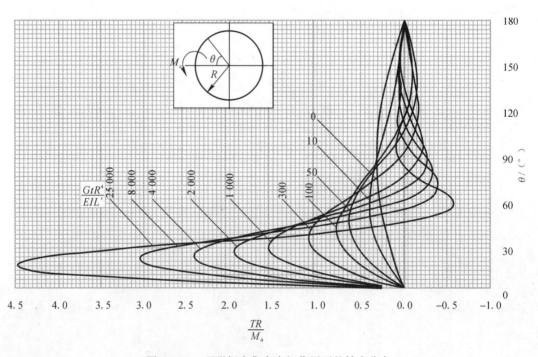

图 4 - 83　环形框在集中力矩作用下的轴力分布

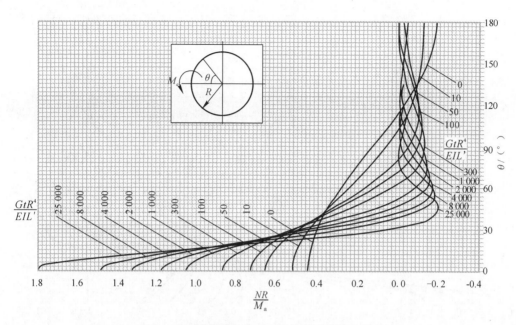

图 4 - 84　环形框在集中力矩作用下的剪力分布

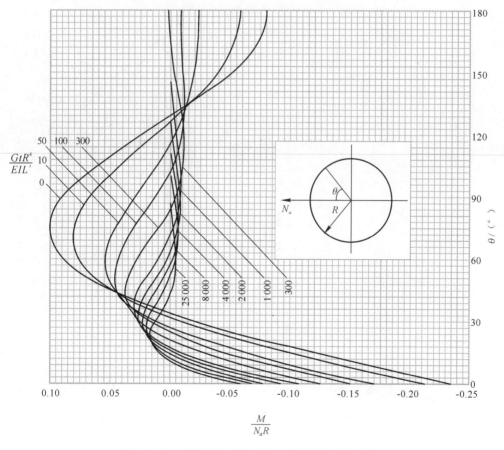

图 4 - 85　环形框在径向集中力作用下的弯矩分布

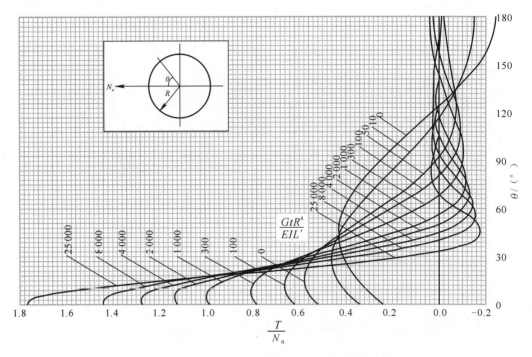

图 4 - 86　环形框在径向集中力作用下的轴力分布

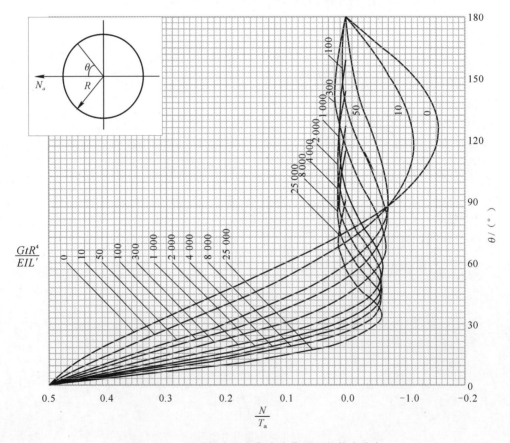

图 4 - 87　环形框在径向集中力作用下的剪力分布

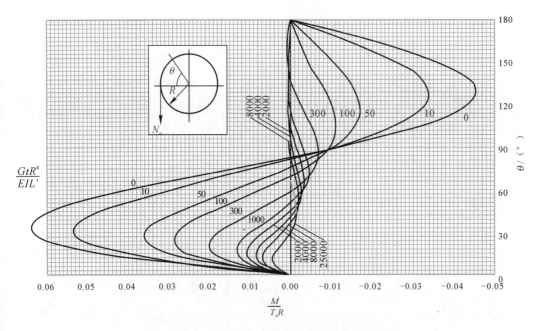

图 4-88　环形框在切向集中力作用下的弯矩分布

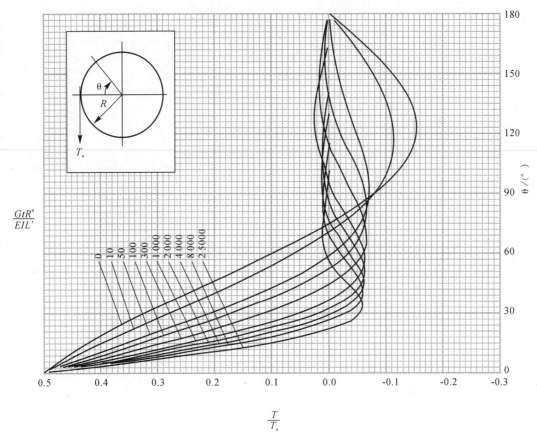

图 4-89　环形框在切向集中力作用下的轴力分布

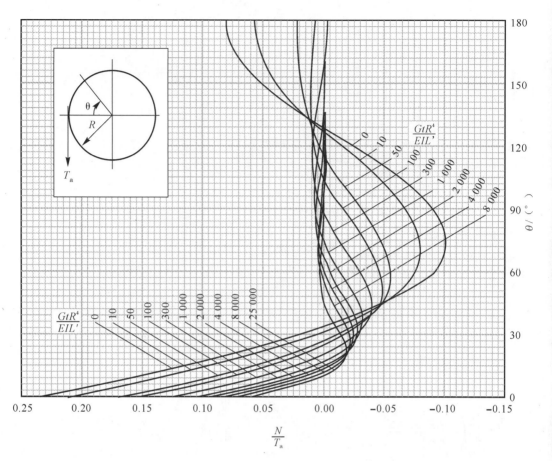

图 4-90 环形框在切向集中力作用下的剪力分布

4.4.3.3 有限元方法

由于上述方法在计算框内力时进行了一定程度的假设,适合于初步设计阶段的内力分析和强度校核。在详细设计阶段,建议采用有限元方法。

对于加强框,一般情况内外缘条承受正应力,腹板承受剪应力,因此,建立加强框有限元模型,通常可以采用板杆结构,即内外缘条采用杆元,腹板采用板壳单元/剪切板元。计算得到的内外缘条的轴力之和即为框的轴力,且由此内外缘轴力产生的框截面弯矩为框的弯矩。全机有限元模型要考虑加强框的传力情况,框缘和筋条采用梁元或杆单元,受较大面外载荷的部位可采用梁元,否则采用杆元;腹板采用板壳单元/剪切板元/膜元,根据受力情况选取单元类型。内外缘条不承受法向载荷时用杆元,在有法向载荷时可选用梁元。如框作为气密框时,框缘和筋条要承受法向载荷,建模应该采用梁元。

有限元模型建模的基本原则:所有承力构件均需体现在有限元模型中,对加强框的有限元模型的简化应遵循刚度等效原则,同时要求正确模拟结构受力特点、传力路线与支持条件,网格的划分要求均匀、协调,单元过渡要满足应力梯度变化要求。总体应力分析计算模型一般采用板壳元模型。如图 4-91 所示,框腹板采用板元模拟,框缘条和筋条采用杆元模拟,除非特殊需求.同一结构零部件的单元的法线方向应一致,对于油箱、座舱等承受面外压力的壁板蒙皮等均指向油箱或座舱外为正.加强框上的铰接接头采用 MPC 模拟连接关系.

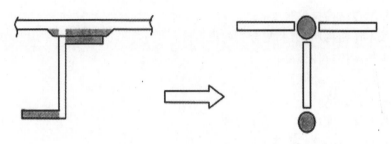

图 4-91　加强框结构有限元模拟

有限元模型单元属性计算的基本原则:① 必须严格遵循实际结构,保证材料、结构尺寸等参数一致,腹板单元厚度取实际结构厚度,杆单元截面积取实际缘条截面积(不计及腹板影响);② 变截面结构的厚度 / 面积取平均值;③ 局部不连接的结构(如框板分块),按连续结构处理;④ 开孔腹板的厚度按剪切刚度 GA 等效折算当量刚度;⑤ 接头耳片等连接单元,必须满足刚度等效原则,在整体模型中用于模拟耳片的单元参数可以通过三维实体细节有限元刚度对比分析得到或者采用经验参数.

有限元模型约束的定义:应尽可能模拟各部件与其相邻结构的连接情况,或在部件边界处施加约束,边界条件应从全机有限元模型中提取,边界条件的定义应能反映该部位在全机结构中的实际支持条件.集中载荷(如起落架交点载荷等)直接施加在实际受力结构点上;油箱、座舱等面载荷施加在受力表面,按局部载荷进行计算.

随着计算机的发展,有限元模型的规模也随之增大,从传统根据隔框位置的"自然网格"逐步过渡到以板元为主的更为细节的模型.这种自然网格的内力模型更适用于传统的工程校核方法,而精细的有限元模型,保留了结构的几何特征,可以反映出高应力区.图 4-92(见彩图)为两种有限元模型对比情况.

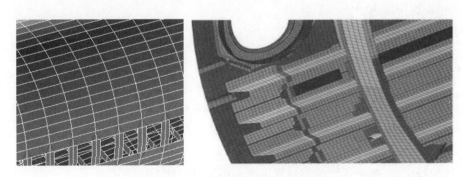

图 4-92　不同密度网格的有限元模型对比

4.4.4　加强框的强度分析

加强度框强度分析一般利用有限元分析结果,对框缘条、腹板、筋条以及连接部位进行强

度校核,校核内容如下:

(1) 框缘条本体结构拉伸强度;

(2) 框缘条本体结构压缩强度;

(3) 框腹板本体结构拉伸强度;

(4) 框腹板本体结构压、剪及复合受载稳定性;

(5) 筋条本体结构拉伸强度;

(6) 筋条本体结构压缩强度;

(7) 框缘条对接强度;

(8) 框腹板对接强度;

(9) 框腹板和缘条的连接强度;

(10) 筋条和框缘条连接强度;

(11) 气密平板框强度。

4.4.4.1 框缘条本体结构拉伸强度

(1) 外框缘许用应力。考虑到钉孔的减缩系数,拉伸载荷的许用值 $[\sigma_t]$ 为

$$[\sigma_t] = \begin{cases} 0.86\sigma_b, & \text{对 2024 - T3} \\ 0.95\sigma_b, & \text{对 7075 - T6} \\ 1.0\sigma_b, & \text{对 Ti} \end{cases} \qquad (4-190)$$

(2) 内框缘许用应力。不考虑到钉孔的减缩系数,拉伸载荷的许用值 $[\sigma_t]$ 为 σ_b。

4.4.4.2 框缘条本体结构压缩强度

1. 外框缘许用应力

外框缘的压缩许用值取下列三者最小值。

(1) 蒙皮材料的 σ_{cy}。对于浮框结构,考虑该内容;对于非浮框,不考虑。

(2) 压损应力。对于浮框结构,按"板元法"计算与蒙皮相连剪切角片(相贴边)压损许用应力;对于非浮框结构,按"板元法"计算外框缘压损许用应力。

(3) 钉间失稳临界应力。按 4.1.2.2 提供的方法计算钉间失稳临界应力。

2. 内框缘许用应力

内框缘的压缩许用应力取内框缘的压损许用应力。

4.4.4.3 框腹板本体结构拉伸强度

框腹板本体结构强度计算时,许用应力取材料的 σ_b,工作应力取腹板的 Von Mises 应力。

4.4.4.4 框腹板本体结构压、剪及复合受载稳定性

框腹板本体结构根据受力形式不同,可分别按压缩、剪切、压-压(拉)、压(拉)-剪计算腹板稳定性。

(1) 压缩稳定性。按照 4.1.2 节计算框腹板压缩稳定性。

(2) 剪切稳定性。按照 4.1.3 节计算框腹板剪切稳定性。

(3) 纵向压缩和横向压缩(或拉伸)稳定性。对两种以上载荷作用下的弹性屈曲应力,工程中分别用单一载荷作用下的屈曲应力,以相关方程或相关曲线得到,相关方程为

$$R_i^n + R_j^m = 1 \qquad (4-191)$$

其中，R_i 为应力比，$R_i = \dfrac{\sigma_i}{\sigma_{i(\mathrm{cr})}}$，$\sigma_i$ 为第 I 类作用应力；$\sigma_{i(\mathrm{cr})}$ 为第 I 类屈曲应力。

如果 $R_i^n + R_j^m < 1$，腹板未屈曲；如果 $R_i^n + R_j^m = 1$，则腹板处于临界状态；如果 $R_i^n + R_j^m > 1$，则腹板超过临界状态，已屈曲。

如果用曲线表示相关方程，曲线内部代表亚临界状态，曲线上代表临界状态，曲线外为超临界状态。

对于 $a/b \leqslant \sqrt{2}$，双向受压相关方程为

$$R_x + R_y = 1 \tag{4-192}$$

对于 $a/b \to \infty$，双向受压相关方程为

$$R_x^3 + R_y = 1 \tag{4-193}$$

其中，σ_x 作用于 b 边；σ_y 作用于 a 边。

（4）纵向压缩和剪切稳定性。对长矩形平板，纵向压-剪复合相关方程为

$$R_c + R_s^2 = 1 \tag{4-194}$$

式中：$R_c = \sigma_x/\sigma_{x,\mathrm{cr}}$；$R_s = \tau_s/\tau_{s,\mathrm{cr}}$。

纵向受拉时也可采用式（4-194）计算，纵向受拉时可采用压缩许用值，即 R_c 为负值。如长矩形平板横向压-剪复合受载，也可采用式（4-194）计算。

4.4.4.5　筋条本体结构拉伸强度

取筋条材料本身的极限拉伸强度 σ_b 作为筋条本体结构的拉伸许用应力。

4.4.4.6　筋条本体结构压缩强度

筋条压缩许用应力取筋条的压损应力。

4.4.4.7　框缘条对接强度

框缘条连接形式均采用对接方式，主要校核连接件的剪切强度和孔边的挤压强度。连接件所承受的载荷可以采用刚心法或细节有限元计算。

4.4.4.8　框腹板对接强度

框腹板的连接采用对接方式，主要校核对缝处连接件的剪切强度和钉孔的挤压强度。在强度校核时，工作应力应考虑框腹板的剪切应力 τ_{xy} 和垂直于腹板对缝方向的正应力 σ_x（或 σ_y）。单个连接件上的总剪切力为

$$p = \sqrt{\left(\frac{\tau_{xy}\delta l}{n}\right)^2 + \left(\frac{\sigma_x \delta l}{n}\right)^2} \tag{4-195}$$

式中：δ—— 腹板厚度；

　　　l—— 连接件间距；

　　　n—— 连接件排数。

4.4.4.9　框腹板和缘条的连接强度

框腹板和缘条采用搭接方式连接，需要校核连接部位连接件的剪切强度和钉孔的挤压强度。同样，计算连接件剪切强度时，工作应力应考虑框腹板的剪切应力 τ_{xy} 和垂直于腹板对缝方向的正应力 σ_x（或 σ_y）。单个连接件上的总剪切力采用式（4-195）计算。

4.4.4.10 筋条和框缘条连接强度

筋条和框缘采用搭接方式连接,主要校核连接部位连接件的剪切强度和钉孔的挤压强度。

4.4.4.11 气密平板框强度校核

气密平板框筋条的拉、压强度校核同普通框,校核方法见4.3节机身普通框强度分析。

气密隔框的腹板受均布法向载荷作用,以弯曲和薄膜应力的形式承担载荷,通常产生大挠度变形,称之为大挠度薄板,需对其进行大挠度分析。

此外,由于气密框参与全机受力,局部框腹板剪应力较大,需对其进行张力场分析。

气密腹板大挠度分析:气密框的筋条对气密腹板起到简支或固支的约束,大多数情况下,可以取这两种边界条件的平均结果。

(1)分析方法一。均布法向载荷作用下的大挠度方板和矩形板中心处的最大变形(δ)、薄膜应力(σ_d)、总应力(σ)分别如图4-93和图4-94所示。

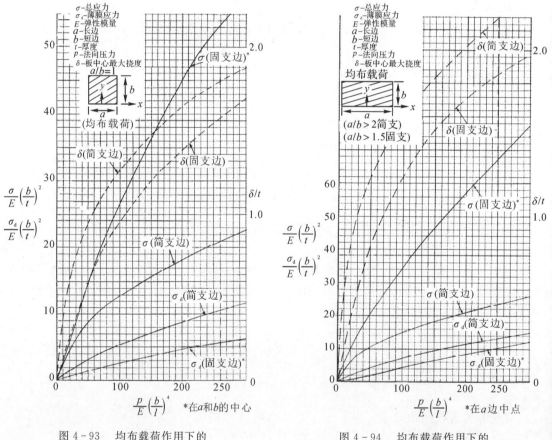

图4-93 均布载荷作用下的
大挠度方板($a/b=1$)

图4-94 均布载荷作用下的
大挠度矩形板

(2)分析方法二。对于长度a大于3倍的宽度b的长矩形板,在均布法向载荷作用下,其弯曲应力σ_b、薄膜应力σ_d、总应力σ及最大挠度δ可由图4-95～图4-102中曲线查得。

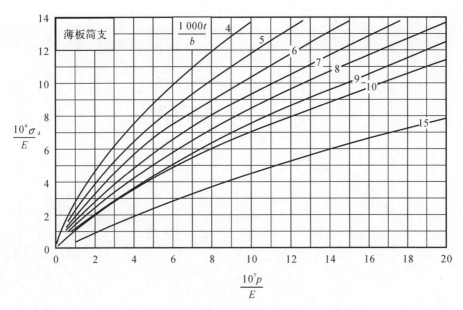

图 4-95　四边简支长矩形板在均布载荷下的薄膜应力

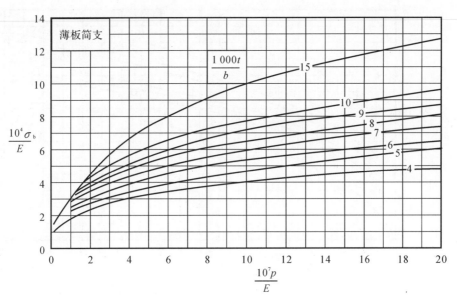

图 4-96　四边简支长矩形板在均布载荷下的弯曲应力

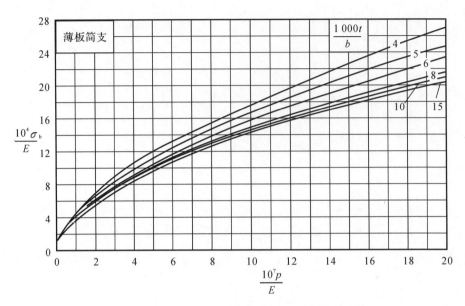

图 4 - 97   四边简支长矩形板在均布载荷下的总应力

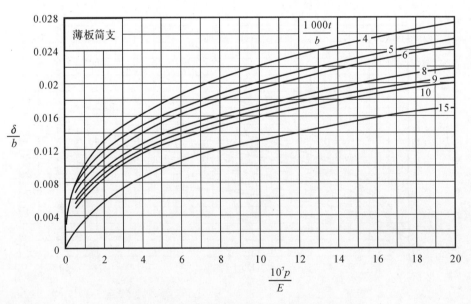

图 4 - 98   四边简支长矩形板在均布载荷下的挠度

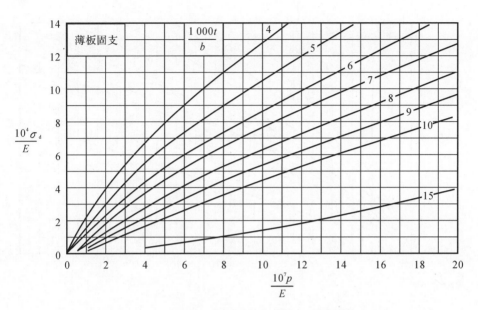

图 4-99　四边固支长矩形板在均布载荷下的薄膜应力

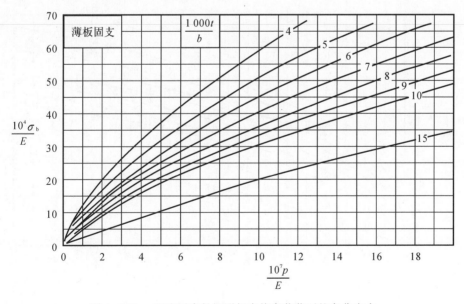

图 4-100　四边固支长矩形板在均布载荷下的弯曲应力

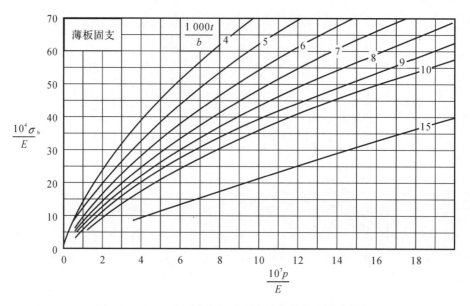

图 4 - 101　四边固支长矩形板在均布载荷下的总应力

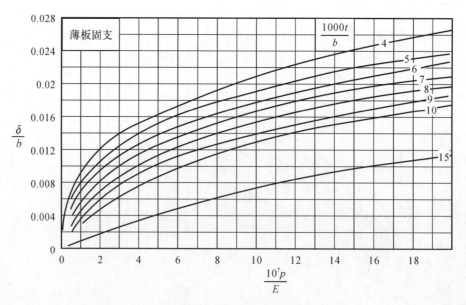

图 4 - 102　四边固支长矩形板在均布载荷下的挠度

4.4.5　加强框静强度分析方法的工程应用

某框在地板下方部分为气密腹板框,材料为 2024 – T4,$\sigma_{tu} = 399\text{MPa}$,$E = 72\,345\text{MPa}$,厚度为 1.0mm,腹板由 4 根横梁和 4 根竖梁以及中间起落架 P8 点处立柱加强。框结构形式如图 4 – 103 所示,腹板分块如图 4 – 104 所示。腹板受到垂直于腹板的均布气密载荷作用,大部分区域的严重工况气密载荷 $p = 0.121\,4\text{MPa}$。按大挠度理论校核腹板强度。

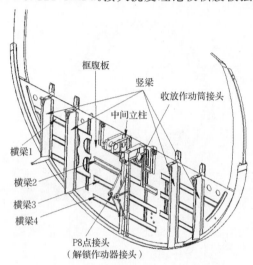

图 4 – 103　某气密框结构示意图

图 4 – 104 中,在垂直于腹板的均布气密载荷作用下,① 处蒙皮为最危险部位。腹板通过铆钉与横梁及立柱相连,将其边缘简化为简支约束。由于

$$1\,000t/b = 1\,000 \times 1.0/217 = 4.6, \quad 10^7 p/E = 10^7 \times 0.121\,4/72\,345 = 16.8$$

查图 4 – 97 四边简支长矩形板在均布载荷下的总应力,可得 $10^4\sigma/E = 23$,$\sigma = 23 \times 72\,345/10^4 = 166.3\text{MPa}$。

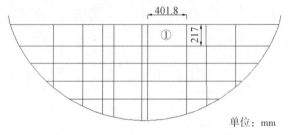

单位: mm

图 4 – 104　某气密框腹板分块示意图

由于有铆钉连接,取 $k_N = 0.88$ 的强度减弱系数,则材料许用应力为

$$\sigma_{all} = \sigma_{tu} \times k_N = 399 \times 0.88 = 351.1\text{MPa}$$

则安全裕度 M. S. $= \dfrac{\sigma_{all}}{\sigma} - 1 = \dfrac{351.1}{166.3} - 1 = 1.11$,满足静强度要求。

4.4.5.1　混合型腹板式加强框

以某混合型腹板式加强框[见图 4 – 105(见彩图)]为例,采用有限元方法进行分析。

（1）内力：建立该加强框连同周边机身结构的计算分析模型，选取受力最为严重的载荷情况，计算得出下框板的内力，并绘出某载荷情况下整体下框板弯矩、剪力、轴力图（见图4-106～图4-108）。

（2）剖面：根据下框板受力特点，选取相对较为薄弱的截面，截面简图如图4-109所示，对设计尺寸进行分析计算。本算例中对切面$G—G(Z=0)$进行计算。$G—G$切面简图如图4-109所示，$G—G$切面特性计算见表4-12。

图4-105　某混合型腹板式加强框结构简图

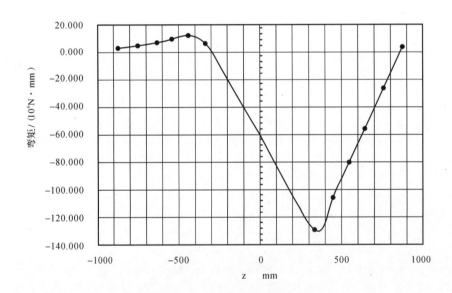

图4-106　整体下框板弯矩图

表4-12　$G—G$切面特性计算

截　　面	高度 H/mm	中性面 y_0/mm	截面积 F/mm²	惯性矩 J/mm⁴	腹板面积 F_{iq}/mm²
$G—G$	305.1	144.326 5	2 261.05	30 242 284	1 007.55

对于任意剖面，设其弯矩为M，剪力为Q，轴力为N，抗弯截面系数为

$$W_{上} = \frac{J}{H - y_0}, \quad W_{下} = \frac{J}{y_0}$$

缘条应力为

$$\sigma = \frac{M}{W} \pm \frac{N}{F}$$

腹板剪应力为

$$\tau = \frac{Q}{F_{iq}}$$

经计算,得到 $G - G$ 处的缘条正应力和腹板剪应力见表 $4 - 13$。

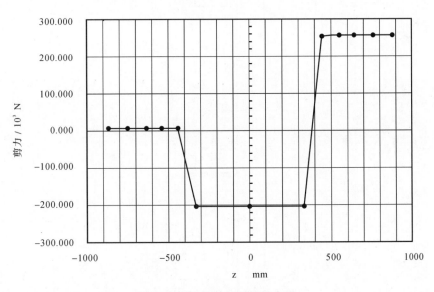

图 $4 - 107$　整体下框板剪力图

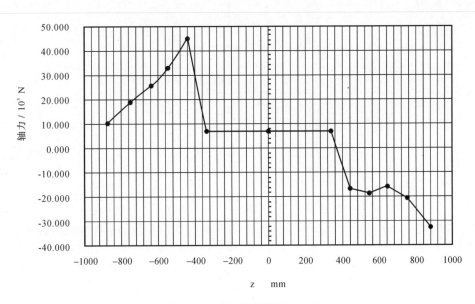

图 $4 - 108$　整体下框板轴力图

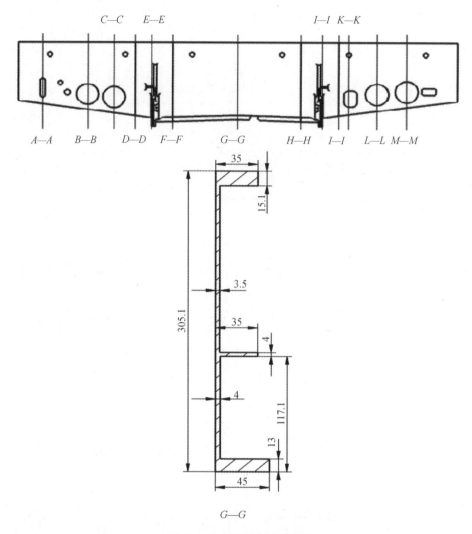

图 4-109 计算切面位置

表 4-13 下框板 $G-G$ 处典型截面的内力和应力

截 面	弯矩 M /(10^6 N·mm)	轴力 N /kN	剪力 Q /kN	$\sigma_{缘条上}$ /MPa	$\sigma_{缘条下}$ /MPa	剩余强度	τ /MPa	剩余强度
$G-G$	-61	7	-204	327.4	-288.0	2.84	202.5	2.76

所以,此截面设计参数满足强度要求,剩余强度适度,可以使用。

(3) 细节:由于耳片受力比较复杂,故采用三维单元进行分析。这里取一段框板作为过渡段,在框板两端固支。在轴承孔加 X、Y 向载荷,在轴承盖板螺栓所在位置加 Z 向载荷。根据本节中计算结果,将连接起落架舱侧板的螺栓载荷加在相应的螺栓孔位置。经有限元分析,结果(Von Mises 应力)如图 4-110(见彩图)所示。其中,最大应力为 966MPa,在 3 号螺栓孔边,由于这里是加载点,加载方式与实际受力方式不同,不予考虑,其他部位(加载点、和约束点除外)

的应力基本在 400MPa 左右，在 3 号螺栓所在的耳片根部较大，为 587MPa，满足强度要求。

此处应力最大，为587MPa

图 4 - 110　接头有限元分析结果

4.4.5.2　加强框局部接头细节分析

对加强框局部受载的接头或耳片宜采用三维单元进行建模，可以分析耳片根部 R 区局部的应力，孔边应力集中等力学特性，计算采用二次四面体单元或六面体单元建模；计算规模较大时可采用四面体单元进行建模，将关心区域的网格划得更密一些。

以框上一个接头为例，对接头应力和位移进行分析（软件采用 ABAQUS）。取一截框段，截断区和框缘铰支约束，两个耳片空心中间位置施加 $Y = -24\,000$N 载荷[见图 4 - 111（见彩图）]，接头与框之间设置接触，接头与框连接由梁元连接。主要分析接头，接头的网格较密，接触计算均采用四面体一次单元[见图 4 - 112（见彩图）]。框和接头均为铝合金，强度极限 σ_b 为 476MPa。

耳片上的最大位移为 1.27mm，Von Mises 应力为 387.3MPa[见图 4 - 113（见彩图）]。对于设备有刚度要求的情况，通过位移控制。安全裕度为

$$M.\,S. = 476/387.3 - 1 = 0.23$$

满足强度设计要求。

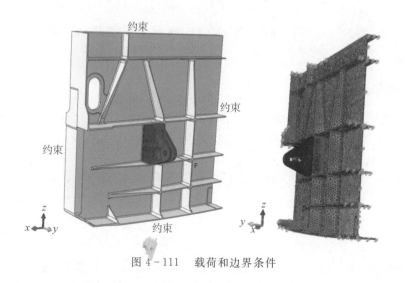

约束

约束

约束

约束

图 4 - 111　载荷和边界条件

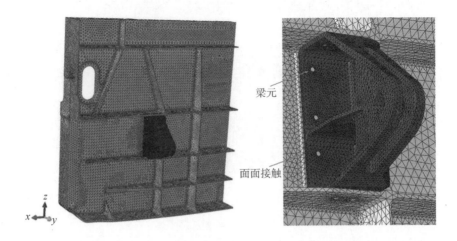

图 4 - 112   有限元模型

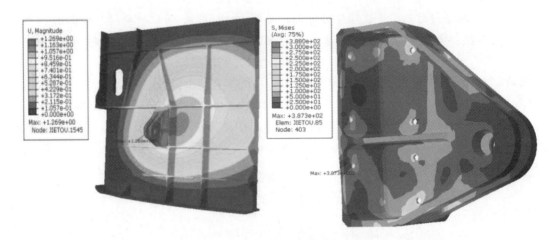

图 4 - 113   位移和耳片应力

4.5   机身典型开口结构静强度分析

4.5.1   概述

为了让操纵杆、液压管路、电缆束等元件通过,经常需要在飞机结构的壁板、腹板上开口,此外,在飞机窗口、舱门、维修口等位置也都需要进行开口设计,因此飞机结构的开口设计是不可避免的。图 4 - 114 为机身开口分布情况。

按开口的几何尺寸分,开口一般可分为三类:小开口、中等开口和大开口。这些开口的范围可小到仅仅是为液压/电气系统等开设的小圆孔,也可大到需将腹板几乎全部挖空形成大开孔或形状不规则的开孔,以便设备安装或作为通路。这里说的开口大小,是指它与开口所在处部件的基准尺寸相比而言,如机翼梁腹板上的开口尺寸,就应与开口处腹板总高相比,即相对大小而不是绝对大小,用相对大小来比较才符合受力概念。例如,对翼梁来说,小开口其直径小于 63.5mm,并小于梁高度的 40%;中等开口其直径大于 50.8mm 并占梁高度的 40%～75%;大开口其占梁高度的 70% 以上,形状比圆孔复杂。

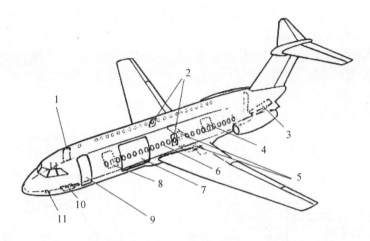

1— 勤务舱门;2— 紧急出口;3— 机腹舱口盖;4— 后货舱门;5— 主起落架舱门;

6— 舷窗;7— 上部大货舱门;8— 前货舱门;9— 旅客舱门;10— 前起落架舱门;11— 维修舱口盖

图 4 - 114　机身开口的大致布置情况

按开口的形状可分为圆形、椭圆形和矩形开口。开口的形状取决于使用要求和基本结构的受力形状,开口的形状和方向对局部应力集中起重要作用。一般来说,当结构件主要承受拉伸作用时,开口多是椭圆形,其椭圆形的长轴方向平行于承受拉力的方向。当结构件承受剪切作用时,拉力方向变化范围大,通常做成圆形开口。飞机结构中的一些大开口,由于使用上的要求,常做成长方形或正方形,小开口通常做成圆形或椭圆形。

按开口的结构特点可分为:剪切梁开口、半硬壳式结构开口、口框。

另外,有以下大开口的部位被认为是特殊且复杂的结构设计情况,需要进行更全面的分析(如有限元细节模型分析)和细节设计:

(1)乘客舱门;

(2)货舱门;

(3)机身前端和后端的装卸货舱门等。

开口尺寸大小主要影响结构受力的连续性和连续程度。对于非主承力机体结构中的小开口,如飞机检查口,其受力较小,结构强度削弱较小,则开口处不需要加强;在受力机体结构中,小开口一般对机体结构的受剪蒙皮的破坏有影响,为了传递开口处蒙皮的剪流,仅需在蒙皮内表面沿开口周缘镶上一个口框。对于如货舱门、应急舱门和登机门等机身结构上的中、大开口,一般可采用以下三种方式加强。

1. 刚框式口框加强形式

刚框式加强是指围绕开口周围布置一圈截面具有抗弯能力的加强结构。对于受轴向力机体结构,将口框取出后,口框周围将承受剪流和轴力,口框外的机体结构受力与未开口前相同,口框本身受自身平衡的外力系。对于受剪机体结构,口框只承受剪流。

当开口较大并将纵向构件切断时,纵向构件轴力将加在口框上,此时按刚框上作用集中力求出弯矩、轴力和剪流,与上述计算的内力叠加得到口框中总的内力。集中力引起口框中弯矩较大,采用刚框式口框加强方案将使结构质量增加较多,故对于更大开口一般不采用此种形式。

2. 围框式加强形式

围框式加强形式是在开口区采用井字形加强件,它与周边一圈原结构的纵向桁条、隔框和蒙皮等共同形成加强。围框式加强形式类似于将口框的梁式截面改成由内、外侧两根受轴力杆和中间蒙皮组成的薄壁梁式受力截面,由于围框的截面高度比口框的框截面大,故在受同样的弯矩时,围框中加强件的应力比口框的小,因此这种开口补强形式在质量上较口框式更有利,如图 4-115 所示。

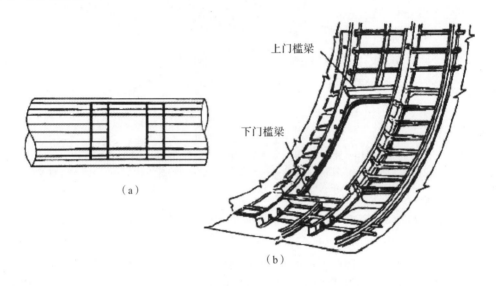

图 4-115　机身舱门结构开口围框式补强

3. 加强垫板式补强装置

在开口周围布置加强垫板,将切断的桁条和隔框与垫板连接共同形成围框。开口两侧布置加强型材,通过蒙皮和垫板剪切,把切断桁条上的轴力集中到开口两侧的加强型材上去,加强型材必须伸长一个框距,逐渐"参与受力",这样将轴力传递到开口区之外的参与段内。两端隔框需局部加强,使加强型材、加强隔框和加强垫板构成围框来承受剪力和轴力。加强垫板往往采用厚板经化学铣削而成,如图 4-116 所示。

4.5.2　机身壁板舷窗开口强度计算

对于新一代大型客机来说,尺寸大、数量多的客舱窗框结构是机身设计的关键内容之一。受机身开口、机舱增压和温度变化的影响,其结构方案的定义、强度刚度的校核、材料的选用等方面都需要经过全面考虑和深入研究。本节介绍民用飞机机身壁板舷窗开口强度计算的工程方法。

民用飞机舷窗结构,多是半硬壳式开口结构。金属半硬壳式结构由蒙皮、纵向件(梁、长桁)和横向件(框、肋)组成,以加筋板形式承载,主要通过拉伸、压、剪以及压剪联合的形式承载。

4.5.2.1　工程计算方法

1. 刚围框假设

假设小开口的围框无限刚硬。这样,中断的内力全部由围框的弯曲传走,问题简化为在长桁轴力、框轴力、蒙皮剪流作用下的闭合刚架计算,计算模型如图 4-117 所示。

这种办法尽管较为保守,但计算简单,且将开口的影响局限于开口周围的框架,在设计计算中常被采用。

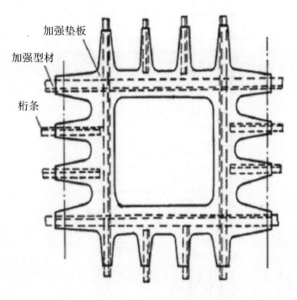

图 4 - 116　机身开口处加强垫板

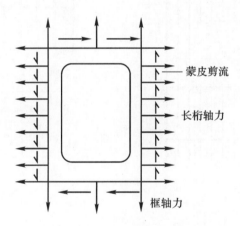

图 4 - 117　闭合刚架计算模型

2. 软围框假设

假设小开口的围框无限柔软,不能通过它的弯曲传走任何载荷,这时,中断的内力靠薄壁结构参与受力传走,软围框计算模型如图 4 - 118 所示。建议参与长度 L 取为开口宽度 B 的 $1.0 \sim 1.5$ 倍,当有框位于开口两端时,L 还可以取小些。

采用矩阵力法或有限元法计算上述模型,均能得到满意的结果。这里介绍建立在结构力学参与受力分析方法基础上的三长桁法。

在进行小开口结构的设计计算时,一般不必详细地确定应力分布规律,而仅需要求得开口边桁的最大轴力及开口附近的剪流。三长桁法虽然粗糙,但可达到上述目的。

这里仅讨论在轴向载荷作用下,具有双对称轴,由长桁 - 蒙皮组成的小开口结构,如图 4 -

119(a) 所示。由于其具有对称性,仅分析四分之一结构。

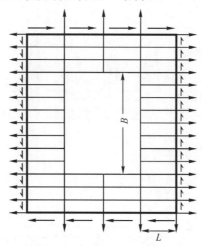

图 4-118　软围框计算模型

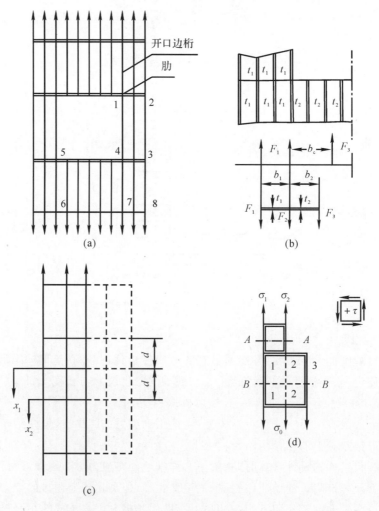

图 4-119　小开口结构

首先,将结构简化为图 4-119(c) 所示的简化计算模型,其特点及几何尺寸取法如下[见图 4-119(b)]:长桁 1 的面积 F_1 等于除开口边桁之外所有连续的长桁有效面积之和。长桁 2 的面积 F_2 等于开口边桁的有效面积,在开口部分及闭口部分,其值可以不同。长桁 3 的面积 F_3 等于被切断的长桁有效面积之和。壁板厚度 t_1 和 t_2 同原结构,b_1 为从 F_1 的形心到 F_2 的形心间距,b_c 为从 F_3 的形心到 F_2 的形心间距,根据经验公式将 b_c 修正为 b_2,即

$$b_2 = \left(0.65 + \frac{0.35}{n^2}\right)b_c \tag{4-196}$$

式中:n—— 一半结构中被切断的长桁数。

然后,用参与理论解这个简化计算模型,引入下列参数

$$K_1^2 = \frac{Gt_1}{Eb_1}\left(\frac{1}{F_1} + \frac{1}{F_2}\right) \tag{4-197}$$

$$K_2^2 = \frac{Gt_2}{Eb_2}\left(\frac{1}{F_2} + \frac{1}{F_3}\right) \tag{4-198}$$

$$K_3 = \frac{Gt_2}{Eb_1 F_2} \tag{4-199}$$

$$K_4 = \frac{Gt_1}{Eb_2 F_2} \tag{4-200}$$

$$\overline{K}^2 = K_1^2 K_2^2 - K_3 K_4 \tag{4-201}$$

$$D^2 = K_1^2 + K_2^2 + 2\overline{K} \tag{4-202}$$

令 $\bar{\sigma}$ 为剖面 A—A 处的平均正应力,σ_0 为剖面 B—B 处的平均正应力,则处于两肋之间,靠近开口部分的壁板[图 4-119(a) 中 1—2—3—4 区域]中的应力为

$$\sigma_1 = \bar{\sigma}\left(1 - \frac{Rc_0 F_2}{F_1 ch K_1 d}ch K_1 x_1\right) \tag{4-203}$$

$$\sigma_2 = \bar{\sigma}\left(1 + \frac{Rc_0}{ch K_1 d}ch K_1 x_1\right) \tag{4-204}$$

$$q_{1A} = \bar{\sigma}Rc_0 F_2 K_1 \frac{\sinh K_1 x_1}{\cosh K_1 d} \tag{4-205}$$

其中,c_0 为应力集中系数;R 为与开口长度有关的修正系数。它们分别按下列两式计算:

$$c_0 = \frac{K_3 K_4}{K_1^2 \overline{K} + \overline{K}^2} \tag{4-206}$$

$$R = \frac{1}{1 + \tanh K_1 d} \tag{4-207}$$

式中:d—— 开口长度的一半。

x_1 坐标从开口中点算起[见图 4-119(c)]。

沿着 4—5—6—7 区域最大剪流及分布为

$$q_{2H} = \bar{\sigma}F_2 \frac{K_4}{D}\left(1 + Rc_0 + \frac{K_1^2}{\overline{K}}\right) \tag{4-208}$$

$$q_2 = q_{2H}e^{-r_3x_2} \tag{4-209}$$

在区域 3—5—6—8 中，长桁应力

$$\sigma_3 = \sigma_0(1 - e^{-r_1x_2}) \tag{4-210}$$

$$\sigma_2 = \sigma_0 + (\sigma_{2H} - \sigma_0)e^{-r_2x_2} \tag{4-211}$$

$$\sigma_1 = \sigma_0 + \frac{F_2}{F_1}(\sigma_0 - \sigma_2) + \frac{F_2}{F_1}(\sigma_0 - \sigma_3) \tag{4-212}$$

其中，$\sigma_{2H} = \bar{\sigma}(1 + Rc_0)$，为开口边缘 $x_1 = d$ 处的 σ_2。

在区域 3—4—7—8 中的蒙皮剪流为

$$q_{1B} = q_{2H}e^{-r_1x_2} - (q_{2H} - q_{1H})e^{-r_2x_2} \tag{4-213}$$

其中，q_{1H} 为开口边缘 $x_1 = d$ 处的 q_{1A}。

上面几个公式中，参数分别如下：

$$r_1 = \frac{q_{2H}}{F_3\sigma_0} \tag{4-214}$$

$$r_2 = \frac{q_{2H} - q_{1H}}{F_2(\sigma_{2H} - \sigma_0)} \tag{4-215}$$

$$r_3 = \frac{G\sigma_{2H}}{Eb_2\tau_{2H}} \tag{4-216}$$

坐标 x_2 从开口两端的肋算起，如图 4-119(c) 所示。

对于实际中碰到的开口问题，可以根据具体情况，简化计算模型，提供设计计算。例如图 4-120(a) 的玻璃窗口框架，其特点是四个角点处抗弯刚度大，而四边中点处小。因此，这种框架传递剪切力的能力大，而传递长桁力的能力小，故可以简单地认为：

(1) 长桁力由蒙皮的参与受力传走。在工程上，可以用线性剪流分布的简化处理办法，估计参与传力。图 4-120(b) 和图 4-120(c) 给出当打断长桁数分别为奇数和偶数时，对称载荷下的简化计算结果。当载荷不对称时，按照类似的办法向两边扩散。

图 4-120(b) 中

$$q_0 = \frac{P_0}{2L} \tag{4-217}$$

$$q_1 = \frac{P_1}{L} + q_0 \tag{4-218}$$

加强长桁内力为

$$N = P_1 + P_2 + \frac{P_0}{2} \tag{4-219}$$

小开口结构图 4-120(c) 中

$$q_0 = 0 \tag{4-220}$$

$$q_1 = \frac{P_0}{L} \tag{4-221}$$

$$q_2 = q_1 + \frac{P_1}{L} \tag{4-222}$$

加强长桁内力为

$$N = P_0 + P_1 + P_2 \tag{4-223}$$

（2）蒙皮剪流由围框弯曲传走。这部分计算同刚围框的情况。

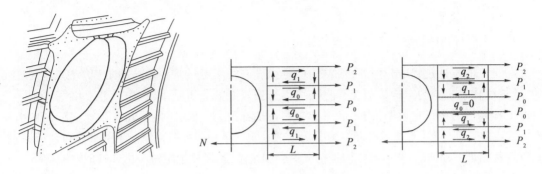

图 4 - 120　玻璃窗口框架
（a）玻璃窗户框架；（b）奇数长桁；（c）偶数长桁

4.5.2.2　圆形加强开口计算的经验公式

受轴向拉伸载荷作用的、带有圆形加强开口的加强壁板的试验可以证明，在弹性范围内，计算环中弯曲应力时，如果采用刚围框假设把长桁载荷直接作用在加强环上，将是十分保守的。试件的开口加强环的剖面是矩形的，其厚度大约为壁板的 15 倍，其面积近似等于开口横向中心线处被切掉的蒙皮和长桁的面积，如图 4 - 121 所示。

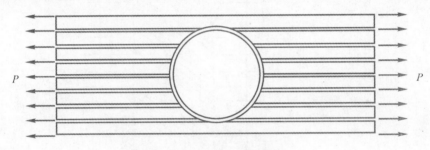

图 4 - 121　圆形加强开口

现提供开口应力计算的经验公式，以供参考。

在最小截面处，长桁和蒙皮的应力近似均匀分布，取值为

$$\sigma_{av} = \frac{P}{A_{zh} + 0.58A_x} \tag{4-224}$$

式中：P—— 壁板外载荷；

A_{zh}—— 最小截面处蒙皮和长桁的面积；

A_x—— 环横剖面积的 2 倍。

在最小截面处，加强环中的平均纵向正应力为

$$\sigma_x = 0.58\sigma_{av} \tag{4-225}$$

最大长桁应力出现在与加强环相切的长桁或紧靠着这根长桁的被切断的长桁上，为

$$\sigma_{max} = \left(1 + \frac{D}{b}\right)\sigma_{av} \tag{4-226}$$

式中：D—— 加强环的中心线直径；

b—— 板宽，一般 D/b 在 $0.2 \sim 1.0$ 之间。

蒙皮中最大剪应力在 $(0.26 \sim 0.55)\sigma_{cr}$ 之间。

4.5.3　机身壁板舱门开口强度计算

在飞机的设计过程中，针对飞机结构的静强度有很多经过实践总结的工程算法，对于复杂的、理论简化较困难的结构运用工程算法可以得到较好的分析结果。这里以针对堵塞式舱门开口的工程算法为例进行说明。由于开口的存在，机身壳主要载荷系统要在一个比实际区域小得多的区域内重新分布（见图 4-122），为了更清楚地定义下面四种载荷情况下的再分布载荷，必须先分别考虑每一种情况，然后再把四种情况结合起来考虑，以便拟定每一构件最危险的情况：

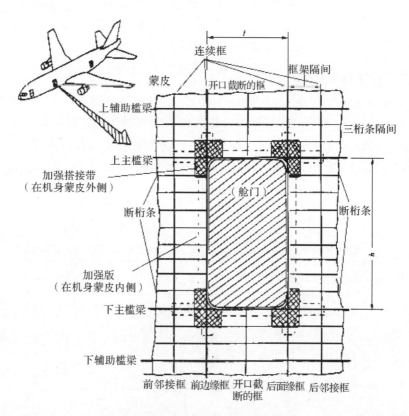

图 4-122　机身开口周围的结构布置

第一种情况是各种飞行条件下机身蒙皮剪流；

第二种情况是各种飞行条件下的断长桁载荷；

第三种情况是座舱增压条件下纵向和周向张拉伸载荷；

第四种情况是堵塞压力和门销座的再分布效应。

4.5.3.1　机身蒙皮剪流——飞行条件

假设开口是在机身半径几乎不变的区域，将图 4-123 和图 4-124 的剪流合并，就得到图 4-125 所示的开口周围重新分布的剪流（平均值），图中 q_1、q_2 和 q_3 是各块板上的平均剪流。

槛梁上和框架上的轴向载荷将以这些平均剪流为基础，并根据上述板上最终的重新分布剪流确定。

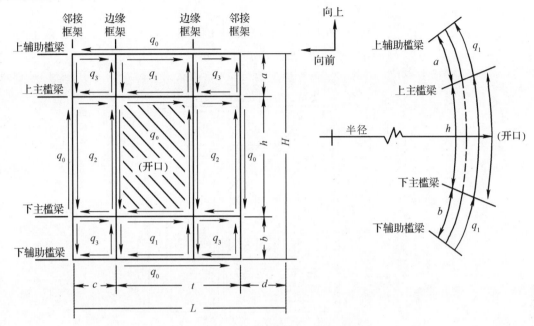

图 4 - 123　假设没有开口时的板剪流

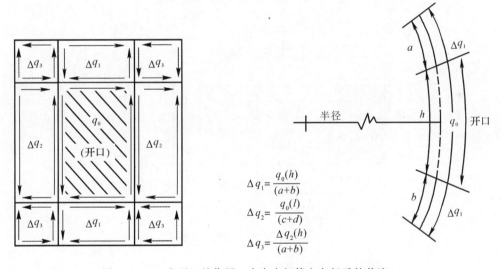

$$\Delta q_1 = \frac{q_0(h)}{(a+b)}$$

$$\Delta q_2 = \frac{q_0(l)}{(c+d)}$$

$$\Delta q_3 = \frac{\Delta q_2(h)}{(a+b)}$$

图 4 - 124　在开口处作用一个大小相等方向相反的剪流 q_0
并将剪流分量重新分布到周围各板上

4.5.3.2　断桁条的载荷 —— 飞行条件

这里所考虑的是由于开口前、后两边的断桁条引起板上附加剪流。如图 4 - 126 所示,假设四个隅角为简支(支持系数为 1.0)。断桁条的载荷向主槛梁扩散的距离通常为开口两侧各一个隔间。采用这个方法求得的板剪力和框架轴向载荷会比实际情况稍大一些。然而,对于开口周围的疲劳设计来说,必须采用保守方法。

如果开口两侧的断桁条载荷不等,则可使用开口中心线上的平均桁条载荷进行初步分析。

然而,像客舱门、服务门和货舱门等这类大的开口,就需要考虑前、后相邻框架之间附加的桁条轴向载荷增量。

利用如下公式中的一般的力矩和力的平衡来求出上槛两梁支持力 p_u 及下主槛梁力 p_1:

$$p_1 = (p_2 h_2 + p_3 h_3 + p_4 h_4 + p_5 h_5)/h_6 \qquad (4-227)$$

$$p_u = p_2 + p_3 + p_4 + p_5 - p_1 \qquad (4-228)$$

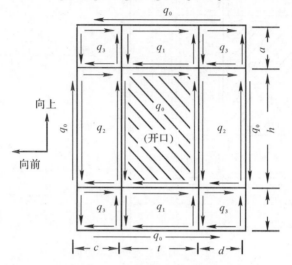

图 4-125   开口周围板最终剪流分布

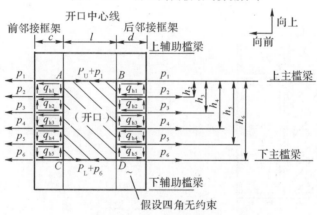

图 4-126   断横梁载荷引起的板附加剪流

板剪流(即前方各板的剪流)为

$$q_{h1} = p_u/c \qquad (4-229)$$

$$q_{h2} = q_{h1} - p_2/c \qquad (4-230)$$

$$q_{h3} = q_{h2} - p_3/c \qquad (4-231)$$

求后面各板剪流的方法与前面各板剪流相同,不过要注意确定剪流方向。

4.5.3.3 纵向和周向拉伸载荷 — 各种座舱增压情况

如图 4-127 所示,开口上下的环形张力是通过主槛梁和辅槛梁之间的板剪流而重新分布到边缘框架上的。

纵向拉伸载荷向上、下主槛梁重新分布的方式与环张力相同,如图 4-128 所示。

如果压差为 p_1，机身半径为 R，则

$\omega = pR$（环张力载荷）；

$q_w = 0$（在板中心，在边缘框架上 $q_w = \omega l/2a$）；

$q_1 = 0$（在板中心，在边缘框架上 $q_1 = \omega l/2b$）。

边缘框架上环张力为：

$P_{HT} = \omega l/2$；

$\omega' = PR/2$（纵向张力载荷）；

$q_F = 0$（在板中心，在主槛梁上 $q_F = \omega'h/2c$）；

$q_A = 0$（在板中心，在主槛梁上 $q_A = \omega'h/2d$）。

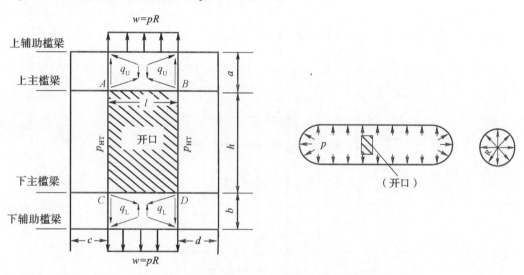

图 4-127　座舱压力（环张力）引起的开口板剪流

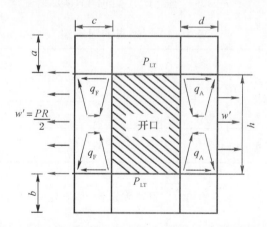

图 4-128　座舱压力（纵向张力）引起的开口壁板剪流

下面介绍一种根据四隅角的固定情况来求隅角处的板剪流（见图 4-129）以及框架和槛梁的轴向载荷增量的方法。首先，把隅角看成一个承受合成压力的弯头，并根据上板、下板和侧板的相对刚度确定修正的固定端力矩；然后假设变形使隅角至少还有 50% 的固定性。

K_1 和 K_2 是以角周围的等惯性矩为基础的分布系数，有

$$K_1 = \frac{h}{h+l} \qquad (4-232)$$

$$K_2 = \frac{l}{h+l} \qquad (4-233)$$

固定端力矩计算：

上板和下板

$$M_{UL} = \frac{\omega l^2}{12} (\text{mm} \cdot \text{kgf})$$

前、后侧板

$$M_{FA} = -\frac{\omega' h^2}{12} (\text{mm} \cdot \text{kgf})$$

通常设计得四角 a、b、c、d 值大致相同，修正的固定端力矩见表 4-14。

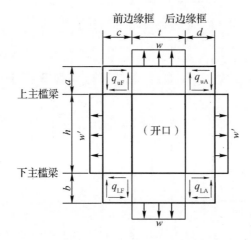

图 4-129　座舱压力引起的开口隅角剪流

表 4-14　修正的固定端

分布系数	K_1	K_2
有限元分析	$\dfrac{\omega l^2}{12}$	$-\dfrac{\omega' h^2}{12}$
修正值	$-K_1(M_{UL}+M_{FA})$	$-K_2(M_{UL}+M_{FA})$
修正的固定端力矩（FEM）	$\dfrac{\omega l^2}{12}-K_1(M_{UL}+M_{FA})$	$-\dfrac{\omega' h^2}{12}-K_1(M_{UL}+M_{FA})$

根据修正的固定端力矩，考虑有 50% 的角固定性，用下法求隅角四板的剪流。前上隅角板的剪流：

$$q_{UF} = 50\% \text{FEM}/ac = 50\% \left[\frac{\omega l^2}{12} - K_1(M_{UL}+M_{FA}) \right] / ac \qquad (4-234)$$

其他几个隅角的剪流也按照它们各自的几何形状用同样的方法得出。将各个 R_c 的值加起来就能得到槛梁和框架的轴向载荷。

下面介绍求解槛梁的反作用力，以及增压引起的框和槛梁的弯曲力矩的方法。图 4-130 所示为开口上部的部分,表示的是用来平衡反作用于辅助槛梁上的环向张力所需要的单位宽度上的载荷。

将图4-131所示的门的一半宽度($l/2$)上的单位反作用力系积分,就能得到槛梁和框架上的总载荷。

隔角板固定性引起的框架和槛梁的诱导载荷如图4-132所示,各个角的固定剪流在框架上产生载荷增量 ΔP_{HT}(边缘框架上的张力和相邻框架上的压力),再加上框架曲率引起的框架和槛梁的局部弯曲。图4-133的例子表示平衡前边缘框和上辅助槛梁所需的载荷。

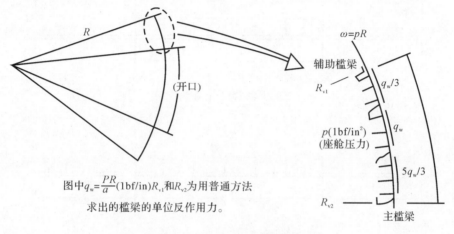

图中$q_w=\dfrac{PR}{a}$(1bf/in)R_{v1}和R_{v2}为用普通方法

求出的槛梁的单位反作用力。

图 4-130　开口上部的平衡载荷

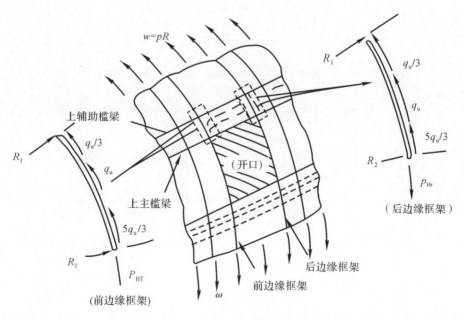

图 4-131　开口上部框架的平衡载荷

4.5.3.4　座舱压力和门销座的重新分布效应

门上的各种座舱压力载荷被重新分布到门的前、后边缘框架上。这种重新分布是通过在门边缘上好几处安置门销座来实现的,如图4-134所示。由于门销座与边缘框架稍微有点偏心,因此在边缘框架上就产生力矩增量。这些力矩增量一般通过在边缘框架和相邻框架之间安装加强肋来予以平衡，并在边缘框架上其环张力载荷加大了，在相邻框架上其环张力载荷则减少了。

作为初步分析，采用50％的端固定性。另外，应当认为，门销座引起的集中载荷是均匀分布在框架上的，这样框架就不会产生局部弯曲。一般来说，框架由于受门销座载荷影响而产生的弯曲要比由于受各种飞行载荷影响而产生的弯曲小很多。

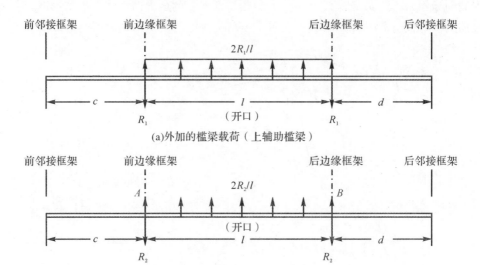

(a)外加的槛梁载荷（上辅助槛梁）

(b)外加的主槛梁载荷（上主槛梁）

图4-132　开口槛梁的平衡载荷

（a）外加的槛梁载荷(上辅助槛梁)；(b) 外加的主槛梁载荷(上主槛梁)

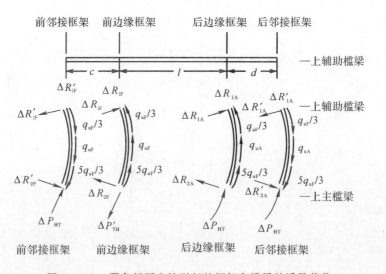

图4-133　隔角板固定性引起的框架和槛梁的诱导载荷

4.5.4　门框强度分析

目前，民用飞机门框一般采用井字形围框、双框井字形围框、混合型围框等加强方式。

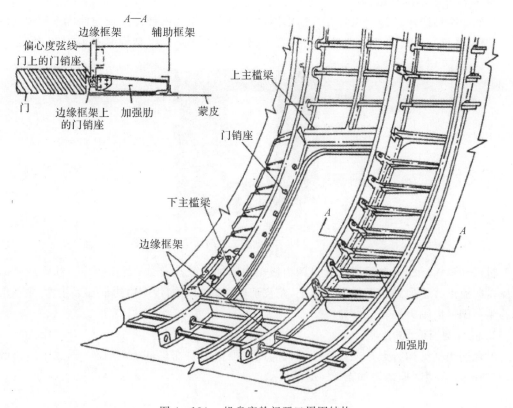

图 4 - 134　机身客舱门开口周围结构

4.5.4.1　门框结构及受力分析

1. 井字形围框结构

井字形围框的结构特点是在开口周边布置一圈加强构件（前、后加强边框和上、下槛梁），而不再布置其他加强构件，典型的井字形围框结构如图 4 - 135 所示。

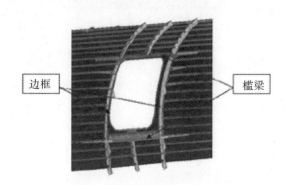

图 4 - 135　井字形围框结构

门框开口引起的附加剪流由开口周围加强蒙皮传递，打断长桁轴力和蒙皮张力，由蒙皮以剪流形式传递到槛梁和边框上，蒙皮剪流引起的附加弯矩由边框和邻接框、槛梁和逐步参与的纵向桁条的反向轴力平衡。

2. 双框井字形围框结构

双框井字形围框结构特点是在井字形围框的周边再加一圈杆件加强构件（前、后邻接框和上、下辅助槛梁），形成内外两圈加强结构，典型的双框井字形围框结构如图 4-136 所示。

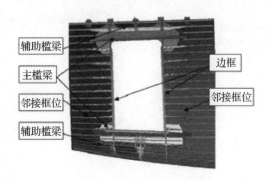

图 4-136　双框井字形围框结构

门框开口引起的附加剪流由开口四边格子内的加强蒙皮传递，断长桁轴力和蒙皮张力由蒙皮以剪流形式传递到主槛梁和边框上，蒙皮剪流引起的附加弯矩由边框和邻接框、主槛梁和辅助槛梁的反向轴力平衡。

3. 混合型围框结构

混合型围框结构特点是在井字形围框的周边根据需要在局部加些杆件，形成不封闭的外框，典型的混合型围框结构如图 4-137 所示。

图 4-137　混合型围框结构

混合型围框兼具井字形围框和双框井字形围框的传力特点，通过边框传递开口截断的环向载荷，由上、下槛梁传递开口截断的纵向载荷，蒙皮剪流引起的附加弯矩由边框和邻接框承担。

4.5.4.2　门框强度分析

机身门框强度分析主要考虑以下部件情况：

（1）上、下槛梁强度；

（2）边框结构的强度；

（3）航向和环向连接件强度；

（4）门框上边梁对接处的连接强度；

（5）门框周围蒙皮的拉、压及剪切强度；

（6）门框上止动块的强度。

1. 上、下槛梁强度

（1）内外缘受拉许用值。内外缘受拉许用值取材料的拉伸强度 σ_b。

（2）内缘压损许用值。利用压损强度板元计算方法计算内缘压损许用值。

（3）内缘条侧向失稳。如果梁的外缘条承受压缩载荷时，有可能发生梁的整体侧向失稳。在这种情况下，在两个侧向支持角片之间的内缘条可以简化为一根梁，在梁的两端由侧向支持角片提供刚性或弹性支持，（由角片的刚度决定），在梁的整体范围内由腹板提供弹性支持。

（4）内缘局部屈曲应力。见长桁局部屈曲应力计算方法。

（5）外缘与蒙皮相贴边的压损许用值。利用压损强度板元计算方法计算内缘压损许用值。

（6）蒙皮和外缘条钉间屈曲应力。按（4.1.2.2）节的相关方法计算蒙皮钉间屈曲应力。

2. 边框结构的强度

边框结构的强度按加强框来计算，具体参见 4.4 节。

3. 航向（槛梁与蒙皮连接）和环向（框与蒙皮连接）连接件强度

航向和环向连接件强度件强度计算可参见普通框连接强度计算。

4. 门框上边梁对接处的连接强度

门框上边梁对接处强度计算参见普通框对接，详见 4.3.3 节。

5. 门框周围蒙皮的拉、压及剪切强度

门框四周外蒙皮主要应力状态为双向拉伸应力及剪切应力的复合作用，拉伸应力将提高蒙皮的剪切失稳许用值，故计算拉剪失稳许用值时保守假设蒙皮只受剪切应力作用。如果蒙皮不失稳，则按照第四强度理论计算蒙皮拉伸工作应力。

蒙皮的拉伸强度取材料的极限抗拉强度。

蒙皮的失稳应力许用值计算可采用 4.1.2 节的蒙皮屈曲强度计算方法。

6. 门框上止动块的强度

止动块强度分析分两部分：一是对其连接螺栓分析，二是对止动块本体的分析。连接螺栓受拉、剪复合作用，止动块本体孔边受挤压、剪切作用，筋条受拉、剪复合作用。关于止动块的强度计算可参见相关文献，这里不再赘述。

4.5.5　工程应用

某民用飞机后左舱门开口位于机身 43～47 框之间，切断了机身左侧的 7～19 号长桁，开口尺寸为 1 600mm×1 600mm。后左舱门开口区域的结构布置如图 4-138（见彩图）所示，主要结构件有前辅助边框（43框）、前边框（43A框）、后边框（47框）、后辅助边框（47A框）、上槛梁（6号长桁站位处）、下槛梁（20号长桁站位处）、上辅助梁（3号长桁站位处）、舫桁。

4.5.5.1　应力分布有限元计算

有限元细节模型基于全机有限元模型，对上下槛梁、左右辅助边框、门边框以及周边长桁、框和加强件进行模拟，后左舱门开口区域有限元模型如图 4-139（见彩图）所示。

将舱门开口附近的蒙皮、上下槛梁、门边框等结构件的腹板采用壳单元模拟，其余结构仍为原偏置梁元和膜元结构。将该部分的局部细节有限元模型嵌入全机的整体有有限元模型当中,在不同工况条件下,进行数值分析。

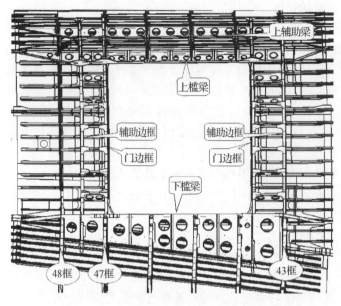

图 4-138   后左舱门开口区域结构示意图

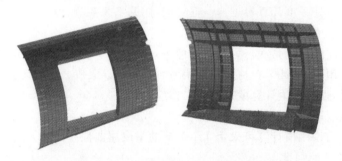

图 4-139   后左舱门开口区域有限元模型

4.5.5.2   开口及门框强度计算

1. 圆角处蒙皮强度

后左舱门开口区域的加强蒙皮材料为 2024-T42,原始厚度为 6.35mm,拉伸极限强度为 413MPa。圆角区蒙皮的最大 Von Mises 应力为 234MPa,载荷工况为工况 56,发生在后上圆角处。

圆角处蒙皮的安全裕度为

$$\text{M. S.} = \frac{\sigma_b}{f \times \sigma} - 1 = \frac{413}{1.5 \times 234} - 1 = 0.18$$

式中:σ_b——蒙皮材料的拉伸极限应力,MPa;

σ——限制载荷下蒙皮的拉应力,MPa;

f——安全系数,取 1.5。

2. 蒙皮/腹板剪切稳定性

以 42～43 框、6～7 号长桁间的蒙皮为例进行剪切稳定性校核。已知:蒙皮平均厚度

2.7mm，蒙皮长度 505mm，蒙皮宽度 160mm；蒙皮材料为 2024（包铝）－ T42，杨氏模量为 75 153MPa，泊松比 0.33，压缩屈服强度为 268MPa；限制载荷下最大的剪应力 30.78MPa，对应的载荷工况为工况 21。

四边简支时

$$k_s = 3.8 \left(\min \left\{ \frac{a}{b}, \frac{b}{a} \right\} \right)^2 + 5.35 = 3.8 \left[\min \left(\frac{505}{160}, \frac{160}{505} \right) \right]^2 + 5.35 = 5.73$$

$$\tilde{\tau}_{cr} = \frac{k_s \pi^2 E}{12(1 - v_e^2)} \left[\frac{t}{\min(a,b)} \right]^2 = \frac{5.73 \times \pi^2 \times 75\,153}{12(1 - 0.33^2)} \left[\frac{3.5}{\min(505,160)} \right]^2 = 114.3 \text{MPa}$$

因 $\sqrt{3}\,\tilde{\tau}_{cr} \geqslant 0.5 F_{cy}$，所以需要进行塑性修正，修正后的剪切临界屈服应力为

$$\tau_{cr} = \eta \cdot \tilde{\tau}_{cr} = 0.99 \times 114.3 = 113.2 \text{MPa}$$

取 80% 的限制载荷进行校核，安全裕度为

$$\text{M. S.} = \frac{\tau_{cr}}{0.8 \cdot \tau} - 1 = \frac{113.2}{0.8 \times 30.78} - 1 > 1$$

满足静强度设计要求。蒙皮可以剪切失稳，因此选用 80% 限制载荷进行校核；对于框梁腹板不允许剪切失稳，选取极限载荷进行校核。

同理，经计算，后左舱门开口区蒙皮及框腹板均满足剪切稳定性要求。

3. 框、梁外缘条压缩强度校核

框、梁外缘条承受压缩载荷时，可能的失效模式有蒙皮钉间失稳、外缘条钉间失稳、蒙皮压缩屈服和外缘条压缩屈服。为了简化计算，受压时单侧蒙皮和腹板的有效宽度取 15 倍板厚和 0.5 倍板宽两者的小值。

现以 42 框至 43 框间的上辅助梁为例进行外缘条压缩强度校核。

已知：蒙皮厚度为 2.7mm，有效宽度蒙皮面积为 87.48mm²，蒙皮材料 2024－T3，压缩弹性模量为 75 153MPa，泊松比为 0.33，压缩屈服强度 262MPa；梁外缘条厚度为 2.5mm，面积为 171mm²，梁材料 7050－T7451，压缩杨氏模量为 73 084MPa，泊松比为 0.33，压缩屈服强度为 441MPa，R&O 系数为 19；铆钉间距 25mm 上辅梁；如图 4－140（见彩图）所示。最大的压缩载荷为 29 308N（限制载荷），对应的载荷工况为工况 138。

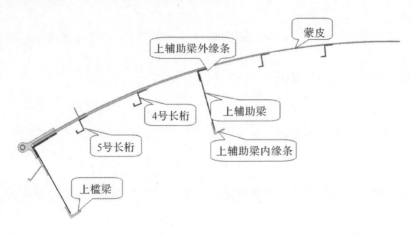

图 4-140　上辅助梁示意图

由已知条件可知：

$$S = S_p + S_r + S_k$$
$$= 2.7 \times 30 \times 2.7 + 2.5 \times 27.5 + 1.6 \times 15 \times 1.6$$
$$= 218.73 + 68.75 + 38.4$$
$$= 325.88 \, \text{mm}^2$$

$$E = \frac{S_p}{S}E_p + \frac{S_r + S_k}{S}E_r = \frac{218.73}{325.88} \times 75\,153 + \frac{107.15}{325.88} \times 73\,084 = 74\,472.65 \, \text{MPa}$$

$$\sigma = \frac{P}{S} = \frac{29\,308}{325.88} = 89.94 \, \text{MPa}$$

$$\sigma_p = \sigma \times \frac{E_p}{E} = 89.94 \times \frac{75\,153}{74\,472.65} = 90.76 \, \text{MPa}$$

$$\sigma_r = \sigma \times \frac{E_r}{E} = 89.94 \times \frac{73\,084}{74\,472.65} = 88.27 \, \text{MPa}$$

式中：S—— 总面积，mm^2；

   S_p—— 蒙皮有效压缩面积，mm^2；

   S_r—— 缘条面积，mm^2；

   S_k—— 框腹板有效压缩面积，mm^2；

   E—— 平均模量，MPa；

   E_p—— 蒙皮压缩模量，MPa；

   E_r—— 缘条压缩模量，MPa；

   σ—— 平均应力，MPa；

   σ_p—— 蒙皮应力，MPa；

   σ_r—— 缘条应力，MPa。

蒙皮压缩屈服时的安全裕度为

$$\text{M. S.} = \frac{\sigma_{cyp}}{f \times \sigma_p} - 1 = \frac{262}{1.5 \times 90.76} - 1 = 0.92$$

缘条压缩屈服时的安全裕度为

$$\text{M. S.} = \frac{\sigma_{cyr}}{f \times \sigma_p} - 1 = \frac{262}{1.5 \times 88.27} - 1 > 1$$

由 4.1.2.2 节可求得蒙皮钉间失稳时的临界应力为 252.91MPa，外缘条钉间失稳时的临界应力为 428.84MPa。

蒙皮钉间失稳时的安全裕度为

$$\text{M. S.} = \frac{\sigma_{inp}}{f \times \sigma_p} - 1 = \frac{252.91}{1.5 \times 90.76} - 1 = 0.86$$

外缘条钉间失稳时的安全裕度为

$$\text{M. S.} = \frac{\sigma_{inr}}{f \times \sigma_r} - 1 = \frac{428.84}{1.5 \times 88.27} - 1 > 1$$

上辅助梁外缘条在压缩载荷作用下的最小安全裕度为 0.86，对应的失效模式为蒙皮钉间失稳。因此，该区域上辅助梁外缘条受压时满足静强度要求。

同理，经计算，后左舱门开口区框、梁外缘条压缩强度均满足要求。

4. 框、梁内缘条压缩强度

框、梁内缘条承受压缩载荷时，可能的失效模式有内缘条压缩屈服、内缘条局部失稳和内缘条侧向稳定性。

现以 44 框至 45 框间上槛梁为例进行内缘条压缩强度校核。

已知:内缘条面积 105mm^2,框腹板厚度为 1.6mm,材料为 7050 - T7451,压缩弹性模量为 73 084MPa,泊松比 0.33,压缩屈服强度 441MPa;最大的压缩载荷为 28 827 N,对应的载荷工况为工况 66。

由已知条件可知

$$S = S_r + S_k = 3.5 \times 30 + 1.6 \times 15 \times 1.6 = 143.4\text{mm}^2$$

$$\sigma = \frac{P}{S} = \frac{28\ 827}{143.4} = 201.02\text{MPa}$$

式中:S——总面积,mm^2;

$\quad\quad S_r$——内缘条面积,mm^2;

$\quad\quad S_k$——上槛梁腹板有效压缩面积,mm^2;

$\quad\quad \sigma$——应力,MPa;

$\quad\quad P$——压缩载荷,N。

内缘条压缩屈服时的安全裕度为

$$\text{M. S.} = \frac{\sigma_{cy}}{f \times \sigma_\rho} - 1 = \frac{441}{1.5 \times 201.02} - 1 = 0.46$$

内缘条的自由边厚度为 3.5mm,宽度为 30mm,可求得内缘条自由边局部失稳时的临界应力为 372.58MPa,内缘条自由边局部失稳时的安全裕度为

$$\text{M. S.} = \frac{\sigma_{flt}}{f \times \sigma} - 1 = \frac{372.58}{1.5 \times 201.02} - 1 = 0.24$$

内缘条的自由边厚度为 3.5mm,宽度为 30mm,上槛梁腹板厚度为 1.6mm,腹板高度为 190mm,框间距为 253mm,由 4.1.2.5 节相关内容,可求得内缘条侧向失稳时的临界应力为 400.65MPa,内缘条侧向失稳时的安全裕度为

$$\text{M. S.} = \frac{\sigma_{dr}}{f \times \sigma} - 1 = \frac{400.65}{1.5 \times 201.02} - 1 = 0.33$$

44 框至 45 框之间的上槛梁内缘条最小裕度为 0.24,满足静强度设计要求。

同理,经计算,后左舱门开口区域框、梁内缘条压缩强度均满足设计要求。

参 考 文 献

[1]　孙侠生. 民用飞机结构强度刚度设计和验证指南[M]. 北京:航空工业出版社,2012.

[2]　万春华,段世慧,聂小华等. 大型航空结构有限元数值模拟方法研究[J]. 机械科学与技术. 2018,37(5):816 - 820.

[3]　崔德刚. 结构稳定性设计手册 [M]. 北京:航空工业出版社,1996.

[4]　飞机设计手册编委会. 飞机设计手册:第九册 载荷、强度和刚度[M]. 北京:航空工业出版社,2001.

[5]　BRUHN E F. Analysis and Design of Flight Vehicle Structures[M]. JACOBS PUB-LISHINGINC,1973.

[6] BOMBARDIER. Stress and Fatigue. Strength of Metallic Structures-Buckling-Thin Skin Stringer Panels in Compression BM7024.01.06.04. [R]. CANADA,2007.

[7] 吴存利,聂小华. 加筋板破坏载荷计算中的蒙皮有效宽度计算方法适应性验证[J]. 航空工程进展,2020,11(3):387-393,407.

[8] 吴存利.飞机金属加筋板剪切强度计算方法适应性研究报告:AA-623S-2020-110-0007A [R]. 西安:中国飞机强度研究所,2020.

第5章　典型复合材料结构静强度分析方法

本章详细介绍复合材料结构基本理论和失效准则,针对复合材料典型结构,如层合板、蜂窝夹层结构、复合材料加筋板和连接结构、特殊细节结构,给出通用的工程分析方法和有限元分析方法,并对部分分析方法进行适应性验证。

5.1　概　　述

先进复合材料具有比强度和比刚度高、性能可设计等许多优异特性,将其用于飞机结构上,可比常规的金属结构减重 $25\% \sim 30\%$,并可明显改善飞机气动弹性特性,提高飞行性能,这是其他材料无法或难以达到的。同时,复合材料易于整体成形,具有优异的抗疲劳和耐腐蚀特性,有可能使得复合材料结构的全寿命成本低于传统的金属结构。先进复合材料的广泛应用还可进一步推进隐身和智能结构设计技术的发展,因此,复合材料在飞机上应用的部位和用量的多少已成为衡量飞机结构先进性的重要指标之一。

5.2　复合材料结构基本理论和失效准则

5.2.1　经典层压板理论

5.2.1.1　基本假设

复合材料经典层压板理论(Classical Laminate Theory,CLT)定义了单层板及层压板的本构关系,其主要基于以下假设。

(1)假定层压板的厚度与其他方向的尺寸相比较小。

(2)直法线假设。假定层压板未受载前垂直于中面的法线变形后仍垂直于中面,即层间无滑移。

(3)等法线假设。假定层压板中面的法线变形后长度不变,因而垂直于中面的应变及应力可以忽略不计。

值得注意的是,目前应用中已对经典层压板理论做了推广,考虑到了板的横向剪切。

5.2.1.2 单层板的应力-应变关系

单层板的坐标系如图 5-1 所示。

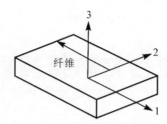

图 5-1　单层板的坐标系统

由复合材料经典层压板理论基本假设得到单层板的应力-应变关系为

$$\begin{bmatrix} \sigma_1 \\ \sigma_2 \\ \tau_{12} \end{bmatrix} = \boldsymbol{Q} \begin{bmatrix} \varepsilon_1 \\ \varepsilon_2 \\ \gamma_{12} \end{bmatrix} = \begin{bmatrix} Q_{11} & Q_{12} & 0 \\ Q_{12} & Q_{22} & 0 \\ 0 & 0 & Q_{66} \end{bmatrix} \begin{bmatrix} \varepsilon_1 \\ \varepsilon_2 \\ \gamma_{12} \end{bmatrix} \tag{5-1}$$

式中:$\boldsymbol{Q}$ 称为折算刚度矩阵,各项为

$$\left.\begin{aligned} Q_{11} &= \frac{E_1}{1-\nu_{12}\nu_{21}} \\ Q_{21} &= Q_{12} = \frac{\nu_{12}E_2}{1-\nu_{12}\nu_{21}} = \frac{\nu_{21}E_1}{1-\nu_{12}\nu_{21}} \\ Q_{22} &= \frac{E_2}{1-\nu_{12}\nu_{21}} \\ Q_{66} &= G_{12} \end{aligned}\right\} \tag{5-2}$$

5.2.1.3　单层板偏轴下的应力-应变关系

应力-应变关系如下:

$$\begin{bmatrix} \sigma_x \\ \sigma_y \\ \tau_{xy} \end{bmatrix} = \boldsymbol{T}_\theta^{-1} \begin{bmatrix} \sigma_1 \\ \sigma_2 \\ \tau_{12} \end{bmatrix} \tag{5-3}$$

$$\begin{bmatrix} \varepsilon_x \\ \varepsilon_y \\ \gamma_{xy} \end{bmatrix} = \boldsymbol{T}_\theta^{T} \begin{bmatrix} \varepsilon_1 \\ \varepsilon_2 \\ \gamma_{12} \end{bmatrix} \tag{5-4}$$

式中:$\boldsymbol{T}_\theta$ 为坐标变换矩阵,可表示为

$$\boldsymbol{T}_\theta = \begin{bmatrix} \cos^2\theta & \sin^2\theta & 2\sin\theta\cos\theta \\ \sin^2\theta & \cos\theta & -2\sin\theta\cos\theta \\ -\sin\theta\cos\theta & \sin\theta\cos\theta & \cos^2\theta-\sin\theta \end{bmatrix}$$

$$\begin{bmatrix} \sigma_x \\ \sigma_y \\ \tau_{xy} \end{bmatrix} = \bar{\boldsymbol{Q}} \begin{bmatrix} \varepsilon_x \\ \varepsilon_y \\ \gamma_{xy} \end{bmatrix} = \begin{bmatrix} \bar{Q}_{11} & \bar{Q}_{12} & \bar{Q}_{16} \\ \bar{Q}_{12} & \bar{Q}_{22} & \bar{Q}_{26} \\ \bar{Q}_{16} & \bar{Q}_{26} & \bar{Q}_{66} \end{bmatrix} \begin{bmatrix} \varepsilon_x \\ \varepsilon_y \\ \gamma_{xy} \end{bmatrix} \tag{5-5}$$

转换后的折算刚度矩阵为

$$\bar{\boldsymbol{Q}} = \boldsymbol{T}_\theta^{-1} \boldsymbol{Q} (\boldsymbol{T}_\theta^{-1})^{\mathrm{T}}$$

亦即

$$
\begin{bmatrix} \bar{Q}_{11} \\ \bar{Q}_{22} \\ \bar{Q}_{12} \\ \bar{Q}_{66} \\ \bar{Q}_{16} \\ \bar{Q}_{26} \end{bmatrix} = \begin{bmatrix} m^4 & n^4 & 2m^2 n^2 & 4m^2 n^2 \\ n^4 & m^4 & 2m^2 n^2 & 4m^2 n^2 \\ m^2 n^2 & m^2 n^2 & m^4 + n^4 & -4m^2 n^2 \\ m^2 n^2 & m^2 n^2 & -2m^2 n^2 & (m^2 - n^2)^2 \\ m^3 n & -mn^3 & mn^3 - m^3 n & 2(mn^3 - m^3 n) \\ mn^3 & -m^3 n & m^3 n - mn^3 & 2(m^3 n - mn^3) \end{bmatrix} \begin{bmatrix} Q_{11} \\ Q_{22} \\ Q_{12} \\ Q_{66} \end{bmatrix} \tag{5-6}
$$

式中:$m = \cos\theta, n = \sin\theta$,其中 θ 为旋转角。

5.2.1.4　层压板的内力-应变关系

层压板中第 k 层的应力-应变关系为

$$
\begin{bmatrix} \sigma_x \\ \sigma_y \\ \tau_{xy} \end{bmatrix}_k = \begin{bmatrix} \bar{Q}_{11} & \bar{Q}_{12} & \bar{Q}_{16} \\ \bar{Q}_{12} & \bar{Q}_{22} & \bar{Q}_{26} \\ \bar{Q}_{16} & \bar{Q}_{26} & \bar{Q}_{66} \end{bmatrix}_k \begin{bmatrix} \varepsilon_x \\ \varepsilon_y \\ \gamma_{xy} \end{bmatrix}_k = \begin{bmatrix} \bar{Q}_{11} & \bar{Q}_{12} & \bar{Q}_{16} \\ \bar{Q}_{12} & \bar{Q}_{22} & \bar{Q}_{26} \\ \bar{Q}_{16} & \bar{Q}_{26} & \bar{Q}_{66} \end{bmatrix}_k \begin{bmatrix} \varepsilon_x^0 + z\kappa_x \\ \varepsilon_y^0 + z\kappa_y \\ \gamma_{xy}^0 + z\kappa_{xy} \end{bmatrix} \tag{5-7}
$$

式中:$\varepsilon_x^0 \, 、\varepsilon_y^0 \, 、\gamma_{xy}^0$ —— 板中面的应变;

$\kappa_x \, 、\kappa_y \, 、\kappa_{xy}$ —— 板中面的曲率。

层压板单位宽度的内力 N、内力矩 M(见图 5-2)可由各单层板上的应力沿层压板厚度积分求得:

$$
N = \begin{bmatrix} N_x \\ N_y \\ N_{xy} \end{bmatrix} = \int_{Z_0}^{Z_n} \begin{bmatrix} \sigma_x \\ \sigma_y \\ \tau_{xy} \end{bmatrix} \mathrm{d}z, M = \begin{bmatrix} M_x \\ M_y \\ M_{xy} \end{bmatrix} = \int_{Z_0}^{Z_n} \begin{bmatrix} \sigma_x \\ \sigma_y \\ \tau_{xy} \end{bmatrix} z \mathrm{d}z \tag{5-8}
$$

由此可得层压板内力 N、M 与板中面应变与曲率的关系为

$$
\begin{bmatrix} N \\ M \end{bmatrix} = \begin{bmatrix} A & B \\ B & D \end{bmatrix} \begin{bmatrix} \varepsilon^0 \\ \kappa \end{bmatrix} \tag{5-9}
$$

展开有

$$
\begin{bmatrix} N_x \\ N_y \\ N_{xy} \\ M_x \\ M_y \\ M_{xy} \end{bmatrix} = \begin{bmatrix} A_{11} & A_{12} & A_{16} & B_{11} & B_{12} & B_{16} \\ A_{12} & A_{22} & A_{26} & B_{12} & B_{22} & B_{26} \\ A_{16} & A_{26} & A_{66} & B_{16} & B_{26} & B_{66} \\ B_{11} & B_{12} & B_{16} & D_{11} & D_{12} & D_{16} \\ B_{12} & B_{22} & B_{26} & D_{12} & D_{22} & D_{26} \\ B_{16} & B_{26} & B_{66} & D_{16} & D_{26} & D_{66} \end{bmatrix} \begin{bmatrix} \varepsilon_x^0 \\ \varepsilon_y^0 \\ \gamma_{xy}^0 \\ \kappa_x \\ \kappa_y \\ \kappa_{xy} \end{bmatrix} \tag{5-10}
$$

式中:$A_{ij}(i,j = 1,2,6)$ —— 层压板的"面内刚度系数";

$B_{ij}(i,j = 1,2,6)$ —— 称层压板的"耦合刚度系数";

$D_{ij}(i,j = 1,2,6)$ —— 层压板的"弯曲刚度系数"。

5.2.1.5　层压板的刚度和柔度

面内刚度矩阵元素为

$$
A_{ij} = \sum_{k=1}^{n} (\bar{Q}_{ij})_k (Z_k - Z_{k-1}), \quad i,j = 1,2,6 \tag{5-11}
$$

耦合刚度矩阵元素为

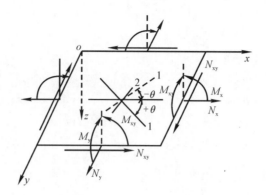

图 5-2   层压板的面内力

$$B_{ij} = \frac{1}{2} \sum_{k=1}^{n} (\bar{Q}_{ij})_k (Z_k^2 - Z_{k-1}^2), \quad i,j = 1,2,6 \tag{5-12}$$

弯曲刚度矩阵元素为

$$D_{ij} = \frac{1}{3} \sum_{k=1}^{n} (\bar{Q}_{ij})_k (Z_k^3 - Z_{k-1}^3), \quad i,j = 1,2,6 \tag{5-13}$$

式中：k—— 层数。

Z_k 的示意图如图 5-3 所示。

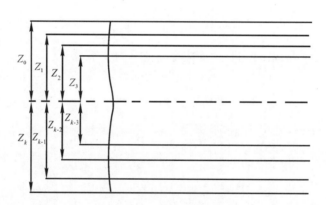

图 5-3   层压板几何性质

由于 **B** 矩阵的存在，使层压板出现了面内变形与弯曲变形的耦合，而弯曲内力也会引起面内变形，并且出现层压板固化后翘曲变形，因此，在设计时，应采取措施消除耦合矩阵。采用对称层压板，即材料和铺层角相对于板的几何中面对称铺设，是最有效的方法。

5.2.1.6   层压板面内应力分析

依据经典层压板理论首先确定给定载荷下层压板中面的应变和曲率，进而确定层压板内每一层内的应变水平和应力状态。

为了确定各单层中的应力，要用到层压板的中面应变和中面曲率矢量。由层压板的本构关系公式(5-9)可得

$$\begin{bmatrix} \boldsymbol{\varepsilon}^0 \\ \boldsymbol{\kappa} \end{bmatrix} = \begin{bmatrix} \boldsymbol{A} & \boldsymbol{B} \\ \boldsymbol{B} & \boldsymbol{D} \end{bmatrix}^{-1} \begin{bmatrix} \boldsymbol{N} \\ \boldsymbol{M} \end{bmatrix} = \begin{bmatrix} \boldsymbol{a} & \boldsymbol{b} \\ \boldsymbol{b}^{\mathrm{T}} & \boldsymbol{d} \end{bmatrix} \begin{bmatrix} \boldsymbol{N} \\ \boldsymbol{M} \end{bmatrix} \tag{5-14}$$

式中：

$$a = A^{-1} + A^{-1}B(D - BA^{-1}B)^{-1}BA^{-1}$$
$$b = -A^{-1}B(D - BA^{-1}B)^{-1}$$
$$d = (D - BA^{-1}B)^{-1}$$

当给定中面应变和曲率矢量时，层压板的总应变可写成为

$$\varepsilon_x^i = \varepsilon^0 + z\kappa \tag{5-15}$$

层压板的厚度上任一点的应变现在已由板的中面应变和中面曲率乘以该点到中面的距离之和给出。层压板第 i 层中心的应变场为：

$$\varepsilon_x^i = \varepsilon^0 + \frac{1}{2}\kappa(z^i + z^{i-1}) \tag{5-16}$$

式中：$\frac{1}{2}(z^i + z^{i-1})$ 为中面到第 i 层中心的距离。

因此，可以由层压板厚度上的指定点到中面的距离确定该点由曲率引起的应变。

式（5-16）所确定的应变是相对于层压板的任意坐标系的。可采用前面推导的坐标转换式（5-4），将这层的应变转化到沿材料的主方向的坐标系。于是

$$\varepsilon_1^i = T_\theta'^i \varepsilon_x^i \tag{5-17}$$

由材料主方向坐标系中确定的应变，在同一坐标系中的应力可用单层折算刚度矩阵［见式（5-1）］表示为

$$\sigma_1^i = Q^i \varepsilon_1^i \tag{5-18}$$

另外，由于每一层的材料可能不相同，转换刚度矩阵必须是针对相应层的。

材料主方向坐标系中的应力也可以不用材料主方向坐标系中的应变确定，采用在层压板坐标系中确定的应变式（5-16）和用单层转换刚度矩阵［见式（5-5）和式（5-6）］，把层压板坐标系中的应力写为

$$\sigma_x^i = \bar{Q}^i \varepsilon_x^i \tag{5-19}$$

然后，用关系式（5-3）将应力转换到材料主方向坐标系中去，于是有

$$\sigma_1^i = T_\theta^i \sigma_x^i \tag{5-20}$$

回顾这些关系，可以看出，对于受面内载荷的对称层压板，其曲率矢量为零。这意味着层压板坐标系中，每一层的应变是一样的，且等于层压板的中面应变，各层铺层角的不同只在各自的材料主方向坐标系中引起不同的应力和应变场。

5.2.2　复合材料单层失效准则

复合材料强度理论一直是复合材料研究领域的重点和难点。传统的复合材料结构设计方法大量依赖于试验验证来保证结构的完整性和安全性，由于试验周期长和试验成本昂贵，这种传统的设计方法已经越来越难以适应目前发展的需求。随着先进复合材料在飞机结构中的广泛应用，复合材料结构设计越来越多地与理论分析和工程计算方法相结合进行迭代优化，以实现结构的轻量化。在过去的几十年里，很多研究者基于试验数据和理论分析，从不同角度提出了为数众多的复合材料强度理论，建立了各式各样的单层复合材料失效准则。本节主要介绍几种常用的单层复合材料失效准则。

5.2.2.1　强度极限失效准则

1. 最大应力失效准则

最大应力失效准则认为，在复合材料三个主方向应力分量中，只要任何一个达到其所在方向的强度值时，材料就会发生失效。失效判据公式如下：

$$\max\left(\left|\frac{\sigma_1}{X}\right|, \left|\frac{\sigma_2}{Y}\right|, \left|\frac{\tau_{12}}{S_{12}}\right|\right) = 1 \tag{5-21}$$

当应力值为正时，式中 X、Y 取拉伸极限强度 X_T、Y_T；为负时，取压缩极限强度 X_C、Y_C。

最大应力失效准则的优点是形式简单、使用方便，但它忽略了不同应力分量之间的交互影响。对于双轴或多轴应力状态，最大应力失效准则通常会高估复合材料的强度。

2. 最大应变失效准则

与最大应力失效准则类似，最大应变失效准则认为，在复合材料三个主方向应变分量中，只要任何一个达到其所在方向极限应变时，材料就会发生失效。失效判据公式如下：

$$\max\left(\left|\frac{\varepsilon_1}{\varepsilon_1^u}\right|, \left|\frac{\varepsilon_2}{\varepsilon_2^u}\right|, \left|\frac{\gamma_{12}}{\gamma_{12}^u}\right|\right) = 1 \tag{5-22}$$

当应变值为正时，式中 ε_1^u、ε_2^u 取拉伸极限应变；为负时，取压缩极限应变。

最大应变失效准则忽略了不同应变分量之间的交互影响，通常也会高估复合材料的强度。

5.2.2.2　不区分失效模式的失效准则

1. Tsai-Hill 失效准则

Tsai-Hill 失效准则是各向同性材料的 Mises 准则在正交各向异性材料中的推广。Hill 假设正交各向异性材料的失效判据具有与 Mises 准则相类似的形式：

$$A(\sigma_1 - \sigma_2)^2 + B(\sigma_2 - \sigma_3)^2 + C(\sigma_3 - \sigma_1)^2 + D\tau_{12}^2 + E\tau_{13}^2 + F\tau_{23}^2 = 1 \tag{5-23}$$

式中：A、B、C、D、E、F 为待定系数。

将材料的基本强度 X、Y、Z、S_{12}、S_{13} 和 S_{23} 代入式(5-23)后解得：

$$A = \frac{1}{2}\left(\frac{1}{X^2} + \frac{1}{Y^2} - \frac{1}{Z^2}\right) \tag{5-24}$$

$$B = \frac{1}{2}\left(\frac{1}{Y^2} + \frac{1}{Z^2} - \frac{1}{X^2}\right) \tag{5-25}$$

$$C = \frac{1}{2}\left(\frac{1}{X^2} + \frac{1}{Z^2} - \frac{1}{Y^2}\right) \tag{5-26}$$

$$D = \frac{1}{S_{12}^2} \tag{5-27}$$

$$E = \frac{1}{S_{13}^2} \tag{5-28}$$

$$F = \frac{1}{S_{23}^2} \tag{5-29}$$

通常认为复合材料单层在垂直纤维方向的平面具有各向同性(横观各向同性)，故

$$Y = Z \tag{5-30}$$

$$S_{12} = S_{13} \tag{5-31}$$

将式(5-24)～式(5-31)代入式(5-23)，得到 Tsai-Hill 三维失效准则为

$$\frac{1}{2X^2}\left[(\sigma_1-\sigma_2)^2+(\sigma_3-\sigma_1)^2\right]+\left(\frac{1}{Y^2}-\frac{1}{2X^2}\right)(\sigma_2-\sigma_3)^2+\frac{\tau_{12}^2+\tau_{13}^2}{S_{12}^2}+\frac{\tau_{23}^2}{S_{23}^2}=1$$

$$(5-32)$$

对平面应力状态$(\sigma_1,\sigma_2,\tau_{12})$，式(5-32)可简化为

$$\frac{\sigma_1^2}{X^2}-\frac{\sigma_1\sigma_2}{X^2}+\frac{\sigma_2^2}{Y^2}+\frac{\tau_{12}^2}{S_{12}^2}=1 \qquad (5-33)$$

Tsai-Hill 失效准则综合考虑了复合材料各应力分量的交互作用，但原则上只适用于拉压强度相同的复合材料。

2. Hoffman 失效准则

为弥补 Tsai-Hill 失效准则未考虑复合材料拉压强度不同的缺陷，Hoffman 在 Tsai-Hill 失效准则的表达式［见式(5-23)］中增加了应力的一次项：

$$A(\sigma_1-\sigma_2)^2+B(\sigma_2-\sigma_3)^2+C(\sigma_3-\sigma_1)^2+D\tau_{12}^2+E\tau_{13}^2+F\tau_{23}^2+$$
$$G\sigma_1+H\sigma_2+I\sigma_3+J\tau_{12}+K\tau_{13}+L\tau_{23}=1 \qquad (5-34)$$

由于正负剪切应力对复合材料失效的影响相同，因此式(5-34)中与剪切应力 τ_{12}、τ_{13} 和 τ_{23} 有关的一次项系数必须为 0，即

$$J=K=L=0 \qquad (5-35)$$

通过类似于 Tsai-Hill 失效准则的推导过程，最终得到 Hoffman 三维失效准则为

$$\frac{1}{2X_{\mathrm{T}}X_{\mathrm{C}}}\left[(\sigma_1-\sigma_2)^2+(\sigma_3-\sigma_1)^2\right]+\left(\frac{1}{Y_{\mathrm{T}}Y_{\mathrm{C}}}-\frac{1}{2X_{\mathrm{T}}X_{\mathrm{C}}}\right)(\sigma_2-\sigma_3)^2+\frac{\tau_{12}^2+\tau_{13}^2}{S_{12}^2}+\frac{\tau_{23}^2}{S_{23}^2}+$$
$$\left(\frac{1}{X_{\mathrm{T}}}-\frac{1}{X_{\mathrm{C}}}\right)\sigma_1+\left(\frac{1}{Y_{\mathrm{T}}}-\frac{1}{Y_{\mathrm{C}}}\right)(\sigma_2+\sigma_3)=1 \qquad (5-36)$$

对平面应力状态$(\sigma_1,\sigma_2,\tau_{12})$，式(5-36)简化为

$$\frac{\sigma_1^2-\sigma_1\sigma_2}{X_{\mathrm{T}}X_{\mathrm{C}}}+\frac{\sigma_2^2}{Y_{\mathrm{T}}Y_{\mathrm{C}}}+\frac{\tau_{12}^2}{S_{12}^2}+\left(\frac{1}{X_{\mathrm{T}}}-\frac{1}{X_{\mathrm{C}}}\right)\sigma_1+\left(\frac{1}{Y_{\mathrm{T}}}-\frac{1}{Y_{\mathrm{C}}}\right)\sigma_2=1 \qquad (5-37)$$

Hoffman 失效准则体现了拉压强度不等对复合材料破坏的影响。当复合材料拉压强度相同时，Hoffman 失效准则退化为 Tsai-Hill 失效准则。

3. Tsai-Wu 失效准则

Tsai-Wu 失效准则可采用应力不变量方法得到。宏观上，单向纤维增强复合材料通常被视作横观各向同性材料。对横观各向同性材料，截止到二次的应力不变量有：

$$I_1=\sigma_1 \qquad (5-38)$$

$$I_2=\sigma_2+\sigma_3 \qquad (5-39)$$

$$I_3=\tau_{12}^2+\tau_{13}^2 \qquad (5-40)$$

$$I_4=\tau_{23}^2-\sigma_2\sigma_3 \qquad (5-41)$$

为较好地拟合试验数据，采用二次式定义失效函数：

$$F=F_1I_1+F_{11}I_1^2+F_2I_2+F_{22}I_2^2+2F_{12}I_1I_2+F_{66}I_3+F_{44}I_4=1 \qquad (5-42)$$

式中：F_1、F_{11}、F_2、F_{22}、F_{12}、F_{66}、F_{44} 为待定系数。

将纵向拉伸和压缩强度 X_{T} 与 X_{C}、横向拉伸和压缩强度 Y_{T} 与 Y_{C}、纵向和横向剪切强度 S_{21} 与 S_{23} 代入式(5-42)，解得

$$F_1=\frac{1}{X_{\mathrm{T}}}-\frac{1}{X_{\mathrm{C}}} \qquad (5-43)$$

$$F_{11} = \frac{1}{X_T X_C} \tag{5-44}$$

$$F_2 = \frac{1}{Y_T} - \frac{1}{Y_C} \tag{5-45}$$

$$F_{22} = \frac{1}{Y_T Y_C} \tag{5-46}$$

$$F_{66} = \frac{1}{S_{12}^2} \tag{5-47}$$

$$F_{44} = \frac{1}{S_{23}^2} \tag{5-48}$$

将式(5-43)～式(5-48)代入式(5-42)，得到 Tsai-Wu 三维失效准则为

$$\frac{\sigma_1^2}{X_T X_C} + \left(\frac{1}{X_T} - \frac{1}{X_C}\right)\sigma_1 + \frac{(\sigma_2 + \sigma_3)^2}{Y_T Y_C} + \left(\frac{1}{Y_T} - \frac{1}{Y_C}\right)(\sigma_2 + \sigma_3) +$$

$$2F_{12}\sigma_1(\sigma_2 + \sigma_3) + \frac{\tau_{12}^2 + \tau_{13}^2}{S_{12}^2} + \frac{\tau_{23}^2 - \sigma_2\sigma_3}{S_{23}^2} = 1 \tag{5-49}$$

对平面应力状态($\sigma_1, \sigma_2, \tau_{12}$)，式(5-49)简化为

$$\frac{\sigma_1^2}{X_T X_C} + \left(\frac{1}{X_T} - \frac{1}{X_C}\right)\sigma_1 + \frac{\sigma_2^2}{Y_T Y_C} + \left(\frac{1}{Y_T} - \frac{1}{Y_C}\right)\sigma_2 + 2F_{12}\sigma_1\sigma_2 + \frac{\tau_{12}^2}{S_{12}^2} = 1 \tag{5-50}$$

式(5-49)和式(5-50)中的待定系数 F_{12} 无法通过基本强度参数确定。

到目前为止，F_{12} 的取值仍是一个备受争议的问题。Tsai 和 Wu 指出，可以用组合应力状态下试验测得的复合材料破坏应力来确定 F_{12} 的取值(例如 $\sigma_1 = \sigma_2 = \sigma$ 的双向等轴拉伸试验)。但试验研究表明，不同组合应力状态下得到的 F_{12} 分散性较大；DeTeresa 和 Larsen 假设在静水压力状态下复合材料能承受无穷大的应力，得到 $F_{12} = -\frac{1}{4X_T X_C} - \frac{1}{Y_T Y_C} + \frac{1}{4S_{23}^2}$；Narayanaswami 和 Adelman 建议取 $F_{12} = 0$；矫桂琼和贾普荣等人给出了 F_{12} 的理论参考值 $F_{12} = -\frac{1}{2} \times \sqrt{\frac{1}{X_T X_C Y_T Y_C}}$，同时指出 F_{12} 取为 $-\frac{1}{2}\sqrt{\frac{1}{X_T X_C Y_T Y_C}}$ 或 0，代入 Tsai-Wu 失效准则后得到的差异在工程上是可以被接受的。

5.2.2.3 区分失效模式的失效准则

Tsai-Hill、Hoffman 和 Tsai-Wu 失效准则均使用二次多项式来构造失效准则函数，虽然它们考虑了各应力分量间的交互作用，却忽略了对不同失效模式的区分。大量试验结果表明，单向纤维增强复合材料的失效模式主要分两种：纤维失效模式和基体失效模式。鉴于此，不少学者提出应该在构造失效准则时对复合材料的失效模式加以区分。研究发现，这类区分纤维和基体失效模式的复合材料失效准则(例如 Hashin 准则、Puck 准则和 LaRC 系列准则)能更精确地预测单层板和层合板的强度。

1. Hashin 失效准则

Hashin 认为，在失效准则中除了区分纤维和基体失效模式外，还有必要区分拉伸和压缩失效模式。Hashin 采用了应力不变量方法构造复合材料失效准则。为较好地拟合试验数据，Hashin 将失效函数展开成应力不变量的幂级数形式并截止到二次项，即采用二次式定义失效函数：

$$F = A_1 I_1 + B_1 I_1^2 + A_2 I_2 + B_2 I_2^2 + C_{12} I_1 I_2 + A_3 I_3 + A_4 I_4 \tag{5-51}$$

Hashin 指出,应采用不同的失效准则来预测纤维失效和基体失效这两种截然不同的失效模式。纤维失效是由于纤维受拉断裂或受压屈曲,宏观上可以近似认为失效面为 2-3 平面,如图 5-4(见彩图)所示。根据 Mohr 的失效面理论,材料失效取决于失效面上的应力。在 2-3 平面上的应力有 σ_1、τ_{12} 和 τ_{13},与它们相关的应力不变量为 I_1 和 I_3。因此,纤维失效准则的形式为

$$A_f I_1 + B_f I_1^2 + C_f I_3 = 1 \tag{5-52}$$

将式(5-38)和式(5-40)代入式(5-52),得

$$A_f \sigma_1 + B_f \sigma_1^2 + C_f (\tau_{12}^2 + \tau_{13}^2) = 1 \tag{5-53}$$

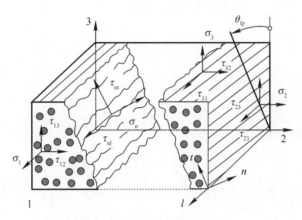

图 5-4　作用面上的应力分量

如图 5-4 所示,基体失效模式发生在与纤维方向平行的平面上。失效面上的应力分量(σ_n,τ_{nl},τ_{nt})与 σ_2,σ_3,τ_{21},τ_{31} 和 τ_{23} 有关,而与 σ_1 无关。因此基体失效准则的形式为

$$A_m I_2 + B_m I_2^2 + C_m I_3 + D_m I_4 = 1 \tag{5-54}$$

将式(5-39) ~ 式(5-51)代入式(5-54),得

$$A_m(\sigma_2 + \sigma_3) + B_m (\sigma_2 + \sigma_3)^2 + C_m (\tau_{21}^2 + \tau_{31}^2) + D_m (\tau_{23}^2 - \sigma_2 \sigma_3) = 1 \tag{5-55}$$

值得注意的是,式(5-53)和式(5-55)与 Hashin 所给出的表达式有所不同,在式(5-53)和式(5-55)中特意区分了两对应力(τ_{12},τ_{21})和(τ_{13},τ_{31})。如图 5-4 所示,虽然这两对应力的大小相同,但是应力的作用面完全不同。

由于纤维拉伸和压缩的失效机理不同,因此纤维失效模式被进一步分为拉伸和压缩两类。对纤维拉伸模式,Hashin 将纵向剪切强度 S_{12} 代入式(5-53),得

$$C_f = \frac{1}{S_{12}^2} \tag{5-56}$$

Hashin 的做法意味着在纵向剪切载荷下的材料失效属于纤维失效模式而非基体失效模式,这与实际情况不符。如图 5-5(见彩图)所示,理论上应该用 τ_{12} 对应的纤维剪切强度 S_{12}^f(纤维失效在 2-3 平面发生)而不是 τ_{21} 对应的纵向剪切强度 S_{12}(由于基体失效在 2-3 平面发生,因此 S_{12} 严格来说应该写成 S_{21})来确定纤维拉伸失效准则[式(5-53)]的系数。事实上,由于切断纤维的难度远大于切断基体,纤维剪切强度 S_{12}^f 理论上远比纵向剪切强度 S_{21} 大得多。因此,将 S_{21} 而不是 S_{12}^f 代入式(5-33)会导致式(5-53)对纤维拉伸失效的预测结果非常保守。

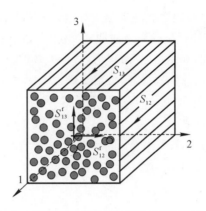

图 5-5   纤维剪切强度 S_{12}^{f} 和纵向剪切强度 S_{21}

将纤维剪切强度 S_{12}^{f} 代入式(5-53)得

$$C_{\mathrm{f}} = \frac{1}{(S_{12}^{\mathrm{f}})^2} \qquad (5-57)$$

因此,纤维拉伸准则的形式应为

$$A_{\mathrm{f}}\sigma_1 + B_{\mathrm{f}}\sigma_1^2 + \frac{\tau_{12}^2 + \tau_{13}^2}{(S_{12}^{\mathrm{f}})^2} = 1 \qquad (5-58)$$

然而,由于在试验中无法观察到剪应力导致的纤维失效,所以实际无法测得纤维剪切强度 S_{12}^{f}。所幸的是 $S_{12}^{\mathrm{f}} \gg S_{21}$ 并且 τ_{12} 和 τ_{13} 通常与 S_{21} 数量级相同。因此,$\dfrac{\tau_{12}^2 + \tau_{13}^2}{S_{12}^{\mathrm{f}}}$ 这一项的值通常很小,可以在式(5-58)中予以忽略。式(5-58)仅保留与 σ_1 相关的项,因为在 $\sigma_1 > 0$ 时纵向拉伸强度是 X_{T},所以最大应力准则可以写为

$$\frac{\sigma_1}{X_{\mathrm{T}}} = 1 \qquad (5-59)$$

相对 Hashin 的纤维拉伸失效准则而言,式(5-59)是对式(5-58)更好的近似。通过比较预测值和试验结果,Tserpes 等发现在 Hashin 的纤维拉伸失效准则中包含剪切应力项会低估复合材料的强度,而采用最大应力准则得到的结果与试验更加吻合。本节从理论上说明了这个结论的合理性。

基于相似理由,纤维压缩失效准则也宜采用最大应力准则,即

$$-\frac{\sigma_1}{X_{\mathrm{C}}} = 1 \qquad (5-60)$$

对基体控制失效模式,在纯剪载荷下,将纵向剪切强度 S_{21} 和横向剪切强度 S_{23} 为

$$C_{\mathrm{m}} = \frac{1}{S_{21}^2} \qquad (5-61)$$

$$D_{\mathrm{m}} = \frac{1}{S_{23}^2} \qquad (5-62)$$

将式(5-61)和式(5-62)代入式(5-55),得

$$A_{\mathrm{m}}(\sigma_2 + \sigma_3) + B_{\mathrm{m}}(\sigma_2 + \sigma_3)^2 + \frac{1}{S_{21}^2}(\tau_{21}^2 + \tau_{31}^2) + \frac{1}{S_{23}^2}(\tau_{23}^2 - \sigma_2\sigma_3) = 1 \qquad (5-63)$$

基体失效模式被进一步分为拉伸和压缩两类。

基体拉伸失效模式：

$$A_{\mathrm{m}}^{t}(\sigma_2 + \sigma_3) + B_{\mathrm{m}}^{t}(\sigma_2 + \sigma_3)^2 + \frac{1}{S_{21}^2}(\tau_{21}^2 + \tau_{31}^2) + \frac{1}{S_{23}^2}(\tau_{23}^2 - \sigma_2\sigma_3) = 1 \qquad (5-64)$$

基体压缩失效模式：

$$A_{\mathrm{m}}^{c}(\sigma_2 + \sigma_3) + B_{\mathrm{m}}^{c}(\sigma_2 + \sigma_3)^2 + \frac{1}{S_{21}^2}(\tau_{21}^2 + \tau_{31}^2) + \frac{1}{S_{23}^2}(\tau_{23}^2 - \sigma_2\sigma_3) = 1 \qquad (5-65)$$

对任一特定应力状态，有必要确定其到底应该使用基体拉伸还是基体压缩失效准则。Hashin 指出，理论上应该用失效面上应力 σ_{n} 的正负区分基体拉伸和压缩失效模式，但由于在使用 Hashin 基体失效准则之前并不能预知失效面的位置，因此用 σ_{n} 的正负区分基体失效模式的方法在实际中不可行。基于数学和物理的综合考虑，Hashin 提出了一种替代方案。

式（5-64）和式（5-65）的轨迹相交于两条直线：

$$\sigma_2 + \sigma_3 = 0 \qquad (5-66)$$

$$\sigma_2 + \sigma_3 = -\frac{A_{\mathrm{m}}^{t} - A_{\mathrm{m}}^{c}}{B_{\mathrm{m}}^{t} - B_{\mathrm{m}}^{c}} \qquad (5-67)$$

显然当 $\sigma_2 > 0$、$\sigma_3 > 0$ 时（图 5-6 中第一象限）会发生基体拉伸失效，当 $\sigma_2 < 0$、$\sigma_3 < 0$ 时（图 5-6 中第三象限）会发生基体压缩失效，因此式（5-66）是唯一可被接受的相交线。也就是说，可由式（5-66）区分基体拉伸和压缩失效模式。

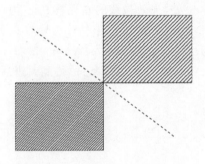

图 5-6　基体失效模式的区分

对基体压缩失效模式，Hashin 以横向压缩强度 Y_{C} 以及等值双向横向压缩强度 $\sigma_2 = \sigma_3 = -Y_{\mathrm{Cbi}} \gg Y_{\mathrm{C}}$ 作为已知条件确定了未知系数 A_{m}^{c} 和 B_{m}^{c} 的值，得到基体压缩失效准则为

$$\frac{1}{Y_{\mathrm{C}}}\left[\left(\frac{Y_{\mathrm{C}}}{2S_{23}}\right)^2 - 1\right](\sigma_2 + \sigma_3) + \frac{(\sigma_2 + \sigma_3)^2}{4S_{23}^2} + \frac{(\tau_{12}^2 + \tau_{13}^2)}{S_{21}^2} + \frac{(\tau_{23}^2 - \sigma_2\sigma_3)}{S_{23}^2} = 1 \qquad (5-68)$$

对基体拉伸失效模式，横向拉伸强度 Y_{T} 仅提供了一个条件，需要补充另一个条件才能唯一确定两个未知系数 A_{m}^{t} 和 B_{m}^{t} 的值。尽管可采用组合应力状态下的试验数据作为补充条件以唯一确定未知系数的值（例如等值双向横向拉伸强度 Y_{Tbi}），但由于进行组合应力状态下的试验难度大、耗时长且成本高，且采用不同的组合应力状态的试验数据所确定的未知系数可能会有较大的差异，因此，有必要建立一种合理可行的、无需更多试验数据的方法来补充额外的一个方程。

考虑应力状态 σ_2，τ_{21}，在该应力状态下，式（5-64）简化为

$$A_m^t \sigma_2 + B_m^t \sigma_2^2 + \frac{\tau_{21}^2}{S_{21}^2} = 1 \tag{5-69}$$

Hashin 认为 σ_2 和 τ_{21} 对材料失效的交互影响较弱,因此失效包线应该是外凸的。如图 5-7 中的虚线所示,一种可能的失效包线是与坐标轴相交于 Y_T 和 S_{21} 的四分之一椭圆,此时 $A_m^t = 0$。Hashin 以横向拉伸强度 Y_T 和 $A_m^t = 0$ 作为已知条件,得到基体拉伸失效准则为

$$\frac{(\sigma_2 + \sigma_3)^2}{Y_T^2} + \frac{(\tau_{12}^2 + \tau_{13}^2)}{S_{21}^2} + \frac{(\tau_{23}^2 - \sigma_2 \sigma_3)}{S_{23}^2} = 1 \tag{5-70}$$

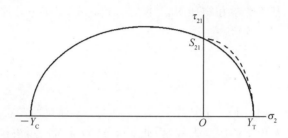

图 5-7　$\sigma_2 - \tau_{21}$ 失效包线

然而,如图 5-7 中的实线所示,中心不在坐标原点的一段椭圆函数同样满足 Hashin 的假设。此外,试验数据证明在 $\sigma_2 = 0$ 处,失效包线的右导数 P_t 不为 0。通常期望失效包线尽可能光滑。因此用 σ_2-τ_{21} 包线在 $\sigma_2 = 0$ 处的左导数 P_c 来估计右导数 P_t 是一种合理的做法。研究表明,$P_t = P_c$ 保证了基体失效函数在应力空间 $(\sigma_2, \sigma_3, \tau_{21}, \tau_{31}, \tau_{23})$ 是光滑的,而不只是分段光滑的[5]。以横向拉伸强度 Y_T 和 $P_t = P_c$ 作为已知条件,得到改进后的 Hashin 基体拉伸失效准则为

$$-\frac{2P_t}{S_{21}}(\sigma_2 + \sigma_3) + \frac{1 - \frac{Y_T^2}{4S_{23}^2} + \frac{2P_t Y_T}{S_{21}}}{Y_T^2}(\sigma_2 + \sigma_3)^2 + \frac{\tau_{21}^2 + \tau_{31}^2}{S_{21}^2} + \frac{(\sigma_2 - \sigma_3)^2 + 4\tau_{23}^2}{4S_{23}^2} = 1 \tag{5-71}$$

式中

$$P_t = \left(\frac{1}{Y_C} - \frac{Y_C}{4S_{23}^2}\right) \frac{S_{21}}{2} \tag{5-72}$$

综上所述,改进前后的三维 Hashin 复合材料失效准则如下。

(1) 纤维拉伸失效判据。

改进前:

$$\left(\frac{\sigma_1}{X_T}\right)^2 + \frac{(\tau_{12}^2 + \tau_{13}^2)}{S_{21}^2} = 1, \quad \sigma_1 > 0 \tag{5-73}$$

改进后:

$$\frac{\sigma_1}{X_T} = 1, \quad \sigma_1 > 0 \tag{5-74}$$

(2) 纤维压缩失效判据。

$$-\frac{\sigma_1}{X_C} = 1, \quad \sigma_1 < 0 \tag{5-75}$$

（3）基体拉伸失效判据。

改进前：

$$\frac{(\sigma_2 + \sigma_3)^2}{Y_T^2} + \frac{(\tau_{12}^2 + \tau_{13}^2)}{S_{21}^2} + \frac{(\tau_{23}^2 - \sigma_2\sigma_3)}{S_{23}^2} = 1, \quad \sigma_2 + \sigma_3 > 0 \tag{5-76}$$

改进后：

$$-\frac{2P_t}{S_{21}}(\sigma_2 + \sigma_3) + \frac{1 - \dfrac{Y_T^2}{4S_{23}^2} + \dfrac{2P_tY_T}{S_{21}}}{Y_T^2}(\sigma_2 + \sigma_3)^2 +$$

$$\frac{\tau_{21}^2 + \tau_{31}^2}{S_{21}^2} + \frac{(\sigma_2 - \sigma_3)^2 + 4\tau_{23}^2}{4S_{23}^2} = 1, \quad \sigma_2 + \sigma_3 > 0 \tag{5-77}$$

式中

$$P_t = \left(\frac{1}{Y_C} - \frac{Y_C}{4S_{23}^2}\right)\frac{S_{21}}{2} \tag{5-78}$$

（4）基体压缩失效判据。

$$\frac{1}{Y_C}\left[\left(\frac{Y_C}{2S_{23}}\right)^2 - 1\right](\sigma_2 + \sigma_3) + \frac{(\sigma_2 + \sigma_3)^2}{4S_{23}^2} + \frac{(\tau_{12}^2 + \tau_{13}^2)}{S_{21}^2} + \frac{(\tau_{23}^2 - \sigma_2\sigma_3)}{S_{23}^2} = 1, \quad \sigma_2 + \sigma_3 < 0 \tag{5-79}$$

从三维失效准则可得到平面应力状态（σ_1，σ_2，τ_{21}）下的失效准则。

（1）纤维拉伸失效判据。

改进前：

$$\left(\frac{\sigma_1}{X_T}\right)^2 + \frac{\tau_{12}^2}{S_{21}^2} = 1, \quad \sigma_1 > 0 \tag{5-80}$$

改进后：

$$\frac{\sigma_1}{X_T} = 1, \quad \sigma_1 > 0 \tag{5-81}$$

（2）纤维压缩失效判据。

$$-\frac{\sigma_1}{X_C} = 1, \quad \sigma_1 < 0 \tag{5-82}$$

（3）基体拉伸失效判据。

改进前：

$$\frac{\sigma_2^2}{Y_T^2} + \frac{\tau_{21}^2}{S_{21}^2} = 1, \quad \sigma_2 > 0 \tag{5-83}$$

改进后：

$$-\frac{2P_t}{S_{21}}\sigma_2 + \frac{1 + \dfrac{2P_tY_T}{S_{21}}}{Y_T^2}\sigma_2^2 + \frac{\tau_{21}^2}{S_{21}^2} = 1, \quad \sigma_2 > 0 \tag{5-84}$$

式中

$$P_t = \left(\frac{1}{Y_C} - \frac{Y_C}{4S_{23}^2}\right)\frac{S_{21}}{2} \tag{5-85}$$

（4）基体压缩失效判据。

$$\left(-\frac{1}{Y_C} + \frac{Y_C}{4S_{23}^2}\right)\sigma_2 + \frac{\sigma_2^2}{4S_{23}^2} + \frac{\tau_{21}^2}{S_{21}^2} = 1, \quad \sigma_2 < 0 \tag{5-86}$$

值得注意的是,即使是对平面应力状态$(\sigma_1,\sigma_2,\tau_{21})$,使用改进后的 Hashin 准则也要知道横向剪切强度 S_{23} 的值。由于 S_{23} 极难由试验测量得到,其取值很少在文献中给出。文献[6]给出了用 Y_T 和 Y_C 来预测 S_{23} 的公式:

$$S_{23} = \min\left(\sqrt{\frac{1+\dfrac{Y_T}{Y_C}}{3+5\dfrac{Y_T}{Y_C}}Y_TY_C},Y_T\right) \tag{5-87}$$

虽然本小节对 Hashin 复合材料失效准则进行了一定改进,但是 Hashin 的失效理论存在以下固有缺陷。

Hashin 理论根本上是基于 Mohr 的失效面理论假设 —— 材料失效取决于失效面上的应力。纤维失效模式的失效面为 2-3 平面,因此用 2-3 平面上的应力 σ_1、τ_{12} 和 τ_{13} 构造纤维失效准则。基体失效模式的失效面是与纤维方向平行的平面,但断裂角度在不同应力状态下有所不同。如图 5-4 所示,基体失效模式对应的失效面上的应力分量包括 σ_n、τ_{nt} 和 τ_{nl},很自然地想到直接用失效面上的应力分量构造基体失效准则:

$$F_M = F_M(\sigma_n,\tau_{nt},\tau_{nl}) = 1 \tag{5-88}$$

式中:σ_n、τ_{nt} 和 τ_{nl} 与应力分量 $\sigma_2,\sigma_3,\tau_{21},\tau_{31},\tau_{23}$ 以及断裂角度 θ_{fp} 有关,即

$$\sigma_n(\theta_{fp}) = \sigma_2\cos^2\theta_{fp} + \sigma_3\sin^2\theta_{fp} + 2\tau_{23}\sin\theta_{fp}\cos\theta_{fp} \tag{5-89}$$

$$\tau_{nt}(\theta_{fp}) = -\sigma_2\sin\theta_{fp}\cos\theta_{fp} + \sigma_3\sin\theta_{fp}\cos\theta_{fp} + \tau_{23}(\cos^2\theta_{fp} - \sin^2\theta_{fp}) \tag{5-90}$$

$$\tau_{nl}(\theta_{fp}) = \tau_{31}\sin\theta_{fp} + \tau_{21}\cos\theta_{fp} \tag{5-91}$$

将式(5-90)和式(5-91)代入式(5-88),则基体失效准则具有如下形式:

$$F_M(\sigma_2,\sigma_3,\tau_{23},\tau_{21},\tau_{31},\theta_{fp}) = 1 \tag{5-92}$$

由于复合材料断裂角度 θ_{fp} 未知,因此 Hashin 尽管提出了上述想法,但实际却采用应力不变量方法构造基体失效函数:

$$F_M = F_M(I_2,I_3,I_4) = F_M(\sigma_2,\sigma_3,\tau_{23},\tau_{21},\tau_{31}) = 1 \tag{5-93}$$

Hashin 指出,理论上应该用失效面上应力 σ_n 的正负区分基体拉压失效模式,但 Hashin 准则实际上是用 $\sigma_2+\sigma_3$ 的正负区分的。受 Hashin 思想的启发,Puck 直接用失效面上的应力分量(σ_n、τ_{nt} 和 τ_{nl})构造基体失效准则(Puck 等称之为纤维间失效准则),采用求极值的方法得到复合材料基体失效断裂角度 θ_{fp}。尽管 Puck 准则的形式较 Hashin 准则更为复杂,但总体来说预测效果更好。

2. Puck 失效准则

对纤维失效模式,可以采用简单的最大应力准则作为 Puck 准则的纤维失效判据。但为进行更精确的分析,Puck 假设当复合材料中纤维的拉伸或压缩应力达到纤维本身的强度时,复合材料会发生纤维失效模式。从复合材料中纤维的应变状态出发,考虑泊松效应对纤维拉伸或者压缩断裂的影响,Puck 更为复杂的纤维失效准则可表示如下。

纤维拉伸失效判据:

$$\frac{1}{X_T}\left[\sigma_1 - \left(\upsilon_{12} - \upsilon_{12f}m_{\sigma f}\frac{E_1}{E_{1f}}\right)(\sigma_2+\sigma_3)\right] = 1, \quad \sigma_1 > 0 \tag{5-94}$$

纤维压缩失效判据:

$$-\frac{1}{X_C}\left[\sigma_1 - \left(\upsilon_{12} - \upsilon_{12f}m_{\sigma f}\frac{E_1}{E_{1f}}\right)(\sigma_2+\sigma_3)\right] = 1, \quad \sigma_1 < 0 \tag{5-95}$$

其中，E_{1f} 和 E_1 分别为纤维纵向弹性模量和复合材料纵向弹性模量；ν_{12f} 和 ν_{12} 分别为纤维泊松比和复合材料面内泊松比；$m_{\sigma f}$ 为用于考虑纤维和基体弹性模量差别的放大因子，对于碳纤维复合材料 $m_{\sigma f} = 1.1$，对于玻璃纤维复合材料 $m_{\sigma f} = 1.3$。

对纤维间失效模式（即通常说的基体失效模式），Puck 等受 Hashin 思想的启发，提出了如下失效假设：

（1）在平行纤维平面发生的纤维间断裂失效取决于断裂面上的切向应力 τ_{nt} 和 τ_{nl} 以及法向应力 σ_n；

（2）如果法向应力 σ_n 是拉伸应力，它与切向应力 τ_{nt} 和 τ_{nl} 一起或单独引起纤维间失效。如果法向应力 σ_n 是压缩应力，它对切向应力 τ_{nt} 和 τ_{nl} 引起的纤维间失效起抑制作用。

Puck 等基于上述假设，提出了他们的纤维间失效准则，即

$$F = \begin{cases} \left(\dfrac{\tau_{nt}}{R_{\perp\perp}^{A}}\right)^2 + \left(\dfrac{\tau_{nl}}{R_{\perp//}^{A}}\right)^2 + 2\dfrac{p_{\perp\psi}^{t}}{R_{\perp\psi}^{A}}\sigma_n + \left(1 - 2\dfrac{p_{\perp\psi}^{t}R_{\perp}^{At}}{R_{\perp\psi}^{A}}\right)\dfrac{\sigma_n^2}{(R_{\perp}^{At})^2} = 1, & \sigma_n \geqslant 0 \\[3mm] \left(\dfrac{\tau_{nt}}{R_{\perp\perp}^{A}}\right)^2 + \left(\dfrac{\tau_{nl}}{R_{\perp//}^{A}}\right)^2 + 2\dfrac{p_{\perp\psi}^{c}}{R_{\perp\psi}^{A}}\sigma_n = 1, & \sigma_n < 0 \end{cases} \tag{5-96}$$

其中

$$\frac{p_{\perp\psi}^{t,c}}{R_{\perp\psi}^{A}} = \frac{p_{\perp\perp}^{t,c}}{R_{\perp\perp}^{A}}\cos^2\psi + \frac{p_{\perp//}^{t,c}}{R_{\perp//}^{A}}\sin^2\psi \tag{5-97}$$

$$\cos^2\psi = \frac{\tau_{nt}^2}{\tau_{nt}^2 + \tau_{nl}^2} \tag{5-98}$$

$$R_{\perp\perp}^{A} = \frac{Y_C}{2(1 + p_{\perp\perp}^{c})} \tag{5-99}$$

$$R_{\perp//}^{A} = S_{21} \tag{5-100}$$

$$R_{\perp}^{At} = Y_T \tag{5-101}$$

其中，断裂阻抗（$R_{\perp\perp}^{A}$ 或 $R_{\perp//}^{A}$ 或 $R_{\perp}^{A}$）定义为作用面上的单个应力[$\tau_{\perp\perp}(\tau_{nt})$ 或 $\tau_{\perp//}(\tau_{nl})$ 或 $\sigma_{\perp}^{(+)}(\sigma_n^{+})$]抵抗作用面断裂的能力。$p_{\perp//}^{t}$，$p_{\perp//}^{c}$，$p_{\perp\perp}^{t}$ 和 $p_{\perp\perp}^{c}$ 是失效包络面轮廓线的斜率参数，对热固性玻璃纤维 / 环氧树脂和碳纤维 / 环氧树脂这两类复合材料，斜率参数的推荐取值见表5-1。

表 5-1　典型热固性纤维增强树脂基复合材料斜率参数推荐取值

材料类型	$p_{\perp//}^{t}$	$p_{\perp//}^{c}$	$p_{\perp\perp}^{t}$	$p_{\perp\perp}^{c}$
玻璃纤维 / 环氧树脂	0.30	0.25	0.20 ～ 0.25	0.20 ～ 0.25
碳纤维 / 环氧树脂	0.35	0.3	0.25 ～ 0.30	0.25 ～ 0.30

潜在断裂面上的应力分量（σ_n，τ_{nt}，τ_{nl}）可由（σ_2，σ_3，τ_{23}，τ_{21}，τ_{31}）计算得到

$$\sigma_n(\theta) = \sigma_2\cos^2\theta + \sigma_3\sin^2\theta + 2\tau_{23}\sin\theta\cos\theta \tag{5-102}$$

$$\tau_{nt}(\theta) = -\sigma_2\sin\theta\cos\theta + \sigma_3\sin\theta\cos\theta + \tau_{23}(\cos^2\theta - \sin^2\theta) \tag{5-103}$$

$$\tau_{nl}(\theta) = \tau_{31}\sin\theta + \tau_{21}\cos\theta \tag{5-104}$$

将式（5-102）～ 式（5-104）代入式（5-96），失效函数 F 可表示为除 σ_1 以外的所有应力分量以及角度 θ 的函数：

$$F(\sigma_2, \sigma_3, \tau_{23}, \tau_{21}, \tau_{31}, \theta) \tag{5-105}$$

对给定的应力状态,当应力分量增加到一定大小时,失效函数 F 的值达到 1,发生纤维间断裂失效,对应的断裂角度 θ_{fp} 可按下式计算:

$$F(\sigma_2,\sigma_3,\tau_{23},\tau_{21},\tau_{31},\theta_{fp}) = \max_{-90° \leqslant \theta \leqslant 90°} F(\sigma_2,\sigma_3,\tau_{23},\tau_{21},\tau_{31},\theta) = 1 \qquad (5-106)$$

θ_{fp} 可通过数值搜索方法得到[7]。

Puck 纤维间失效准则的数学形式是基于曲线拟合(或者试凑)的结果,带有一定经验性。下面从理论角度给出纤维间失效函数的构造方法。

根据失效面理论,在平行纤维平面发生的纤维间失效是由断裂面上的法向应力 σ_n 以及切向应力 τ_{nl} 和 τ_{nt} 决定的。因此,将纤维间失效函数 F 写成断裂面上应力分量的函数,即

$$F = F(\sigma_n,\tau_{nl},\tau_{nt}) \qquad (5-107)$$

将失效函数 F 展开成应力分量($\sigma_n,\tau_{nl},\tau_{nt}$)的幂级数形式:

$$F(\sigma_n,\tau_{nl},\tau_{nt}) = A_1\sigma_n + A_2\sigma_n^2 + B_1\tau_{nl} + B_2\tau_{nl}^2 + C_1\tau_{nt} +$$
$$C_2\tau_{nt}^2 + D_{12}\sigma_n\tau_{nl} + D_{13}\sigma_n\tau_{nt} + D_{23}\tau_{nl}\tau_{nt} + \cdots \qquad (5-108)$$

通常二次函数形式与试验数据吻合较好,所以许多复合材料失效准则都是二次的(例如 Tsai-Wu 准则和 Hashin 准则)。此外,如果采用三次或更高阶的函数表达式,则需要更多的试验数据来确定失效函数中的未知系数。因此,将失效函数 F 截止至二次项:

$$F(\sigma_n,\tau_{nl},\tau_{nt}) = A_1\sigma_n + A_2\sigma_n^2 + B_1\tau_{nl} + B_2\tau_{nl}^2 + C_1\tau_{nt} +$$
$$C_2\tau_{nt}^2 + D_{12}\sigma_n\tau_{nl} + D_{13}\sigma_n\tau_{nt} + D_{23}\tau_{nl}\tau_{nt} \qquad (5-109)$$

因为正负剪切应力对材料失效的影响相同,所以式(5-109)中与剪切应力 τ_{nl} 和 τ_{nt} 一次项有关的系数必须为 0,从而失效函数 F 可简化为

$$F(\sigma_n,\tau_{nt},\tau_{nl}) = A_1\sigma_n + A_2\sigma_n^2 + B_2\tau_{nl}^2 + C_2\tau_{nt}^2 \qquad (5-110)$$

其中,A_1,A_2,B_2 和 C_2 为待定系数。

因为 $\sigma_n > 0$ 促进失效发生,$\sigma_n < 0$ 抑制失效发生,所以 σ_n 的正负对复合材料纤维间失效的影响从本质上是不同的,因而将 $\sigma_n > 0$ 和 $\sigma_n < 0$ 的情况分开处理:

$$F_c(\sigma_n,\tau_{nl},\tau_{nt}) = A_1^c\sigma_n + A_2^c\sigma_n^2 + B_2\tau_{nl}^2 + C_2\tau_{nt}^2 = 1, \sigma_n < 0 \qquad (5-111)$$

$$F_t(\sigma_n,\tau_{nl},\tau_{nt}) = A_1^t\sigma_n + A_2^t\sigma_n^2 + B_2\tau_{nl}^2 + C_2\tau_{nt}^2 = 1, \sigma_n > 0 \qquad (5-112)$$

$\sigma_n = 0$ 可以看作 $\sigma_n > 0$ 和 $\sigma_n < 0$ 的极限情况。

考虑双向压缩应力状态 $\sigma_2 = \sigma_3 = -Y_{Cbi}$,由式(5-102)~式(5-104)可得,任意作用面上均只作用有应力 $\sigma_n = -Y_{Cbi}$。将应力状态 $\sigma_n = -Y_{Cbi}, \tau_{nl} = 0, \tau_{nt} = 0$ 代入式(5-112),得

$$-A_1^c Y_{Cbi} + A_2^c Y_{Cbi}^2 = 1 \qquad (5-113)$$

由式(5-113)可得

$$A_2^c = \frac{1}{Y_{Cbi}^2} + \frac{A_1^c}{Y_{Cbi}} \qquad (5-114)$$

因为法向压应力抑制失效,所以在该应力状态下材料失效不会发生,即 $Y_{Cbi} \to \infty$,故

$$A_2^c = 0 \qquad (5-115)$$

综上所述,纤维间失效准则的形式为

$$F(\sigma_n,\tau_{nl},\tau_{nt}) = \begin{cases} A_1^t\sigma_n + A_2^t\sigma_n^2 + B_2\tau_{nl}^2 + C_2\tau_{nt}^2 = 1, & \sigma_n \geqslant 0 \\ A_1^c\sigma_n + B_2\tau_{nl}^2 + C_2\tau_{nt}^2 = 1, & \sigma_n < 0 \end{cases} \qquad (5-116)$$

式(5-116)与 Puck 纤维间失效准则式(5-96)的数学形式完全相同。

Puck 复合材料强度理论的预测能力在第一届和第二届"复合材料破坏奥运会"(Word Wide Failure Exercise，WWFE)中得到了证明：在所有参加 WWFE-Ⅰ 的 19 个失效理论中，Puck 理论位列前五，被竞赛的组织者推荐给设计师和研究者使用。在 WWFE-Ⅱ 中，Puck 理论被组织者归于强度理论发展较为成熟，具有较高预测精度的失效模型的一组[9]。Puck 失效准则不仅可以预测失效载荷，而且提供了关于断裂面位置的信息，具有广阔的应用前景。

需要注意的是，Puck 等仅给出了热固性玻璃纤维／环氧树脂和碳纤维／环氧树脂这两类复合材料的斜率参数推荐值。这些复合材料通常具有很高的横向压缩／拉伸强度比($Y_C/Y_T >$ 2.65)，被 Puck 等视作本质脆性复合材料(即 $Y_T = S_{23} = R_\perp^A$ 的材料)。因此，Puck 原始的纤维间失效准则不能直接应用于 Y_C/Y_T 较小的复合材料。文献[6]将 Puck 的纤维间失效准则的适用范围推广到了所有复合材料类型。

3. LaRC 系列失效准则

LaRC 系列失效准则主要包括 LaRC03[10]、LaRC04[11] 和 LaRC05[12]，这几种失效准则具有继承性。LaRC05 的基体失效准则基于 Puck 的断裂面理论，但数学形式有所不同：

$$\left(\frac{\tau_{nt}}{S_T - \eta_T\sigma_n}\right)^2 + \left(\frac{\tau_{nl}}{S_L - \eta_L\sigma_n}\right)^2 + \left(\frac{\langle\sigma_n\rangle}{Y_T}\right)^2 = 1 \tag{5-117}$$

其中，$\langle x\rangle = (x + |x|)/2$。$S_T$ 和 S_L 实际上对应 Puck 纤维间失效准则中的 $R_{\perp\perp}^A$ 和 $R_{\perp//}^A$，其计算公式为

$$S_T = \frac{Y_C}{2\tan\alpha_0} \tag{5-118}$$

$$S_L = S_{12} \tag{5-119}$$

式(5-118)中，α_0 为横向压缩断裂角度，对纤维增强树脂基复合材料 α_0 可取为 53°。

η_T 和 η_L 实际上对应 Puck 纤维间失效准则中的 $p_{\perp\perp}$ 和 $p_{\perp//}$，其计算公式为

$$\eta_T = -\frac{1}{\tan(2\alpha_0)} \tag{5-120}$$

$$\eta_L = \eta_T\frac{S_L}{S_T} \tag{5-121}$$

由式(5-117)可知，LaRC05 的基体失效准则区分了断裂面上正负法向应力对材料失效的不同作用。

对于纤维拉伸失效模式，LaRC 系列准则采用最大应变准则(LaRC03)或最大应力准则(LaRC04 和 LaRC05)作为失效判据。对于纤维压缩失效模式，LaRC 系列准则并未使用最大应变或应力准则作为失效判据，而是采用了独创的折曲模型(Kink model)[13]。

由于材料制造缺陷，纤维排列存在初始偏转角。纵向压缩使得偏转的纤维发生转动，随着压缩载荷增加纤维转动增加。当压缩载荷达到一定值时，支撑着纤维的基体发生破坏，随后导致纤维被折断(见图 5-8)。因此，LaRC 准则认为在纵向压缩下的纤维失效实际上是由支撑纤维的基体失效造成的。将偏转纤维对应的坐标系下的应力分量代入基体失效准则可以得到纤维压缩失效准则，具体计算步骤参见文献[12]。

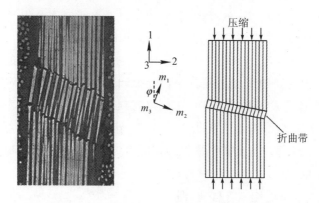

图 5 - 8   试验观察到的折曲带和折曲模型

5.3   层压板静强度分析

先进的民用飞机结构采用大量的复合材料层压平板。层压板承受压缩、剪切或压剪复合等载荷,易发生屈曲甚至因此而引起破坏,设计中应对其屈曲载荷及承载能力进行分析计算。机身上板框中的格板、纵向构件与框之间的蒙皮,翼面上的肋腹板、长桁与肋之间的蒙皮,都可作为平板来处理。尽管蒙皮具有一定的曲率,处理成平板还是偏安全的。

工程上经常使用铺层组数较多的均衡对称层压板,这类层压板不产生拉-剪-弯-扭的耦合效应,对制造和分析都带来方便,采用正交各向异性板理论求解屈曲载荷就可以达到足够的精度。非均衡、非对称的层压板的屈曲分析比较复杂,只有特殊情况下的非均衡、非对称的层压板有解析解,对于一般情况只能采用数值法求解。

本节介绍正交各向异性层压平板、非均衡对称层压平板和某些特殊类型的非对称层压平板在各种载荷和边界支持条件下的屈曲载荷计算方法,并给出层压板静强度有限元分析方法。

5.3.1   层压板稳定性分析

复合材料平板稳定性分析基于最小势能原理,将假定的满足位移边界的位移函数代入内力－位移方程后再由平板总势能变分得到板的屈曲控制方程。复合材料曲板稳定性分析是基于 Donnell 层壳剪切变形理论,将假定的满足位移边界的位移函数代入内力－位移方程后再由壳体平衡方程得出其屈曲控制基本方程。

5.3.1.1   四边简支复合材料层压板在单轴向压缩载荷作用下的屈曲

四边简支复合材料层压板在单轴向压缩载荷作用下的屈曲载荷为

$$N_x = \frac{\pi^2}{a^2} \left[D_{11} \, m^2 + 2(D_{12} + D_{66}) \left(\frac{a}{b} \right)^2 + D_{22} \frac{a^4}{b^4 \, m^2} \right] \qquad (5-122)$$

式中:D_{ij}——层压板弯曲刚度矩阵系数;

m——长度方向半波数;

a——层压板长度,mm;

b——层压板宽度,mm。

从式(5－122)中可以看出,除了弯曲刚度系数 D_{11}、D_{12}、D_{22} 和 D_{66} 外,屈曲载荷取决于板的长宽比(a/b)。图 5-9 给出了具有固定长度的平板屈曲载荷与长宽比相依性曲线。

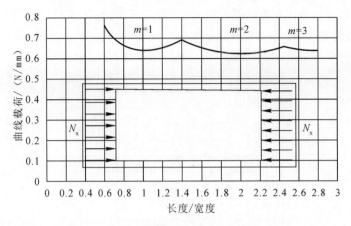

图 5-9　屈曲载荷与板长宽比的相依性曲线

从图 5-9 中可以看出,随着长宽比的增加,载荷方向的半波数 m 也增加。通常对于每个 m 值,存在一个使得屈曲载荷最小的长宽比值。与依次的 m 值对应曲线交叉点表明平板可能以两种模式(相差大约单个半波)中的任何一种模式发生屈曲,并具有相同的屈曲载荷。实际上,由于制造时的偏离和不准确,这些尖点不可能复现。平板则趋向于两种模式之一发生屈曲,不会由一种模式切换到另一种模式。

5.3.1.2　四边简支正交各向异性层压平板的双轴屈曲

四边简支正交各向异性层压平板受双轴向载荷(以压为正)时按下面的经典正交各向异性屈曲公式求解,求屈曲载荷时,必须对板的纵向和横向半波数 m 和 n 求极小值:

$$N_x \frac{m^2}{a^2} + N_y \frac{n^2}{b^2} = \pi^2 \left[D_{11} \frac{m^4}{a^4} + 2(D_{12} + 2D_{66}) \frac{m^2 n^2}{a^2 b^2} + D_{22} \frac{n^4}{b^4} \right] \tag{5-123}$$

当双轴载荷保持比例 $\varphi = N_y/N_x$ 加载时

$$N_x = \frac{\pi^2}{b^2} \frac{D_{11} m^4 (b/a)^4 + 2(D_{12} + 2D_{66}) m^2 n^2 (b/a)^2 + D_{22} n^4}{m^2 (b/a)^2 + \varphi n^2} \tag{5-124}$$

令 $\varphi = 0, n = 1$,得到单轴载荷情况屈曲载荷的计算公式为

$$N_x = \frac{\pi^2 D_{22}}{b^2} \left[\frac{D_{11}}{D_{22}} \left(\frac{b}{a} \right)^2 m^2 + 2 \left(\frac{D_{12} + 2D_{66}}{D_{22}} \right) + \left(\frac{a}{b} \right)^2 \frac{1}{m^2} \right] \tag{5-125}$$

式中:N_x——单位长度上轴压屈曲载荷;

m——沿板的方向屈曲半波数。

当板的长宽比 $a/b = m \sqrt[4]{D_{11}/D_{22}}$ ($m = 1, 2, 3, \cdots$) 时,板的屈曲载荷可按下式计算:

$$N_{xcr} = \frac{2\pi^2}{b^2} \left[\sqrt{D_{11}D_{22}} + (D_{12} + 2D_{66}) \right] \tag{5-126}$$

式(5-126)也是无限长板($a/b \to \infty$)的屈曲载荷计算公式。一般,当 $a/b \geqslant 4$ 时,即可近似地按公式(5-126)计算。

还可以用下面的公式计算四边简支层压板的单轴压屈曲载荷:

$$N_{xcr} = \frac{\pi^2 \sqrt{D_{11}D_{22}}}{b^2} \left[K - 2 \left(1 - \frac{D_{12} + 2D_{66}}{\sqrt{D_{11}D_{22}}} \right) \right] \tag{5-127}$$

其中，K 按 λ 由图 5 - 10 中曲线（a）查取，$\lambda = (a/b)(D_{22}/D_{11})^{1/4}$（下同）。

屈曲载荷与板的长宽比和板的刚度都有关，图 5 - 11 中给出了 $(D_{12} + 2D_{66})/D_{22} = 1$ 的情况下，板的屈曲载荷系数 K_x 随着长宽比 a/b 的变化曲线，其中 $K_x = N_x(b^2/D_{22})$。

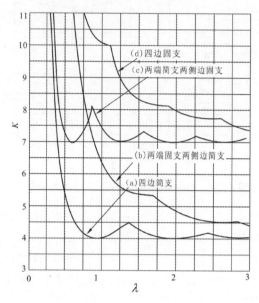

图 5 - 10　正交各向异性平板的轴压 K - λ 曲线

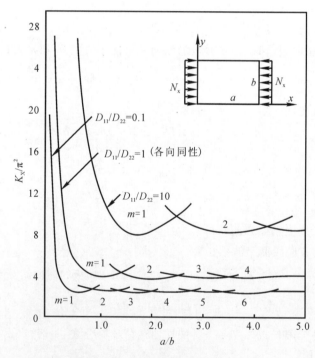

图 5 - 11　四边简支正交各向异性平板的轴压屈曲系数 $[(D_{12} + 2D_{66})/D_{22} = 1]$

5.3.1.3　两加载边固支、两侧边简支的正交各向异性层压平板轴压屈曲

两加载边固支、两侧边简支的正交各向异性层压平板轴压（以压为正）时按下面的屈曲公

式求解：

$$N_{xcr} = \frac{\pi^2 \sqrt{D_{11} D_{22}}}{b^2} \left[K - 2.0 \left(1 - \frac{D_{12} + 2D_{66}}{\sqrt{D_{11} D_{22}}} \right) \right] \qquad (5-128)$$

其中，K 按 λ 由图 5-10 中曲线(b)查取，$\lambda = (a/b)(D_{22}/D_{11})^{1/4}$。

5.3.1.4　两加载边简支、两侧边固支的正交各向异性层压平板轴压屈曲

两加载边简支、两侧边固支的正交各向异性层压平板轴压(以压为正)时按下面的屈曲公式求解(求屈曲载荷时，必须对板的纵向半波数 m 求极小值)：

$$N_{xcr} = \frac{12}{b^2} D_{66} + \frac{\pi^2}{a^2} D_{11} \quad N_{xcr} = \frac{\pi^2}{b^2} \left[D_{11} \left(\frac{mb}{a} \right)^2 + \frac{16}{3} D_{22} \left(\frac{a}{mb} \right)^2 + \frac{8}{3} (D_{12} + 2D_{66}) \right]$$

$$(5-129)$$

对于长平板(当 $a/b > 4$ 时)或当板的长宽比为 $a/b = 0.5m \sqrt[4]{3D_{11}/D_{22}}$ 时，板的屈曲载荷可按下式计算：

$$N_{xcr} = \frac{2\pi^2}{b^2} \left[\frac{4\sqrt{3}}{3} \sqrt{D_{11} D_{22}} + \frac{4}{3} (D_{12} + 2D_{66}) \right]$$

$$= \frac{\pi^2}{b^2} (4.6 \sqrt{D_{11} D_{22}} + 2.67 D_{12} + 5.33 D_{66}) \qquad (5-130)$$

还可以用下面的公式计算两加载边简支，两侧边固支的正交各向异性层压平板的轴压屈曲载荷：

$$N_{xcr} = \frac{\pi^2 \sqrt{D_{11} D_{22}}}{b^2} \left[K - 2.40 \left(1 - \frac{D_{12} + 2D_{66}}{\sqrt{D_{11} D_{22}}} \right) \right] \qquad (5-131)$$

其中，K 按 λ 由图 5-10 中曲线(c)查取，$\lambda = (a/b)(D_{22}/D_{11})^{1/4}$。

5.3.1.5　四边固支正交各向异性层压平板的轴压屈曲

四边固支正交各向异性层压平板受轴向载荷(以压为正)时按下面的屈曲公式求解：

$$N_{xcr} = \frac{\pi^2 \sqrt{D_{11} D_{22}}}{b^2} \left[K - 2.46 \left(1 - \frac{D_{12} + 2D_{66}}{\sqrt{D_{11} D_{22}}} \right) \right] \qquad (5-132)$$

其中，K 按 λ 由图 5-10 中曲线(d)查取，$\lambda = (a/b)(D_{22}/D_{11})^{1/4}$。

5.3.1.6　两加载边简支、一侧边简支、一侧边自由正交各向异性层压平板的轴压屈曲

两加载边简支、一侧边简支、一侧边自由情况下，轴压屈曲载荷的计算公式为

$$N_{xcr}^0 = \frac{\pi^2}{a^2} D_{11} + \frac{12}{b^2} D_{66} \qquad (5-133)$$

由于横向剪切效应对窄平板的影响，b/t 必须大于 20 才能使用此公式。

5.3.1.7　两加载边固支，一侧边简支，一侧边自由正交各向异性层压平板的轴压屈曲

两加载边固支，一侧边简支，一侧边自由情况下，轴压屈曲载荷的计算公式为

$$N_{xcr}^0 = \frac{4\pi^2}{a^2} D_{11} + \frac{12}{b^2} D_{66} \qquad (5-134)$$

由于横向剪切效应对窄平板的影响，b/t 必须大于 20 才能使用此公式。

5.3.1.8　正交各向异性层压平板剪切屈曲分析

对于较短的四边简支矩形层压平板 $0.5 \leqslant a/b < 1$(见图 5-12)，位移双正弦函数中取 $m+$

n 为偶数时的前 5 项,可得剪切屈曲载荷的估算公式:

$$N_{xycr} = \cfrac{\cfrac{\pi^4 b}{a^3}}{\sqrt{\cfrac{14.2804}{D_1^2} + \cfrac{40.96}{D_1 D_2} + \cfrac{40.96}{D_1 D_3}}} \qquad (5-135)$$

式中

$$\left. \begin{aligned} D_1 &= D_{11} + 2(D_{12} + 2D_{66})\left(\frac{a}{b}\right)^2 + D_{22}\left(\frac{a}{b}\right)^4 \\ D_2 &= D_{11} + 18(D_{12} + 2D_{66})\left(\frac{a}{b}\right)^2 + 81D_{22}\left(\frac{a}{b}\right)^4 \\ D_3 &= 81D_{11} + 18(D_{12} + 2D_{66})\left(\frac{a}{b}\right)^2 + D_{22}\left(\frac{a}{b}\right)^4 \end{aligned} \right\} \qquad (5-136)$$

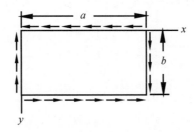

图 5-12　剪切作用下的矩形平板

在四边简支和四边固支情况下,剪切屈曲载荷还可以用下面的公式计算:

$$N_{xycr} = K_s \frac{\pi^2 \sqrt[4]{D_{11} D_{22}^3}}{b^2} \qquad (5-137)$$

其中,剪切屈曲系数 K_s 在简支与固支情况下是不同的,可按无量纲参数 α、β 分别从图 5-13 和图 5-14 中查取,图中,$\alpha = \sqrt{D_{11} D_{22}}/D_3$,$\beta = (b/a)\sqrt[4]{D_{11}/D_{22}}$,$D_3 = D_{12} + 2D_{66}$。

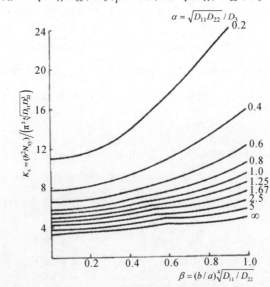

图 5-13　四边简支板的剪切屈曲系数

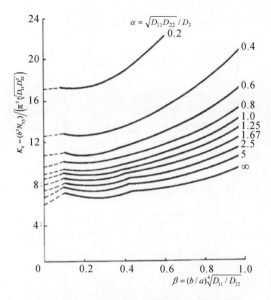

图 5 - 14　四边固支板的剪切屈曲系数

5.3.1.9　四边简支正交各向异性层压平板的面内弯曲屈曲

对于矩形平板,施以作用于板中面内的分布力(见图 5 - 15)为

$$N_x = N_0 \left(1 - \alpha \frac{y}{b} \right) \tag{5-138}$$

改变 α 的值可以获得不同的载荷组合情形。$\alpha = 0$ 时对应于均布压力 N_0 的情形,$\alpha < 2$ 对应于弯曲与压缩组合载荷,$\alpha = 2$ 对应于纯弯曲情形,$\alpha > 2$ 对应于弯曲与拉伸组合载荷。

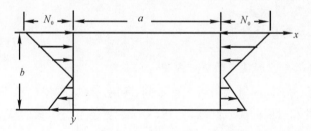

图 5 - 15　弯曲与压缩 / 剪切联合作用下的矩形平板

纯弯曲屈曲载荷 $N_{0cr}(\alpha = 2$ 时) 可由下式计算:

$$N_{0cr} = \frac{9\pi^4 \sqrt{D_{11}D_{22}}}{32b^2} \sqrt{\left[\frac{m^2}{\lambda^2} + \frac{2(D_{12}+2D_{66})}{\sqrt{D_{11}D_{22}}} + \frac{\lambda^2}{m^2} \right] \left[\frac{m^2}{\lambda^2} + \frac{8(D_{12}+2D_{66})}{\sqrt{D_{11}D_{22}}} + 16\frac{\lambda^2}{m^2} \right]}$$

$$\tag{5-139}$$

式中:$\lambda = \dfrac{a}{b} \left(\dfrac{D_{22}}{D_{11}} \right)^{1/4}$。

相应的临界弯矩为

$$M_{0cr} = \frac{3\pi^4 \sqrt{D_{11}D_{22}}}{64} \sqrt{\left[\frac{m^2}{\lambda^2} + \frac{2(D_{12}+2D_{66})}{\sqrt{D_{11}D_{22}}} + \frac{\lambda^2}{m^2} \right] \left[\frac{m^2}{\lambda^2} + \frac{8(D_{12}+2D_{66})}{\sqrt{D_{11}D_{22}}} + 16\frac{\lambda^2}{m^2} \right]}$$

$$\tag{5-140}$$

5.3.1.10　正交各向异性层压平板在压剪复合载荷作用下的屈曲

其屈曲载荷一般地按下式计算：

$$R_x + R_{xy}^2 = 1 \qquad (5-141)$$

式中：$R_x = N_x/N_{xcr}^0$，$R_{xy} = N_{xy}/N_{xycr}^0$，$N_{xcr}^0$，$N_{xycr}^0$ 分别为单轴压和纯剪切情况的屈曲载荷。

工程上，通常用图 5-16 来计算屈曲的安全裕度。在当作用载荷 N_x、N_{xy} 给定后，先求出 R_x、R_{xy}，可得图 5-16 中 M 点，连接 OM，得与相关曲线的交点 N，则屈曲安全裕度为

$$\text{M. S.} = \frac{\overline{ON}}{\overline{OM}} - 1 \qquad (5-142)$$

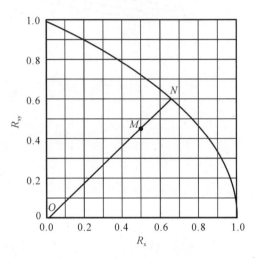

图 5-16　压剪屈曲相关曲线

5.3.2　开孔层压板破坏分析

5.3.2.1　缺口敏感性和适用的失效判据

层压板的铺层形式不同时其缺口敏感性不同，所用的失效判据也不同。表 5-2 列出了不同层压板的缺口敏感性和适用的失效判据。另外，失效判据还与层压板的破坏模式有关，表 5-2 中列出的判据主要适用于纤维控制破坏模式的层压板。

表 5-2　层压板缺陷敏感性和适用的失效判据

层压板类型	载荷形式	缺陷形式	缺口敏感性	适用的失效判据
0° 单向层压板	拉伸	穿透缺陷	不敏感	净截面失效判据
$[\pm 45]_{nS}$	拉伸	穿透缺陷	不敏感	净截面失效判据
多向层压板	拉伸	穿透缺陷	敏感	DI 判据，FD 判据，AS 判据，PS 判据
	压缩	穿透缺陷 分层 冲击损伤	敏感	FD 判据 DI 判据 DI 判据，FD 判据

注：压缩载荷下的失效判据仅适用于失效前不出现失稳的情况；DI 判据、FD 判据、AS 判据、PS 判据详见下文。

5.3.2.2　含缺口层压板剩余强度估算方法

1. 拉伸载荷情况

(1) 损伤影响(Damage Influence——DI) 判据。损伤影响失效判据可表述为:当缺口(或损伤) 附近特征点处的加权法向应力达到层压板的破坏强度时(见图 5-17),含损伤层压板出现破坏。其数学表达式为

$$\sigma_y(x,0)(1+\alpha\sqrt{2x/W})\Big|_{x=D_i}=\sigma_b \tag{5-143}$$

式中:　　σ_b—— 层压板的无损强度;

　　$\sigma_y(x,0)$—— 损伤附近的法向应力分布;

　　W—— 试样宽度;

　　α—— 与损伤形式(孔、裂纹、分层、冲击损伤等)、载荷形式及性能有关的常数。

D_i 为满足式(5-144) 的 x 值。

$$\frac{\mathrm{d}}{\mathrm{d}x}\big[\sigma_y(x,0)(1+\alpha\sqrt{2x/W})\big]=0 \tag{5-144}$$

对圆孔拉伸,有

$$\alpha=\left|\frac{A_{11}+A_{12}}{2A_{22}\big[1+(K_T^\infty-3)^2\big]}-\mu\right|+K_T^\infty\left[\sqrt{\left(\frac{2R}{W}\right)^3}-\left(\frac{2R}{W}\right)^2\right] \tag{5-145}$$

式中:A_{ij}—— 层压板的面内刚度系数;

　　μ—— 层压板的泊松比;

　　K_T^∞—— 层压板的孔边应力集中系数。

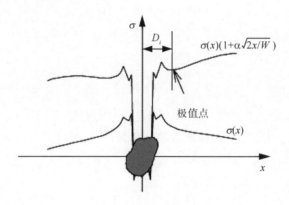

图 5-17　DI 判据示意

(2) 损伤区纤维断裂(Fiber breakage in Damage zone, FD) 失效判据。损伤区纤维断裂(FD) 失效判据可表述为:当缺口(或损伤) 附近特征长度 l_0 范围内 0° 层的平均法向应力(见图 5-18) 达到单向板的极限强度时,含损伤层压板出现破坏。其数学表达式为

$$\frac{1}{l_0}\int_a^{a+l_0}\sigma_y^0(x,0)\mathrm{d}x=X \tag{5-146}$$

式中:　$\sigma_y^0(x,0)$—— 不考虑损伤区影响时,缺口截面上 0° 层的法向应力分布,可表示为

$$\sigma_y^0(x,0)=\alpha_1\int_a^{a+l_0}\sigma_x(x,0)\mathrm{d}x+\alpha_2\int_a^{a+l_0}\sigma_y(x,0)\mathrm{d}x+\alpha_3\int_a^{a+l_0}\tau_{xy}(x,0)\mathrm{d}x$$

　　l_0—— 材料体系常数,与铺层形式、缺口形状及尺寸无关,由试验测量;

a—— 缺口在 x 轴向的半长;

X—— 单向板的纵向强度,拉伸载荷时定义如下:$X = X_t$,压缩载荷时 $X = X_c$;

$\sigma_x(x,0)$,$\sigma_y(x,0)$,$\tau_{xy}(x,0)$—— 层压板沿 x 轴的应力分量,可由各向异性弹性理论中的复应力函数方法求解。

α_j—— 层压板常数,定义如下:

$$\alpha_1 = Q_{11}a_{11} + Q_{12}a_{12}$$
$$\alpha_2 = Q_{11}a_{12} + Q_{12}a_{22}$$
$$\alpha_3 = Q_{11}a_{16} + Q_{12}a_{26}$$

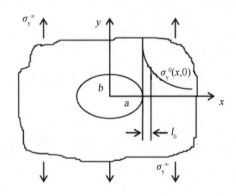

图 5 - 18　含孔层压中缺口附近 $0°$ 层的应力分布

(3) 平均应力(Average Stress,AS)判据和点应力(Point Stress,PS)判据。

平均应力判据:该判据假定距离孔边某一特征长度 a_0 之内的平均应力达到无缺口层压板的极限强度 σ_b 时,层压板失效(见图 5 - 19),即

$$\frac{1}{a_0}\int_R^{R+a_0}\sigma_y(x,0)\mathrm{d}x = \sigma_b \tag{5-147}$$

式中:$\sigma_y(x,0)$—— 含孔的最小截面上的 Y 方向应力分布;

　　　R—— 孔的半径,对中心裂纹为裂纹半长;

　　　a_0—— 特征长度,由试验确定。

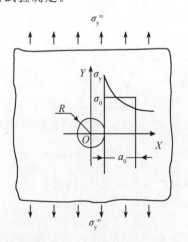

图 5 - 19　平均应力判据

对受单向拉伸带圆孔的正交各向异性无限大板将孔边应力分布代入平均应力判据的式 (5-147) 得到剩余强度计算公式,即

$$\sigma_c^\infty = \frac{2\sigma_b(1-\xi_2)}{2-\xi_2^2-\xi_2^4+(K_T^\infty-3)(\xi_2^6-\xi_2^8)} \qquad (5-148)$$

式中:$\xi_2 = \dfrac{R}{R+a_0}$。

点应力判据:该判据假定距离孔边某一特征长度 d_0 处的应力 σ_y 达到无缺口层压板极限强度 σ_b 时,层压板破坏(见图 5-20),即

$$\sigma_y(x,0)\big|_{R+d_0} = \sigma_b \qquad (5-149)$$

式中:d_0—— 特征长度,由试验确定。

对受单向拉伸带圆孔的正交各向异性无限大板,将孔边应力分布代入点应力判据的式 (5-149) 得到剩余强度计算公式,即

$$\sigma_c^\infty = \frac{2\sigma_b}{2+\xi_4^2+3\xi_4^4-(K_T^\infty-3)(5\xi_4^6-7\xi_4^8)} \qquad (5-150)$$

式中:$\xi_4 = \dfrac{R}{R+d_0}$。

特征长度 a_0 和 d_0:平均应力判据和点应力判据中的特征长度 a_0 和 d_0 是由试验测得的。它是用若干件含不同孔径或裂纹长度的试件做拉伸破坏试验,得到一组相应的剩余强度试验值 $(\sigma_c^\infty)_T$。将 $(\sigma_c^\infty)_T$ 代回由平均应力判据或由点应力判据表示的带孔板的剩余强度计算公式,考虑试件的有限宽度修正和无缺口试件的拉伸强度 σ_0,便得到一组与孔径或裂纹长度对应的 a_0 和 d_0,取平均值即可得到特征长度 a_0 和 d_0。

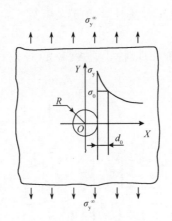

图 5-20　点应力判据

(4) 有限板宽修正。以上得到的带孔或裂纹板的剩余强度 σ_c^∞ 是无限宽板的应力,对有限宽板应作修正。设 σ_c 为有限宽板的剩余强度,则有

$$\sigma_c^\infty = \eta\sigma_c \qquad (5-151)$$

式中:η—— 有限宽修正系数。

当缺陷宽度与板宽之比小于或等于 1/3 时(板宽为 W)时,对含半径为 R 的中心圆孔板,有

$$\eta_1 = \frac{2+(1-2R/W)^3}{3(1-2R/W)} \qquad (5-152)$$

对含椭圆孔（长轴为 $2a$，短轴为 $2b$）板，有

$$\eta_2 = \frac{\lambda^2}{(1-\lambda)^2} + \frac{1-2\lambda}{(1-\lambda)^2}\sqrt{1+(\lambda^2-1)\left(\frac{2a}{W}M\right)^2} - \frac{\lambda^2}{1-\lambda}\left(\frac{2a}{W}M\right)^2\left[1+(\lambda^2-1)\left(\frac{2a}{W}M\right)^2\right]^{-1/2}$$

$$(5-153)$$

其中，$\lambda = \dfrac{b}{a}$。

对含长为 $2a$ 的中心裂纹板，有

$$\eta_3 = \sqrt{(W/\pi a)\tan(\pi a/W)} \tag{5-154}$$

2. 压缩载荷情况

可采用 FD 失效判据的方法进行估算，如式（5-146）所示，只是需将式中的 X 改为单向板的压缩强度 X_c，特征长度 l_0 采用对应压缩载荷情况的值。

5.3.3 含分层或冲击损伤层压板破坏分析

本节给出两种可供设计使用的含分层或冲击损伤层压板剩余强度估算方法。

5.3.3.1 基于 FD 判据的估算方法

这种方法的主要步骤为：

（1）实测或估算分层或冲击损伤。

（2）按图 5-21 所示的原则将分层或冲击损伤简化为椭圆孔，其长轴等于分层区投影图的宽度，分层区投影图可由无损检测给出或用上节所述的方法计算得到；其短轴等于表面凹坑的宽度，表面凹坑的宽度可以直接测出或简单假设为长轴的 0.3 倍。

（3）用复应力函数法或有限元方法计算得到含椭圆孔层压板缺口附近 0°层的法向应力分布。

（4）利用 5.3.2.2 节中给出的 FD 判据［见式（5-146）］和含孔层压板受压试验给出的特征长度 l_0 值估算压缩剩余强度。

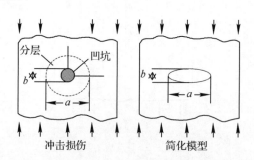

图 5-21 冲击损伤的分析模型

5.3.3.2 基于 DI 判据的估算方法

基于 DI 判据的估算方法进行分层或冲击后压缩剩余强度估算的主要步骤为：

（1）用 5.3.3.1 节所述方法确定冲击损伤的特征损伤状态（通常包括分层、基体裂纹和纤维断裂）或直接用适当的无损检测方法确定，然后用损伤数据结构（DDS）存储损伤信息。

（2）把冲击分层处理为具有一定厚度的子层，进行多子层的屈曲分析。

（3）利用多子层屈曲的分析结果对分层区域进行刚度折减。如果 DDS 内包括纤维断裂或基体裂纹等信息，则还需要对相应损伤单元进行刚度退化处理，把损伤区处理为软化夹杂。分层及分层区域的规定如图 5-22 所示。

（4）利用有限元计算含软化夹杂层压板的应力分布。

（5）利用 DI 失效判据［见式(5-143)］估算压缩强度。对含冲击损伤的层压板，α 为计及分层沿层压板厚度方向分布的影响系数，定义为

$$\alpha = \left[2\left(1 - \frac{t_{dmax}}{h}\right) \right]^{\left(1 - \frac{t_{dmax}}{h}\right)} \tag{5-155}$$

其中，t_{dmax} 是具有相同刚度退化系数的连续排列的铺层（组）的总厚度（见图5-23）；h 是层压板的厚度。

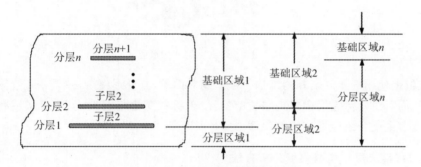

图 5-22　冲击损伤区剖面示意图

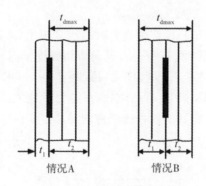

图 5-23　t_{dmax} 的计算方法

5.4　蜂窝夹层结构静强度分析

5.4.1　概述

夹层结构由面板层、夹芯层和胶黏剂三种材料构成，胶黏剂把面板层和夹芯层连接起来，通过夹芯的作用，保证上、下面板协调工作。由于重量轻，具有比较大的弯曲刚度及强度，夹层结构在飞机结构上应用广泛。对结构高度大的翼面结构，蜂窝夹层结构取代加筋板能明显减轻重量，对于结构高度较小的翼面结构（尤其是操纵面），采用全高度夹层结构代替梁肋式结构能

带来明显的减重效果。

蜂窝夹层板结构组成如图5-24(见彩图)所示。夹层结构中面板层主要为铝板或复合材料板,面板很薄但强度高,为主要的承力构件,主要承受面内的拉力和压力及剪力。芯层使得面板材料远离横截面中性轴,增加夹层结构的弯曲刚度,并且还主要提供了夹层板的横向剪切刚度和面外拉压性能。

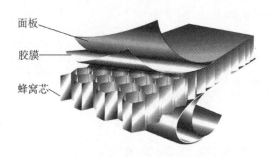

图 5-24 蜂窝夹层结构组成

目前飞机上使用的全高度蜂窝结构一般是变截面的,且外形复杂,主要采用有限元方法进行受力分析。而对于蜂窝夹层梁或夹层板结构,由于材料变化范围大,也主要采用有限元方法进行分析,本节主要介绍经常使用的计算公式。

5.4.2 蜂窝夹层结构静强度分析方法

5.4.2.1 蜂窝芯力学性能

夹层结构的尺寸定义如图 5-25 所示。

面板力学性能参数可采用试验值或由复合材料层合板中的计算公式确定。芯子力学性能包括:纵向剪切模量 G_{TL},横向剪切模量 G_{Tw},纵向剪切强度 τ_{TL},横向剪切强度 τ_{TW},压缩模量 E_c,拉伸强度 E_t(一般由 E_c 代替),压缩强度 σ_c,拉伸强度 σ_t(一般由 σ_c 代替)。

常用的蜂窝芯子性能数据见表 5-3。影响蜂窝芯力学性能的因素较多,一般应由试验确定。在无试验数据时,对于制造完好的正六边形蜂窝夹芯主要性能可用经验公式进行计算。

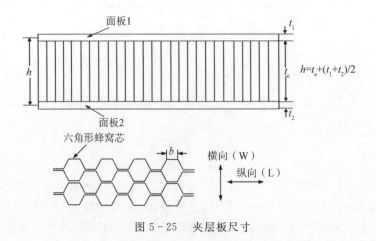

图 5-25 夹层板尺寸

表 5 - 3　蜂窝芯力学性能　　　　　　　　　　　单位:MPa

规　格	平面压缩			剪　切					
	强　度		模　量	强　度				模　量	
	平均值	最小值	平均值	L 向		W 向		L 向	W 向
				平均值	最小值	平均值	最小值	平均值	平均值
NRH-2-48	1.63	1.48	107.0	1.16	0.89	0.67	0.53	37.8	22.8
NRH-2-80	4.77	3.75	241.3	1.97	1.74	1.22	0.97	63.4	35.7
NRH-3-48	1.81	1.41	107.6	1.07	0.96	0.70	0.47	36.9	23.8
NRH-3-64	3.35	2.43	183.4	1.70	1.46	1.06	0.75	52.1	28.0
NRH-3-80	4.47	3.71	219.0	2.11	1.73	1.42	0.95	62.2	41.0
NRH-2-29	0.48	0.34		0.48	0.38	0.25	0.20	17.0	13.0
NRH-2-96	5.52	4.96		2.14	1.79	1.12	0.93	72.0	69.0
LF2Y-3-110	4.77		3.97	3.51		2.22		430.0	250.0
2024-3-107	8.45	6.75	2068.0	5.24	4.13	3.24	2.58	814.0	310.0

注:表中规格代号表示如下:

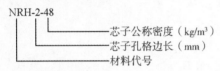

NRH-2-48

—— 芯子公称密度（kg/m³）

—— 芯子孔格边长（mm）

—— 材料代号

（1）蜂窝芯剪切模量:

$$G_{TL} = 0.866\ 1\gamma\frac{G_f\delta}{b} \tag{5-156}$$

$$G_{TW} = 0.577\ 4\gamma\frac{G_f\delta}{b} \tag{5-157}$$

式中:G_f—— 蜂窝箔材的剪切模量,MPa;

δ—— 芯片材料厚度,mm;

b—— 格子边长,mm;

γ—— 修正系数,理论值为 1,由工艺等因素决定,一般为 0.4 ～ 0.6。

（2）蜂窝芯拉压模量。

拉伸模量:

$$E_t = \frac{8\delta}{3\sqrt{3}\,b}E_f \tag{5-158}$$

压缩模量:

$$E_c = \gamma_c E_t \tag{5-159}$$

式中:E_f—— 蜂窝箔材的弹性模量,MPa;

γ_c—— 压缩修正系数,由箔材初始不平度等因素决定,一般为 0.3 ～ 0.5。

5.4.2.2 蜂窝夹层板刚度

(1) 夹层板弯曲刚度。夹层结构在 i 方向($i = x, y$)单位宽度上的弯曲刚度为

$$D_i = \frac{E_{i1} t_1 E_{i2} t_2 h^2}{(E_{i1} t_1 + E_{i2} t_2)\lambda} + \frac{1}{12\lambda}(E_{i1} t_1^3 + E_{i2} t_2^3) \qquad (5-160)$$

式中:$\lambda = 1 - \mu_{xy} \mu_{yx}$,$\mu_{xy}$、$\mu_{yx}$ 为面板材料泊松比;下角标 1,2 表示上、下面板。

当面板很薄时,式(5-160)第二项可略去。

(2) 夹层板剪切刚度。夹层板横向剪切刚度 U(单位:N/mm):

$$U = h^2 G_c / t_c \qquad (5-161)$$

式中:G_c—— 芯子剪切模量,它的特殊情况 $G_c = G_{TL}$(或 G_{TW})。

(3) 夹层板拉压刚度。夹层结构在 i 方向($i = x, y$)平面拉压刚度为

$$B_i = \frac{E_{i1} t_1 + E_{i2} t_2}{\lambda} \qquad (5-162)$$

5.4.2.3 夹层梁分析

当夹层结构长宽比大于或等于 3:1 时,取短边尺寸 L 作为梁跨长的单位宽度(或宽度为 b)的梁作初步设计分析。

(1) 面板上的弯曲应力为

$$\sigma_{fi} = M/(t_{fi} h b) \qquad (5-163)$$

(2) 芯子剪切应力为

$$\tau_c = V/(hb) \qquad (5-164)$$

(3) 梁挠度为

$$\Delta = \frac{2 K_b P L^3 \lambda}{E_f t_f h^2 b} + \frac{K_s P L}{h G_c b} \qquad (5-165)$$

或

$$\Delta = \frac{K_b P L^3}{D} + \frac{K_s P L}{h G_c b} \qquad (5-166)$$

(4) 面板皱褶应力为

$$\sigma_{cr} = \frac{2 E_f}{S} \left(\frac{t_f}{S}\right)^2 \qquad (5-167)$$

(5) 面板失稳临界应力为

$$\sigma_{cr} = 0.82 E_f \left(\frac{E_c t_f}{E_f t_c}\right)^{\frac{1}{2}} \qquad (5-168)$$

式中:M—— 最大弯矩;

$\quad V$—— 最大剪力;

$\quad K_b$—— 弯曲挠度常数;

$\quad K_s$—— 剪切挠度常数;

$\quad D$—— 弯曲刚度;

$\quad P$—— 总载荷;

$\quad \sigma_f$—— 面板应力;

$\quad t_f$—— 面板厚度;

τ_c—— 芯子剪切应力；

Δ—— 挠度；

E_f—— 面板弹性模量，取梁轴线方向的值；

σ_{cr}—— 面板临界应力；

λ——$1 - \mu_{xy}\,\mu_{yx}$；

S—— 芯格尺寸（格子内切圆直径）；

E_c—— 芯子压缩弹性模量；

t_c—— 芯子厚度。

M、V、K_b、K_s 意义及大小见表 5-4。

表 5-4 各种梁 V、M、K_b、K_s 计算表

梁类型	最大剪切力 V	最大弯矩 M	弯曲挠度常数 K_b	剪切挠度常数 K_s
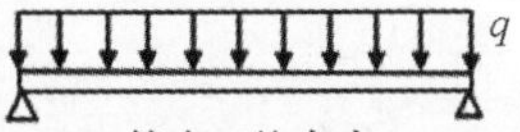 简支：均布力	$0.5P$ ($P = qL$)	$0.125PL$	0.013 02	0.125
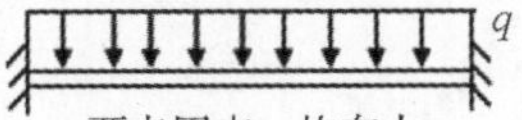 两点固支：均布力	$5P$ ($P = qL$)	$0.083\,33PL$	0.002 604	0.125
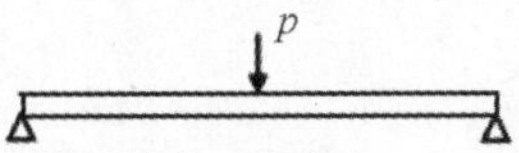 简支：集中力	$0.5P$	$0.25PL$	0.020 83	0.25
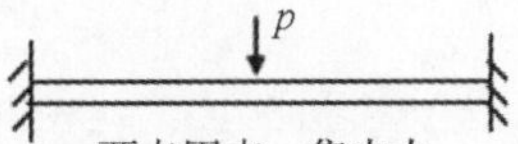 两点固支：集中力	$0.5P$	$0.125PL$	0.005 21	0.25
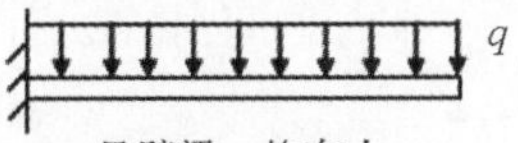 悬臂梁：均布力	P ($P = qL$)	$0.5PL$	0.125	0.5
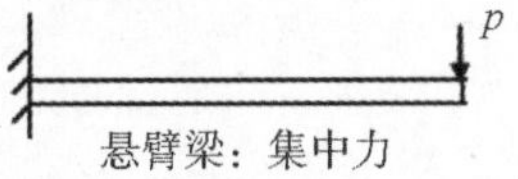 悬臂梁：集中力	P	PL	0.333 3	1
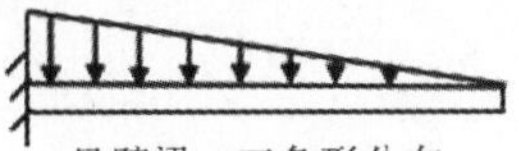 悬臂梁：三角形分布	P ($P = 0.5qL$)	$0.333\,3PL$	0.066 66	0.333 3
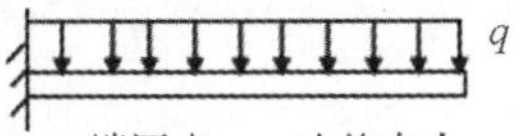 一端固支，一边均布力	$0.625P$ ($P = qL$)	$0.125PL$	0.005 403	0.070 42

5.4.3 蜂窝夹层结构稳定性分析

5.4.3.1 蜂窝夹层结构总体屈曲分析

蜂窝夹层结构屈曲分析是强度检查的一项重要内容,分为总体屈曲和局部屈曲分析。但由于复合材料面板和蜂窝芯子均为各向异性,且材料性能参数变化范围较大,在已有参考资料中通过查临界应力系数曲线确定总体屈曲载荷的方法难以对不同的材料体系给出准确的预测结果。经过大量计算与试验结果比较,有限元方法对蜂窝夹层结构总体屈曲分析结果良好,适合于复杂情况。本部分仅给出基于能量原理的四边简支蜂窝板的压缩和剪切屈曲分析方法。

确定夹层结构的屈曲载荷的方法与层压板的程序非常类似。其主要差别为芯层的存在使横向剪切的影响非常重要。如果未正确计及横向剪切的影响,预测的屈曲要高于考虑了横向剪切效应的情况。在厚度均匀的板内,横向剪切载荷影响很大。板的横截面虽然保持平面,但不再垂直于板的中面,如图 5-26 所示。

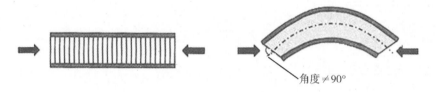

角度 ≠ 90°

图 5-26 夹层板在压缩载荷下的弯曲

本节主要在复合材料层压板屈曲分析的基础上,给出了考虑横向剪切效应的四边简支的矩形蜂窝夹层板的屈曲。

1. 均匀压缩载荷作用下的屈曲

蜂窝夹层板受均匀压缩载荷作用,如图 5-27 所示。

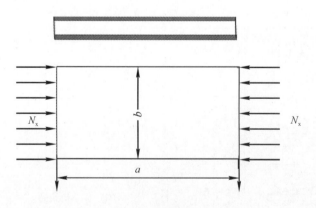

N_x b N_x

a

图 5-27 受均匀压缩载荷

在蜂窝夹层结构屈曲分析中,可将夹层结构作为一种层压板处理,芯层只是另一种铺层,其刚度和强度可忽略,而厚度等于芯层高度。可根据标准经典层压板理论来确定相应的 **A**、**B** 和 **D** 矩阵。芯层的存在并不改变 **A** 矩阵,但是将大大影响 **B** 矩阵和 **D** 矩阵。

对于蜂窝夹层板,由于考虑了芯层横向剪切的影响,其屈曲载荷为

$$N_{cr} = \frac{N_x}{1 + \dfrac{k\,N_x}{t_c\,G_c}} \qquad (5-169)$$

式中：N_x—— 不考虑横向剪切影响的夹层板屈曲载荷；

　　　t_c—— 芯层高度，mm；

　　　G_c—— 芯层横向剪切模量，MPa，G_{xz} 或 G_{yz} 方向与载荷方向一致；

　　　k—— 剪切修正系数。

引入剪切修正系数目的在于在板的整个厚度上协调横向剪切应力分布，使导出值和假设值之间存在的不一致得以协调。工程弯曲理论导致剪切应力沿厚度成二次方程分布，而一阶剪切变形理论假设剪切应变（从而是剪切应力）与沿厚度的坐标无关。要解决这个问题，则要求遵循任一公式所做的功是相同的。这导致如下形式的横向剪切力（单位宽度上的）的表达式：

$$Q_x = k\,G_{xz}h\gamma = \frac{5}{6}\,G_{xz}h\gamma \qquad (5-170)$$

式中：h—— 板的厚度，mm；

　　　γ—— 横向剪切应变；

　　　k—— 剪切修正系数，在该情况下的剪切修正系数是 $k = 5/6$。

大多数夹层结构所用芯层的剪切刚度 G_{xz} 比面板的要低得多。因此，沿厚度的剪切应力几乎非常均匀。这与弯曲应力沿芯层高度的分布是非线性这一事实是一致的，因为弯矩通过夹层结构以力偶形式传递。因此，弯曲理论与一阶剪切变形理论之间（几乎）不存在矛盾，故 $k \approx 1$。

2. 剪切载荷作用下的屈曲

蜂窝夹层板受剪切载荷作用，如图 5-28 所示。

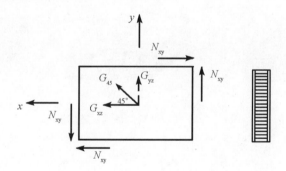

图 5-28　受剪切载荷的夹层板

在剪切作用下简支夹层板屈曲载荷预测方程为

$$N_{xycr} = \frac{N_{xyc}}{1 + \dfrac{N_{xyc}}{t_c\,G_{45}}} \qquad (5-171)$$

式中：N_{xyc}—— 不考虑横向剪切效应的剪切屈曲载荷；

　　　G_{45}—— 45° 方向上的芯层剪切模量；

　　　t_c—— 蜂窝夹芯厚度。

采用剪切模量 G_{45}，是因为它通常是与板屈曲趋向相反的模量。由于纯剪切加载等于一个方向受拉而另一个方向受压的双轴向加载,形成屈曲半波的趋势,如图 5 - 28 所示沿 45° 线(最大压缩方向),而 G_{45} 是该方向上的芯层剪切刚度,其方向与屈曲趋势相反。

为了确定 G_{45},使用标准张量变换方程,可以得到

$$G_{45} = \sin^2 45° \, G_{yz} + \cos^2 45° \, G_{xz} = \frac{G_{yz} + G_{xz}}{2} \qquad (5-172)$$

将这一结果代入式(5 - 171)并且进行整理,得出如下方程:

$$N_{xycr} = \frac{(G_{xz} + G_{yz}) t_c}{\dfrac{(G_{xz} + G_{yz}) t_c}{N_{xy}} + 2} \qquad (5-173)$$

5.4.3.2 蜂窝夹层结构局部屈曲分析

夹层局部屈服分析模型可看作是面板支持在以芯子为弹性基础上的梁,而此弹性基础具有弯曲及剪切刚度。

局部屈服破坏模式分为三类,即层压板破坏,芯子破坏,界面破坏,界面破坏就是板芯脱胶。

层压板破坏模式分为三类,即各单层失稳,面板皱褶,层压板失稳。

芯子破坏分为三类,即压缩破坏,拉伸破坏,剪切破坏。

夹层结构局部失稳破坏模式如图 5 - 29 所示。

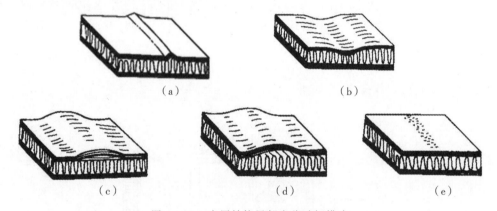

图 5 - 29 夹层结构局部失稳破坏模式

(a) 层压板局部失稳;(b) 芯子压塌;(c) 各单层失稳;(d) 板芯分开(面板失稳);(e) 面板皱褶

1. 面板各单层失稳

单层屈服应力为

$$\frac{\sigma_{jcr}}{G_z} = \begin{cases} \xi_j (2 - \xi_j) & , \quad \xi_j < 1 \\ 1 & , \quad \xi_j > 1 \end{cases}, j = x, y, xy \qquad (5-174)$$

其中,σ_{jcr} 为屈服应力;G_z 为层间剪切模量;$\xi_j = \dfrac{\sqrt{DB}}{S_j}$,$B$ 为基础刚度,D 为弯曲刚度,S_j 为剪切刚度,其表达式为

$$B = \frac{Lb \, E_z}{t'} \qquad (5-175)$$

$$D = \frac{\pi \, d_f^4 \, E_f b}{64 \, W_f} \qquad (5-176)$$

$$S_{j} = \frac{bt' G_{z}}{L_{j}}, \quad j = x, y, xy \tag{5-177}$$

式中： t' —— 平均单层厚度；

d_{f} —— 为纤维直径，推荐取 0.007mm；

W_{f} —— 为纤维间距，推荐取 $0.005\ 842\text{mm}$；

E_{f} —— 为纤维杨氏模量，推荐取 $255\ 162\text{MPa}$；

t_{f} —— 面板厚度；

b —— 板宽；

E_{cz} —— 蜂窝法向弹性模量；

E_{z} —— 复合材料面板法向拉伸模量，推荐取 $E_{z} = 0.5(E_{22t} + E_{22c})$，$E_{22t}$ 和 E_{22c} 分别为复合材料横向拉伸和压缩弹性模量；

$L_{j}(j = x, y, xy)$ —— 为载荷方向铺层有效比例，计算公式如下：

$$\left. \begin{aligned} L_{x} &= \text{SPL0} + \text{SPL9} \frac{E_{22c}}{E_{11c}} + 0.5\text{SPL45}\left(1 + 2.5 \frac{E_{22c}}{E_{11c}}\right) \\ L_{y} &= \text{SPL9} + \text{SPL0} \frac{E_{22c}}{E_{11c}} + 0.5\text{SPL45}\left(1 + 2.5 \times \frac{E_{22c}}{E_{11c}}\right) \\ L_{xy} &= \text{SPL45}\left(1 + \frac{E_{22c}}{E_{11c}}\right) + 0.25(\text{SPL0} + \text{SPL9})\left(1 + 2.5 \times \frac{E_{22c}}{E_{11c}}\right) \end{aligned} \right\} \tag{5-178}$$

其中，SPL0 为 $0°$ 方向纤维百分比；SPL9 为 $90°$ 方向纤维百分比；SPL45 为 $45°$ 方向纤维百分比，计算公式为：$\text{SPL45} = 0.45(1 - \text{SPL0} - \text{SPL9})$；$E_{11t}$、$E_{11c}$ 分别为复合材料方向拉伸和压缩弹性模量。

2. 面板失稳

面板失稳是面板受面内压（或剪）的局部失稳现象，对于受反对称载荷为主的夹层结构（如全高度翼面）的受压面的局部失稳同样适用。

式（5-174）同样适用于面板失稳模式计算，但参数 D、S 和 B 的计算要做相应的更改。

基础刚度为

$$B = 2 E_{cz} / t_{c} \tag{5-179}$$

式中：E_{cz} —— 蜂窝芯法向弹性模量；

t_{c} —— 芯子厚度。

复合材料面板弯曲刚度为

$$D_{x} = D_{11}, D_{y} = D_{22}, D_{xy} = D_{66} \tag{5-180}$$

其中

$$D_{ij} = \int_{-0.5t_{f}}^{0.5t_{f}} Q_{ij}^{(K)} Z^{2} \mathrm{d}z, i, j = 1, 2, 6 \tag{5-181}$$

剪切刚度 $S_{j}, j = x, y, xy$，有

$$S_{x} = \frac{D_{11}^{2}}{\text{DEN1}}, S_{y} = \frac{D_{22}^{2}}{\text{DEN2}}, S_{xy} = \frac{D_{66}^{2}}{\sqrt{\text{DEN1} \times \text{DEN2}}} \tag{5-182}$$

其中

$$\text{DEN1} = \sum_{1}^{N} \text{CA}(i)t(i) / G_{13} \tag{5-183}$$

$$DEN2 = \sum_{1}^{N} CB(i)t(i) / G_{13} \tag{5-184}$$

而

$$CA(i) = \sum_{k=1}^{i} \left[1 - \nu_{LT}(k) \times \nu_{TL}(k)\right]^{-1} E_L(k) AB2(k)t(k) \tag{5-185}$$

$$CB(i) = \sum_{k=1}^{i} \left[1 - \nu_{LT}(k) \times \nu_{TL}(k)\right]^{-1} E_T(k) AB2(k)t(k) \tag{5-186}$$

$$AB2(k) = 0.5h + \left[t_f - \sum_{1}^{k-1} t(i) - 0.5t(k)\right], k = 1, 2, \cdots, N \tag{5-187}$$

3. 面板格间皱折

夹层结构面板蜂窝格间失稳临界应力按经验公式计算：

$$\sigma_{cr} = 2 \frac{E'_f}{\lambda} \left(\frac{t_f}{S_c}\right)^2 \tag{5-188}$$

式中：$E'_f = \sqrt{E_{1f} E_{2f}}$；

　　　$\lambda = 1 - \nu_{12}\nu_{21}$；

　　　E_{1f}, E_{2f}—— 复合材料面板正交轴的弹性模量；

　　　　t_f—— 面板厚度；

　　　　S_c—— 蜂窝芯格尺寸（蜂窝芯格内切圆直径）。

4. 蜂窝夹芯剪切破坏

$$\sigma_{xcr} = \frac{V_x}{1 + \dfrac{\delta_0 \, B_7 \, \sqrt[4]{B / D_{11}}}{h \, \tau_{13b}}} \tag{5-189}$$

$$\sigma_{ycr} = \frac{V_y}{1 + \dfrac{\delta_0 \, B_8 \, \sqrt[4]{B / D_{22}}}{h \, \tau_{23b}}} \tag{5-190}$$

$$\sigma_{xycr} = \frac{V_{xy}}{1 + \dfrac{\delta_0 \, \sqrt{B_7 B_8} \, \sqrt[4]{B / D_{66}}}{h \, \sqrt{\tau_{13b}\tau_{23b}}}} \tag{5-191}$$

式中：　　δ_0—— 面板初始波；

　　　τ_{13b}—— 蜂窝芯法向剪切强度；

　　　τ_{23b}—— 蜂窝芯法向剪切强度；

　　　V_x—— min（面板总体失稳临界应力，面板铺层失稳临界应力，铺层失稳临界应力，面板格间失稳临界应力），X 方向压缩；

　　　V_y—— min（面板总体失稳临界应力，面板铺层失稳临界应力，铺层失稳临界应力，面板格间失稳临界应力），Y 方向压缩；

　　　V_{xy}—— min（面板总体失稳临界应力，面板铺层失稳临界应力，铺层失稳临界应力，面板格间失稳临界应力），剪切；

　　B_7, B_8—— 计算式如下：

$$B_7 = \frac{DD_{11}^2}{DDEN1} \tag{5-192}$$

$$B_8 = \frac{DD_{22}^2}{DDEN2} \qquad (5-193)$$

其中，$DDEN1 = 2DEN1 + CA(N)^2 \dfrac{h}{G_{c13}}$；$DDEN2 = 2DEN2 + CB(N)^2 \dfrac{h}{G_{c23}}$；$DD_{11}$ 和 DD_{22} 分别为复合材料面板折算弯曲刚度系数，刚度计算公式为

$$\boldsymbol{DD} = \boldsymbol{D} - \boldsymbol{BA}^{-1}\boldsymbol{B} \qquad (5-194)$$

式中

$$B_{ij} = \int_{-0.5t_f}^{0.5t_f} Q_{ij}^{(k)} z\,\mathrm{d}zi, \quad j = 1,2,6$$

$$A_{ij} = \int_{-0.5t_f}^{0.5t_f} Q_{ij}^{(k)} \,\mathrm{d}zi, \quad j = 1,2,6$$

5. 蜂窝夹芯压塌

$$\sigma_{jcr} = \frac{V_j}{1 + B\dfrac{\delta_0}{\sigma_{cc}}}, \quad j = x,y,xy \qquad (5-195)$$

式中：σ_{cc} —— 蜂窝夹芯压缩强度；

δ_0 —— 初试面板波；

V_j，$j = x,y,xy$，定义同上。

6. 蜂窝夹芯和面板界面失效

$$\sigma_{jcr} = \frac{V_j}{1 + B\dfrac{\delta_0}{\sigma_{bt}}}, \quad j = x,y,xy \qquad (5-196)$$

式中：σ_{bt} —— 蜂窝夹芯面板胶接强度；

V_j，$j = x,y,xy$，定义同上。

5.4.4　蜂窝夹层结构有限元分析方法

在蜂窝夹层结构有限元分析模型中，一般将面板用膜应力元或壳元，蜂窝芯子用"特殊体元"模拟。而对于机身或机翼蒙皮结构的薄的蜂窝夹层结构，可将蜂窝芯子当成一层特殊单层，用复合材料层压板模拟。

5.4.4.1　蜂窝芯特性描述

有限元模型将蜂窝芯等效为三维正交各向异性的体元，设 L、W、T 为蜂窝芯的材料坐标系，在材料轴系中，体元应力应变关系方程为

$$
\begin{bmatrix} \sigma_L \\ \sigma_W \\ \sigma_T \\ \tau_{LW} \\ \tau_{WT} \\ \tau_{TL} \end{bmatrix} =
\begin{bmatrix}
G_{11} & & & & & \\
G_{21} & G_{22} & & & & \\
G_{31} & G_{32} & G_{33} & & & \\
G_{41} & G_{42} & G_{43} & G_{44} & & \\
G_{51} & G_{52} & G_{53} & G_{54} & G_{55} & \\
G_{61} & G_{62} & G_{63} & G_{64} & G_{65} & G_{66}
\end{bmatrix}
\begin{bmatrix} \varepsilon_L \\ \varepsilon_W \\ \varepsilon_T \\ \gamma_{LW} \\ \gamma_{WT} \\ \gamma_{TL} \end{bmatrix} -
\begin{bmatrix} A_1 \\ A_2 \\ A_3 \\ A_4 \\ A_5 \\ A_6 \end{bmatrix} \Delta T \qquad (5-197)
$$

式中：A_i —— 热膨胀系数。

刚度矩阵系数 G_{ij} 中的下标 $1 \sim 6$ 分别为材料轴 L,W,T,LW,WT,TL 轴。对于蜂窝芯子情况：$G_{33} = E_c$,$G_{55} = G_{WT}$,$G_{66} = G_{TL}$,即压缩模量即两个方向的剪切模量。其他 G_{ij} 为 0,为防止数值运算溢出,G_{11}、G_{22}、G_{44} 取下值

$$G_{11} = G_{22} = G_{44} = \min(G_{33}, G_{55}, G_{66}) \times 0.001 \qquad (5-198)$$

当坐标轴为任意情况 X,Y,Z 时,式(5-197)应用张量运算法则求其刚度系数,有限元程序自动处理。

5.4.4.2 蜂窝夹层结构应力分析及强度校核

1. 应力分析

现结合 MSC.PATRAN/NASTRAN 软件进行蜂窝夹层结构应力分析介绍。

(1) 面板与芯子元素分开,面板用板元,芯子用等效体元；

(2) 根据夹层结构形状,芯子体元可为六面体元(CHEXH)、五面体元(CPENTA)或四面体元(CTETRA)；

(3) 用 MAT9 表示芯子材料,MAT9 卡中的 G_{ij} 为式(5-197)中的规定值；

(4) MAT9 中为材料坐标系(L,W,T)中的弹性模量,有限元网格分割时,体元的取向是任意的,必须通过 PSOLID 卡中的 CORDM 场定义其材料坐标系使之建立 MAT9 与任意网格取向关系,因此芯子体元输出的应力分量是对于 CORDM 中定义的坐标轴中的分量。

对于全高度蜂窝夹层结构,外载以反对称分布载荷为主。如果芯子强度关键时,有限元网格分割应将芯子体元沿高度需分割为多层。若芯子强度不关键时,可将芯子分割为一层。

2. 强度校核

对于铝合金面板可选用 Mises 应力进行强度校核,而对于复合材料面板可根据材料体系的特性选用强度准则进行校核,建议选用最大应力准则或 Hashin 准则。

蜂窝芯强度校核选用最大应力准则

$$\left. \begin{array}{l} \sigma_z \leqslant [\sigma_z] \\ \tau_{LT} \leqslant [\tau_{LT}] \\ \tau_{WT} \leqslant [\tau_{WT}] \end{array} \right\} \qquad (5-199)$$

5.4.4.3 蜂窝夹层结构总体屈曲分析

经过大量的计算与实验结果比较,有限元法对夹层结构总体屈曲分析结果良好,适应于复杂情况。有限元屈曲分析时,注意以下几点：

(1) 网格分割。网格分割的粗细程度应能给出失稳模态,芯子厚度方向取单层体元,其余同应力分析无区别。

(2) 支持条件模拟。边界条件如图 5-30 所示。

1) 四边简支所有边界 AB、BC、CD、DA 上各点 $w_i = 0$,角点 $u_A = v_A = 0$,$v_B = 0$(或 $u_A = v_A = 0$,$v_D = 0$)。

2) 四边固支所有边界 AB、BC、CD、DA 上各点 $w_i = 0$,角点 $u_A = v_A = 0$,$v_B = 0$(或 $u_A = v_A = 0$,$v_D = 0$),所有边界点 $\theta_{xi} = \theta_{yi} = 0$。

3) 其他边界条件类似处理。当弹性支持时,对应的 W 方向扭转角 θ_{xi},θ_{yi} 给予弹性支持刚度；固支边 θ_{xi} 或 θ_{yi} 为 0；简支边 w_i 为 0 或给弹性支持刚度。

(3) 外载荷施加。如图 5-30 所示,N_x、N_y、N_{xy} 为面内载荷,可分解到各边的节点上(上、下

对应点相同),若各点载荷不等,表示沿各边外载是变化的,可很方便地模拟各种外载,为了边界条件模拟方便,外载尽量为平衡力系。

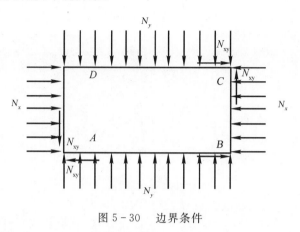

图 5 - 30　边界条件

(4) 临界稳定载荷为

$$N_{icr} = \lambda_{\min} N_i \tag{5-200}$$

式中:$\lambda_{\min}$—— 最小特征值。

5.4.4.4　蜂窝夹层结构后屈曲失效分析

结构后屈曲力学行为及承载能力的评估主要涉及复合材料的损伤失效,复合材料成型工艺的特殊性使得结构本身具有一定的初始缺陷,在发生屈曲变形后,结构表现出明显的非线性。因此,需要引入初始几何缺陷,并对夹芯板进行非线性分析,以准确获取结构的最终破坏载荷和失效模式,同时给结构设计提供详尽可靠的理论基础。

复合材料结构的实际初始缺陷属于随机缺陷,其具体参数较难通过测量确定。在数值分析中,通常采用屈曲模态法研究初始几何缺陷对结构稳定性的影响。尽管线性屈曲模态并不能反映结构屈曲时的真实变形,但作为一组特征向量,不同节点位移的相对关系能够有效反映结构的刚度特性。因此,可将线性正则化屈曲模态中的节点位移乘以缺陷比例因子(Imperfection Scale Factor,ISF),作为初始缺陷引入到非线性屈曲分析模型中。目前对于 ISF 的确定并未有明确的计算方法,工业界通常将其取值为第一阶正则化屈曲模态的 $1‰ \sim 5‰$。

图 5 - 31 为夹芯板非线性屈曲分析流程。

复合材料蜂窝夹层板的内、外蒙皮引入二维 Hashin 准则判定复合材料的失效,蜂窝芯引入最大应力准则判定蜂窝失效,胶层引入二次应力准则和 B-K 准则来分别判定胶层的损伤起始和演化过程。

5.4.5　蜂窝夹层结构分析方法试验验证

鉴于蜂窝夹层结构的复杂性,通过查临界应力系数曲线确定总体屈曲载荷的方法难以对不同的材料体系给出准确的预测结果。随着商业有限元软件的逐渐完善和计算机运算能力的不断提升,采用有限元方法进行的蜂窝夹层结构的强度分析被工程技术人员广泛使用。本节利用试验数据,以结构相对复杂的边缘闭合蜂窝夹层壁板为对象,对分析方法进行验证。

蜂窝夹层壁板上、下蒙皮采用碳纤维 / 环氧平纹布预浸料,固化后单层厚度为 0.216mm。

蜂窝芯采用骏源公司的 Nomex 芳纶纸蜂窝，牌号为 JY1-3.2-48，板芯之间的胶层采用 TS-JM-200 型胶膜。各材料性能参数见表 5-5 ～ 表 5-7。

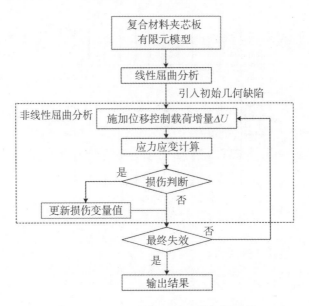

图 5-31 夹芯板非线性屈曲分析流程

表 5-5 平纹布预浸料力学性能

E_1/GPa	E_2/GPa	G_{12}/GPa	υ_{12}	X_T/MPa	X_C/MPa	Y_T/MPa	Y_C/MPa	S_{12}/MPa
58	58	5	0.044	549	537	702	604	85

表 5-6 JY1-3.2-48 蜂窝芯等效力学性能

E_1/MPa	E_2/MPa	E_3/MPa	G_{12}/GPa	G_{13}/GPa	G_{23}/GPa	μ_{12}	$\mu_{13} = \mu_{23}$
0.195 3	0.195 3	136	0.073	40	23	0.94	0.000 3

X_{TT}/MPa		S_{LT}/MPa		S_{WT}/MPa	
1.93		1.26		0.62	

表 5-7 TS-JM-200 胶膜力学性能

E/GPa	G/GPa	μ	t_n/MPa	$t_s = t_t/MPa$	$G_n/(N \cdot mm^{-1})$	$G_s = G_t/(N \cdot mm^{-1})$
3.2	1.23	0.3	58	65	0.744	3.816

边缘闭合蜂窝夹层壁板压缩和剪切试验件结构形式如图 5-32 所示。两种蜂窝壁板选取相同的铺层顺序，蜂窝区从外到内铺层顺序为[$\pm 45/(0,90)/\pm 45/(0,90)/\pm 45/C_{10}/\pm 45/(0,90)\pm 45$]，层压区从外到内铺层顺序为[$\pm 45/(0,90)/\pm 45/(0,90)/\pm 45/(0,90)/\pm 45/\pm 45/(0,90)/\pm 45/(0,90)\pm 45$]。

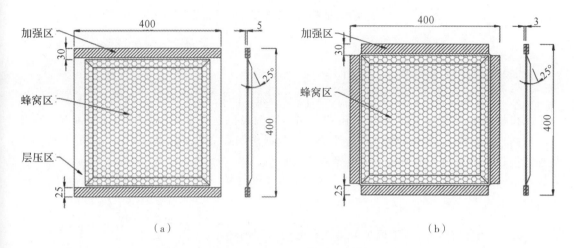

图 5 - 32 蜂窝夹层结构试验件示意图(单位:mm)

(a) 压缩试验件;(b) 剪切试验件

图 5-33(见彩图)给出了蜂窝夹层壁板压缩和剪切试验的照片。表 5-8 给出了各试验结果以及试验均值与仿真值的对比。可见,在具备可靠的材料性能参数时,采用有限元方法进行蜂窝夹层结构强分析具有较高的精度,误差可控制在 10% 以内。

图 5 - 33 蜂窝夹层结构试验

(a) 压缩试验件;(b) 剪切试验件

表 5 - 8 各类压缩试验件的极限载荷

试验工况	极限载荷 /kN			均值 /kN	仿真值 /kN	误差 /(%)
	1	2	3			
压缩	83.03	80.94	84.33	82.77	78.74	− 4.87
剪切	222.05	215.86	224.32	220.74	212.61	− 3.68

5.5 复合材料加筋板静强度分析

5.5.1 概述

机翼、尾翼和机身上的蒙皮壁板广泛采用桁条加强的加筋层压板结构,简称"加筋板"。在保证飞机性能的前提下,结构重量减轻 1%,可以减轻飞机总重 3% ~ 5%。由于复合材料具有比强度高、比刚度大、可设计性强及良好的抗疲劳损伤和耐腐蚀性的优点,工程中采用复合材料加筋板作为典型的飞机结构中的典型构件。

本节将给出复合材料加筋板强度分析工程方法和有限元方法,并对部分分析方法适应性进行试验验证。

5.5.2 复合材料加筋壁板失效模式和分析方法简述

5.5.2.1 失效模式

复合材料加筋壁板失效与壁板几何参数、边界支持、铺层顺序、长桁和蒙皮刚度、长桁截面形状等多种因素有关。概括地讲,复合材料加筋壁板失效模式包括失稳和损伤两类。复合材料加筋壁板失稳包括蒙皮失稳、长桁缘条失稳、长桁腹板失稳、长桁压损等局部失稳以及长桁柱失稳和壁板整体失稳等。复合材料加筋壁板的损伤模式包括长桁-蒙皮脱胶、长桁材料失效、蒙皮材料失效,如图 5-34 所示。

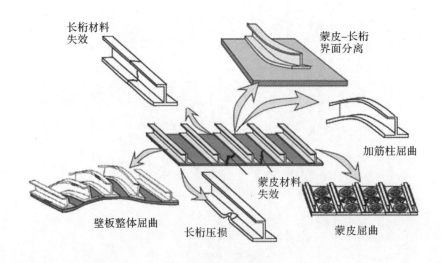

图 5-34 复合材料加筋壁板失效模式

5.5.2.2 分析方法简述

复合材料板壳稳定性分析方法通常分为解析法、经验方法和数值方法三种。目前,仅有铺层简单、载荷和边界简单的层压板屈曲问题有解析解;真实情况中边界约束复杂的层压板屈曲问题经常通过工程分析方法求解;对于铺层、载荷、边界和结构构型复杂的复合材料结构的屈曲和后屈曲等问题通常需要采用数值方法,如借助成熟的商业有限元软件来分析。

对于复合材料加筋壁板局部和整体屈曲,主要采用基于特征值求解的数值计算方法或有限元方法;对于复合材料加筋壁板后屈曲,主要采用有限元方法或有效宽度工程方法;在壁板设计中还可以采用工程计算公式估算复合材料加筋壁板的局部屈曲、整体屈曲和后屈曲承载能力;在进行复合材料加筋壁板稳定性详细分析时,一般要建立复合材料壁板的细节有限元模型,进行线性屈曲分析或非线性后屈曲分析来研究壁板的屈曲和后屈曲载荷、模态等行为。

蒙皮与长桁脱胶、界面开裂、分层是复合材料加筋壁板经常遇到的缺陷形式。含有这种缺陷的复合材料加筋壁板变形和破坏过程复杂,目前工程上主要借助有限元方法结合损伤模拟方法来进行分析。

5.5.3　复合材料加筋壁板稳定性工程分析方法

复合材料加筋壁板的失稳模式与多种因素有关,如壁板几何参数、载荷和边界支持、铺层顺序、长桁和蒙皮刚度、长桁截面形状等。分析轴压载荷下复合材料加筋壁板的失稳模式与几何参数的关系可以从整体上认识其稳定性特点。类似于金属加筋板,轴压载荷下复合材料加筋壁板可以当作复合材料柱体来看待,复合材料柱体失稳模式与其长细比的关系如图 5-35 所示。按照加筋壁板的有效长细比 L'/ρ,将其破坏形式分为三个区段。$L' = L/\sqrt{c}$ 为有效长度,其中,L 为加筋壁板的长度,c 为加筋壁板端部支持系数,$\rho = \sqrt{\dfrac{EI}{EA}}$ 为加筋壁板剖面的回转半径。

(1)长柱区域(B—A,见图 5-35):在这一区段的加筋壁板呈现欧拉屈曲破坏(整体失稳),其承载能力即为整体屈曲载荷,通过欧拉屈曲公式来计算。

(2)中长柱区域(D—B,见图 5-35):在这一区域内,加筋壁板破坏之前,先发生局部屈曲,然后随着载荷增加局部屈曲逐渐扩大,直至加筋壁板整体失稳,或蒙皮局部屈曲引发加筋壁板界面开裂、材料破坏等失效。长桁局部屈曲后很容易引发复合材料加筋壁板完全失效,因此,民用飞机壁板设计不允许整体失稳前发生长桁局部屈曲。蒙皮局部屈曲后复合材料加筋壁板通常还会承受更高的载荷,实际情况中加筋壁板多属于此种形式。该区域内复合材料加筋壁板的承载能力实质上是加筋壁板的后屈曲强度,应按后屈曲分析确定。当复合材料加筋壁板不允许后屈曲设计时,加筋壁板组成单元的局部屈曲载荷最小值决定了其失效载荷。

(3)短柱区域(D—E,见图 5-35):在这一区段的加筋壁板出现蒙皮纤维分层、长桁歪扭或压断等形式的压损破坏,其承载能力不随壁板长度改变。压损失效通常采用工程分析公式来计算。

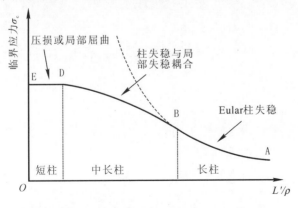

图 5-35　复合材料柱失稳类型与长细比关系

由于复合材料加筋壁板没有明确的长柱、中长柱、短柱划分界线，通常分别检查加筋壁板整体失稳、局部屈曲、压损载荷，以载荷最小的失效模式作为壁板结构的决定性失效模式。

5.5.3.1 局部屈曲分析

1. 蒙皮局部屈曲分析

对相邻的加筋桁条间的蒙皮，可按矩形层压板进行局部屈曲分析。对于层压板两端和两边的边界条件，一般按其周边的支持翼肋或桁条的扭转／弯曲刚度大小，简化成典型的固支边界条件或者简支边界条件，因为只有这种典型的边界支持条件的矩形层压板才有简便的工程计算方法。

层压板的边界支持情况的判定：对于开剖面的薄壁加筋桁条或翼肋所支持的边界，其支持条件可取为简支；对于闭剖面或实心（厚重）的加筋桁条或强翼肋所支持的边界，其支持条件可取为固支。实际结构中，加筋桁条和翼肋对于蒙皮的边界支持介于简支和固支边界条件之间，而按简支和固支边界条件分别计算的屈曲载荷相差很大，因此，设定适合的边界条件对于提高校核的准确性很重要，设计人员需要凭借工程经验对边界支持条件进行判断。

工程上通常使用铺层组数较多的对称均衡层压板，没有拉-剪-弯-扭的耦合效应。本节下面介绍的方法，均采用正交各向异性板理论求解屈曲载荷。对于工程上不常用的非均衡和非对称的层压板，屈曲分析更为复杂，一般需要采用数值法求解。

蒙皮局部屈曲载荷不仅与层合板铺层有关，而且与层合板边界约束相关。对于层合板在不同载荷、不同边界条件下的屈曲载荷计算，本章 5.3.1 节给出了详细的计算方法，本节不再赘述。

2. 桁条局部屈曲分析

桁条局部屈曲是指桁条的组成单元（突缘或腹板）产生了面外翘曲而发生的屈曲。由于桁条不传递加筋壁板的剪切载荷和横向载荷，加筋壁板稳定性分析只检查桁条的轴压局部屈曲。

（1）开剖面薄壁桁条突缘屈曲。对于开剖面薄壁桁条的突缘，当作一长边自由，另一长边简支的长板处理，可按下式计算突缘的轴压局部屈曲载荷：

$$N_{xcr} = \frac{12 D_{66}}{b^2} + \frac{\pi^2 D_{11}}{L^2} \qquad (5-201)$$

式中：　　N_{xcr}——单元宽度上的轴压屈曲载荷；

　　　　　b——突缘的宽度；

　　　　　L——桁条的长度；

　　D_{11}、D_{66}——层压板的弯曲刚度系数。

（2）薄壁桁条腹板屈曲。对于薄壁桁条的腹板，可当做两长边简支的长板处理，计算局部屈曲载荷

$$N_{xcr} = \frac{2\pi^2}{b^2} (\sqrt{D_{11} D_{22}} + D_{12} + 2D_{66}) \qquad (5-202)$$

式中：　　　　　N_{xcr}——单位宽度上的轴压屈曲载荷；

　　　　　　　b——腹板的宽度；

　　D_{11}、D_{12}、D_{22}、D_{66}——层压板的弯曲刚度系数。

上述公式中未包括弯-扭刚度项 D_{16} 和 D_{26}，在所有角铺层的层压板中都会出现这两项，但除了层数很少的角铺层层压板外，这两项对初始屈曲载荷的影响一般不明显。注意，该公式忽

略横向剪切效应将使在低 b/t 值时的强度预估偏于危险。

5.5.3.2　桁条的压损破坏分析

对于较短的型材,剖面发生局部失稳后,型材还能承受较大的载荷,压缩载荷的增加部分由较刚硬的角区承受,直到应力增加到足够大能够造成破坏。这种由局部失稳引起的破坏称为压损破坏。

对于复合材料的桁条,一方面,它与金属材料的桁条一样,压损强度可作为其横剖面的一种力学性能,与桁条的长度无关;另一方面,由于复合材料的塑性效应不明显,很难判定是否发生了永久变形。其破坏模式,如分层、纤维断裂和基体开裂等可能在组成单元初始屈曲后的任何时间发生,而且一旦发生了会加速桁条的破坏,因此,复合材料桁条的压损破坏与金属材料桁条的压损破坏不同。一般来说,可以认为受压桁条整个横剖面上的应力是均匀分布的,但是,在桁条发生局部屈曲后,其横剖面的某些稳定区域,如单元交合处和角隅处的应力可能高于屈曲应力,因此随时可能发生分层、纤维断裂和基体破坏。

(1)桁条剖面单元的确定准则。桁条剖面各单元的确定方法如图 5-36 所示。

1)在两个或多个单元连接的地方,将剖面分解开。如果单元之间的角度大于 150°,将被看做一个单元。

2)单元的宽度 b 从相邻单元的中面处开始测量。

3)当两个或多个单元胶接在一起时,胶接的层压板当做一个单元,厚度等于胶接层压板的总厚度。

4)当截面的两个或多个铺层通过紧固件连接在一起时,单元的长度从铆钉中线开始测量。

5)对于复杂的剖面需要使用工程判断以及试验经验。

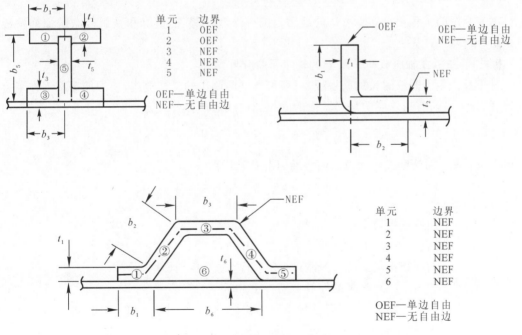

图 5-36　桁条剖面的划分单元

(2)桁条压损应力计算。对桁条的组成单元逐一采用下式计算压损应力:

$$\frac{\sigma_{cc} E_{xc}}{\sigma_{cu} \overline{E}} = m \times \left(\frac{b\overline{E}}{tE_{xc}} \sqrt{\frac{\sigma_{cu}}{\sqrt{E_{xc} E_{yc}}}} \right)^{e} \qquad (5-203)$$

$$\overline{E} = \frac{12 D_{11}}{t^3} (1 - \mu_{12} \mu_{21}) \qquad (5-204)$$

式中：　　σ_{cc}——压损应力；

$\quad\quad\quad\sigma_{cu}$——层压板极限挤压强度，$\sigma_{cu} = E_{xc} \varepsilon_c$，其中 ε_c 为压缩设计强度；

$\quad E_{xc}$、E_{yc}——缘条、腹板等面内等效弹性模量；

$\quad\quad\quad\overline{E}$——与缘条铺层顺序相关的等效弹性模量；

$\quad\quad\quad b$——缘条、腹板等的长度；

$\quad\quad\quad t$——缘条、腹板等的厚度；

$\quad m$、e——拟合参数。

以上式中参数 m、e 需要通过一边自由和无自由边复合材料板元的压损强度试验按照式 (5-203) 进行拟合来确定。对于 IM7/5250-4 、IM8/HTA、CRAD AS/3501-6 复合材料，一边自由复合材料板元的拟合参数为 $m = 0.575$，$e = -0.797$；无自由边复合材料板元的拟合参数为 $m = 0.868$，$e = -0.869$。

桁条的压损应力为各个单元压损强度的加权值之和，即

$$\sigma_{cc} = \frac{\sum\limits_{i=1}^{N} \sigma_{cc}^{i} b_i t_i}{\sum\limits_{i=1}^{N} b_i t_i} \qquad (5-205)$$

5.5.3.3　复合材料加筋壁板整体屈曲分析

本节介绍的工程简化计算方法的适用范围有限，对于其他情况和受载复杂的加筋壁板需要采用分析软件计算。

1. 加筋壁板在轴压载荷作用下的整体屈曲分析

对于长桁多于四根的长加筋壁板，一般可忽略两侧边的支持效应，将加筋壁板当作组合宽柱处理，计入横向剪切效应的加筋壁板的欧拉屈曲载荷计算公式为

$$P_{cr} = \frac{P_e}{1 + \lambda P_e / (G\overline{A})} \qquad (5-206)$$

式中：　P_e——加筋壁板的欧拉屈曲载荷，用下式计算：

$$P_e = \frac{c\pi^2 EI}{L^2} \qquad (5-207)$$

$\quad\quad\quad L$——加筋壁板长度；

$\quad\quad\quad c$——加筋壁板的端部支持系数（见表 5-9）；

$\quad\quad\quad EI$——加筋壁板剖面的弯曲刚度（相对于加筋壁板剖面中性轴）；

$\quad\quad\quad G$——长桁中竖直腹板的等效剪切模量；

$\quad\quad\quad \lambda$——形状系数，对于剖面形状不同的长桁，选用不同的 λ 值，例如，对于帽型剖面长桁，取 $\lambda = 1.0$，对于矩形剖面长桁，取 $\lambda = 1.2$；

$\quad\quad\quad \overline{A}$——长桁竖直腹板的剖面积（腹板不垂直于蒙皮时，取垂直于蒙皮方向的投影值）。

对于帽型加筋壁板，如图 5-37 所示。整体屈曲载荷的修正欧拉公式为

$$N_{xcr} = \frac{\left[\dfrac{\pi^2 \overline{EI}}{SL'^2}\right]}{\left[1 + \dfrac{\pi^2}{2L'^2} \dfrac{\overline{EI}}{\overline{A}_{66_2} \, \bar{b}_2}\right]} \tag{5-208}$$

式中：　　S——典型单元的剖面宽度；

$\quad\quad\quad L'$——加筋壁板的有效长度，$L' = L/\sqrt{c}$；

$\quad\quad\quad c$——加筋壁板的端部支持系数（见表 5-9）；

$\quad\quad\quad \overline{A}_{66_2}$——长桁中腹板的刚度系数 A_{66}；

$\quad\quad\quad \bar{b}_2$——长桁中斜腹板的投影宽度，$\bar{b}_2 = b_2 \sin\alpha$

$\quad\quad\quad \overline{EI}$——典型单元剖面的弯曲刚度，按下列计算（忽略各板元自身的弯曲惯性矩时），mm^4：

$$\overline{EI} = \sum_k E_{xk} t_k (z_k - \bar{z})^2 b_k \tag{5-209}$$

其中，b_k 为第 k 个板元的宽度；t_k 为第 k 个板元的厚度；z_k 为第 k 个板元的剖面中心到计算参考轴的距离；$\bar{z}$ 为整个典型单元的剖面中心到计算参考轴的距离，$\bar{z} = \left(\sum_k E_{xk} t_k b_k z_k\right) / \left(\sum_k E_{xk} t_k b_k\right)$；$E_{xk} t_k$ 为第 k 个板元的轴向压缩刚度，$E_{xk} t_k = A_{11k} - (A_{12k})^2 / A_{22k}$，$A_{11k}$，$A_{12k}$，$A_{22k}$ 为第 k 个板元的面内刚度系数。

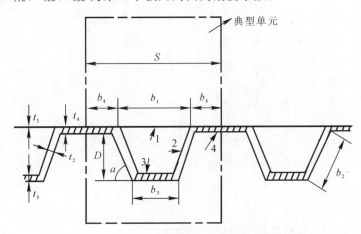

图 5-37　帽型加筋壁板典型单元

表 5-9　加筋壁板端部支持系数 c

支持条件						
理论 c 值	4.0	2.04	1.00	1.00	0.25	0.25
建议 c 值	2.37	1.56	0.694	1.00	0.227	0.25

2. 加筋壁板在剪切载荷作用下的整体屈曲分析

长加筋壁板,四边简支条件下的整体剪切屈曲载荷可按下式计算:

$$N_{xycr} = (2/a)^2 (D_1^3 D_2)^{1/4} [8.125 + (5.05/\theta)] \quad (\theta \geqslant 1 \text{ 时})$$
$$N_{xycr} = (2/a)^2 (D_1 D_3)^{1/2} [11.7 + 0.532\theta + 0.938\theta^2] \quad (\theta < 1 \text{ 时})$$
$$(5-210)$$

式中: a —— 加筋壁板的短边长度;

D_1、D_2、D_3 —— 加筋壁板的弯曲刚度;

θ —— 加筋壁板的折算弯扭刚度比;

$\theta = \sqrt{D_1 D_2}/D_3$,其中 D_1、D_2、D_3 按下式计算:

$$D_1 = D_x/(1 - \mu_{xy}\mu_{yx})$$
$$D_2 = D_y/(1 - \mu_{xy}\mu_{yx})$$
$$D_3 = D_{xy} + \mu_{yx}D_x/(1 - \mu_{xy}\mu_{yx})$$
$$(5-211)$$

当略去 μ_{xy} 和 μ_{yx} 项时,帽型加筋壁板典型单元的 D_1、D_2、D_3 可按下式近似计算:

$$D_1 = \frac{1}{s} \sum_k E_{xk} t_k b_k (z_k - \bar{z})^2$$
$$D_2 = \frac{s}{(2b_4/D_{224}) + b_1/[b_1/(2X) + D_{221}]}$$
$$D_3 = \frac{(2\bar{A})^2 \eta}{s[(b_1/A_{661}) + (2b_2/A_{662}) + (b_3/A_{663})]}$$
$$(5-212)$$

式中: s —— 加筋壁板典型单元宽度,$s = b_1 + 2b_4$;

$\bar{A}$ —— 帽型材与蒙皮所围的闭剖面面积 mm^2;

η —— 降低系数,可取 $\eta = 0.3$;

A_{66k},D_{22k} —— 第 k 个板元的刚度系数 A_{66}、D_{22};

$\bar{z} = (\sum_k E_{xk} t_k b_k z_k)/(\sum_k E_{xk} t_k b_k)$;

$X = (b_2/D_{222}) + b_3/(2D_{223}) -$
$$\frac{(b_2^2/2)(\sin^2\alpha/D_{222}) + (b_3/2)(D/D_{223})}{(b_2^3/3)(\sin^2\alpha/D_{222}) + (b_3/2)(D^2/D_{223})} [b_2^2 \sin^2\alpha/(2D_{222}) + Db_3/(2D_{223})]_\circ$$

5.5.4　复合材料加筋壁板轴压承载能力估算

民用飞机结构中复合材料加筋壁板多属于中长柱结构形式,在轴压下通常先发生蒙皮局部屈曲,然后随着载荷增加,蒙皮波形逐渐扩大,长桁承受载荷比例增大,引起壁板柱屈曲或破坏。本章给出的复合材料加筋壁板轴压承载能力指的是其破坏载荷,实质上是加筋壁板的后屈曲强度,应按后屈曲分析确定。目前,复合材料加筋壁板轴压承载能力计算方法有三种:前两种分别用抛物线和直线拟合出这类加筋壁板的后屈曲强度,第三种为等效宽度法。该估算方法基于经验公式,适用性有限,因此对于重要的承力结构件的承载能力仍需通过试验方法来确定。

5.5.4.1　分段处理法

按加筋壁板的有效长细比 L'/ρ,将其破坏形式分为三个区段,如图 5-35 所示。本节计算的是过渡区(中长柱)复合材料加筋壁板的轴压承载能力。

工程上采用半经验方法,用一条抛物线拟合在这一区段内加筋壁板的后屈曲强度,抛物线

的顶点 D 的坐标由其短板的压损破坏应力确定,抛物线的另一点 B 的坐标由这类加筋壁板当欧拉屈曲和局部屈曲同时发生时的有效长细比确定。

可按下式估算加筋壁板的破坏应力:

$$\bar{\sigma}_{co} = \left[1 - \left(1 - \frac{\sigma_{cr}}{\bar{\sigma}_{cc}} \right) \frac{\sigma_{cr}}{\sigma_\tau} \right] \bar{\sigma}_{cc} \tag{5-213}$$

式中:$\bar{\sigma}_{co}$——加筋壁板的平均破坏应力;

$\quad \sigma_{cr}$——蒙皮或长桁的平均局部屈曲应力;

$\quad \bar{\sigma}_{cc}$——加筋壁板的平均压损破坏应力,取相应的短加筋壁板($L'/\rho \leqslant 20$)计算,或由试验确定;

$\quad \sigma_\tau$——不考虑蒙皮或长桁局部屈曲后刚度降低的影响,按欧拉公式计算的加筋壁板整体屈曲应力。

初步估算时,可取 $\sigma_{cr} \approx \bar{\sigma}_{cc}/2$ 和 $\sigma_\tau = \pi^2 \bar{E}_x / \left(\dfrac{L'}{\rho} \right)^2$,则上式还可简化为:

$$\bar{\sigma}_{co} = \sigma_{cc} - (\bar{\sigma}_{cc})^2 (L'/\rho)^2 / (4\pi^2 \bar{E}_x) \tag{5-214}$$

式中:$\bar{E}_x$——加筋壁板的等效轴向弹性模量;

$\quad \rho$——加筋壁板剖面的回转半径;

$\quad L'$——加筋壁板的有效柱长。

5.5.4.2　改进的分段处理法

这种方法根据试验研究结果将分段处理法中过渡区段的抛物线公式改成了直线公式,并推荐了一个估算加筋壁板平均压损破坏应力的简便方法。

如图 5-38 所示,对过渡区段(BD)内的加筋壁板的破坏应力,按下式计算:

$$\bar{\sigma}_{co} = \frac{\sigma_{cr} - \bar{\sigma}_{cc}}{\lambda_{cr} - 20} \lambda + \sigma_{cr} - \frac{\sigma_{cr} - \bar{\sigma}_{cc}}{\lambda_{cr} - 20} \lambda_{cr} \tag{5-215}$$

式中:$\bar{\sigma}_{co}$——加筋壁板的平均破坏应力;

$\quad \sigma_{cr}$——蒙皮或长桁的平均局部屈曲应力;

$\quad \bar{\sigma}_{cc}$——加筋壁板的平均压损破坏应力,初步设计时,可近似取蒙皮壁板的纯压缩破坏应力值的 0.75 倍;

$\quad \lambda$——加筋壁板的有效长细比,$\lambda = L'/\rho$;

$\quad L'$——加筋壁板的有效柱长;

$\quad L$——加筋壁板的长度;

$\quad c$——加筋壁板的端部支持系数;

$\quad \rho$——加筋壁板剖面回转半径,$\rho = \sqrt{I/A}$;

$\quad I$——加筋壁板剖面的弯曲惯性矩,$I = (EI)/\bar{E}_t$;

$\quad A$——加筋壁板剖面的面积;

$\quad \lambda_{cr}$——为这类加筋壁板当欧拉屈曲和局部屈曲同时发生时的有效长细比,可按下式计算:

$$\lambda_{cr} = bm \sqrt{\frac{A\bar{E}_x}{c(EI)D_{22}} \left[\sqrt{(D_{12} + 2D_{66})^2 - D_{22} \left(D_{11} - \frac{c(EI)t}{m^2 A} \right)} - D_{12} - 2D_{66} \right]} \tag{5-216}$$

其中,m 为蒙皮的屈曲半波数;b 为长桁间蒙皮的宽度;t 为蒙皮的厚度;$\bar{E}_x$ 为加筋壁板的等效弹性模量；EI 为加筋壁板剖面的弯曲刚度；D_{11}、D_{22}、D_{12}、D_{66} 为蒙皮的弯曲刚度系数。

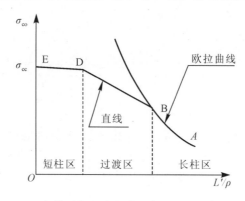

图 5 - 38   加筋壁板的改进分段处理方法承载能力曲线

前述两种方法中，对于过度区段的处理方法不相同，但都经过了一定范围的试验验证，因此都列出了。试验结果表明，对于蒙皮相对于长桁较弱、蒙皮局部屈曲载荷偏低的加筋壁板，可采用 5.5.4.1 节的方法计算；对于蒙皮较厚的加筋壁板，可采用 5.5.4.2 节的方法计算。

5.5.4.3   有效宽度法

对于蒙皮先产生局部屈曲的轴压加筋壁板，蒙皮屈曲后，其压应力的分布将变得不均匀，靠近长桁附近的应力仍然随作用载荷的增加而增加，而在蒙皮中部的应力增加将减缓。因此，引入"有效宽度"概念，来考虑蒙皮屈曲后的应力改变，即将长桁间蒙皮的宽度进行折减，以拟合蒙皮总的实际承载能力（见图 5 - 39）。

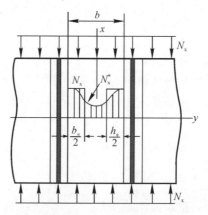

图 5 - 39   轴压加筋壁板蒙皮屈曲后的有效宽度 $\left[N_x b_e = \int_{-b/2}^{b/2} N_x^* (y) \mathrm{d}y \right]$

1. 经验公式

蒙皮的有效宽度 $b_e = b\varphi$，b 为长桁间蒙皮的实际宽度，φ 为蒙皮的有效宽度系数，又称之为宽度折减系数。下面给出一种经过试验验证的经验公式。

当加筋壁板的长桁相同间距排列时，加筋壁板的破坏载荷可按下式估算：

$$P = (n_1 b_c t E_x + n_2 F E_x^*)\varepsilon_b \tag{5-217}$$

式中： t—— 蒙皮的厚度；

E_x——蒙皮的等效轴向弹性模量；

F——长桁的剖面面积；

E_x^*——长桁的等效轴向弹性模量；

n_1、n_2——长桁间的蒙皮数和长桁数；

ε_b——有效宽蒙皮的极限应变，一般取长桁的屈曲应变；

b_e——蒙皮屈曲后的有效宽度，$b_e = b\varphi$，φ 为长桁间蒙皮的有效宽度系数，可表示为

$$\varphi = \xi + (1-\xi)\varepsilon_{cr}/\varepsilon_b$$
$$\xi = 1 - 2/[3 + \eta(a/b)^4] \tag{5-218}$$

其中：a、b 为长桁间蒙皮的长度和宽度；ε_{cr} 为长桁间蒙皮的局部屈曲应变；η 为蒙皮的各向异性度，$\eta = A_{22}/A_{11}$。

2. 类约翰逊-欧拉方程方法

此处给出的方法与适用于金属柱的约翰逊-欧拉方程类似，耦合方程考虑了局部屈曲／破坏与柱弯曲失稳的耦合。分析步骤如下。

(1) 假定极限应变 ε_c。

(2) 校正蒙皮厚度，有

$$t_{adj} = t_{skin} + (2t_{sf}E_{sf}b_{sf} + t_{fb}E_{fb}b_{fb})/(b_{st}E_{skin}) \tag{5-219}$$

式中：几何参数如图 5-40 所示。

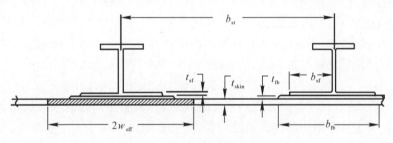

图 5-40　加筋壁板几何参数

(3) 计算有效蒙皮宽度：

$$W_{eff} = 0.95t_{adj}/(\varepsilon_c)^{0.5} \tag{5-220}$$

如果 $2W_{eff}$ 大于长桁间距，意味着蒙皮不发生局部屈曲，$2W_{eff}$ 应被设为长桁间距。

(4) 计算长桁与有效宽度蒙皮组成壁板的截面属性，确定轴向刚度 EA，弯曲刚度 EI。

(5) 计算柱端部系数 c。

(6) 计算剖面回转半径 ρ，有

$$\rho = \sqrt{I_{min}/A} \tag{5-221}$$

(7) 计算柱长细比 L'/ρ，其中 $L' = L/\sqrt{c}$，L 为柱的长度。

(8) 计算柱剖面每个单元的局部屈曲应力 $\sigma_{cr,i}$，确定最小局部屈曲应力 σ_{cr}。

(9) 计算整个剖面的压损应力 σ_{cc}。

(10) 计算 σ_{sec}，$\sigma_{sec} = \min(\sigma_{cr},\sigma_{cc})$。

(11) 计算中长柱临界应力，有

$$\sigma_{c,cr} = \sigma_{sec} - \frac{\sigma_{sec}^2 \ (L'/\rho)^2}{4\pi^2 E} \tag{5-222}$$

（12）计算临界压缩屈曲应变，有

$$\varepsilon_{c,cr} = \sigma_{c,cr}/E \tag{5-223}$$

（13）对比 ε_c 和 $\varepsilon_{c,cr}$，如果不同，用 $\varepsilon_{c,cr}$ 代替 ε_c，重复（3）到（12）的计算过程；如果相同，则 $\varepsilon_{c,cr}$ 为长桁临界失稳应变，$\sigma_{c,cr}$ 为临界失稳应力。

5.5.5 复合材料加筋壁板稳定性有限元分析方法

5.5.5.1 屈曲有限元分析理论简述

结构稳定性分析涉及一系列的固体力学理论和数学运算，飞机结构形状复杂，工程上常采用一些近似方法，或配合有限元分析对结构稳定性进行计算。基于有限元模型的屈曲分析方法主要有两类：一类是通过特征值分析计算屈曲载荷，这种方法基于线弹性假设，通常称为线性屈曲分析；另一类是利用结合了牛顿-拉弗森迭代的弧长法来确定加载方向、追踪失稳路径的增量非线性分析方法，能有效分析高度非线性屈曲问题。

目前工程上对结构稳定性分析一般采用经典的线性屈曲理论，该理论认为作用于结构上的载荷一旦达到失稳临界值，则结构立即因过大的变形而丧失承载能力。线性屈曲理论基于小挠度、线弹性假设，忽略结构受载后的变形与几何初始缺陷对平衡状态的影响，通过提取使线性系统刚度矩阵奇异的特征值来获取结构的临界失稳载荷与失稳模态。目前常用的特征值提取算法为 Lanczos 法，该方法通过 Lanczos 向量减少特征值方程系数矩阵的非零元素个数，可以快速提取多阶屈曲特征根。线性屈曲分析忽略了各种非线性因素和初始缺陷对屈曲失稳载荷的影响，显著简化了问题的复杂性，从而提高了计算效率。

对于复合材料与金属材料的数学模型，其几何方程是相似的，由于复合材料各向异性的特点，二者物理方程不同，代入各向异性的刚度矩阵后，经典屈曲问题的求解思路仍适用于复合材料板壳结构。关于板壳结构的经典屈曲问题，其公式的推导可以采用平衡法、动力法和能量法等。平衡法假设板已经有了轻微屈曲，其平衡微分方程根据这个变形后的形状列出，该方程同时考虑了板的翘曲和拉伸变形。当作用于平面内的边缘载荷超过某一定值时，横向挠度将趋于很大的数值，对应于此种情况的最小载荷即为临界载荷。利用动力法也可推导稳定性问题的公式。动力法假设一个平衡稳定状态的特征是，当列入一个微小的振动后，体系仍将回到它的初始位置。如果平衡状态是不稳定的，则体系将在微小扰动之后出现越来越大的挠度变形。在复合材料结构的稳定性分析中，为了推求显示解，变分原理成为一种有效的方法。通过选择恰当的形函数，应用能量守恒的概念，可以得到临界屈曲载荷的近似表达式。其基本假设是总势能的一阶变分为零（最小势能原理），等价于结构的平衡条件。

5.5.5.2 屈曲建模与分析

1. 有限元建模应注意的问题

（1）网格的划分。网格的划分要适应屈曲模态，在可能的屈曲波形的波峰、波谷、波节上要设置计算节点。由图 5-41 可见，当纵向（或横向）产生一个屈曲半波，即 $m=1$（或 $n=1$）时，纵向（或横向）取 5 个节点（4 个格子）为宜；当纵向产生 2 个屈曲半波，横向产生一个屈曲半波，即 $m=2, n=1$ 时，纵向取 9 个节点（8 个格子），横向取 5 个节点（4 个格子）为宜，这样有足够多的节点位移表征屈曲模态。若节点数少,则不能充分表征屈曲模态,相当于有横向约束使模态偏离真实模态,这将使计算的屈曲载荷偏高。

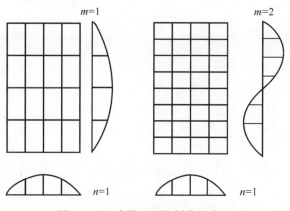

图 5-41　有限元网格划分示意图

(2) 边界条件的设置。用 MSC/NASTRAN 程序进行屈曲分析时,必须要有两个子情况。第一个子情况是静力分析,以确定格板内各元素的应力状态,从而形成屈曲分析不可缺少的几何刚度矩阵,第二个子情况是求解屈曲分析的特征值问题。对第一个子情况,为求得合理的应力分布,其边界条件可不同于第二个子情况的边界条件。如对图 5-42 用 QUAD4 元所建的有限元模型,为求得均匀的轴压应力分布,第一种子情况的边界条件中要适当放松面内位移的约束。其边界条件可取为:四边上 $w = 0$(z 向位移为 0);端边 AB 上 $u = 0$(x 向位移为 0);为防止平板在 y 方向的刚体位移及绕 z 向的刚体转动,可在端边 AB、CD 的中点上设置 $v = 0$(y 向位移为 0);边界上其他面内位移则放松。如要求在变形过程中端边 CD 平直地向端边 AB 靠拢,则还要置端边 CD 各点上的 u(x 向位移) 相等,而求解屈曲的特征值问题的第二个子情况的边界条件,则要用真实的边界条件。

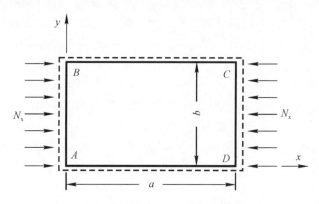

图 5-42　轴压作用下四边简支矩形平板

(3) 弹性支持的考虑。作为飞机结构中的平板,其四边支持一般为弹性支持。如果板的四边的梁(或长桁)和框(或肋)等支持件的刚度较大,则对于机械连接情况,可以根据单排或多排连接情况使用简支或固支边界条件。若难以工程判断,则要考虑支持的弹性影响,这要采用有限元方法进行计算。计算模型可取一个格板,而两侧边要把梁(或长桁)附上,两端边要把框

（或肋）附上，这样可以考虑板周边的弹性支持的影响。由于板两端的框（或肋）的刚度一般都比较大，计算模型中也可不附上，而采用固支或简支边界条件。例如，两框（或两肋）与两梁（或两长桁）之间的蒙皮格板，在总体坐标 $Oxyz$ 下第二个子情况（屈曲情况）的边界条件可取为（见图 5-43）：

格板 $ABFE$ 端部

$BF:u = v = w = 0,\theta_x = 0,\theta_y = 0,\theta_z = 0$。

$BF:v = w = 0,\theta_x = 0,\theta_y = 0,\theta_z = 0$。

梁（或长桁）$ABFE$ 端部

$BD,FH:u = v = w = 0,\theta_x = 0,\theta_y = 0,\theta_z = 0$。

$AC,EG:v = w = 0,\theta_x = 0,\theta_y = 0,\theta_z = 0$。

$U_p = U_q = U_r = \cdots = U_i = U_j = U_k$（侧梁两端 AC,EG 上的结点位移 u 相等且相等于格板端的 u）

格板 $ABFE$ 两侧边在格板与桁条相连两侧边 BA、FE 上的节点位移与转角不约束。

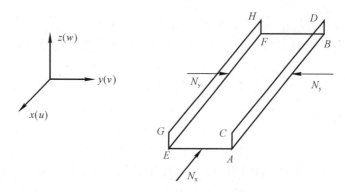

图 5-43　考虑两侧边为弹性支持的计算模型

如前所述，为使格板处于均匀轴压状态，第一子情况（静力情况）的边界条件中，在两端要适当放松面内切向位移。载荷取自结构的应力分析，将面内的内力作用到格板的端部与两侧的节点。蒙皮格板与梁建议用四边形板弯元（在 MSC/NASTRAN 程序中为 QUAD4 元）进行建模。

2. 蒙皮和长桁模型

复合材料壁板蒙皮采用壳单元建立模型，相邻长桁间的蒙皮至少划分 4 个单元以计算蒙皮局部屈曲。如果不考察长桁局部屈曲，则长桁可以采用梁单元建立模型。如果需要考察长桁局部屈曲，则长桁也采用壳单元建立模型，且长桁各部分至少划分 4 个单元，如图5-44（见彩图）所示。

3. 蒙皮和长桁胶接模型

蒙皮和长桁胶接有三种方法，具体如下：

（1）通过壳单元偏置设置，在蒙皮和长桁界面建立蒙皮和长桁下缘条的单元。合理地划分蒙皮和长桁的网格，使得蒙皮和长桁胶接区网格相同，通过共节点连接蒙皮和长桁下缘条模型。

（2）蒙皮和长桁在各自中面建立壳单元模型，通过 Tie 或 MPC 约束将两个模型连接起来，如图 5 - 45（见彩图）所示。

图 5 - 44　帽型加筋壁板的有限元模型

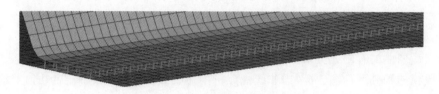

图 5 - 45　长桁与壁板胶黏模拟

（3）蒙皮和长桁在各自中面建立壳单元模型，在蒙皮和长桁下缘条模型之间建立黏结单元。该方法常用来研究复合材料加筋壁板后屈曲过程中蒙皮和长桁分离行为。

4. 屈曲载荷计算

在复合材料壁板模型施加支持边界约束和载荷 N_x、N_y 和 N_{xy} 后，选用 Lanczos 矢量法等方法求解，得到不同屈曲载荷系数 λ 及其对应的结构变形。取最小的屈曲载荷系数 λ_1 与所施加的载荷相乘，得到复合材料壁板在该支持边界约束下的临界屈曲载荷 $\lambda_1 N_x$、$\lambda_1 N_y$ 和 $\lambda_1 N_{xy}$，对应结构变形即为其屈曲模态。

5. 屈曲有限元分析应注意问题

虽然有限元分析软件功能较强，但要获得满意的结果，还要求使用者具有一定的工程经验和对计算结果的分析判断能力。一般来说，应注意以下问题：

（1）应根据所要分析的问题类型，选择合适可靠的分析软件。

（2）确定合适的分析区域，对所分析区域的周边结构也要进行合理的选取。一般在从结构中截取分析模型时，为了真实模拟周边结构对所选区域的支持，模型中除了包括要分析的高应力区外，还需要包含部分周边结构，以尽量减小边界条件对内部的影响。

（3）选取合适的有限单元。应该根据所要分析的结构形式和受力特点，以及各类有限单元的品质，选取合适的分析单元。

（4）准确模拟实际边界条件。采用有限元法进行结构稳定性分析的最大特点是可以通过选取合适的单元或单元组合，实现解析法所不能实现的复杂程度远远超出简支或固支的各种边界支持条件，如采用弹性杆或弹簧元来模拟边界的真实支持刚度等。

（5）合理施加模型载荷。有限元模型中的节点载荷一般需要通过一定的换算才能得到。在进行换算时，应注意换算后与实际受载情况相一致。如：在边界交点处应均匀施加均匀载荷，载荷应沿应力方向按刚度在不同结构原件上进行分配。

（6）对计算结果要注意分析和判断，必要时，应辅以相应的试验验证。

5.5.5.3 后屈曲有限元分析

1. 后屈曲有限元分析理论简述

20 世纪中期，随着结构的稳定性理论在工程领域的应用，出现了许多线性理论解释不了的结构稳定性问题。比如在对薄壁结构进行稳定性分析时，由于有些薄壁结构存在几何非线性问题，有些薄壁结构所选材料存在材料非线性问题，有时甚至两种问题都存在，这些均远超经典稳定性理论的范畴，因此急需一种非线性理论来指导、解决当时的工程问题。后屈曲有限元分析理论应运而生。在结构发生屈曲后，结构的刚度开始下降，但是还有一定的承载能力。当载荷继续增加时，结构开始出现损伤，结构刚度进一步下降，当载荷位移曲线斜率减小为零时，这一点对应载荷的值就是结构的极限强度，在设计复合材料壁板结构时，要把后屈曲的承载能力考虑进去，这样不但可以更高效地利用结构，而且可以减小结构重量，降低成本。

2. 建模与分析

非线性后屈曲的有限元分析建模过程与线性屈曲分析建模过程基本一致。建模过程中，在线性分析建模的基础上，要充分考虑非线性分析中需要设置的条件，如开启几何非线性设置、施加黏性阻尼以避免模型中出现负刚度矩阵等问题。为了合理建立非线性后屈曲有限元分析模型，首先对各种损伤模式与失效准则进行了归纳总结与分类处理，寻找出适合复材机翼加筋壁板后屈曲分析的失效准则，然后研究了后屈曲分析的有限元建模方法。以下采用 ABAQUS 软件，以某复合材料加筋板为例，简述建模过程，如图 5-46（见彩图）所示。蒙皮、上下缘条和腹板简化为 S4R 四节点减缩积分壳单元，这样能够大大减小计算规模、提高分析效率。在壳单元中引入二维 Hashin 准则模拟复合材料层合板的层内损伤和破坏。

图 5-46　复合材料加筋板有限元模型

考虑到脱黏对结构破坏过程和极限承载能力有较大影响，在筋条与蒙皮之间建立一层 COH3D8 八结点三维黏结单元（Cohesive Element），如图 5-47（见彩图）所示。通过黏结单元的损伤起始、扩展来模拟界面脱黏过程。

最后施加边界条件，并在加载端施加均匀位移载荷，进行非线性有限元计算。

对于在某些物理意义上存在不稳定的非线性静态分析，可以采用弧长法进行稳定性求解。在目前的非线性跟踪方法中，弧长控制类方法是解决极值点问题数值求解的最有效方法。弧长法是在增量非线性有限元分析中，沿着平衡路径迭代位移增量的大小（弧长）和方向，确定载荷增量的自动加载方案，用于分析高度非线性的屈曲失稳问题。与基于特征值提取的屈曲分析相比,弧长法分析屈曲问题不仅考虑刚度奇异的失稳点附近的平衡,而且还通过追踪整个失稳过程中实际的载荷/位移关系,获得结构失稳前后的全部信息。弧长法可以追踪屈曲后的加载路径,可有效分析极限载荷(collapsed load)。同时可以考虑各种非线性(材料、几何、边界非线性和追随力等)的影响,也适用于分析表面起皱、重叠、开裂等局部失稳问题。但研究发现,在结构发生局部屈曲后,弧长法可能影响其正确追踪后屈曲路径,需要丰富的计算经验来调试分析设置以得到合理结果,如改变分析步长等。对于这种情况,可以采用几何非线性黏性规则化分析方法或 Explicit 显式动力学算法来求解。

图 5-47　界面单元

应用有限元分析软件 ABAQUS 开展后屈曲分析的步骤详见本章附录 5-A 至附录 5-D。

5.5.6　含损伤加筋壁板屈曲和破坏分析

5.5.6.1　含界面损伤壁板屈曲分析

复合材料机翼和机身通常采用蒙皮与长桁一体化成型壁板结构。复合材料整体化壁板结构有多种损伤形式,如局部屈曲、压损、分层、脱黏以及各种损伤之间相互耦合等。其中,长桁与蒙皮的局部脱黏是主要的界面损伤形式。

在对含界面损伤的壁板进行屈曲分析时,需要考虑界面损伤对结构刚度的影响,不能将壁板简化为四边简支正交各向异性层压平板的屈曲计算模型。工程上通常采用有限元法,通过引入缺陷来考虑界面损伤。

典型整体化 T 形加筋壁板结构如图 5-48(见彩图)所示,其主要由蒙皮、长桁(含左右 L 形结构、腹板插层、底面插层)、长桁内单向带填充物以及长桁和蒙皮之间的胶膜这几部分组成。

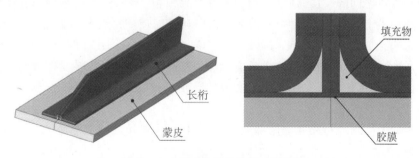

图 5-48　典型整体化加筋壁板结构

整体化加筋壁板屈曲分析的有限元法主要包括建立网格模型、设置材料属性、设置约束与载荷、求解器设置、计算结果后处理等内容。以下以 ABAQUS 软件为例,介绍含界面损伤的整体化壁板在轴向压缩载荷作用下的屈曲分析方法。

1. 建立网格模型

在 ABAQUS 软件中,用于模拟复合材料层压板的单元类型主要有传统壳单元、实体壳单元和三维实体单元这 3 种。传统壳单元建模方法简单,尤其是对非平面层合板的法向设置比较简便,但层合板的层间应力计算精度较低;连续壳单元可以用来在计算层间剪切应力,但忽略了层间正应力;三维实体单元无论是在面内应力、面外正应力、面外剪切应力计算方面都具有较高的精度,相应的计算量也明显超过前两者。建议整体化壁板的关键部位采用三维实体单元,其他部位采用传统壳单元,壳单元与实体单元之间使用"shell to solid coupling"方式进行连接,所建模型及其截面分别如图 5-49(见彩图)和图 5-50(见彩图)所示。

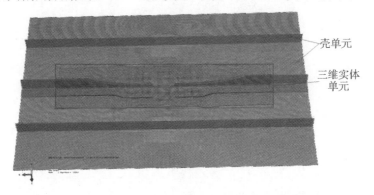

图 5-49　典型整体化加筋壁板结构有限元模型

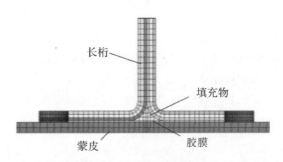

图 5-50　典型整体化加筋壁板三维实体单元截面

对长桁和蒙皮之间的胶层,通常可用三种方法来模拟。第一种方法是用弹性模型,第二种方法是用弹塑性模型,采用这两种方法对胶层进行建模时使用三维实体单元。第三种方法是用内聚力模型来模拟胶层,建模时使用黏结单元(Cohesive Elements)。内聚力模型将损伤分为萌生和扩展两个过程,当材料中的应力或应变达到某一临界值时,材料发生损伤,刚度和承载力开始退化。在危险部位设置黏结单元来实现分层或脱黏模拟,不仅可以模拟裂纹的萌生,还可以进一步预测裂纹扩展。

界面缺陷的引入是通过删除缺陷部位的胶层单元(实体单元或黏结单元)来实现的,如图 5-51(见彩图)所示。

与各向同性材料不同,各向异性复合材料网格划分时需要设置复合材料的法线方向(Stacking Direction)。ABAQUS 规定了法线方向必须从复合材料底层指向顶层。此外,模拟胶层的黏结单元,在网格划分时也需要设置法线方向,黏结单元的法线方向应垂直于胶接平面。

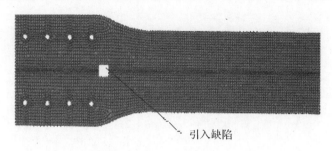

引入缺陷

图 5-51　界面缺陷引入

2. 设置材料属性

对于复合材料层压板,可选择输入 E_1、E_2、E_3、G_{12}、G_{13}、G_{23}、μ_{12}、μ_{13}、μ_{23} 这九个工程常数或相应的刚度矩阵作为材料属性。对于胶层,若采用弹性模型,需要输入弹性模量和泊松比;若采用弹塑性模型,需要输入弹性模量、泊松比和塑性应变;若采用内聚力模型,需要输入弹性模量、泊松比、损伤起始应力和断裂韧性等。

在 ABAQUS 中利用连续壳单元和实体单元建模时,需要对法线方向不一致的部分分别赋予材料属性。因此,需要将长桁 L 型结构分割成腹板区、R 区、缘条区三个部分[见图 5-52(见彩图)],分别设置局部坐标系用作基准材料坐标系。R 区是一个带有曲率的层合结构,需要为其建立柱坐标系,使 R 轴方向指向层合板厚度方向、T 轴指向层合板 90° 纤维方向、Z 轴指向层合板 0° 纤维方向。赋予铺层属性时(使用 Create Composite Layup 工具),需把默认的旋转轴 Axis 3 改成 Axis 1。腹板区和缘条区为平直的层合板结构,需要为其建立直角坐标系,坐标轴指向需要与 R 区坐标系对应,即使 X 轴方向指向层合板厚度方向,Y 轴指向层合板 90° 纤维方向,Z 轴指向层合板 0° 纤维方向。同样,在赋予铺层属性时,需把默认的旋转轴 Axis 3 改成 Axis 1。

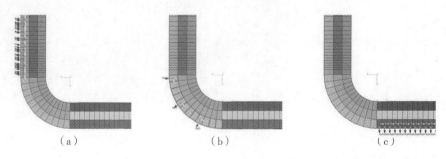

（a）　　　　　　　　　（b）　　　　　　　　　（c）

图 5-52　赋予长桁 L 型结构铺层属性
(a) 腹板区;(b)R 区;(c) 缘条区

3. 设置约束与载荷

整体化壁板有限元模型中包含多个部件,如蒙皮、长桁 L 结构、长桁腹板插层、填充物、胶层等。在最初生成的组装模型(Assembly)中,各部件间并没有形成任何关联或约束。因此,需要根据实际情况定义相邻两个元件之间的约束。建议采用面-面绑定(Tie)约束,即两个被绑定的面上对应节点的位移和转角都相同。

在壁板的夹持端施加位移边界条件,其中一端固支,另一端约束 23456 方向上的自由度(仅能沿着 X 方向移动)并施加压缩载荷,如图 5-53(见彩图)所示。边界条件需根据实际情况进行调整。

图 5-53　边界条件与载荷示意图

4. 求解器设置

采用线性摄动(Linear Perturbation)求解器里的 Buckle 分析步进行线性屈曲分析,获得结构屈曲特征值。在设置分析步时,根据需求设置输出的屈曲阶数,一般选择输出前 4 阶屈曲模态即可。

5. 计算结果后处理

提交计算完成后,可在"Result-Step/Frame"里查看各阶屈曲模态的特征值和对应的结构屈曲变形情况,如图 5-54(见彩图)所示。

特征值与施加的载荷相乘可得结构的各阶屈曲载荷。值得注意的是,线性屈曲分析可以获得含界面损伤整体化壁板的各阶屈曲模态和屈曲载荷,但是没有考虑加载过程中缺陷的扩展。

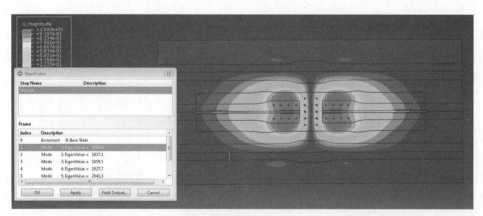

图 5-54　屈曲分析结果后处理

5.5.6.2　含界面损伤壁板破坏分析

含界面损伤的整体化壁板的破坏问题异常复杂,其中可能存在界面损伤扩展、材料破坏、结构屈曲以及各种破坏模式耦合等多种破坏模式。随着近年来计算能力的发展与提高,以非线性理论为基础的有限元方法逐渐发展成为分析含界面损伤整体化壁板的破坏问题的有效途径。其中,内聚力模型是研究分层扩展常用的一种方法,可以用来模拟含界面损伤壁板在加载过程中的界面脱黏行为;渐进损伤分析方法可以在单层尺度上区分层压板不同的损伤类型(包括纤维拉伸、纤维压缩、纤维-基体剪切、基体拉伸、基体压缩等),并根据不同的损伤类型分别对层压板进行相应的材料退化,模拟复合材料的损伤起始、扩展,直至结构最终失效的全过程。

1. 复合材料渐进损伤分析方法

渐进损伤分析方法的有限元模型集成了三个主要部分:应力分析、失效分析和材料特性退化规则。分析过程中,采用有限元进行应力分析,确定结构细节部位的应力状态,定义不同应力状态下单向层的各种失效模式以及各种失效模式对应的判定准则,将应力状态代入失效准则进行失效分析。一旦某种失效发生,将根据材料特性退化规则进行适当的退化。渐进损伤分析方法的分析流程如图 5-55 所示。

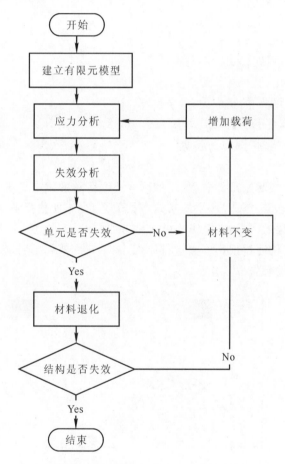

图 5-55　渐进损伤方法分析流程

渐进损伤方法中,常用的失效准则是 Hashin 准则。在二维平面受力状态下,Hashin 准则定义了复合材料层内损伤起始和最终失效的判据,即包括纤维拉伸失效、纤维压缩失效、基体拉伸失效、基体压缩失效等四种失效形式。根据 Hashin 准则,可定义如下四个损伤参数。

当 $\sigma_{11} > 0$ 时,纤维拉伸失效参数为

$$d_f^t = \left(\frac{\sigma_{11}}{X^T}\right)^2 + \alpha \left(\frac{t_{11}}{S^L}\right)^2 \tag{5-224}$$

当 $\sigma_{11} < 0$ 时,纤维压缩失效参数为

$$d_f^c = \left(\frac{\sigma_{11}}{X^C}\right)^2 \tag{5-225}$$

当 $\sigma_{22} > 0$ 时,基体拉伸失效参数为

$$d_m^t = \left(\frac{\sigma_{22}}{Y^T}\right)^2 + \left(\frac{\tau_{12}}{S^L}\right)^2 \tag{5-226}$$

当 $\sigma_{22} < 0$ 时,基体压缩失效参数为

$$d_m^c = \left(\frac{\sigma_{22}}{2S^T}\right)^2 + \left[\left(\frac{Y^C}{2S^T}\right)^2 - 1\right]\frac{\sigma_{22}}{Y^C} + \left(\frac{\tau_{12}}{S^L}\right)^2 \tag{5-227}$$

式中: α——剪切应力对纤维拉伸失效影响大小的系数;

X^T——纤维拉伸强度;

X^C——纤维压缩强度;

Y^T——基体拉伸强度;

Y^C——基体压缩强度;

S^L——基体剪切强度;

σ_{ij}——局部坐标系下的正应力,$i, j = 1, 2, 3$;

τ_{ij}——局部坐标系下的剪切应力,$i, j = 1, 2, 3$。

当失效参数满足下式时,则损伤起始:

$$d_i^j \geqslant 1; i = f, m; j = t, c \tag{5-228}$$

在单元载荷达到损伤起始条件后,采用如图 5-56 所示的累积损伤方法进行刚度的退化。未损伤的单元具有图 5-56 中 OA 所示的初始本构关系,当施加载荷满足式(5-228)损伤准则时,单元将沿 AC 进行退化。含一定损伤的单元具有如 OB 所示的应力-位移响应。总的断裂能量由 G_c 定义。单元的退化通过损伤参数进行体现,在单元失效起始后,失效参数作用于单元材料刚度,从而使得单元进行失效软化。

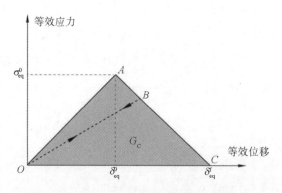

图 5-56   复合材料渐近损伤方法的等效本构关系

对损伤起始的单元,本构关系可表示为

$$\boldsymbol{\sigma} = \boldsymbol{C}_d \boldsymbol{\varepsilon} \tag{5-229}$$

式中:$\boldsymbol{\sigma}$——应力向量;

$\boldsymbol{\varepsilon}$——应变向量;

$\boldsymbol{C}_d$——损伤起始后材料的刚度矩阵。

上述参量可分别表示为

$$\boldsymbol{\sigma} = \begin{bmatrix} \sigma_{11} & \sigma_{22} & \tau_{12} \end{bmatrix}^{\mathrm{T}} \tag{5-230}$$

$$\boldsymbol{\varepsilon} = \begin{bmatrix} \varepsilon_{11} & \varepsilon_{22} & \gamma_{12} \end{bmatrix}^{\mathrm{T}} \tag{5-231}$$

$$\boldsymbol{C}_{\mathrm{d}} = \frac{1}{D} \begin{bmatrix} (1-d_{\mathrm{f}})E_1 & (1-d_{\mathrm{f}})(1-d_{\mathrm{m}})\nu_{21}E_1 & 0 \\ (1-d_{\mathrm{f}})(1-d_{\mathrm{m}})\nu_{12}E_2 & (1-d_{\mathrm{m}})E_2 & 0 \\ 0 & 0 & (1-d_{\mathrm{s}})GD \end{bmatrix} \tag{5-232}$$

d_{f}、d_{m}、d_{s} 为与失效系数相关,定义如下:

$$d_{\mathrm{f}} = \begin{cases} d_{\mathrm{f}}^t, \sigma_{11} \geqslant 0 \\ d_{\mathrm{f}}^c, \sigma_{11} \leqslant 0 \end{cases} \tag{5-233}$$

$$d_{\mathrm{m}} = \begin{cases} d_{\mathrm{m}}^t, \sigma_{22} \geqslant 0 \\ d_{\mathrm{m}}^c, \sigma_{22} \leqslant 0 \end{cases} \tag{5-234}$$

$$d_{\mathrm{s}} = 1 - (1-d_{\mathrm{f}}^t)(1-d_{\mathrm{f}}^c)(1-d_{\mathrm{m}}^t)(1-d_{\mathrm{m}}^c) \tag{5-235}$$

2. 分层扩展模拟方法

内聚力模型是一种常用的分层扩展模拟方法,可以用来模拟界面损伤的扩展行为。内聚力模型方法又称为黏结单元(Cohesive Elements)方法,这一方法将材料的断裂行为处理为层间界面之间逐渐分离而产生的损伤。随着对黏结单元施加张开位移的增大,其所能够承受的载荷逐渐降低,并最终完全失去承载能力。图 5-57 为界面单元模型应力-张开位移本构关系的示意图,在承载达到初始强度 σ_0 之前,材料刚度由 k_0 定义。产生损伤后的本构由 ABC 所定义的退化曲线决定,单元整体的断裂性能由断裂韧度 G_{C} 确定。

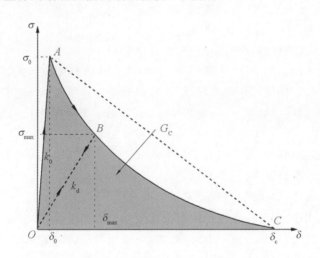

图 5-57　界面单元模型的应力-张开位移关系示意图

黏结单元的损伤定义为

$$d = \frac{\delta_{\max} - \delta_0}{\delta_{\mathrm{C}} - \delta_0} \tag{5-236}$$

断裂韧度由本构曲线下的面积计算,即

$$G_{\mathrm{C}} = \int_0^{\delta_0} \sigma(\delta)\mathrm{d}\delta \tag{5-237}$$

含损伤的界面单元刚度为

$$k_{\mathrm{d}} = \frac{\sigma_{\max}}{\delta_{\max}} \tag{5-238}$$

黏结单元存在多种模型,不同黏结单元模型的区别体现在所定义退化关系 $\sigma = f(\delta)$ 上的差别。图 5-57 中 AC 表示的线性退化模型是最为简单的一种,并得到了广泛的应用。

在黏结单元原理上,可选取平方应力准则作为界面裂纹起始判据,选取 BK 失效准则作为裂纹扩展判据,分别表示如下。

平方应力准则:

$$\left[\frac{\langle t_{\mathrm{n}} \rangle}{T_{\mathrm{n}}}\right]^2 + \left[\frac{t_{\mathrm{s}}}{T_{\mathrm{s}}}\right]^2 + \left[\frac{t_{\mathrm{t}}}{T_{\mathrm{t}}}\right]^2 = 1 \tag{5-239}$$

式中:t_{n} —— 界面法向应力;

t_{s} —— 界面 12 方向切向应力;

t_{t} —— 界面 13 方向切向应力;

T_{n} —— 界面法向应力强度;

T_{s} —— 界面 12 方向应力强度;

T_{t} —— 界面 13 方向应力强度。

BK 失效准则:

$$G_{\mathrm{C}} = G_{\mathrm{I\,C}} + (G_{\mathrm{II\,C}} - G_{\mathrm{I\,C}})\left(\frac{G_{\mathrm{II}} + G_{\mathrm{III}}}{G_{\mathrm{I}} + G_{\mathrm{II}} + G_{\mathrm{III}}}\right)^{\eta} \tag{5-240}$$

式中: G_{I}、G_{II}、G_{III} —— Ⅰ、Ⅱ、Ⅲ 型断裂能量释放率;

$G_{\mathrm{I\,C}}$、$G_{\mathrm{II\,C}}$、$G_{\mathrm{III\,C}}$ —— Ⅰ、Ⅱ、Ⅲ 型断裂模式的临界能量释放率;

η —— 材料相关的参数。

3. 基于 ABAQUS 软件的含界面损伤壁板破坏分析

基于上述理论,可以采用 ABAQUS 软件内置的 Hashin 准则或者编写用户自定义材料子程序(UMAT)来分析复合材料渐进破坏过程。考虑到脱黏对结构破坏过程和极限承载能力有较大影响,在长桁与蒙皮之间建立一层黏结单元,通过黏结单元的损伤起始、扩展来模拟界面的脱黏过程。

含界面损伤整体化加筋壁板破坏分析的有限元法主要包括建立网格模型、设置材料属性、设置约束与载荷、求解器设置、计算结果后处理等内容,与 5.5.6.1 节介绍的含界面损伤整体化加筋壁板的屈曲分析大体相同,主要是求解器的选择不同。

以图 5-58(见彩图)所示含界面损伤的典型帽型长桁加筋壁板试验件为例说明建模分析过程,试验件两端做灌封处理,现分析压缩载荷作用下壁板试验件的破坏过程。

有限元网格的划分采用基于各部件(Independent)的方式进行。所有部件均采用实体壳(Continuum Shell)单元,并在 R 区转角细化网格。各分部件的网格划分情况如图 5-59(见彩图)所示。

对复合材料主体结构采用实体壳单元建模,截面属性通过 Layup 方式给定。这种建模方法有两方面的优势:一是可以利用 ABAQUS 内置的 Hashin 准则来计算复合材料损伤;二是可以以较小的厚度方向网络密度得到足够精确的计算结果,避免了采用每层建模方法带来的巨大的计算量。

长桁主体、长桁内侧铺贴层和三角填充区三个分部件之间采用绑定约束(Tie)定义连接。上述三个部件共同组成长桁整体,在长桁整体与蒙皮之间设置层间黏结单元(Cohesive

Element），来模拟界面损伤扩展行为。界面损伤设置在中间长桁与蒙皮之间的黏结单元上，损伤引入的设置如图 5-60（见彩图）所示。

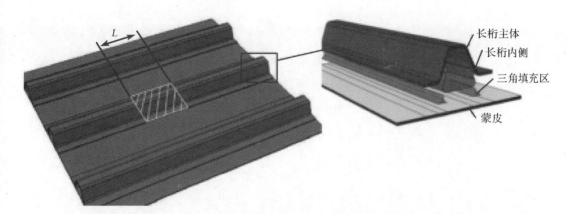

图 5-58　含界面损伤的典型帽型长桁加筋壁板示意图

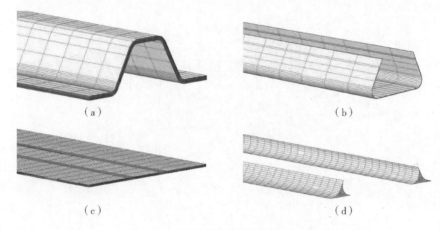

（a）　　　　　　　　　　　　　　（b）

（c）　　　　　　　　　　　　　　（d）

图 5-59　典型帽型长桁加筋壁板分析模型的网格划分情况
（a）长桁主体；（b）长桁内侧铺贴层；（c）蒙皮；（d）三角填充区

压缩载荷的施加方式为：一端约束 X 向位移，另一端面施加 X 方向位移载荷。为了模拟试验中端部灌封的支撑作用，对两端的灌封区域内的节点约束 Y 向和 Z 向位移，如图 5-61（见彩图）所示。

当含界面损伤壁板承受压缩载荷时，结构屈曲是引起壁板界面损伤扩展的主导因素，而界面损伤本身又会影响结构屈曲和后屈曲响应，两者之间存在耦合作用。Explicit 显式动力学求解器可以在同一个分析步中计算结构屈曲响应、界面损伤扩展和复合材料损伤，解决了结构屈曲与界面损伤扩展相互影响的问题。因此，此处采用 Explicit 显式动力学求解器来求解含界面损伤壁板的破坏问题。

Explicit 显式动力学分析步通过"Step—Create—Dynamic，Explicit"来建立，显式算法模型中的计算步长的设定对计算精度和计算量有至关重要的影响，建议通过以下两个指标来控制：一是模型求解得到的惯性能量相对于应变能是小量；二是对比计算结果与理论刚度和隐式算法计算结果的偏差。

提交计算完成后,可通过载荷位移曲线和损伤的分布情况来分析含界面损伤壁板的破坏过程。

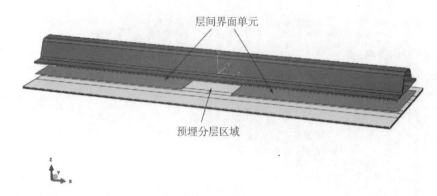

图 5-60　界面损伤引入示意图

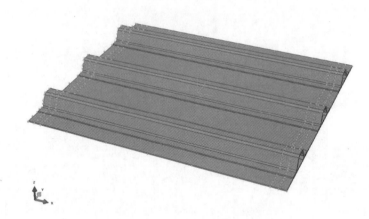

图 5-61　边界条件设置示意图

5.5.7　试验验证

5.5.7.1　复合材料加筋壁板屈曲工程计算方法验证

复合材料帽型加筋板长 600mm,宽 1 400mm,共 7 根长桁,如图 5-62(见彩图)所示。帽型长桁截面几何参数如图 5-63 所示。复合材料单层厚度为 0.191mm,蒙皮铺层为 [±45/0/0/+45/90/−45/0]$_s$,长桁铺层为 [+45/−45/0/0/90/0/0/+45/−45/0/0/90/0/0/−45/+45]。复合材料力学性能参数为 $E_{11} = 163.5 \text{GPa}, E_{22} = 9 \text{GPa}, G_{12} = 4.14 \text{GPa}, G_{13} = 4.14 \text{GPa}, G_{23} = 3 \text{GPa}, \mu_{12} = 0.34$。

帽型加筋壁板轴压下屈曲分析步骤如下。

1. 蒙皮的局部屈曲分析

确定蒙皮几何尺寸和支持条件:两帽型加筋条之间的蒙皮尺寸为 600mm × 200mm × 3.056mm,由于帽型加筋为闭口筋条,蒙皮支持条件为两加载边简支、两侧边固支。

计算蒙皮弯曲刚度矩阵为

$$\boldsymbol{D} = \begin{bmatrix} 195\,264.488\,4 & 66\,900.951\,5 & 13\,001.163\,2 \\ 66\,900.951\,5 & 98\,478.051\,5 & 13\,001.163\,2 \\ 13\,001.163\,2 & 13\,001.163\,2 & 69\,422.980\,0 \end{bmatrix}$$

计算参数 $\lambda = (a/b)(D_{22}/D_{11})^{1/4} = 2.53$。

根据图 5 - 10 中曲线(c)确定轴压屈曲系数 K 为 8.5。

根据式(5 - 235)计算临界屈曲载荷,有

$$N_{\mathrm{sk,xcr}} = \frac{\pi^2 \sqrt{D_{11}D_{12}}}{b^2}\left[K - 2.40\left(1 - \frac{D_{12} + 2D_{66}}{\sqrt{D_{11}D_{12}}}\right)\right] = 330.52\ \mathrm{N/mm}$$

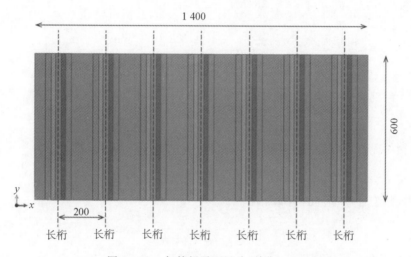

图 5 - 62　加筋板平面尺寸(单位:mm)

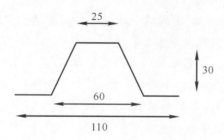

图 5 - 63　长桁截面尺寸(单位:mm)

2. 长桁的局部屈曲分析

确定长桁腹板几何尺寸和支持条件:帽型加筋为闭口筋条,长桁腹板支持条件为两长边简支的长板。由于相同条件下,层板越宽,屈曲载荷越低,因此只需计算最宽腹板的屈曲载荷,腹板尺寸为 600mm × 34.73mm × 3.056mm。

计算腹板弯曲刚度矩阵为

$$\boldsymbol{D} = \begin{bmatrix} 205\,327.172\,7 & 59\,366.271\,2 & 7\,584.011\,8 \\ 59\,366.271\,2 & 103\,484.727\,9 & 7\,584.011\,8 \\ 7\,584.011\,8 & 7\,584.011\,8 & 61\,888.299\,7 \end{bmatrix}$$

计算临界屈曲载荷为(据式 5 - 126)

$$N_{\mathrm{st,xcr}} = \frac{2\pi^2}{b^2}(\sqrt{D_{11}D_{22}} + D_{12} + 2D_{66}) = 5\ 382.33\mathrm{N/mm}$$

3. 长桁压损分析

(1) 计算长桁各组成单元等效力学参数 $E_{\mathrm{xc},i}$、$E_{\mathrm{yc},i}$、$\mu_{12,i}$、$\mu_{21,i}$;

(2) 计算长桁各组成单元弯曲刚度 D_i;

(3) 确定长桁各组成单元压缩强度 $\sigma_{\mathrm{cu},i}$;

(4) 计算长桁各组成单元压损强度 $\sigma_{\mathrm{cc},i}$;

(5) 计算长桁的压损应力 $\sigma_{\mathrm{cc}} = 584\mathrm{MPa}$;

(6) 计算长桁压损载荷 $N_{\mathrm{cc}} = \dfrac{\sigma_{\mathrm{cc}} \sum b_i t_i}{\sum b_i} = 1\ 785.01\mathrm{N/mm}$。

4. 加筋壁板整体屈曲分析

典型单元的剖面中心到计算参考轴的距离为

$$\bar{z} = (\sum_k E_{\mathrm{xk}} t_k b_k z_k)/(\sum_k E_{\mathrm{xk}} t_k b_k) = 12.40\mathrm{mm}$$

计算典型单元剖面上的弯曲刚度为

$$\overline{EI} = \sum_k E_{\mathrm{xk}} t_k (z_k - \bar{z})^2 b_k = 1.01 \times 10^4 \mathrm{MPa \cdot mm^4}$$

计算得到帽型加筋壁板的整体屈曲载荷为

$$N_{\mathrm{gl,xcr}} = \left[\frac{\pi^2}{S L^2}\overline{EI}\right] / \left[1 + \frac{\pi^2}{2L^2}\frac{\overline{EI}}{\bar{A}_{66_2}\ \bar{b}_2}\right] = 897.18\mathrm{N/mm}$$

5. 确定加筋壁板屈曲载荷

$$N_{\mathrm{xcr}} = \min(N_{\mathrm{sk,xcr}}, N_{\mathrm{st,xcr}}, N_{\mathrm{cc}}, N_{\mathrm{gl,xcr}}) = 330.52\mathrm{N/mm}$$

帽型加筋壁板轴压试验的初始屈曲载荷为 364.31N/mm,模式为蒙皮屈曲,工程计算结果相对试验结果的误差为 −9.28%。实际情况中蒙皮加载端的约束刚度大于简支边界条件,所以导致工程算法结果低于实验屈曲结果。

由于加筋壁板属于长柱区还是短柱区没有严格界限,对于允许发生后屈曲的加筋壁板,其稳定性校核不仅要计算蒙皮屈曲、长桁局部屈曲、压损和整体柱屈曲,还要计算后屈曲承载能力,以这些载荷中的最小载荷作为加筋壁板的许用载荷。

5.5.7.2　帽型加筋壁板非线性有限元计算方法验证

复合材料帽型加筋平面壁板由蒙皮、7 根帽型长桁和 3 对浮框角片组成,试验件本体长 1 900mm,宽 1 600mm。试验件同时用于轴压和剪切试验,试验件两侧安装有金属加载角片,如图 5 - 64(见彩图)所示。本算例仅对其轴压行为进行有限元分析。复合材料单层厚度为 0.191mm,蒙皮铺层为 [±45/0/0/+45/90/−45/0]$_s$,长桁铺层为 [+45/−45/0/0/90/0/0/+45/−45/0/0/90/0/0/−45/+45]。复合材料力学性能参数为 $E_{11} = 163.5\ \mathrm{GPa}$,$E_{22} = 9\ \mathrm{GPa}$,$G_{12} = 4.14\ \mathrm{GPa}$,$G_{13} = 4.14\ \mathrm{GPa}$,$G_{23} = 3\ \mathrm{GPa}$,$\mu_{12} = 0.34$。

(1) 有限元建模。复合材料壁板蒙皮采用壳单元建立模型,相邻长桁间的蒙皮至少划分 4 个单元以计算蒙皮局部屈曲。为了考察长桁局部屈曲,长桁也采用壳单元建立模型,且长桁各部分至少划分 4 个单元。蒙皮和长桁在各自中面建立壳单元模型,通过 Tie 或 MPC 约束将两个模型连接起来。

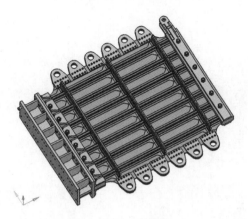

图 5-64　帽型加筋平面壁板

（2）模型边界约束和加载。约束两端夹具夹持区复合材料壁板的法向位移，并约束一端纵向位移，在另一端施加轴压位移，如图 5-65（见彩图）所示。

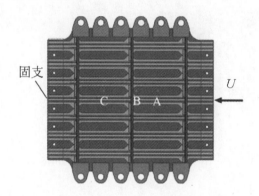

图 5-65　边界约束和加载

（3）分析设置。在 INP 文件中 ＊STEP 后添加 NLGEOM ＝ YES 以开启几何非线性。在 ＊STATIC 后添加 STABILIZE 以调用黏性稳定性算法。

（4）提交计算。

（5）结果后处理与分析。提取不同载荷下壁板的法向位移云图，可以得到轴压下加筋壁板的屈曲形态发展过程［见图 5-66（见彩图）］。有限元模型计算的屈曲形态及其发展过程与试验观测现象一致。

提取壁板蒙皮波峰处正反两面的载荷-应变曲线，其中应变曲线分叉点对应的载荷即为壁板的初始屈曲载荷，约为 890 kN，有限元分析结果与试验曲线相近，如图 5-67（见彩图）所示。

5.5.7.3　含界面损伤帽型加筋壁板轴压破坏有限元分析方法验证

含界面损伤帽型加筋壁板由蒙皮、3 根帽型长桁组成，总长度为 722.3mm，宽度为600mm，两端各有 50mm 的灌封长度，如图 5-68（见彩图）所示。中间长桁与蒙皮之间预埋分层，分层长度 L 分别为 0mm、100mm、200mm。复合材料单层厚度为 0.191mm，蒙皮铺层为［± 45/0/0/＋45/90/－45/0］$_s$，长桁铺层为［＋45/－45/0/0/90/0/0/＋45/－45/0/0/90/0/0/－45/＋45］。复合材料力学性能参数为 E_{11} ＝ 163.5GPa，E_{22} ＝ 9GPa，G_{12} ＝ 4.14GPa，G_{13} ＝ 4.14GPa，

$G_{23} = 3\mathrm{GPa}, \mu_{12} = 0.34$。

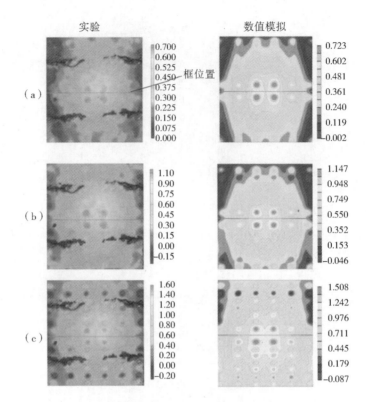

图 5-66　壁板屈曲形态
(a)600 kN;(b)800 kN;(c)1 000 kN

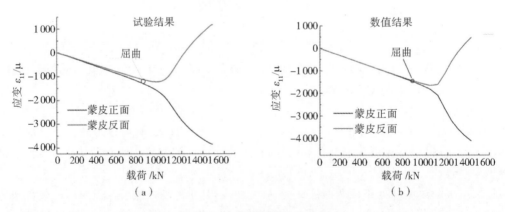

图 5-67　壁板蒙皮应变曲线

　　(1) 有限元建模。有限元网格的划分采用 Independent(基于各部件) 的方式进行。所有部件均采用实体壳(Continuum Shell) 单元(SC8R),并在 R 区转角细化网格。复合材料采用 ABAQUS 内置的 Hashin 准则和损伤模型来计算复合材料损伤扩展过程。

　　长桁主体、长桁内侧铺贴层和三角填充区三个分部件之间的采用 Tie 约束定义连接。上述三个部件共同组成长桁整体,在长桁整体与蒙皮之间设置层间界面单元(Cohesive element) 来模拟分层行为。

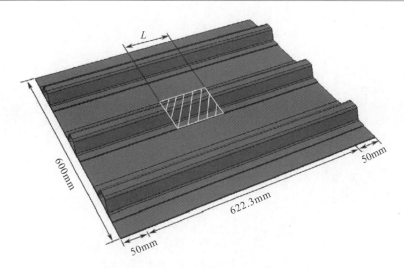

图 5 - 68　含界面损伤帽型加筋壁板尺寸

（2）模型边界约束和加载。压缩载荷的施加方式为：一端固定 U_x，另一端面施加 X 方向位移。为了模拟试验中端部灌封的支撑作用，对两端的灌封区域内的节点设置 U_y 和 U_z 约束。图 5 - 69（见彩图）为压缩载荷作用下模型的边界条件设置示意图。

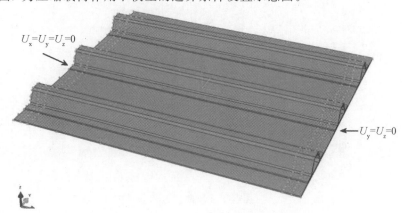

图 5 - 69　加筋壁板模型的边界条件设置

（3）分析设置。采用 Explicit 显式动力学算法来求解压缩载荷下复合材料壁板材料损伤、裂纹扩展和局部屈曲问题。为了控制计算量和精度，选择合适的计算时长。

（4）提交计算。

（5）结果后处理与分析。提取加筋壁板模型的法向位移云图，观察壁板屈曲模态。图 5 - 70（见彩图）给出了三加筋壁板在初始破坏发生前的屈曲模态。预埋分层的存在改变了屈曲的模态和载荷，同时结构的局部屈曲所产生的变形又是分层扩展的驱动力，两者之间存在耦合作用。

提取加筋壁板模型的层间界面单元，观察损伤扩展过程。图 5 - 71（见彩图）展示了加筋壁板局部屈曲与长桁 - 蒙皮界面分层扩展随载荷施加的变化关系。

图 5 - 72（见彩图）给出了压缩载荷下三加筋壁板的线性屈曲、初始破坏（裂纹扩展）和最终破坏的载荷。

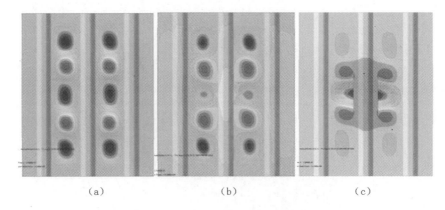

图 5-70　三加筋壁板初始屈曲模态

(a) 无预埋分层；(b)100mm 预埋分层；(c)200mm 预埋分层

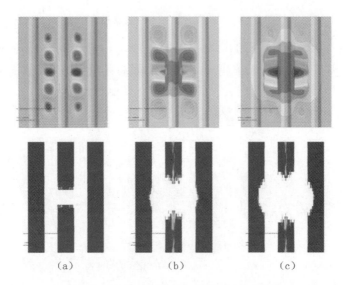

图 5-71　三加筋壁板屈曲模态和分层扩展过程

(a) 初始破坏；(b) 中间状态；(c) 最终破坏

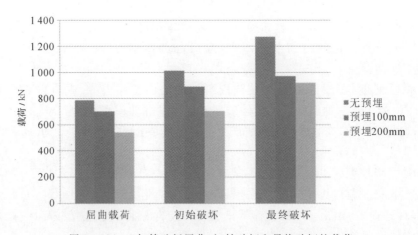

图 5-72　三加筋壁板屈曲、初始破坏和最终破坏的载荷

5.6　连接区静强度分析

5.6.1　复合材料连接概述

复合材料已广泛用于飞机结构中。由于设计、工艺、成本和使用维护等方面的需要或限制,复合材料结构与传统金属结构类似,也必须安排一定的设计和工艺分离面、维护口盖等。这些部位的载荷传递必须有相应的连接方式来解决,因此连接设计在复合材料结构中是必不可少的关键环节。

影响复合材料连接强度的因素要比金属复杂得多。例如,连接强度与铺叠方式、载荷方向和环境影响等多种因素密切相关;连接的失效模式多且预测强度较困难;等等。这些特点决定了复合材料连接强度问题变得更复杂,因此解决强度问题更为困难,必须予以足够的重视。

复合材料连接主要包括以下 5 种方法:机械连接、胶接连接、缝合连接、Z-Pin 连接、混合连接(机械连接与胶接混合、缝合连接与胶接混合、胶接与 Z-Pin 连接混合以及复合材料与金属连接等)。其中只有胶接连接是通过结合面进行连接,其余都是贯穿厚度的连接。贯穿厚度连接的共同优点是抗剥离应力和劈裂应力强,这恰恰是通过结合面进行连接难以实现的。

目前结构连接传递载荷应用最多的是机械连接和胶接连接,缝合连接和 Z-Pin 连接仅作为一种辅助手段,用以提高连接的抗剥离应力的能力。

5.6.1.1　机械连接特点

机械连接是用机械方法,通常采用螺栓和铆钉,将两个或多个被连接构件连接在一起的方法。

螺栓连接的优点如下:

(1) 便于检查质量,保证连接的可靠性;

(2) 在制造、更换和维修中可重复装配和拆卸;

(3) 对零件连接表面的制备及处理要求不高;

(4) 无胶接固化产生的残余应力,即使有一些残余应力,也不是主要问题;

(5) 受环境影响较小;

(6) 没有厚度限制;

(7) 对剥离应力不敏感。

螺栓连接的缺点如下:

(1) 制孔导致孔周的局部应力集中,降低了连接效率;

(2) 为了弥补层压板制孔后强度下降的影响,层压板可能需局部加厚,加之使用紧固件,导致重量增加;

(3) 由于增加了制作的工作量,成本增加;

(4) 钢紧固件与复合材料接触会产生电偶腐蚀;

(5) 制孔可能损伤复合材料;

(6) 复合材料件的连接部分经常需要加垫;

(7) 连接处的金属件易于发生疲劳。

5.6.1.2　胶接连接特点

胶接是用胶黏剂将两个或多个构件连接在一起。

胶接连接的优点如下:

(1) 无钻孔引起的应力集中,基本层压板强度不下降;

(2) 零件数目少,结构轻,连接效率高,可以降低制件的成本;

(3) 抗疲劳、密封、减振及绝缘性能好;

(4) 有阻止裂纹扩展作用,破损安全性好;

(5) 能获得光滑气动外形;

(6) 不同材料连接无电偶腐蚀问题;

(7) 没有磨蚀问题;

(8) 刚性连接。

胶接连接的缺点如下:

(1) 缺少可靠的无损检测方法,胶接质量控制比较困难,可靠性较差;

(2) 胶接强度分散性大,剥离强度较低,较难传递大的载荷;

(3) 胶接性能受湿、热、腐蚀介质等环境影响大,存在一定老化问题;

(4) 胶接表面在胶接前需作特殊的表面处理,工艺要求严格;

(5) 被胶接件之间配合公差要求严格,胶接工况需加温加压固化设备,胶接件修补较困难;

(6) 胶接是永久连接,胶接后不可拆卸,材料回收再利用困难;

(7) 难以胶接较厚的结构和传递大载荷;

(8) 胶接处易产生残余应力。

5.6.1.3　缝合连接特点

缝合连接是采用缝线进行连接,有两种情况:一种情况是层压板本身是缝合的,即沿厚度方向进行缝合;另一种情况是用缝线将两个或多个被连接构件连接在一起。

缝合连接的优点如下:

(1) 明显提高层压板的层间断裂韧性和层间剪切强度,克服传统层压板层间剪切强度较低的缺点;

(2) 可以避免机械连接由于钻孔带来的应力集中引起的强度降低;

(3) 避免胶接连接可靠性较低和耐环境较差的缺点;

(4) 在零件破坏后,缝线可使碎片连接在一起,避免后续的更危险的灾难性破坏;

(5) 缝线有利于阻止损伤扩展。

缝合连接的缺点如下:

(1) 面内强度有所降低,一般约降低 10%;

(2) 对缝线材料性能要求严格,可选材料有限;

(3) 存在吸湿和密封问题;

(4) 需要专用的缝纫设备,投资大,制造成本高。

缝合连接一般都与 RTM、RFI、VARI 等工艺一起使用,最主要的优点是采用真空袋固化,压力较低,并且由于不使用热压罐成型,因此制造成本下降许多,从而对于推广使用复合材料非常有利。

5.6.1.4　Z-Pin 连接特点

Z-Pin 连接是指用小直径(0.2～0.6mm)的钛合金或者碳纤维销贯穿层压板厚度的连接。
Z-Pin 连接优点如下：

（1）明显提高层压板的层间断裂韧性和层间剪切强度，克服传统层压板层间剪切强度较低的缺点；

（2）可以避免机械连接由于钻孔带来的应力集中引起的强度降低；

（3）避免胶接连接可靠性较低和耐环境较差的缺点；

（4）Z-Pin 连接设备成本较低；

（5）可用于较小曲率半径的区域；

（6）可用于夹层结构提高抗压塌和剪切能力；

（7）Z-Pin 连接可选用的材料较多；

（8）没有电化学腐蚀和吸湿问题。

Z-Pin 连接缺点：不能与 RTM、RFI、VARI 等预成型工艺一起使用。

5.6.1.5　混合连接特点

混合连接是至少采用两种连接方法将两个或多个被连接构件连接在一起的方法。混合连接通常是贯穿厚度的连接与胶接同时使用（例如螺栓连接与胶接、铆钉连接与胶接、缝合连接与胶接等），以便克服胶接抗剥离应力和劈裂应力较弱的缺点。混合连接一方面存在互补的可能，可以阻止或延缓胶层损伤的扩展，提高抗剥离、抗冲击、抗疲劳和抗蠕变等性能；另一方面也有孔应力集中或缝线带来的不利影响，并且增加了重量和成本。

5.6.1.6　复合材料连接破坏定义

连接或者接头是由被连接件和连接介质两部分共同组成的，其中任何一部分发生任何一种形式的破坏，就认为整个连接发生破坏。

被连接件可以全部是复合材料，也可以是复合材料和金属的混合结构。连接介质对于机械连接就是螺栓、铆钉等，对于胶接就是胶层。

被连接件破坏包括拉伸、剪切、挤压、屈服等单一形式或者它们的组合模式。紧固件破坏包括剪切、拉伸、弯曲、拉脱等或者它们的组合模式。胶层破坏包括剪切、剥离、拉伸、劈裂等模式。进行复合材料连接分析和判断连接是否破坏时应当把上述破坏模式都考虑在内。

5.6.2　胶接连接结构静强度分析

5.6.2.1　胶接连接的破坏模式

1. 胶层的力学特性

在分析胶层应力分布与进行胶接连接静强度设计时，需用胶层剪应力-应变曲线及有关力学特性数据。由于胶层较薄，受界面影响较大，测定时必须采用与实际结构构件相同的试样进行。测试结果表明，实际胶层剪应力-应变曲线较复杂，难以直接用到连接分析中去，等效弹-塑性曲线及等效双线性曲线是常用的两种简化模型，如图 5 - 73 所示，特别是弹-塑性曲线是最常用的，这样简化有可能获得显函数形式的解析解。建立等效简化曲线的主要原则是使曲线下面积相等。考虑到实验室与实际生产条件之间的差异及胶层缺陷的影响，应将最大剪应力乘以系数0.8。

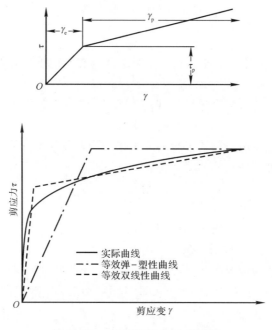

图 5-73　胶层剪应力-应变曲线

韧性胶黏剂超过应力-应变曲线拐点过后还有相当大的变形,然而,对于正常的设计条件,良好的设计实践是不能考虑使用所有强度的。实际上,当载荷高于拐点以后,在剪切载荷的拉伸分量影响下,沿胶层平面 45°方向生成许多微裂纹,这些微裂纹不可能重新弥合,而是以胶层的软化保留下来。裂纹的尺寸和密度随作用载荷的增大而增加,直至当载荷足够大时,裂纹汇合在一起,导致最终的破坏。

鉴于以上情况,支配实际设计的原则是:设计限制载荷不能超过应力-应变曲线的拐点,因为在此之前不会发生永久损伤;设计极限载荷不可超过拐点应变的 1.625 倍。

2. 胶接连接的载荷类型

胶接连接一般有 5 种载荷类型,它们分别是面外拉伸、面外压缩、面内拉伸、劈裂和剥离,如图 5-74 所示。其中面内拉伸受力形式,对于被连接结构件来说是面内拉伸载荷,对于胶层来说是承受剪应力,因此也常称其为拉伸-剪切载荷。

劈裂载荷模式要求两个零件都是刚性的,即厚截面。剥离载荷模式要求一个或者两个零件是柔性的,即薄截面。

上述载荷对胶层主要产生以下 5 种应力方式:

(1)由作用在被胶接件上的面内拉伸产生的剪应力,另外,扭转或纯剪切载荷也产生剪应力;

(2)由面外拉伸载荷产生的拉伸应力;

(3)由面外压缩载荷产生的压缩应力;

(4)由作用在薄被胶接件上的面外载荷产生的剥离应力;

(5)由作用在刚性厚被胶接件连接末端的面外拉伸载荷产生的劈裂应力。

实际上,胶接连接会同时承受其中的几种载荷。为使胶接强度最大,应尽量让胶层承受压缩或者剪切载荷,避免面外拉伸、劈裂和剥离载荷形式,或者把它们降低到最小,因为这些应力

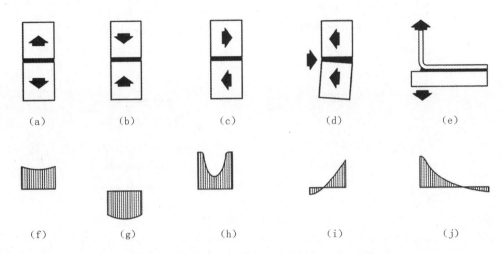

图 5 - 74　胶接载荷类型

(a) 面外拉伸；(b) 面外压缩；(c) 面内拉伸；(d) 劈裂；(e) 剥离；(f) 拉伸应力；
(g) 压缩应力；(h) 剪应力；(i) 劈裂应力；(j) 剥离应力

的存在会损害连接强度和疲劳性能。

结构胶黏剂抗剥离应力（贯穿厚度的）能力很差，因此，为得到最大的效率，连接需要把面外拉伸应力降低到最小。对于复合材料层压板，抗剥离应力也很低，所以使用这些材料时更要特别注意把剥离应力降低到最小。

3. 胶接破坏模式

胶接破坏模式与胶层厚度、被胶接件的材料和厚度、表面制备、环境条件、频率（疲劳试验）等因素密切有关。胶接破坏模式按照破坏机理可分为两类：黏附破坏和内聚破坏。

(1) 黏附破坏：胶黏剂和被黏物界面处发生的目视可见的破坏现象，也称作界面破坏。术语"界面"用作被胶接件和胶层的临界层，广义上包括真正的界面、相间、临近表面区域。这个区域的材料性质往往与胶层主体有很大不同。

(2) 内聚破坏：胶黏剂或被黏物中发生的目视可见的破坏现象。所谓内聚就是单一物质内部各粒子靠主价力、次价力结合在一起的状态。内聚破坏，狭义上只指由胶黏剂固有的粒子结合力的性质所决定的胶黏剂抵抗劈裂或者断裂的能力；广义上也包括被胶接件，指超过其承载能力的各种形式的破坏。

胶接连接在面内拉伸载荷作用下，胶接破坏模式按照破坏发生的位置可分为如下三种破坏模式：被胶接件破坏、胶层破坏和界面破坏，如图 5 - 75 所示。

(3) 被胶接件破坏。被胶接件（或者基板）破坏的特征是破坏发生在被胶接件而不是胶层，这种破坏当载荷超过被胶接件强度时发生，包括被胶接件拉伸破坏［见图 5 - 75(a)］和被胶接件剥离破坏［见图 5 - 75(b)］。

对于被胶接件，无论是复合材料或者金属件，拉伸破坏模式均可发生。金属件的强度通常指的是屈服强度。对于层压复合材料件，由于面外拉伸或者层间剪应力的作用，以及层压板树脂的性能没有胶黏剂的好，还可能发生剥离破坏，也称作层间基体断裂。

破坏通常发生在紧邻胶层的第一层和第二层，特别是脆性环氧层压板。这种破坏模式表明胶层的强度大于被胶接件的强度，被胶接件的材料充分发挥了作用，是所期望的破坏模式。如

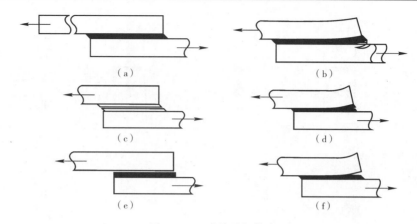

图 5-75 胶接破坏模式

(a) 被胶接件拉伸破坏；(b) 被胶接件剥离破坏；(c) 胶层剪切破坏（内聚破坏）；

(d) 胶层剥离破坏（内聚破坏）；(e) 黏附破坏（剪切）；(f) 黏附破坏（剥离）

果复合材料被胶接件不是层压结构，其他形式的破坏也可能发生。

（4）胶层破坏。胶层破坏的特征是破坏主要发生在胶层内部，也称作内聚破坏，当载荷超过胶黏剂强度时发生。这种破坏包括胶层剪切[见图 5-75(c)]和胶层剥离[见图 5-75(d)]。

破坏通常发生在应力集中附近，如连接端部。胶层剪切破坏是可以接受的，但是剥离破坏是不希望发生的，应采取适当措施尽量降低剥离应力，避免其发生。

这种破坏表明被胶接件的强度大于胶层的强度，虽然充分发挥了胶层的承载作用，但是如果被胶接件过强可能会造成不必要的材料损失。

（5）界面破坏。界面破坏的特征是破坏发生在胶层-被胶接件的界面。界面破坏包括两种破坏模式，即界面剪切[见图 5-75(e)]和界面剥离[见图 5-75(f)]。

这种破坏模式一般是由不正确的化学和／或机械表面制备、污染、水或者湿气浸润所导致的，也可能是胶黏剂选择不当，与基板材料不相容所导致。另外，过大的剥离应力也可能引起界面剥离破坏。这是一种我们非常不希望发生的破坏模式，应尽力避免。

试验表明被胶接件和胶层破坏是主要发生的破坏模式，只要工艺措施得当，界面破坏一般是可以避免的。

除发生基本破坏外，还会发生组合破坏。胶接连接发生何种破坏模式，与连接形式、连接几何参数、邻近胶层的纤维方向及载荷性质有关。在连接几何参数中，被胶接件厚度起着极为重要的作用。当被胶接件很薄、连接强度足够时，被胶接件发生拉伸（或拉弯）破坏；当被胶接件较厚，但偏心力矩尚小时，易在胶层发生剪切破坏；当被胶接件厚到一定程度，胶接连接长度不够大时，在偏心力矩作用下，将发生剥离破坏。对于碳纤维复合材料层压板，由于层间拉伸强度低，剥离破坏通常发生在层间（双搭接亦如此）。剥离破坏将使胶接连接的承载能力显著下降，应力求避免。

5.6.2.2 胶接连接结构的应力特性

胶接连接的应力分析方法早在 20 世纪 30—40 年代就已经开始发展，发展至今涉及的范围很广，包括从仅考虑胶层平均剪应力的最简单公式 P/A，到考虑细节的非常精细的弹性方法，即应用断裂力学概念计算应力的奇异性。前者过于简单，很难满足设计的实际需要，而后者又过于复杂，需要进行大量的参数影响研究，并且不方便应用。从工程应用来说，通常并不依赖细观力学量级上的细节知识,而是更依赖胶接厚度尺度范围上的知识。因此,需要在上述两个极端方法之间,寻求一种满足结构连接适当要求的折中方法。

从实际考虑,胶接连接包括被胶接件,它的厚度相对于它在载荷方向上的尺寸是薄的,所以沿被胶接件和胶层厚度上的应力变化比较缓和。对于聚合物基复合材料被胶接件,这种应力变化较为显著,因为相对于横向剪应力和厚度方向正应力,复合材料比较柔软。

本节的内容大部分基于简化的一维方法,该方法只考虑轴向变化,忽略被胶接件沿厚度方向上的应力变化,通常被称为 Hart-Smith 方法。该方法已经成功应用于实际的连接设计,特别是飞机构件中。在前人的基础上,Hart-Smith 方法最突出的进步是采用双线性或弹塑性应力-应变曲线代替实际的复杂曲线。这样既考虑了胶黏剂的塑性,又简化了胶黏剂的力学行为,且不影响胶接连接的最大承载能力。与不考虑胶黏剂的塑性相比,承载能力大大增加。本节内容主要参考文献[15]。

1. 胶层剪应力

(1) 单搭接胶层剪应力。对于可变形的被胶接件情况,Volkersen 剪滞分析提供了计算应力的方法。图 5-76 为单搭接 Volkersen 解的几何形状。

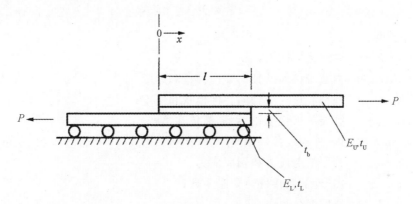

图 5-76 单搭接 Volkersen 解的几何形状

引进如下符号:

E_U、t_U——上被胶接件的轴向弹性模量和厚度;

E_L、t_L——下被胶接件的轴向弹性模量和厚度;

G_b、t_b——胶层的剪切模量和厚度;

P——单位宽度的力。

各量有下列关系:

$$B_U = E_U t_U, B_L = E_L t_L \tag{5-241}$$

用 P 表示施加的轴向合力:

$$\bar{\sigma}_{xU} = P/t_U, \bar{\sigma}_{xL} = P/t_L \tag{5-242}$$

两个被胶接件加载端的轴向应力表示为

$$\beta = \left[G_b \frac{\bar{t}^2}{t_b} \left(\frac{1}{B_U} + \frac{1}{B_L} \right) \right]^{1/2}, \quad \bar{t} = \frac{t_U + t_L}{2}, \quad \beta_B = B_L + B_U$$

于是,上被胶接件轴向应力 $\bar{\sigma}_{xU}(x)$ 的分布可以从 Volkersen 分析得到:

$$\sigma_{xU} = \bar{\sigma}_{xU} \left\{ \frac{B_U}{B_U + B_L} \left[1 + \frac{\sinh\beta(x-l)/\bar{t}}{\sinh\beta l/\bar{t}} \right] + \frac{B_U}{B_U + B_L} \frac{\sinh\beta_x/\bar{t}}{\sinh\beta_l/\bar{t}} \right\} \tag{5-243}$$

（2）双搭接和双搭接板连接的胶层剪应力。本节考虑等厚度被胶接件的连接，因为这种情况阐明了胶接连接结构性能最重要的特点。本节处理只受结构载荷且胶层在弹性响应范围内的连接特性，不考虑胶层的塑性、复合材料被胶接件横向剪切变形和热应力的影响。图5-77为双搭接板对接和双搭接示意图。

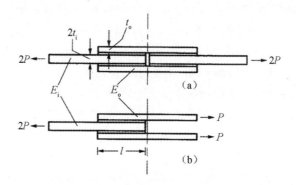

图 5-77　双搭接板对接和双搭接示意图
（a）双搭接板对接；（b）双搭接

引进如下符号：

P——单位宽度的力；

E_i、t_i——内被胶接件的轴向弹性模量和厚度；

E_o、t_o——外被胶接件的轴向弹性模量和厚度；

G_b、E_b、t_b——胶层的剪切模量、剥离模量和厚度；

σ_{xi}、σ_{xo}——内、外被胶接件轴向应力，$P_o = \sigma_{xo} t_o$，$P_i = \sigma_{xi} t_i$、P_o 和 P_i 为轴向合力；

τ_b、σ_b——胶层的剪应力和剥离应力；

α_i、α_o——内、外被胶接件热膨胀系数；

ΔT——温度变化范围。

令 $B_o = t_o E_o$，$B_i = t_i E_i$，$\beta = \left[G_b \dfrac{\bar{t}^2}{t_b} \left(\dfrac{1}{B_o} + \dfrac{1}{B_i} \right) \right]^{1/2}$，$\bar{t} = \dfrac{t_o + t_i}{2}$，$\rho_B = B_i / B_o$

$$\hat{P}_{th} = \frac{B_o B_i}{B_o + B_i} (\alpha_o - \alpha_i) \Delta T, \bar{\sigma}_x = P / \bar{t}, \hat{\sigma}_{th} = \hat{P}_{th} / \bar{t}, \gamma_d = \left(3 \frac{E_b t_o}{E_o t_b} \right)^{1/4}$$

对于通常的搭接区足够长，使得 $\beta l / \bar{t} > 3$ 的情况，连接末端的峰值剪应力可由下式很好地近似：

$$\tau_{bo} = \beta \left(\frac{1}{1 + \rho_B} \bar{\sigma}_x - \hat{\sigma}_{th} \right), x = 0 \qquad (5-244)$$

$$\tau_{bl} = \beta \left(\frac{\rho_B}{1 + \rho_B} \bar{\sigma}_x + \hat{\sigma}_{th} \right), x = l \qquad (5-245)$$

对于等刚度被胶接件（$B_i = B_o$）的特殊情况，有

$$B_i = B_o (\rho_B = 1) \qquad (5-246)$$

$$\tau_{b|max} = \frac{1}{2} \beta \bar{\sigma}_x \pm \beta \hat{\sigma}_{th} \qquad (5-247)$$

在没有热影响（$\hat{P}_{th} = 0$）和假设 $B_i \geqslant B_o$ 的情况下，正如先前指出的，剪应力的最大值发生在连接的两端。

（3）剪应力的分布特征。等刚度被胶接件的胶接连接剪应力分布的典型特征如图 5-78 所示，即胶黏剂的高应力集中发生在连接两端。大部分连接长度承受相当低的剪应力，这就意味着在某种意义上连接区域在结构上是低效率的，因为它并不提供大载荷的传递。然而低应力区域有助于改进连接的损伤容限，因为可以容忍像空隙和低胶接强度这类缺陷存在于剪应力低的区域，故大多数连接具有长的搭接区。Hart Smith 建议，当考虑塑性和蠕变时，最小的剪应力水平不应大于胶黏剂屈服强度的 10%。

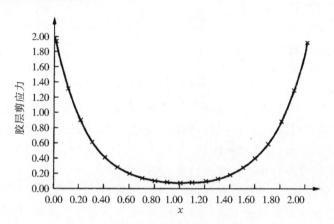

图 5-78　双搭接和双搭接板对接胶层剪应力分布

2. 胶层剥离应力

（1）单搭接连接剥离应力特性。由于两个被胶接件的偏置、传载路径的偏心，导致单搭接连接弯曲变形，从而产生剥离应力。若为等刚度单搭接连接情况，其剥离应力可用下式表达：

$$\sigma_{pe} = \sigma_{av} K(1 + h/t) \left[\frac{3E_c(1-\nu^2)t}{2K_b Eh} \right]^{1/2} \tag{5-248}$$

式中：t—— 搭接板厚度；

h—— 胶层厚度；

E_c—— $1/\left(\dfrac{1}{E'_c} + \dfrac{6}{E_n} \right)$，$E'_c$ 为胶层沿厚度方向拉伸模量，E_n 为搭接板沿厚度方向拉伸模量；

K—— $1/\left(1 + \xi c + \dfrac{\xi^2 c^2}{6} \right)$，$c$ 为搭接长度一半，$\xi^2 = \dfrac{P}{D}$，P 为单位宽度载荷，D 为搭接板弯曲刚度；

K_b—— $\dfrac{D}{Et^3\left[12(1-\nu^2) \right]}$，$\nu$ 为搭接板材料泊松比；

σ_{av}—— 平均应力，$\sigma_{av} = \dfrac{P}{t}$。

单搭接的剥离应力与连接区外被胶接件的平均应力成比例增加，如图 5-79 所示。对于不等刚度单搭接情况，如果上板的刚度小于下板，则会加剧恶化剥离应力，左端 $x = 0$ 处的剥离应力将显著增加，即刚度较弱被胶接件加载端的搭接位置最危险。

（2）双搭接和双搭接板连接剥离应力特性。对于拉伸载荷情况，等刚度双搭接的剥离应力可用下式表达：

$$\sigma_{pe} = \tau_p \left[\frac{3E_c(1-\nu^2)t}{Eh} \right]^{1/4} \tag{5-249}$$

图 5 - 79　单搭接中的胶层剥离应力分布

(a) 等刚度情况;(b) 不等刚度情况

式中:E,t—— 外搭接板纵向弹性模量与厚度;

　　ν—— 搭接板材料泊松比;

　　τ_p—— 接头端部胶层应力;

　　E_c—— $1/\left(\dfrac{1}{E'_c}+\dfrac{K_1}{E_{in}}+\dfrac{K_2}{E_{on}}\right)$,$E'_c$ 为胶层横向拉伸或压缩模量,E_{in},E_{on} 分别为内外搭接板横向拉压模量;K_1,K_2 分别为内外搭接板受到胶接层影响的铺层数或百分比厚度。

等刚度双搭接和双搭接板对接连接的剥离应力分布如图 5-80 所示,最大剥离应力均发生在左端 $x=0$ 处,均为正值,且其值相同,在右端 $x=l$ 处均为负值,对于双搭接,其值与 $x=0$ 处相同;单双搭接板连接的峰值不到双搭接连接的一半。

对于压缩载荷情况,与上述刚好相反,在连接件的右端($x=l$)有正的面外应力,左端有负的面外应力。在双搭接板对接情况下,面外应力的峰值在连接件左端是压缩的,且在 $x=l$ 处等于零,因为内被胶接件在此对接,起连续元件的作用。

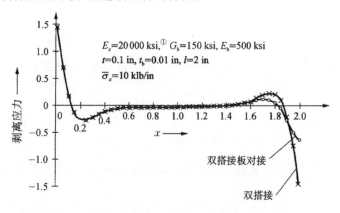

图 5 - 80　双搭接和双搭接板对接中的胶层剥离应力分布

5.6.2.3　胶接连接基本构型的静强度分析

1. 单搭接连接

对于等刚度单搭接胶接问题,如图 5-81 所示,被胶接件的厚度为 t,弹性模量为 E,泊松比为 μ,搭接区长度为 l,胶层厚度为 h,可根据以下步骤计算单搭接连接的许用载荷。

(1) 确定单搭接偏心系数 K。计算方法见 5.6.2.2 节。

(2) 根据强度准则,被胶接件需满足下式:

$$\sigma_{max} = \sigma_{av} + 3K\sigma_{av}(1+h/t) \leqslant [\sigma] \tag{5-250}$$

---

① 1ksi $= 6.895$MPa。

其中，$\sigma_{av} = \dfrac{P}{t}$ 为被胶接件由轴向载荷引起的平均应力；$[\sigma]$ 为被胶接件的许用应力。

由此可得许用载荷 P 的迭代式为

$$P = \frac{t[\sigma]}{1 + 3K(1 + h/t)} = \frac{t[\sigma]}{1 + 3f(P)(1 + h/t)} \tag{5-251}$$

同时胶层也需满足：

$$\left.\begin{array}{c} \tau_{av} = \dfrac{P}{l} \leqslant \tau_p \\[2mm] \sigma_{pe} = \sigma_{av} K(1 + h/t)\left[\dfrac{3E_c(1 - \nu^2)t}{2Eh}\right]^{1/2} \leqslant [\sigma_{pe}] \end{array}\right\} \tag{5-252}$$

其中，τ_p 为胶层的剪切强度；E_c 为胶层的剥离（横向拉伸）模量；$[\sigma_{pe}]$ 为胶层的许用剥离强度。

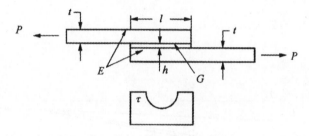

图 5-81　单搭接胶接连接

2. 双搭接连接

等刚度双搭接连接结构如图 5-82 所示，内被胶接件参数有 $t_i, E_i, \nu_i, [\sigma]_i$；外被胶接件参数有 $t_{o1}, t_{o2}, E_o, \nu_o, [\sigma]_o$；胶层参数有 $G, \tau_p, \gamma_e, \gamma_p, h, E_c$。胶层的破坏载荷取下两式中的最小值：

$$\left[2\tau_p h\left(\frac{\gamma_e}{2} + \gamma_p\right)2E_i t_i\left(1 + \frac{E_i t_i}{E_o(t_{o1} + t_{o2})}\right)\right]^{1/2} \tag{5-253}$$

$$\left[2\tau_p h\left(\frac{\gamma_e}{2} + \gamma_p\right)2E_o(t_{o1} + t_{o2})\left(1 + \frac{E_o(t_{o1} + t_{o2})}{E_i t_i}\right)\right]^{1/2} \tag{5-254}$$

被胶接件的破坏载荷取 $[\sigma]_o(t_{o1} + t_{o2})$ 和 $[\sigma]_i t_i$ 中的较小者。

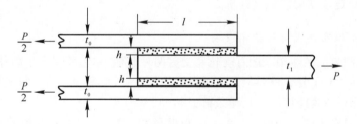

图 5-82　等刚度双搭接胶接连接结构

3. 斜面搭接连接

斜面搭接连接结构如图 5-83 所示，被胶接件参数有 $E, t, \alpha, [\sigma]$；胶层参数有 G, h, τ_p, r_p, r_c。首先计算斜面搭接连接"过渡"搭接长度 l^*：

$$l^* = \frac{\dfrac{(1 + E^*)C}{(1 - E^*)\lambda} \pm \sqrt{\left(\dfrac{(1 + E^*)C}{(1 - E^*)\lambda}\right)^2 + \dfrac{4(1 + E^*)\gamma_p}{(1 - E^*)\gamma_e\lambda^2}}}{2} \tag{5-255}$$

式中:$\lambda^2 = \dfrac{G}{h}\left(\dfrac{1}{E_1t_1} + \dfrac{1}{E_2t_2}\right)$;

$\qquad E^* = E_1t_1/E_2t_2$ 且 $0.2 < E^* < 1.0$;

$\qquad C \equiv \dfrac{\lambda(\alpha_2 - \alpha_1)\Delta T}{\tau_p\left(\dfrac{1}{E_1t_1} + \dfrac{1}{E_2t_2}\right)}$ 且 $|C| < 2.0$。

当 $l \leqslant l^*$ 时,胶层最大承载能力为 $P = \tau_p l$;当 $l \geqslant l^*$ 时,首先由下式计算 Ψ:

$$\Psi + (1 - \Psi)\ln(1 - \Psi) = \frac{(1 + E^*)\gamma_p/\gamma_e\,(\lambda l)^2}{(1 - E^*) - (1 + E^*)C/\lambda l} \tag{5-256}$$

再利用 Ψ 计算 τ_{av}/τ_p:

$$\tau_{av}/\tau_p = E^* + \frac{(1 + E^*)C}{\lambda l} + \Psi[(1 - E^*) - (1 + E^*)C/\lambda l] \tag{5-257}$$

最后根据下式计算胶层的最大承载能力:

$$P = (\tau_{av}/\tau_p)\tau_p l \tag{5-258}$$

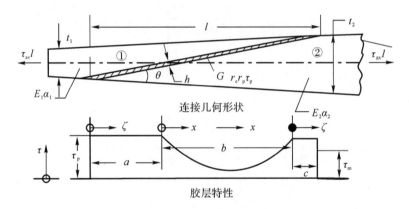

图 5-83 斜面搭接胶接连接结构

5.6.3 机械连接结构静强度分析

5.6.3.1 机械连接载荷与破坏模式

复合材料结构的机械连接一般有受拉和受剪两种载荷方式,而对于紧固件来说,两种情况下都承受剪切载荷。由于复合材料板的拉脱强度较低,一般应避免复合材料机械连接主要承受面外拉伸载荷,即避免紧固件承受拉伸载荷。

复合材料机械连接的破坏模式有单一型和组合型两类。单一型破坏模式有层压板的挤压破坏、拉伸破坏、剪切破坏、劈裂破坏、拉脱破坏及紧固件的弯曲失效、剪断和拉伸破坏等多种形式,如图5-84所示。组合型破坏为两种以上单一型破坏模式同时发生的情况,例如,拉伸-剪切(或劈裂)、挤压-拉伸、挤压-剪切和挤压-拉伸-剪切等,如图5-85所示。

影响复合材料机械连接接头强度的因素可以归纳为以下5类。

(1)材料参数:纤维的类型、取向及形式(单向带、编织布)、树脂类型、纤维体积分数及铺层顺序。

(2)连接几何形状参数:连接形式(搭接或对接、单剪或双剪等)、几何尺寸(排距/孔径、列

距 / 孔径、端距 / 孔径、边距 / 孔径、厚度 / 孔径等），以及孔排列方式。

（3）紧固件参数：紧固件类型（螺栓、抽钉、铆钉、凸头或沉头等）、紧固件尺寸、垫圈尺寸、拧紧力矩及紧固件与孔的配合精度。

（4）载荷因素：载荷种类（静载荷、动载荷或疲劳载荷）、载荷方向及加载速率。

（5）环境因素：温度、相对湿度及介质。

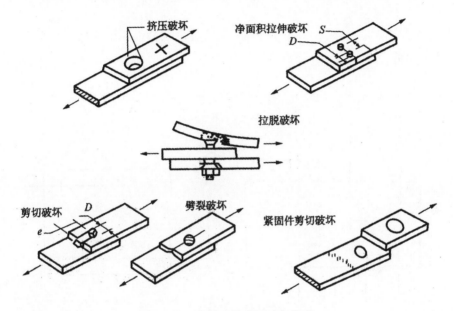

图 5 - 84　机械连接典型破坏模式

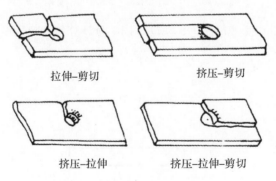

图 5 - 85　机械连接组合型破坏

5.6.3.2　机械连接的静强度分析方法

复合材料结构机械连接的静强度分析包括以下 3 方面的内容：

（1）从总体结构分析确定机械连接所受的外力，在进行连接分析时一般均已给出；

（2）由机械连接所受的外力确定各个钉孔处的挤压载荷和旁路载荷；

（3）通过细节分析得到钉孔区域的应力，利用材料的失效准则或半经验破坏包线评定机械连接的强度。

1. 机械连接钉载分配分析

确定复合材料机械连接钉载分配的方法主要有两种:经典的刚度方法和有限元法。经典的刚度方法适用于钉排列比较规则的机械连接,复杂形状的机械连接则广泛采用有限元法。另外,求解多钉非规则分布的复合材料层压板机械连接问题,还有采用各向异性体平面弹性理论中的复势方法的。

(1) 单排钉连接。单排钉连接是最简单的多钉连接形式,根据载荷方向的不同可分为 3 种情况。

1) 载荷垂直于钉排。如图 5 - 86(a) 所示,每个钉的载荷都等于单位长度作用下的载荷与钉间距的乘积,即

$$P_{\text{brn}} = N_x S \qquad (5-259)$$

载荷平行于钉排。如图 5 - 86(b) 所示,每个钉的载荷为

$$P_{\text{brs}} = N_{xy} S \qquad (5-260)$$

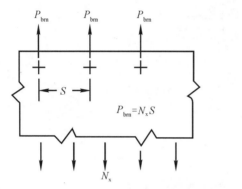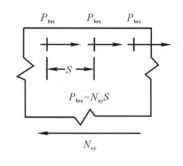

图 5 - 86　多钉连接形式

(a) 载荷垂直于钉排情况;(b) 载荷平行于钉排情况

2) 轴向和剪切复合加载。如图 5 - 87 所示,按向量计算每个钉的合力为

$$P_{\text{br}} = \sqrt{P_{\text{brn}}^2 + P_{\text{brs}}^2} \qquad (5-261)$$

钉载方向为

$$\theta = \arctan(P_{\text{brn}}/P_{\text{brs}}) \qquad (5-262)$$

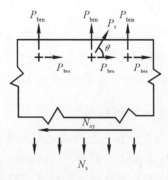

图 5 - 87　轴向和剪切复合加载情况

(2) 多排单列钉连接。多排单列钉连接如图 5 - 88 所示,忽略被连接板的弯曲刚度,基于弹

性超静定方法计算钉的载荷。

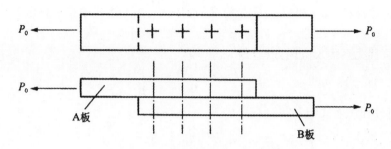

图 5-88   多排单列钉连接情况

列平衡方程。

对钉：

$$P_1 + P_2 + \cdots + P_n = P_0 \tag{5-263}$$

对元件板 A：

$$\left.\begin{array}{l} P_{12}^{A} = P_0 - P_1 \\[2mm] P_{23}^{A} = P_0 - (P_1 + P_2) \\[2mm] \vdots \\[2mm] P_{n-1,n}^{A} = P_0 - (P_1 + P_2 + \cdots + P_{n-1}) \end{array}\right\} \tag{5-264}$$

对元件板 B：

$$\left.\begin{array}{l} P_{12}^{B} = P_1 \\[2mm] P_{23}^{B} = P_1 + P_2 \\[2mm] \cdots\cdots \\[2mm] P_{n-1,n}^{B} = P_1 + P_2 + \cdots + P_{n-1} \end{array}\right\} \tag{5-265}$$

协调方程为

$$\left.\begin{array}{l} \Delta_1 - \Delta_2 = \Delta_{12}^{A} - \Delta_{12}^{B} \\[2mm] \Delta_2 - \Delta_3 = \Delta_{23}^{A} - \Delta_{23}^{B} \\[2mm] \vdots \\[2mm] \Delta_{n-1} - \Delta_n = \Delta_{n-1,n}^{A} - \Delta_{n-1,n}^{B} \end{array}\right\} \tag{5-266}$$

载荷-位移关系为

$$\left.\begin{array}{l} \Delta_i = \dfrac{P_i}{K_i^{S}} \\[4mm] \Delta_{i,i+1}^{A} = \dfrac{P_{i,i+1}^{A}}{K_{i,i+1}^{A}} \\[4mm] \Delta_{i,i+1}^{B} = \dfrac{P_{i,i+1}^{B}}{K_{i,i+1}^{B}} \\[4mm] K_{i,i+1}^{A} = E_x^{A} W^{A} t^{A} / L^{A} \end{array}\right\} \tag{5-267}$$

其中，P_i 为第 i 个钉的载荷；$P_{i,i+1}^{A}$ 为第 i 和第 $i+1$ 个钉之间板 A 的轴向载荷；Δ_i 为第 i 个钉的剪切引起的位移；$\Delta_{i,i+1}^{A}$ 为第 i 和第 $i+1$ 个钉之间板 A 的长度变化；K_i^S 为第 i 个钉的剪切刚度；

$K_{i,i+1}^{A}$ 为第 i 和第 $i+1$ 个钉之间板 A 的轴向拉伸刚度;E_{x}^{A} 为第 i 和第 $i+1$ 个钉之间板 A 的拉伸弹性模量;W^{A} 为第 i 和第 $i+1$ 个钉之间板 A 的有效宽度;t^{A} 为第 i 和第 $i+1$ 个钉之间板 A 的有效厚度;L^{A} 为板 A 第 i 和第 $i+1$ 个钉之间的间距。在上述式中将上标改为 B,即为 B 板相应的值。

将载荷-位移关系代入协调方程,得

$$\frac{P_{i}}{K_{i}^{S}} - \frac{P_{i+1}}{K_{i+1}^{S}} = \frac{P_{i,i+1}^{A}}{K_{i,i+1}^{A}} - \frac{P_{i,i+1}^{B}}{K_{i,i+1}^{B}} \tag{5-268}$$

再将平衡方程代入式(5-268),得

$$\left.\begin{aligned}
&\frac{P_{1}}{K_{1}^{S}} - \frac{P_{2}}{K_{2}^{S}} = \frac{P_{0}-P_{1}}{K_{12}^{A}} - \frac{P_{1}}{K_{12}^{B}} \\
&\frac{P_{2}}{K_{2}^{S}} - \frac{P_{3}}{K_{3}^{S}} = \frac{P_{0}-(P_{1}+P_{2})}{K_{23}^{A}} - \frac{P_{1}+P_{2}}{K_{23}^{B}} \\
&\cdots\cdots \\
&\frac{P_{i}}{K_{i}^{S}} - \frac{P_{i+1}}{K_{i+1}^{S}} = \frac{P_{0}-\left(\sum\limits_{j=1}^{i} P_{j}\right)}{K_{i,i+1}^{A}} - \frac{\sum\limits_{j=1}^{i} P_{j}}{K_{i,i+1}^{B}} \\
&\cdots\cdots \\
&\frac{P_{n-1}}{K_{n-1}^{S}} - \frac{P_{n}}{K_{n}^{S}} = \frac{P_{0}-\left(\sum\limits_{j=1}^{n-1} P_{j}\right)}{K_{n-1,n}^{A}} - \frac{\sum\limits_{j=1}^{n-1} P_{j}}{K_{n-1,n}^{B}} \\
&P_{n} = P_{0}-\left(\sum\limits_{j=1}^{n-1} P_{j}\right)
\end{aligned}\right\} \tag{5-269}$$

利用 P_{0} 解 P_{i},有

$$\boldsymbol{BP} = \boldsymbol{C} \tag{5-270}$$

或

$$\boldsymbol{P} = \boldsymbol{B}^{-1}\boldsymbol{C} \tag{5-271}$$

板 A 中第 i 个钉处的旁路载荷为

$$P_{\text{byi}}^{A} = P_{0} - \sum_{j=1}^{i} P_{j} \tag{5-272}$$

板 B 中第 i 个钉处的旁路载荷为

$$P_{\text{byi}}^{B} = \sum_{j=1}^{i-1} P_{j} \tag{5-273}$$

当 $n=3$ 时,有

$$\frac{P_{1}}{K_{1}^{S}} + \frac{P_{1}}{K_{12}^{B}} + \frac{P_{1}}{K_{12}^{A}} - \frac{P_{2}}{K_{2}^{S}} = \frac{P_{0}}{K_{12}^{A}} \tag{5-274}$$

或

$$P_{1}\left(\frac{1}{K_{1}^{S}} + \frac{1}{K_{12}^{B}} + \frac{1}{K_{12}^{A}}\right) + P_{2}\left(-\frac{1}{K_{2}^{S}}\right) = \frac{P_{0}}{K_{12}^{A}} \tag{5-275}$$

同样

$$P_{1}\left(\frac{1}{K_{23}^{A}} + \frac{1}{K_{23}^{B}}\right) + P_{2}\left(\frac{1}{K_{2}^{S}} + \frac{1}{K_{23}^{A}} + \frac{1}{K_{23}^{B}}\right) + P_{3}\left(-\frac{1}{K_{3}^{S}}\right) = \frac{P_{0}}{K_{23}^{A}} \tag{5-276}$$

$$P_1 + P_2 + P_3 = P_0 \tag{5-277}$$

$$\boldsymbol{B} = \begin{bmatrix} \dfrac{1}{K_1^S} + \dfrac{1}{K_{12}^A} + \dfrac{1}{K_{12}^B} & -\dfrac{1}{K_2^S} & 0 \\[3mm] \dfrac{1}{K_{23}^A} + \dfrac{1}{K_{23}^B} & \dfrac{1}{K_2^S} + \dfrac{1}{K_{23}^A} + \dfrac{1}{K_{23}^B} & -\dfrac{1}{K_3^S} \\[3mm] 1 & 1 & 1 \end{bmatrix} \tag{5-278}$$

$$\boldsymbol{C} = \begin{bmatrix} \dfrac{P_0}{K_{12}^A} \\[3mm] \dfrac{P_0}{K_{23}^A} \\[3mm] P_0 \end{bmatrix} \tag{5-279}$$

$$\boldsymbol{P}_i = \begin{bmatrix} P_1 \\ P_2 \\ P_3 \end{bmatrix} = \boldsymbol{B}^{-1}\boldsymbol{C} \tag{5-280}$$

同理,当 $n = 4$ 时,有

$$\boldsymbol{B} = \begin{bmatrix} \dfrac{1}{K_1^S} + \dfrac{1}{K_{12}^A} + \dfrac{1}{K_{12}^B} & -\dfrac{1}{K_2^S} & 0 & 0 \\[3mm] \dfrac{1}{K_{23}^A} + \dfrac{1}{K_{23}^B} & \dfrac{1}{K_2^S} + \dfrac{1}{K_{23}^A} + \dfrac{1}{K_{23}^B} & -\dfrac{1}{K_3^S} & 0 \\[3mm] \dfrac{1}{K_{34}^A} + \dfrac{1}{K_{34}^B} & \dfrac{1}{K_{34}^A} + \dfrac{1}{K_{34}^B} & \dfrac{1}{K_3^S} + \dfrac{1}{K_{34}^A} + \dfrac{1}{K_{34}^B} & -\dfrac{1}{K_4^S} \\[3mm] 1 & 1 & 1 & 1 \end{bmatrix} \tag{5-281}$$

$$\boldsymbol{C} = \begin{bmatrix} \dfrac{P_0}{K_{12}^A} \\[3mm] \dfrac{P_0}{K_{23}^A} \\[3mm] \dfrac{P_0}{K_{34}^A} \\[3mm] P_0 \end{bmatrix} \tag{5-282}$$

$$\boldsymbol{P}_i = \begin{bmatrix} P_1 \\ P_2 \\ P_3 \\ P_4 \end{bmatrix} = \boldsymbol{B}^{-1}\boldsymbol{C} \tag{5-283}$$

对于更多排钉连接,可类推得到其计算公式。

(3) 多排多列钉规则排列连接。如图 5-89 所示,确定多排多列钉连接钉载分配的关键是确定有效宽度。当钉规则布置时,单列钉连接分析所用的连接区宽度可取钉列之间的间距,然后采用前述方法计算钉载分配。

(4) 多钉非规则分布机械连接。求解多钉非规则分布的复合材料层板机械连接问题可采用各向异性体平面弹性理论中的复势解法。

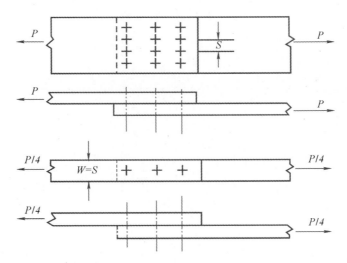

图 5-89   规则钉载布置的多钉连接

2. 机械连接孔周应力计算方法

本节介绍的计算方法只限于讨论平面应力情况,假设应变沿厚度方向为常数,钉无限刚硬,不考虑层间应力。以复变应力函数法为基础,求解几个典型的受载情况,然后叠加得到机械连接的应力分布,具体求解过程如图 5-90 所示。将均质正交各向异性无限大板在均匀分布外载荷孔边销钉力共同作用的情况,分成两个子问题:一个是带孔板在均匀外载作用下的问题,已有现成的解答;另一个是只有销钉载荷作用的情况,此时,假设复变应力函数为

$$
\left.\begin{aligned}
\Phi_1(z_1) &= A_1\ln\xi_1 + \sum_{m=1}^{\infty}A_{1m}\xi_1^{-m} \\
\Phi_2(z_2) &= A_2\ln\xi_2 + \sum_{m=1}^{\infty}A_{2m}\xi_2^{-m}
\end{aligned}\right\}
\tag{5-284}
$$

ξ_1 与 ξ_2 由下式决定:

$$
\xi_k = \frac{z_k + \sqrt{z_k^2 - r_0^2 - \mu_k^2 r_0^2}}{r_0(1 - \mu_k)}, k = 1,2
\tag{5-285}
$$

其中,$z_k = x + \mu_k y$,μ_1、μ_2 为与变形协调微分方程相对应的代数方程的两个复数根,r_0 为钉孔的半径。

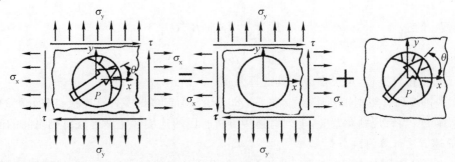

图 5-90   叠加模型

A_1、A_2、A_{1m} 和 A_{2m} 均为复系数,其中 A_1 和 A_2 由孔边位移唯一性条件求得,A_{1m} 和 A_{2m} 由孔边径向力分布边界条件求出。假设销钉挤压力沿孔半周界上的分布(径向)为余弦函数形式,即

$$P_R = -P\cos\theta \tag{5-286}$$

其中,P 为钉载,由下式求出:

$$\left.\begin{array}{l} A_{12} = r_0 P_i (1 + i\mu_2)/[16(\mu_2 - \mu_1)] \\ A_{22} = -r_0 P_i (1 + i\mu_1)/[16(\mu_2 - \mu_1)] \end{array}\right\} \tag{5-287}$$

当 $m = 4, 6, 8, \cdots$ 时

$$A_{1m} = A_{2m} = 0 \tag{5-288}$$

当 $m = 1, 3, 5, \cdots$ 时

$$\left.\begin{array}{l} A_{1m} = -r_0 P_i (-1)^{(m-1)/2}(2 + mi\mu_2)/[\pi m^2(m^2 - 4)(\mu_2 - \mu_1)] \\ A_{2m} = r_0 P_i (-1)^{(m-1)/2}(2 + mi\mu_1)/[\pi m^2(m^2 - 4)(\mu_2 - \mu_1)] \end{array}\right\} \tag{5-289}$$

板内任意点的应力可由下式计算:

$$\left.\begin{array}{l} \sigma_x = 2\mathrm{Re}[\mu_1^2 \Phi'_1(z_1) + \mu_2^2 \Phi'_2(z_2)] \\ \sigma_y = 2\mathrm{Re}[\Phi'_1(z_1) + \Phi'_2(z_2)] \\ \tau_{xy} = -2\mathrm{Re}[\mu_1 \Phi'_1(z_1) + \mu_2 \Phi'_2(z_2)] \end{array}\right\} \tag{5-290}$$

通过坐标转换,可以得到相应极坐标下的应力分量表达式。对于层压板结构,求出的应力实际上是沿板厚的平均值,可根据层压板的弹性模量进一步求出相应点的三个应变分量,然后由各层的模量就可求出各层相应点的应力。

3. 机械连接破坏载荷计算

复合材料连接区的破坏可分为复合材料板的破坏和连接件的剪切破坏两种情况,复合材料板主要有孔边挤压破坏、拉伸破坏和剪切破坏等模式,可基于复合材料的失效准则,结合特征曲线法计算其破坏载荷。

(1) 失效准则。计算机械连接破坏载荷时需要先确定材料的失效准则,可供选用的一般有最大应力、最大应变、蔡-希尔、蔡-吴和霍夫曼等准则。对于机械连接比较常用的是 Yamada -Sun 失效准则,其表达式为

$$\sqrt{\left(\frac{\sigma_{1i}}{X}\right)^2 + \left(\frac{\tau_i}{S_c}\right)^2} = L, L < 1 \text{ 未失效}, L \geqslant 1 \text{ 失效} \tag{5-291}$$

其中,σ_{1i} 和 τ_i 分别为层压板中第 i 层沿纤维方向的正应力和面内剪切应力;X 为单向板纵向拉伸(或压缩)强度;S_c 为 $[0/90]_s$ 板的剪切强度,如果只给出了单向板的剪切强度 S,则可令 $S_c = 2.5S$。

采用 Yamada-Sun 判据主要是因为其应用简单并抓住了主要矛盾,但由于它不考虑单向板横向(基体)破坏对总体强度的影响,使某些受横向失效控制的估算结果与试验结果有较大差别,也无法反映这些板的失效情况。在这种情况下,应该附加上最大应力准则或其他合适的准则作为补充判据。

(2) 特征线假设。估算机械连接破坏载荷同开孔情况一样,如果利用孔边应力按照某种失效准则确定强度,其值将过于保守。因此,将开孔特征尺寸假设推广,提出了特征线假设,即用离开孔边一定距离以某种函数表达的曲线上的应力代入失效准则确定机械强度。

一般令特征曲线 r_c 有如下两种形式:

1) 半圆形:

$$r_c = r_0 + R_r \qquad\qquad (5-292)$$

式中: r_0 —— 孔半径;

R_r —— 特征尺寸。

2) 余弦曲线形:

$$r_c = r_0 + R_t + (R_c - R_t)\cos\theta \quad \left(-\frac{\pi}{2} \leqslant \theta \leqslant \frac{\pi}{2}\right) \qquad (5-293)$$

式中: R_t —— 拉伸特征尺寸;

R_c —— 压缩特征尺寸。

两值均由试验确定(见图5-91)。

目前,余弦曲线形式用得更为广泛些。只要任何单向层中特征线上任何一点的应力满足所选失效准则表达式等于1的条件,就认为发生总体失效,相应载荷即为失效载荷。应当注意到,特征线假设必须与某个合适的失效准则一起使用才有意义。即使采用同样的特征线函数,对于不同的失效准则和不同的应力计算方法,相应的特征尺寸值是不同的。

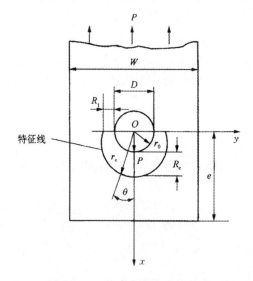

图 5-91 按余弦变化的特征线

(3) 特征尺寸的确定方法。特征线表达式中包含一个或两个特征常数,它们是通过理论分析方法并与试验结果相比较后得到的。半圆形特征线的特征尺寸一般取开孔强度的点应力准则的特征尺寸 d_0。余弦形特征线中含有特征尺寸 R_t 和 R_c。

R_t 的确定方法如下:从开孔拉伸试件试验得到破坏载荷 P,选择某种理论分析方法,求出在 P 作用下沿 $\theta = 90°$ 线各点的应力,代入相应的失效准则,找到恰能使准则表达式等于1.0的点,则该点到孔边的距离即为 R_t。

R_c 值按以下步骤确定:从单钉连接试验得到破坏载荷 P,利用已得到的 R_t 值,先假设一个 R_c 值,计算层压板中沿特征线 $-15° \leqslant \theta_0 \leqslant 15°$ 范围内各层各点的应力,代入相应失效准则,对不同的 R_c 重复上述计算,直至找到某层某点的计算值恰能使判据式等于1,由此对应的 R_c 值就认为是压缩特征尺寸。

利用特征线上首先达到判据式等于1的点的坐标 θ_0,可以给出机械连接相应的破坏模式。

假设

$$-15° \leqslant \theta_0 \leqslant 15°, 挤压破坏$$
$$30° \leqslant \theta_0 \leqslant 60°, 剪切破坏$$
$$75° \leqslant \theta_0 \leqslant 90°, 拉伸破坏$$

(5-294)

在上述范围之间的破坏则为组合型破坏。

5.6.4　连接结构的有限元分析方法

5.6.4.1　概述

由于连接问题的复杂性,涉及的因素很多,很难有封闭形式的解析解,因此,有限元分析在连接结构分析中起非常重要的作用。

在现有的软件中,MSC/Patran＋Nastran 是航空航天领域应用最广泛的软件之一,Patran 的建模功能堪称一流,特别适用于飞机这类大型结构,其菜单式的操作非常方便。ABAQUS 也是连接分析常用的软件,ABAQUS 的主要优点是:第一,致力于更复杂和深入的工程问题,在求解非线性问题时具有非常明显的优势,其非线性涵盖材料非线性、几何非线性和状态非线性等多个方面;第二,鉴于接触问题在实际工程中的普遍性,单独设置了相互作用模块,可以精确地模拟实际工程中存在的多种接触问题;第三,用 VCCT 方法评价胶层和界面的损伤与断裂,能够用于单个或者多个裂纹尖端前缘的扩展,且无需规定裂纹扩展方向,不需重新划分网格。

5.6.4.2　胶接连接结构的有限元分析方法

基于 ABAQUS 平台,在有限元建模过程中,胶层可采用界面单元进行模拟,界面单元材料为各向同性,独立的弹性模量只有拉伸与剪切模量 E、G。图 5-92 为界面单元受力分布图,其中名义应力 σ 由三个分量 σ_{33}、σ_{13} 和 σ_{23} 组成,分别代表了法向(3 方向)和两个剪切方向(1、2 方向)的分量,相应的变形为 δ_{33}、δ_{13} 和 δ_{23}。T_0 为胶层单元的初始厚度,则名义应变定义为

$$\varepsilon_{33} = \frac{\delta_{33}}{T_0}, \gamma_{13} = \frac{\delta_{13}}{T_0}, \gamma_{23} = \frac{\delta_{23}}{T_0}$$

(5-295)

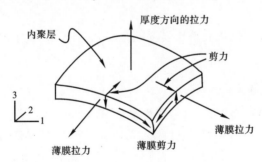

图 5-92　界面单元受力分布图

不考虑法向应力与剪切应力之间的耦合,则可以得到

$$\boldsymbol{\sigma} = \begin{bmatrix} \sigma_{33} \\ \tau_{13} \\ \tau_{23} \end{bmatrix} = \begin{bmatrix} E & 0 & 0 \\ 0 & G & 0 \\ 0 & 0 & G \end{bmatrix} \begin{bmatrix} \varepsilon_{33} \\ \gamma_{13} \\ \gamma_{23} \end{bmatrix} = \boldsymbol{K\varepsilon}$$

(5-296)

其中,$\boldsymbol{K}$ 为刚度矩阵。

界面单元的失效准则可采用平方应力推测,见式(5-239)。

基于渐进损伤分析方法,数值模拟胶层的渐进破坏过程。引入损伤变量 d 模拟胶层的破坏,对于已经发生破坏的单元,当其受到法向压应力作用时,界面之间有可能发生相互穿透,为了防止界面单元所连接的界面之间发生相互穿透,需要对刚度矩阵 $\boldsymbol{K}$ 做如下处理:

$$\boldsymbol{K} = \begin{cases} KI, & e^2 < 1 \\ KI_{\text{C}}, & e^2 \geqslant 1 \end{cases} \tag{5-297}$$

$$\boldsymbol{I} = \begin{bmatrix} 1 & 0 & 0 \\ 0 & 1 & 0 \\ 0 & 0 & 1 \end{bmatrix} \tag{5-298}$$

$$\boldsymbol{I}_{\text{C}} = \begin{bmatrix} (1-d)\dfrac{\langle \varepsilon_{33} \rangle}{\varepsilon_{33}} + \dfrac{\langle -\varepsilon_{33} \rangle}{(-\varepsilon_{33})} & 0 & 0 \\ 0 & (1-d) & 0 \\ 0 & 0 & (1-d) \end{bmatrix} \tag{5-299}$$

根据上述处理方法可以看出,当已损伤的界面单元受到压应力作用时,其法向刚度便会增大到初始值,因此能有效防止因压应力作用导致的连接界面之间的相互穿透现象。

5.6.4.3 机械连接结构的有限元分析方法

机械连接强度的有限元分析主要有两种途径:一是通过有限元模型分析计算连接件的载荷(钉载),然后根据计算得到的钉载和相应的失效准则,计算连接结构的强度;二是建立机械连接结构的三维细节有限元模型,然后基于渐进损伤分析方法模拟结构的破坏过程,从而计算连接结构的强度。

5.6.5 复合材料结构机械连接计算方法试验验证

采用各向异性体平面弹性理论中的复势方法,计算复合材料层板孔边的应力分布,基于特征曲线法结合 Yamada-Sun 失效准则,计算复合材料层板的连接强度。特征曲线采用式(5-293)。

复合材料的机械连接强度以孔挤压强度 $\sigma_{\text{br}} = \dfrac{P}{DH}$ 来表示,其中 P 为钉载,D 为孔径,H 为板厚度。

5.6.5.1 单孔连接强度

对于碳纤维增强复合材料层板,其单层性能如下:

$$E_1 = 146\,864\text{MPa}; E_2 = 11\,722\text{MPa}; G_{12} = 6\,185\text{MPa}; \mu_{12} = 0.3$$

$$X_t = 1\,731\text{MPa}; X_c = 1\,379\text{MPa}; S = 133.76\text{MPa}; R_t = 0.457\,2\text{mm}; R_c = 1.778\text{mm}$$

结构的尺寸参数:孔径 $D = 6.35\text{mm}$,宽径比 $W/D = 3.0$,端距比 $E/D = 3.0$。采用复势方法计算板的孔挤压强度,并与试验结果进行对比,结果见表 5-10。

计算结果表明,基于复势方法计算复合材料层板孔周附近应力,采用余弦函数形式的特征曲线法结合 Yamada-Sun 失效准则计算机械连接强度,计算结果与试验吻合较好。表 5-10 中不同铺层层板计算时所用特征长度 R_t 和 R_c 值均相同,系由层板 $[(0/\pm 45/90)_3]_s$ 试验所得,若采用各自层板的实测特征长度计算,将进一步提高预测精度。

表 5 - 10　单孔连接强度的计算结果与试验结果对比

单位:MPa

层板铺层	计算结果		试验结果		误差 /(%)
	挤压强度 σ_{br}	失效模式	挤压强度 σ_{br}	失效模式	
$[(0/\pm45/90)_3]_s$	692.81	拉伸破坏	678.5	拉伸破坏	2.11
$[(0/(\pm45)_3/90)_3]_s$	496.85	拉伸破坏	574.6	拉伸破坏	-13.52
$[0/(\pm45)_2/90_3]_s$	515.61	剪切破坏	475.2	拉伸破坏	8.50
$[0/\pm45/90_7]_s$	381.57	拉伸破坏	402.2	拉伸破坏	-5.13
$[(90_2/\pm60/30)_2]_s$	502.58	拉伸破坏	503.1	拉伸破坏	-0.11
$[(0/90)_6]_s$	371.50	剪切破坏	559.0	剪切破坏	-33.55
$[(\pm45)_6]_s$	305.24	拉伸破坏	402.2	拉伸破坏	-24.10

5.6.5.2　双孔连接强度

对于碳纤维增强复合材料层板,其单层性能如下:

$$E_1 = 146\ 864\text{MPa};E_2 = 11\ 722\text{MPa};G_{12} = 6\ 185\text{MPa};\mu_{12} = 0.3$$
$$X_t = 1\ 731\text{MPa};X_c = 1\ 379\text{MPa};S = 133.76\text{MPa};R_t = 0.457\ 2\text{mm};R_c = 1.778\text{mm}$$

考虑双孔串联与并联两种情况,每个钉孔均传递相同的外载 P,结构的尺寸参数:孔径 $D = 6.35\text{mm}$;孔距比 $l/D = 3.0$;边距比 $T/D = 1.5$;端距比 $E/D = 3.0$。采用复势方法计算板的孔挤压强度,并与试验结果进行对比,结果见表 5 - 11。

表 5 - 11　双孔连接强度的计算结果与试验结果对比

单位:MPa

层板铺层		计算结果		试验结果		误差 /(%)
		挤压强度 σ_{br}	失效模式	挤压强度 σ_{br}	失效模式	
串联	$[(\pm45)_6]_s$	352.27	拉伸破坏	343.4	拉伸破坏	2.59
	$[(90_2/\pm60/30)_2]_s$	560.56	拉伸破坏	472.3	拉伸破坏	18.69
	$[(0/90)_6]_s$	618.41	剪切破坏	815.0	拉伸破坏	-24.12
并联	$[(\pm45)_6]_s$	333.51	拉伸破坏	459.9	拉伸破坏	-27.48
	$[(90_2/\pm60/30)_2]_s$	517.47	拉伸破坏	488.2	拉伸破坏	6.00
	$[(0/90)_6]_s$	376.12	剪切破坏	574.4	剪切破坏	-34.51

对比表 5 - 11 中结果可知,计算结果与试验结果吻合较好。

5.7　特殊细节结构静强度分析

5.7.1　概述

复合材料结构的特点是整体化成型,肋、梁或者墙可以通过共固化、共胶接的成型工艺与蒙皮形成整体盒段结构,这种连接形式是 T 接头。T 接头由于存在圆弧区、充填区,曲率的变化容易引发面外力,对连接强度造成不利影响。另外,复合材料梁、墙或者肋腹板与突缘之间弯曲部分也容易出现层间应力,是结构的薄弱环节。飞机复合材料结构的另一个特点是纤维的连续性,但是,为满足飞机结构的功能、维护等要求,设计时不可避免地会出现纤维不连续的结构,如丢层结构、长桁截止结构,由于这些结构,纤维的不连续将使复合材料结构产生严重的应力集中,从而对复合材料的强度和失效模式产生不利影响。本节重点介绍整体化成型 T 接头、曲梁层间强度分析方法、丢层结构强度分析方法。

5.7.2　T 接头强度分析

5.7.2.1　T 接头破坏模式

T 接头结构由蒙皮、凸缘、腹板、充填区组成,这几个部分通过结合界面连接起来,如图 5-93(见彩图)所示。

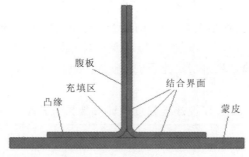

图 5-93　T 接头典型单元

T 接头一般传递的是剪力和拉力。在腹板受拉伸或弯曲时,在拐角区的铺层与充填物之间将出现集中的剥离应力,因此破坏往往在这里发生,典型的破坏形式如图 5-94(见彩图)所示,常常能够观察到充填物发生破裂、铺层与充填物发生脱黏。

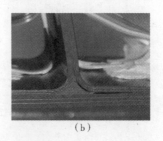

(a)　　　　　　　　　　(b)

图 5-94　T 接头的典型破坏形式

(a) 腹板受拉;(b) 腹板侧弯

5.7.2.2　T接头失效分析方法

由于T接头结构复杂,所以采用有限元数值方法对其进行强度评估。T接头破坏的有限元分析包括建模方法和失效判据两个主要内容。

界面失效模型采用内聚力模型方法进行建模,关于其具体介绍见5.5.6.2节。

对承受拉伸载荷和侧弯载荷的典型单元,由于载荷与剖面共面[见图5-95(见彩图)],为了节省建模和运算时间,可以采用平面应变元模拟单元剖面,用二维 Cohesive 单元或自定义平面应变元模拟结合界面。平面应变元在材料定义时需要输入均匀化的工程常数。划分单元网格时,在三角填充区、筋条圆弧区、筋条凸缘等应力敏感部位,细化有限元网格,单元尺寸为 $0.3 \sim 0.5$mm。Cohesive 单元厚度取 $0.05 \sim 0.1$mm,采用扫掠(sweep mesh)的方法对 Cohesive 区进行划分,Sweep 的方向为 Cohesive 元的厚度方向。图5-96(见彩图)为 T 型单元平面应变元模型。

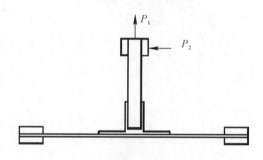

图 5-95　承受拉伸和侧弯载荷的单元

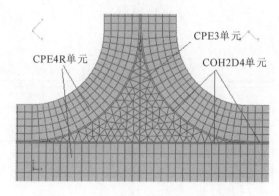

图 5-96　T 型单元不同部位单元类型

对于承受剪切载荷的复合材料 T 接头,载荷垂直于单元剖面,所以不能用平面应变元,必须采用体元或连续壳元(Continuum Shell)模拟层压板,用三维 Cohesive 单元或自定义体元模拟结合界面。如果层压板采用体元,则需要对层压板进行均匀化处理。为了模拟真实的载荷、位移边界条件,建模时考虑夹具,所有部件均为体元,采用 tie 技术将试验夹具与试件连接。图5-97(见彩图)为 T 型单元承受剪切载荷时的有限元模型。

5.7.2.3　T接头强度分析方法试验验证

采用试验数据对T接头失效分析方法予以验证。图5-98为试验件的几何构型,表5-12为试验件尺寸。试验件材料体系为 T700/QY8911,筋条与蒙皮之间的胶膜为 J116B。表 5-13 为铺层顺序,表 5-14 为 T700/QY8911 材料基本性能,表 5-15 为共固化界面性能参数。

采用平面应变元模拟 T 接头剖面,进行失效模拟分析。由于初始破坏在三角区与圆弧筋条之间产生,所以在三角区与圆弧筋条之间的界面、腹板中面之间的界面采用 Cohesive 元。界面单元的厚度为 0.05mm,长度 0.5mm,其他单元均为 0.5mm×0.5mm。分析前,首先根据铺层和材料基本性能将各部分等效成均匀的各向异性体,在模型中按工程弹性常数输入各部分的弹性模量,界面采用共固化界面性能参数。分析结果见表 5-16。

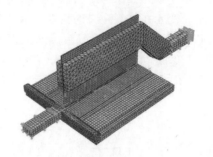

图 5-97 剪切载荷情况时有限元模型

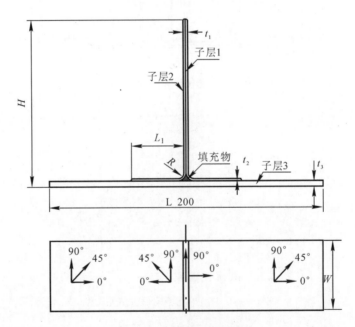

图 5-98 试验件几何构型

表 5-12 试验件尺寸   单位:mm

试验件编号	L	H	W	$2L_1$	t_1	t_2	t_3	R
B1	200	120	25	135	10	5	10	5
B2、S2	200	120	25	86	4	2	2.625	5
B3	200	120	25	86	4	2	1	5

表 5 - 13　铺层顺序

编号		铺层顺序
B1	腹板 80 层	$[-45/90/45/0/-45/90/45/0/-45/90/45/0/-45/90/45/0/-45/90/45/0]_{2s}$
	凸缘 40 层	$[-45/90/45/0/-45/90/45/0/-45/90/45/0/-45/90/45/0/-45/90/45/0]_s$
	蒙皮 80 层	$[-45/90/45/0/-45/90/45/0/-45/90/45/0/-45/90/45/0/-45/90/45/0]_{2s}$
B2、S2	腹板 32 层	$[-45/90/45/0/-45/90/45/0/-45/90/45/0/-45/90/45/0]_s$
	凸缘 16 层	$[-45/90/45/0/-45/90/45/0/-45/90/45/0/-45/90/45/0]$
	蒙皮 21 层	$[-45/90/45/0/-45/90/45/-45/90/45/-45/0/45/90/-45/0/45/90/-45]$
B3	腹板 32 层	$[-45/90/45/0/-45/90/45/0/-45/90/45/0/-45/90/45/0]_s$
	凸缘 16 层	$[-45/90/45/0/-45/90/45/0/-45/90/45/0/-45/90/45/0]$
	蒙皮 8 层	$[-45/90/45/0/0/45/90/-45]$

表 5 - 14　T700/QY8911 基本性能

E_{11}/MPa	E_{22}/MPa	G_{12}/MPa	μ_{12}
135 000	9 250	5 650	0.31

表 5 - 15　界面性能参数

E /MPa	G_1 /MPa	G_2 /MPa	t_n^0 /MPa	t_s^0 /MPa	t_t^0 /MPa	G_{Ic} /(N·mm^{-1})	G_{IIc} /(N·mm^{-1})	G_{IIIc} /(N·mm^{-1})
20 000	7 692	7 692	15	35	35	0.321	0.544	0.544

表 5 - 16　T 型单元初始破坏载荷

试样编号	试验结果 /kN	模拟结果 /kN	误差 /（%）
B1 - 1	4.308	3.782	- 12
B1 - 2	4.176	3.782	- 9
B2 - 3	0.773	0.859	11
S2 - 2	0.818	0.859	5
S2 - 3	0.831	0.859	3
B3 - 3	0.835	0.888	6

　　由表 5-16 可见,针对承受拉伸载荷的 T 接头,用基于 Cohesive 单元的渐进式破坏分析方法得到的初始破坏载荷与试验结果比较接近,最大误差为 12%。

5.7.3　曲梁层间强度分析

5.7.3.1　曲梁结构特点

民用飞机通常采用复合材料中央翼盒结构设计,前、后梁由于承受油液的冲击,在缘条拐角区承担了较大的弯曲载荷,容易造成分层破坏,成为结构的薄弱位置。因此,截取复合材料曲梁典型结构为研究对象,如图 5-99 所示。

通过对复合材料典型曲梁结构在四点弯曲作用下进行试验研究,发现曲梁结构的破坏模式为 R 角区层间分层破坏,如图 5-100(见彩图)所示。基于这种试验观察,拟采用工程化方法来计算曲梁结构强度。

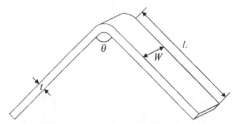

图 5-99　复合材料曲梁结构示意图

图 5-100　复合材料曲梁结构典型破坏模式

5.7.3.2　曲梁结构强度计算方法

根据四点弯曲试验,构建工程计算模型,如图 5-101 所示。施加在试验件弯曲段的力矩是由一个圆柱加载棒施加的力 P_b 和沿一条边(腿)上两个加载棒之间的距离 l 所产生的,由首次载荷下降处的总载荷 P(按照初始分层)以及加载夹具和试验件的几何尺寸计算加载棒的力和距离。

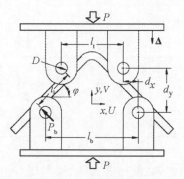

图 5-101　复合材料曲梁结构强度计算示意图

曲梁强度由下式给出：

$$\text{CBS} = \frac{M}{w} = \frac{P_b l_o}{w} = \frac{P}{2w\cos\varphi}\left[\frac{d_x}{\cos\varphi} + (D+t)\tan(\varphi)\right] \qquad (5-300)$$

式中：CBS——作用在弯曲的试验段并引起所施加载荷的急剧下降或结构分层的单位宽度的力矩，kN；

P_b——单个加载棒施加到试件上的载荷，kN；

P——施加到四点弯曲夹具上的总载荷，kN；

d_x——两个邻近的上下加载棒中心线之间的水平距离$(l_b - l_t)/2$，mm；

φ——从水平轴到试件直角边的夹角；

D——圆柱加载棒的直径，mm；

t——试验件的厚度，mm；

w——试验件的宽度，mm；

l_0——上、下加载棒沿着试件直边方向的距离，mm。

由于在加载过程中会发生很大的变化，所以可以通过破坏时的 φ 值得到更为精确的作用力矩。为计算 CBS，通过从 d_y 的初始值减去加载夹具的垂直位移 Δ 计算出圆柱加载棒之间的垂直距离 d_y：

$$d_y = d_x\tan\varphi_i + \frac{D+t}{\cos\varphi_i} - \Delta \qquad (5-301)$$

式中：d_y——两个邻近的上下加载棒中心线之间的垂直距离$(l_b - l_t)/2$，mm；

φ_i——加载前试验件两个加载臂之间总夹角的一半；

Δ——四点弯曲夹具上下两部分之间的相对位移，mm。

由试验机或者位移计的行程输出得到垂直位移 Δ。由初始角度 φ_i 和加载几何关系计算 d_y 的初始值。初始角度 φ_i 为加载前试验件两个加载臂之间总夹角的一半。对于给定的 d_y 值可以通过三角函数计算出 φ 的值，即

$$\varphi = \arcsin^{-1}\left[\frac{-d_x(D+t) + d_y\sqrt{d_x^2 + d_y^2 - D^2 - 2Dt}}{d_x^2 + d_y^2}\right] \qquad (5-302)$$

5.7.3.3　曲梁结构层间强度计算方法

用柱坐标各向异性理论推导了曲梁结构 R 角区域的应力解。曲梁在纯弯曲状态下的径向应力由下式给出（由于曲梁段 R 角区域处于纯弯曲状态，径向应力与角坐标无关）：

$$\sigma_r = -\frac{\text{CBS}}{r_o^2 g}\left[1 - \frac{1-\rho^{\kappa+1}}{1-\rho^{2\kappa}}\left(\frac{r_m}{r_o}\right)^{\kappa-1} - \frac{1-\rho^{\kappa-1}}{1-\rho^{2\kappa}}\rho^{\kappa+1}\left(\frac{r_m}{r_o}\right)^{\kappa+1}\right] \qquad (5-303)$$

其中

$$\left.\begin{aligned}
g &= \frac{1-\rho^2}{2} - \frac{\kappa}{\kappa+1}\frac{(1-\rho^{\kappa+1})^2}{1-\rho^{2\kappa}} + \frac{\kappa\rho^2}{\kappa-1}\frac{(1-\rho^{\kappa-1})^2}{1-\rho^{2\kappa}} \\
\kappa &= \sqrt{\frac{E_\theta}{E_r}} \\
\rho &= \frac{r_i}{r_o} \\
r_m &= \left[\frac{(1-\rho^{\kappa-1})(\kappa+1)(\rho\, r_o)^{\kappa+1}}{(1-\rho^{\kappa+1})(\kappa-1)r_o^{-(\kappa-1)}}\right]^{\frac{1}{2\kappa}}
\end{aligned}\right\} \qquad (5-304)$$

利用式(5-303)和式(5-304)算出的曲梁强度CBS,计算出最大径向应力。径向和切向模量(E_r和E_θ)可以分别用单向层压平板的$90°$和$0°$方向模量近似。层间强度可定义为破坏时的最大径向应力。最大层间应力的简化近似计算公式如下:

$$\sigma_r^{max} = \frac{3CBS}{2t\sqrt{r_i r_o}} \tag{5-305}$$

它可用于验证由式(5-303)计算的应力。该公式的精度随着E_r/E_θ值的减小或者r_i/r_o值的增大而下降。

5.7.4 丢层结构强度分析

5.7.4.1 丢层结构特点

丢层复合材料结构可分为厚板区、削减区和薄板区,如图5-102所示。其中厚板区为没有开始终止铺层的区域,削减区为铺层逐次终止的区域,薄板区为铺层完成终止的区域。丢层复合材料结构内部铺层可以分为连续层和削减层。厚板区和薄板区只含有连续层,而削减区则含有连续层和削减层。根据削减层数目的不同,减层复合材料的削减区会形成不同的斜削角度。另外,由于材料加工制备的特性,在削减层的末端会形成树脂富集区域。

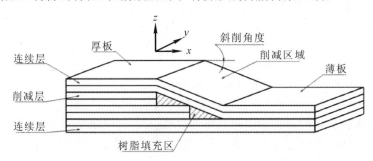

图5-102 内部铺层削减的丢层复合材料结构

通过对多种铺层消减方式的过渡区减层复合材料结构在面内单向载荷下的试验研究发现,丢层结构的破坏模式是首先分层,然后是层压板破坏,如图5-103(见彩图)所示。基于这种试验观察,采用有限元方法分析丢层结构。

5.7.4.2 丢层结构强度分析方法

采用有限元数值方法进行丢层结构强度评估,考虑层压板层间失效和层压板面内失效。

1. 失效模型

层压板面内失效模型采用三维Hashin理论判断层压板面内失效。该判据考虑四种破坏机理:纤维拉伸、纤维压缩、基体拉伸、基体压缩。四种初始破坏判据如下。

纤维拉伸:

$$e_f^2 = \left(\frac{\sigma_{11}}{X_T}\right)^2 + \frac{\alpha}{S_{XY}^2}(\sigma_{12}^2 + \sigma_{13}^2) \tag{5-306}$$

纤维压缩:

$$e_f^2 = \left(\frac{\sigma_{11}}{X_C}\right)^2 \tag{5-307}$$

基体拉伸:

$$e_{\mathrm{m}}^2 = \left(\frac{\sigma_{22} + \sigma_{33}}{Y_{\mathrm{T}}}\right)^2 + \frac{1}{S_{\mathrm{XY}}^2}(\sigma_{12}^2 + \sigma_{13}^2) + \frac{\sigma_{23}^2 - \sigma_{22}\sigma_{33}}{S_{\mathrm{YZ}}^2} \tag{5-308}$$

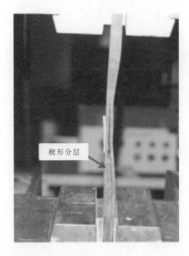

图 5-103　丢层结构拉伸载荷下的典型破坏形式

基体压缩：

$$e_{\mathrm{m}}^2 = \left[\left(\frac{Y_{\mathrm{C}}}{2S_{\mathrm{YZ}}}\right)^2 - 1\right]\frac{\sigma_{22} + \sigma_{33}}{Y_{\mathrm{C}}} + \left(\frac{\sigma_{22} + \sigma_{33}}{2S_{\mathrm{YZ}}^2}\right)^2 + \frac{1}{S_{\mathrm{XY}}^2}(\sigma_{12}^2 + \sigma_{13}^2) + \frac{\sigma_{23}^2 - \sigma_{22}\sigma_{33}}{S_{\mathrm{YZ}}^2} \tag{5-309}$$

式中：X_{T}—— 纤维方向的拉伸强度，MPa

$\quad\quad X_{\mathrm{C}}$—— 纤维方向的压缩强度，MPa

$\quad\quad Y_{\mathrm{T}}$—— 垂直于纤维方向的拉伸强度，MPa

$\quad\quad Y_{\mathrm{C}}$—— 垂直于纤维方向的压缩强度，MPa

$\quad\quad S_{\mathrm{XY}}$—— 面内剪切强度，MPa

$\quad\quad S_{\mathrm{YZ}}$—— 厚向剪切强度，MPa

$\quad\quad \alpha$—— 剪切应力对纤维拉伸初始破坏影响系数，取 1。

层压板层间失效采用 Cohesive 单元模拟。

2. 建模方法

首先将丢层结构沿厚度方向分成三个部分：顶层、中间层、底层。三个部分分别构建三维实体几何模型，顶层是带斜削的结构。根据丢层规律，将三个部分的过渡段分成相应的等分，每一等分对应一种铺层。用连续壳元模拟层压板，用 composite layup 分别定义每个几何构型的铺层。

在三个实体构型之间加入两层界面元，界面元与每个层板用 tie 连接。有限元模型如图 5-104（见彩图）所示。

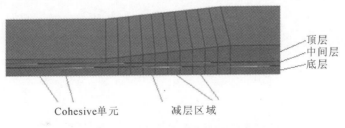

图 5-104　丢层结构有限元模型

丢层结构由于几何突变，层间断裂模式呈现Ⅰ型、Ⅱ型混合断裂模式，层压板相邻层之间层间混合断裂韧性，−45/45最大，0/45次之，其他情况下的混合断裂韧性较小，如图5−105（见彩图）所示。据此可以确定丢层结构两层界面元的位置，即含−45/45、0/45较少的相邻层之间可以植入界面元。

根据丢层规律，将三个部分的过渡段分成相应的等分，每一等分对应一种铺层，如图5−106（见彩图）所示。layup1表示原始铺层，layup2表示减掉一次（减2层）后的铺层，依次类推，layup11表示减完后层压板的铺层。每次减完层后，顶层、中间层、底层的铺层都会发生相应变化。用composite layup将变化后的铺层分别输入到顶层、中间层、底层的几何体中。顶层斜削结构有限元模型如图5−107（见彩图）所示。中间层铺层示意图如图5−108（见彩图）所示。

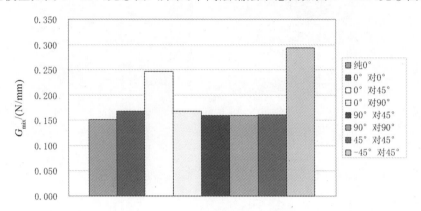

图5−105　不同铺层角度之间层间混合断裂韧性对比（$G_{II}/G = 0.7$）

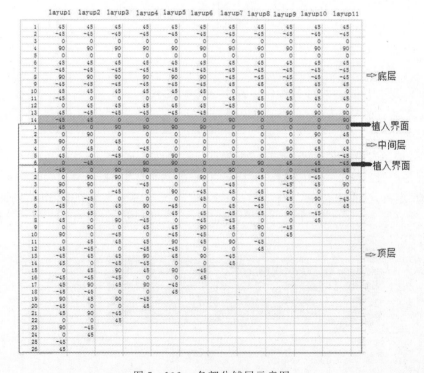

图5−106　各部分铺层示意图

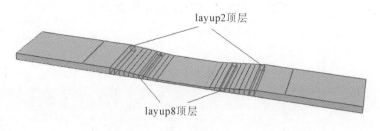

图 5-107　顶层结构有限元模型

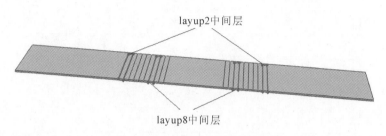

图 5-108　中间层结构有限元模型

5.7.4.3　丢层结构强度分析试验验证

采用试验数据对丢层结构强度分析方法适应性予以说明。试验件包括拉伸试验件(见图5-109)、压缩试验件(见图 5-110),试验数量见表 5-17。试验件纤维树脂体系为T800/BA9918,固化后单层厚度为 0.19mm,共 46 层,铺层情况见表 5-18。拉伸试验件详细尺寸见表 5-19 及图 5-111,压缩试验件详细尺寸见表 5-20 及图 5-112。

图 5-109　拉伸试验件外观示意图

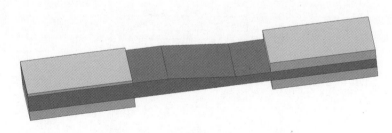

图 5-110　压缩试验件外观示意图

分析前首先要确定材料性能。目前没有 T800/BA9918 完整的力学性能数据,根据现有资料,取国外同类高韧性环氧树脂复合材料 X850 的弹性模量、T800/BA9916-Ⅱ强度参数作为模型的模量和强度输入参数,层间断裂韧性以及单向板各个方向的破坏能数据根据以往的分析经验确定。模型中单向板的力学性能数据见表 5-21,层间力学性能见表 5-22。

表 5-17　试验件编号和数量

序　号	试验件编号	过渡类型	数量	过渡区斜率	试验项目
1	SL10-A-1～3	A 型"<< 型"	3		
2	SL10-B-1～3	B 型">> 型"	3	1：10	
3	SL10-C-1～3	C 型"<> 型"	3		
4	SL20-A-1～3	A 型"<< 型"	3		拉伸
5	SL20-B-1～3	B 型">> 型"	3	1：20	
6	SL20-C-1～3	C 型"<> 型"	3		
7	SY10-A-1～3	A 型"<< 型"	3		
8	SY10-B-1～3	B 型">> 型"	3	1：10	
9	SY10-C-1～3	C 型"<> 型"	3		压缩
10	SY20-A-1～3	A 型"<< 型"	3		
11	SY20-B-1～3	B 型">> 型"	3	1：20	
12	SY20-C-1～3	C 型"<> 型"	3		

　　注：A 型"<< 型"表示从中面开始减层，减到接近边缘层为止，重复一次；B 型">> 型"表示从接近边缘开始减层，减到中面层为止，重复一次；C 型"<> 型"表示从先中面开始减层，减到接近边缘层为止，然后从接近边缘开始减层，减到中面层为止。

表 5-18　未减层段试件铺层情况

铺层名称	角度 /(°)	铺层名称	角度 /(°)	铺层名称	角度 /(°)
P01	45	P17	90	P33	-45
P02	-45	P18	0	P34	45
P03	0	P19	45	P35	0
P04	90	P20	0	P36	-45
P05	0	P21	-45	P37	45
P06	45	P22	0	P38	-45
P07	-45	P23	90	P39	90
P08	90	P24	90	P40	-45
P09	-45	P25	0	P41	45
P10	45	P26	-45	P42	0
P11	-45	P27	0	P43	90
P12	0	P28	45	P44	0
P13	45	P29	0	P45	-45
P14	-45	P30	90	P46	45
P15	45	P31	0		
P16	0	P32	45		

表 5-19　拉伸试验件尺寸列表

试验件编号	h/mm	m/mm	n/mm
SL10-A-1~3,SL10-B-1~3,SL10-C-1~3	38	38	274
SL20-A-1~3, SL20-B-1~3, SL20-C-1~3	76	76	388

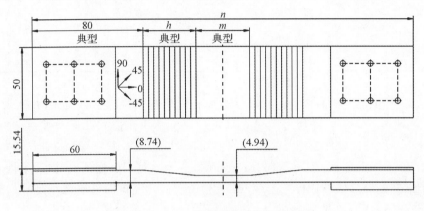

图 5-111　拉伸试验件几何尺寸

表 5-20　压缩试验件尺寸列表

试验件编号	m/mm	n/mm
SY10-A-1~3,SY10-B-1~3,SY10-C-1~3	38	198
SY20-A-1~3,SY20-B-1~3,SY20-C-1~3	76	236

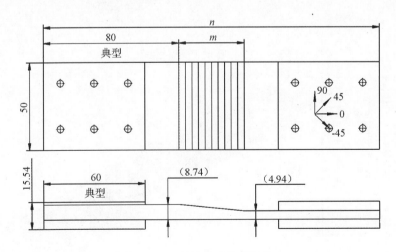

图 5-112　压缩试验件几何尺寸

表 5－21　模型中单向板的力学性能参数

E_{11}/MPa	E_{22}/MPa	G_{12}/MPa	μ_{12}	X_t/MPa	X_c/MPa	Y_t/MPa	Y_c/MPa	S/MPa	S^T/MPa
148 000	8 630	4 430	0.313	3 298	1 462	60.8	219	136	108

表 5－22　模型中层间力学性能参数

断裂韧性 $G_{\mathrm{I}c}$ /(N·mm⁻¹)	断裂韧性 $G_{\mathrm{II}c}$ /(N·mm⁻¹)	拉伸特征强度 σ_0 /MPa	剪切特征强度 τ_0 / MPa
0.367	1.0	15	35

　　建模时,三种丢层方式的试验件在厚度方向相同位置预置两层界面元,在减层后的第 13 层与 14 层之间、第 19 层与 20 层之间建立 Cohesive 元。采用隐式几何非线性分析步进行渐进式失效分析。拉伸试验件模型及边界条件如图 5－113(见彩图)所示,拉伸试验件的典型破坏模式如图 5－114(见彩图)和图 5－115(见彩图)所示。对于压缩试验件,为了防止屈曲,试验件两侧边限制面外位移,如图 5－116(见彩图)所示。压缩试验件的典型破坏模式如图 5－117(见彩图)和图 5－118(见彩图)所示,试验件破坏载荷的分析结果和试验结果分别见表 5－23 和表 5－24。

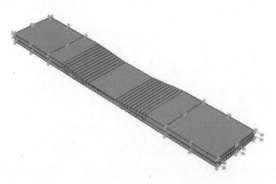

图 5－113　拉伸试验件模型及边界条件

图 5－114　拉伸试验件 SL10－B 层间界面破坏形式

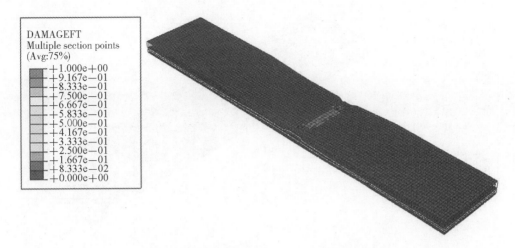

图 5 - 115   拉伸试验件 SL10 - B 层压板破坏形式

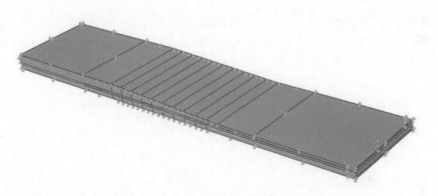

图 5 - 116   压缩试验件模型及边界条件

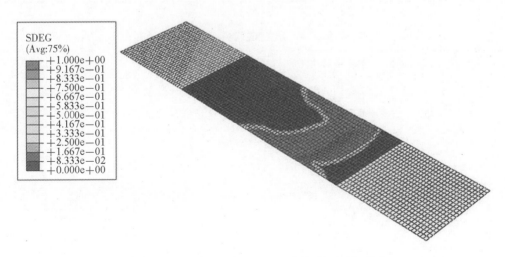

图 5 - 117   压缩试验件 SY20 - C 层间界面破坏形式

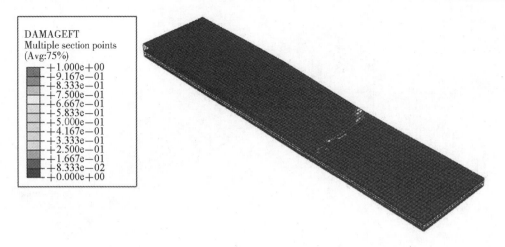

图 5-118 压缩试验件 SY20-C 层压板破坏形式

表 5-23 拉伸试验件破坏载荷

试验件编号	试验结果/kN		分析结果/kN		误差/(%)	
	初始破坏载荷	最终破坏载荷	初始破坏载荷	最终破坏载荷	初始破坏载荷	最终破坏载荷
SL10-A-1~3	123.4	195.2	131.69	162.83	7%	−17%
SL10-B-1~3	178.2	193.0	166.45	226.185	−7%	17%
SL10-C-1~3	153.3	191.5	175.62	207.50	15%	8%
SL20-A-1~3	202.0	231.9	166.47	188.93	−18%	−19%
SL20-B-1~3	213.0	242.1	178.28	226.48	−16%	−6%
SL20-C-1~3	229.0	253.8	199.73	232.56	−13%	−8%

表 5-24 压缩试验件破坏载荷

试验件编号	试验结果/kN		分析结果/kN		误差/(%)	
	初始破坏载荷	最终破坏载荷	初始破坏载荷	最终破坏载荷	初始破坏载荷	最终破坏载荷
SY10-A-1~3	116.00	119.74	125.90	129.18	9%	8%
SY10-B-1~3	127.23	129.48	无	135.32		5%
SY10-C-1~3	119.40	121.88	无	135.33		11%
SY20-A-1~3	126.73	128.43	106.48	111.66	−16%	−13%
SY20-B-1~3	136.30	136.39	无	106.52		−22%
SY20-C-1~3	137.14	137.51	无	106.47	.	−23%

从表 5 - 23 可以看出,对于三种丢层方式、两种过渡区长度共计 6 件拉伸试验件,初始破坏载荷的计算结果与试验结果最大误差为 −18%,最小误差为 7%,误差绝对值平均值为 12.7%;最终破坏载荷的计算结果与试验结果最大误差为 17%,最小误差为 −6%,误差绝对值平均值为 12.5%;

从表 5 - 24 可以看出,对于三种丢层方式、两种过渡区长度共计 6 件压缩试验件,在分析中只有两件出现初始破坏,其余均为出现初始破坏现象。6 件试验件最终破坏载荷的计算结果与试验结果最大误差为 −23%,最小误差为 5%,误差绝对值平均值为 13.5%;

连续壳元结合 Cohesive 界面元的分析方法,建模比较简单,计算周期短,如果增加预置层间界面元的个数,有助于提高计算精度。

层间断裂韧性对分析结果有一定影响,为了保证分析方法的通用性,层压板层间断裂韧性参数 G_{Ic}、G_{IIc} 必不可少。

附录 5 - A　Riks 弧长法分析流程

Riks 弧长法后屈曲分析通常需要引入初始扰动,然后采用 Riks 弧长算法进行非线性求解。其分析过程如下:

(a)使用线性"Buckling"求解器进行模型求解,得到模型前三阶线性屈曲形式,并在 INP 文件中加入以下关键词以输出节点位移:

* node file

u,

(b)在 INP 文件中加入以下关键词,以加权的形式定义线性屈曲前几阶特征值的节点位移施加初始扰动。初始扰动的最大幅度可以根据制造公差、真实测试值来设置,在缺少数据的情况下可以设置为壁板厚度的某一比例,如 2%:

* IMPERFECTION, FILE=Jobname, STEP=1

1,0.02 * t

其中,Jobname 为 Buckling 模块分析结果文件名;t 为壁板厚度。

(c)在 * STEP 后添加 NLGEOM = YES 以开启几何非线性,在 * STATIC 设置 RIKS 求解器进行模型的后屈曲分析。

(d)提取模型失稳位置节点的载荷/位移曲线,曲线初始拐点对应的载荷即为初始失稳载荷,如图 5 - A - 1 所示。

(e)采用适当的复合材料失效准则预测结构后屈曲过程中结构发生强度破坏时的载荷,取后屈曲极值载荷和强度破坏载荷的最小值作为结构的极限承载载荷。

附录 5 - B　几何非线性黏性规则化分析流程

对于规则结构(如矩形板),后屈曲分析采用几何非线性求解也需要施加一定的初始扰动才能得到合理的结果。对于复杂结构(如复合材料加筋结构),结构内部局部的偏心传载影响可能较大,不施加初始扰动也能获得合理的结果。复杂结构初始扰动可以用于制造偏差敏感度研究,当制造偏差影响不明显时,可以不施加初始扰动。

结构在后屈曲阶段可能发生结构失稳,载荷可能随着位移增大而下降,甚至发生跳跃,如图 5-B-1 所示。此时,结构有限元模型出现负刚度矩阵,几何非线性求解会出现无法收敛问题。有限元软件提供了施加黏性阻尼的方法解决该问题。

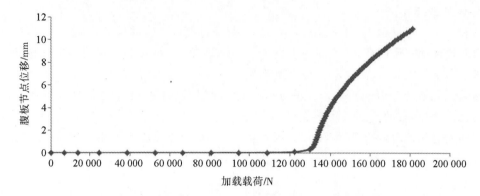

图 5-A-1　加筋壁板长桁载荷-腹板位移曲线

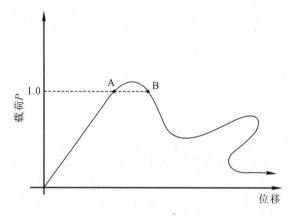

图 5-B-1　结构失稳响应

复合材料壁板后屈曲几何非线性分析流程如下:

(a)(可选)使用线性"Buckling"求解器进行模型求解,得到模型前三阶线性屈曲形式;并在 INP 文件中加入以下关键词以输出节点位移:

* node file

u,

(b)(可选)在 INP 文件中加入以下关键词,以加权的形式定义线性屈曲前几阶特征值的节点位移施加初始扰动。初始扰动的最大幅度可以根据制造公差、真实测试值来设置,在缺少数据的情况下可以设置为壁板厚度的某一比例,如 2%:

* IMPERFECTION, FILE=Jobname, STEP=1

1,0.02 * t

其中,Jobname 为 Buckling 模块分析结果文件名;t 为壁板厚度。

(c)在结构模型上施加位移载荷。

(d)在 INP 文件中 * STEP 后添加 NLGEOM = YES 以开启几何非线性;在 * STATIC,后添加 STABILIZE 以调用黏性稳定性算法。

（e）提取模型失稳位置节点的载荷/位移曲线，曲线初始拐点对应的载荷即为初始失稳载荷。

（f）采用适当的复合材料失效准则预测结构后屈曲过程中结构发生强度破坏时的载荷，取后屈曲极值载荷和强度破坏载荷的最小值作为结构的极限承载载荷。

附录 5-C　Explicit 显式动力学非线性分析流程

初始扰动在复合材料壁板后屈曲的 Explicit 显式动力学非线性分析也不是必需的。其分析流程为：

（a）（可选）使用线性"Buckling"求解器进行模型求解，得到模型前三阶线性屈曲形式；并在 INP 文件中加入以下关键词以输出节点位移：

* node file

u，

（b）（可选）在 INP 文件中加入以下关键词，以加权的形式定义线性屈曲前几阶特征值的节点位移施加初始扰动。初始扰动的最大幅度可以根据制造公差、真实测试值来设置，在缺少数据的情况下可以设置为壁板厚度的某一比例，如 2%：

* IMPERFECTION，FILE=Jobname，STEP=1

1,0.02 * t

其中，Jobname 为 Buckling 模块分析结果文件名；t 为壁板厚度。

（c）在结构模型上施加位移载荷。

（d）在 INP 文件中 * STEP 后添加 NLGEOM = YES 以开启几何非线性；调用 * Explicit 求解器计算。

（e）提取模型失稳位置节点的载荷/位移曲线，曲线初始拐点对应的载荷即为初始失稳载荷。

（f）采用适当的复合材料失效准则预测结构后屈曲过程中结构发生强度破坏时的载荷，取后屈曲极值载荷和强度破坏载荷的最小值作为结构的极限承载载荷。

附录 5-D　应用有限元分析软件 ABAQUS 开展后屈曲分析的步骤

应用有限元分析软件 ABAQUS 开展后屈曲分析的步骤为：

（a）使用线性"Buckling"求解器进行模型求解，得到模型前三阶线性屈曲形式；并在 INP 文件中加入以下关键词以输出节点位移：

* node file

u，

（b）使用"Riks"求解器进行模型的后屈曲分析，在 INP 文件中加入以下关键词，以加权的形式定义线性屈曲第一阶特征值的节点位移为初始扰动，加权系数一般取板厚度的 2%：

* IMPERFECTION，FILE=Jobname，STEP=1

1,0.02 * t

其中,Jobname 为 Buckling 模块分析结果文件名;t 为板厚。

(c)提取模型失稳位置节点的载荷/位移曲线,曲线初始拐点对应的载荷即为初始失稳载荷。

(d)使用"Tsai-Hill 准则"进行后屈曲的失效分析,当层合板任意一铺层的准则值大于或等于1,即认为结构失效,对应的载荷即为失效载荷。

参 考 文 献

[1] CHRISTENSEN R M. The Theory of Materials Failure[M]. London:Oxford University Press,2013.

[2] 矫桂琼,贾普荣. 复合材料力学[M]. 西安:西北工业大学出版社,2008.

[3] HASHIN Z. Failure Criteria for Unidirectional Fiber Composites[J]. Journal of Applied Mechanics,1980,47(2):329 - 334.

[4] TSERPES K I,LABEAS G,PAPANIKOS P,et al. Strength Prediction of Bolted Joints in Graphite/Epoxy Composite Laminates[J]. Composites:Part B Engineering,2002,33(7):521 - 529.

[5] GU J,CHEN P. Some Modifications of Hashin's Failure Criteria for Unidirectional Composite Materials[J]. Composite Structures,2017,182:143 - 152.

[6] GU J,CHEN P. Extension of Puck's Inter Fibre Fracture (IFF) Criteria for UD Composites[J]. Composites Science and Technology,2018,162:79 - 85.

[7] WIEGAND J,PETRINIC N,ELLIOTT B. An Algorithm for Determination of the Fracture Angle for the Three-dimensional Puck Matrix Failure Criterion for UD Composites[J]. Composites Science & Technology,2008,68(12):2511 - 2517.

[8] HINTON M J,KADDOUR A S,SODEN P D. Failure Criteria in Fibre Reinforced Polymer Composites:the World-Wide Failure Exercise [M]. Oxford:Elsevier Ltd.,2004.

[9] KADDOUR A,HINTON M. Maturity of 3D Failure Criteria for fibre-Reinforced Composites:Comparison between Theories and Experiments:Part B of WWFE-II[J]. Journal of Composite Materials,2013,47(6/7):925 - 966.

[10] Dávila C G,CAMANHO P P. Failure Criteria for FRP Laminates in Plane Stress [R]. NASA TM,2003.

[11] PINHO S T,DÀVILA C G,CAMANHO P P,et al. Failure Models and Criteria for FRP under In-plane or Three-dimensional Stress States including Shear Non-linearity [R]. NASA Technical Memorandum,2005.

[12] PINHO S T,DARVIZEH R,ROBINSON P,et al. Material and Structural Response of Polymer-matrix Fibre-reinforced Composites[J]. Journal of Composite Materials,2012,46(19/20):2313 - 2341.

[13] 李彪. 基于失效机理的复合材料层合板强度分析方法[D]. 西安:西北工业大

学，2015.

[14]　中国航空研究院. 复合材料结构稳定性分析指南[M]. 北京：航空工业出版社，2002.

[15]　谢鸣九. 复合材料连接技术[M]. 上海：上海交通大学出版社，2016.

[16]　TSAI S W，WU E M. A General Theory of Strength for Anisotropic Materials[J].
Journal of Composite Materials，1971，5：58 - 80.

[17]　钱元，周光明，蔡登安. 双轴向纤维增强复合材料层合板强度准则[J]. 南京航空航天
大学学报，2013，45(2)：179 - 185.

[18]　DETERESA S J，LARSEN G J. Reduction in the Number of Independent Parameters
for the Tsai-Wu Tensor Polynomial Theory of Strength for Composite Materials[J].
Journal of Composite Materials，2003，37(19)：1769 - 1785.

[19]　NARAYANASWAMI R，ADELMAN H M. Evaluation of the Tensor Polynomial
and Hoffman Strength Theories for Composite Materials[J]. Journal of Composite
Materials，1977，11(4)：366 - 377.

[20]　SUN C T，QUINN B J，TAO J. Comparative Evaluation of Failure Analysis Methods
for Composite Laminates DOT/FAA/AR - 95/109 [R]. America，1996.

[21]　FLORE D，STAMPFER B，WEGENER K. Experimental and Numerical Failure A-
nalysis of Notched Quasi-Unidirectional Laminates at Room Temperature and Elevat-
ed Temperature[J]. Composite Structures，2017，160：128 - 141.

[22]　PUCK A，SCHURMANN H. Failure Analysis of FRP Laminates by Means of Physi-
cally Based Phenomenological Models[J]. Composites Science & Technology，2002，
62(12/13)：1633 - 1662.

[23]　KNOPS M. Analysis of Failure in Fiber Polymer Laminates：the Theory of Alfred
Puck[M]. Berlin：Springer，2008.

[24]　PUCK A，KOPP J，KNOPS M. Guidelines for the Determination of the Parameters
in Puck's Action Plane Strength Criterion[J]. Composites Science & Technology，
2002，62(3)：371 - 378.

[25]　克里斯托斯. 飞机复合材料结构设计与分析[M]. 颜万亿，译. 上海：上海交通大学出版
社，2011.

[26]　美国 CMH - 17 协调委员会. 复合材料手册：第 3 卷　聚合物基复合材料：材料应用、设
计和分析[M]. 汪海，沈真，译. 上海：上海交通大学出版社，2015.

[27]　孙侠生. 民用飞机结构强度刚度设计与验证指南[M]. 北京：航空工业出版社，2012.

[28]　铁摩辛柯，盖莱. 弹性稳定理论[M]. 北京：科学出版社，1965.

[29]　李顺林，薛克兴，赵渠森. 复合材料工作手册[M]. 北京：航空工业出版社，1988.

[30]　DUDFALE D S. Yielding of Steel Sheets Containing Slits[J]. Journal of Mechanics
and Physics of Solids，1960，8：100 - 104.

[31]　BENZEGGAGH M L，KENANE M. Measurement of Mixed-Mode Delamination
Fracture Toughness of Unidirectional Glass/Epoxy Composites with Mixed-Mode
Bending Apparatus [J]. Composites Science and Technology，1996，56 (4)：
439 - 449.

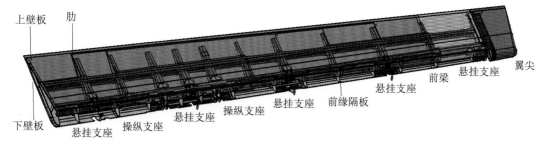

图 2-70 升降舵的结构形式和组成

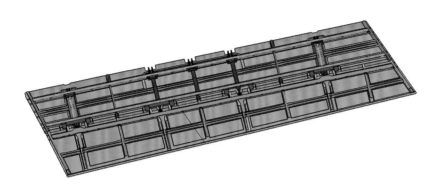

图 2-71 方向舵的结构形式和组成

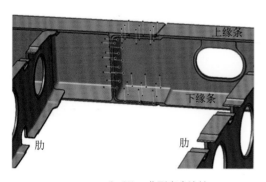

3-67 典型套合连接

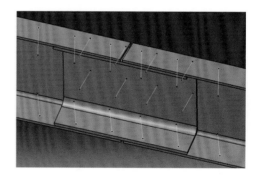

图 3-68 典型对合连接

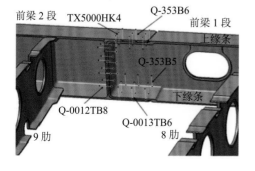

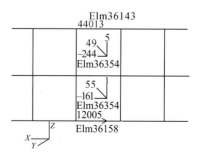

图 3-71 前梁 1 段与前梁 2 段连接

1

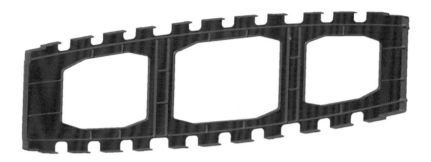

图 3-77 飞机翼盒段采用的框架式翼肋结构

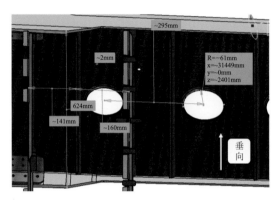

图 3-105 肋间结构及梁截面参数示意图

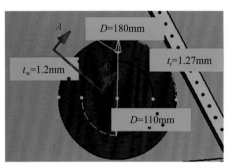

图 3-112 机身 9-10 框龙骨腹板开口

图 3-121 典型加筋壁板开口结构示意图

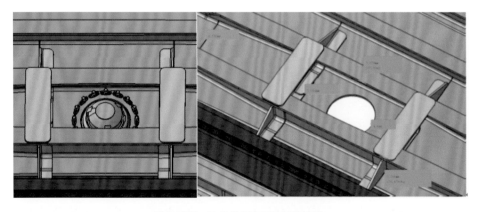

图 3-122 5~6 肋重力加油口结构图

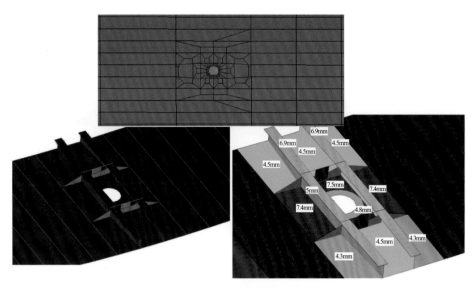

图 3-123　5~6 肋重力加油口区域细节有限元模型简图

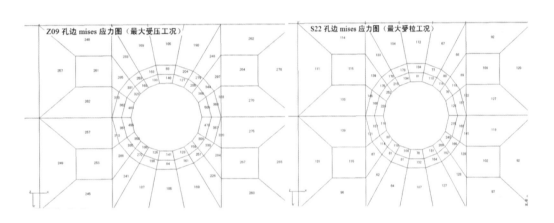

图 3-124　孔边板元最大应力（Mises）分布及长桁最大应力（Mises）（一）

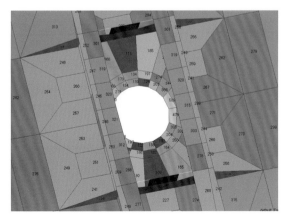

图 3-125　孔边板元最大应力（Mises）分布及
长桁最大应力（Mises）（二）

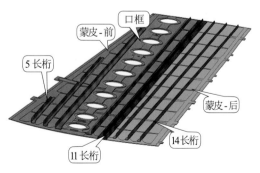

图 3-126　外翼下壁板结构图（一）

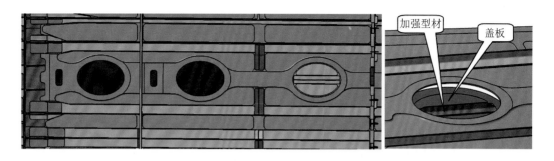

图 3-127　外翼下壁板结构图（二）

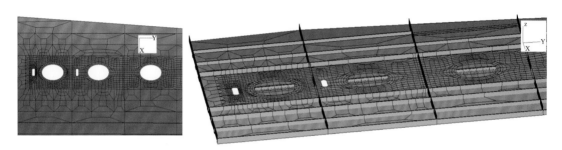

图 3-128　外翼下壁板细节有限元模型简图

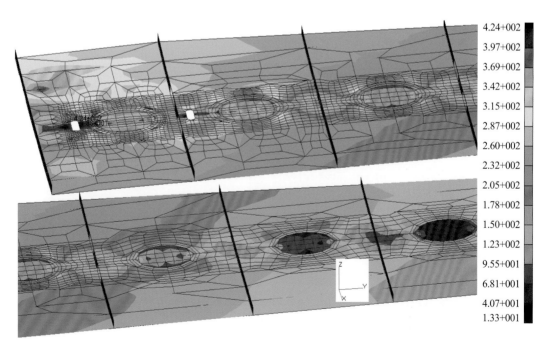

图 3-129　设计工况孔边 Von Mises 应力分布图（单位：MPa）

4

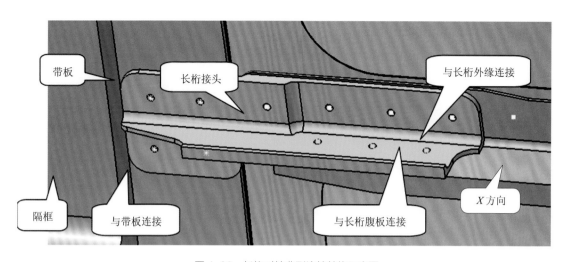

图 4-38　长桁对接典型连接结构示意图

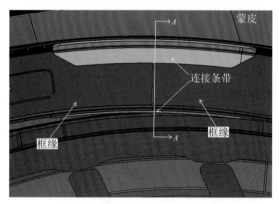

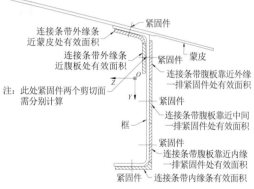

图 4-51　第一种框结构对接处连接示意图

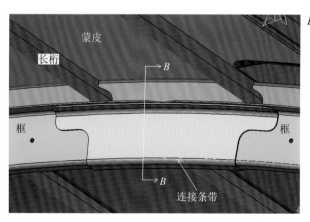

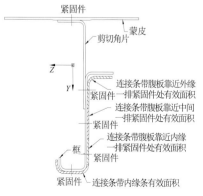

图 4-52　第二种框结构对接处连接示意图

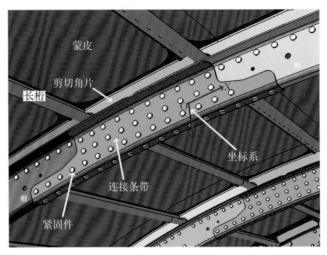

图 4-53　框对接处紧固件连接示意图

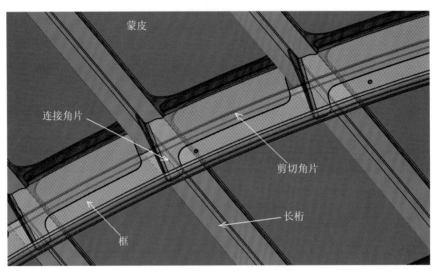

图 4-54　连接角片与长桁连接示意图

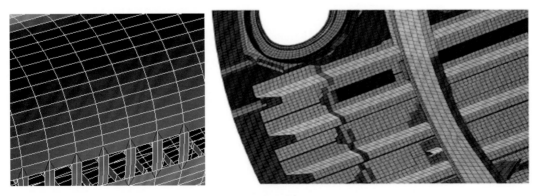

图 4-92　不同密度网格的有限元模型对比

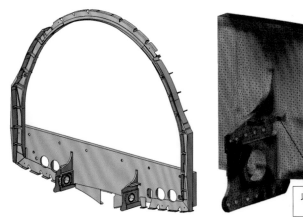

图 4-105　某混合型腹板式加强框结构简图

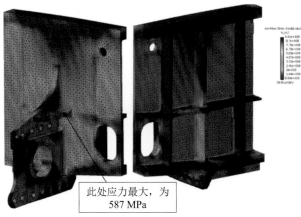

此处应力最大，为
587 MPa

图 4-110　接头有限元分析结果

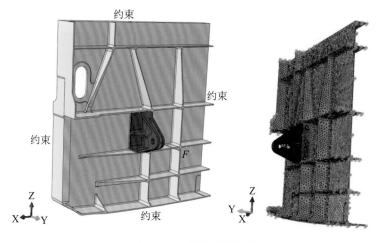

图 4-111　载荷和边界条件

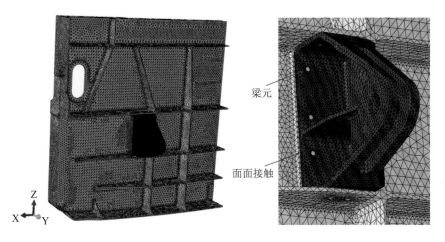

梁元

面面接触

图 4-112　有限元模型

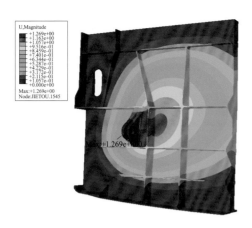
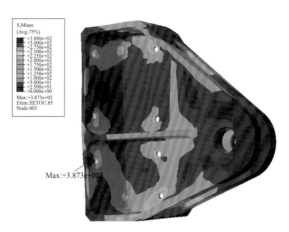

图 4-113　位移和耳片应力

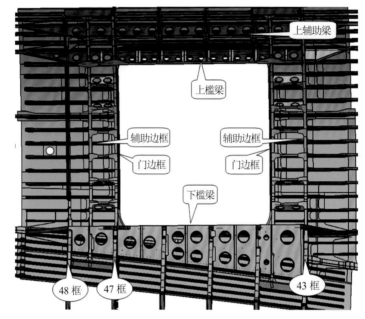

图 4-138　后左舱门开口区域结构示意图

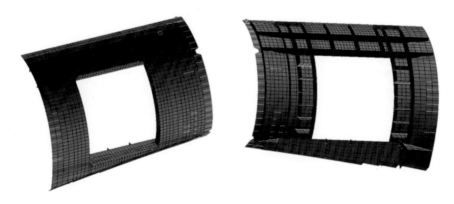

图 4-139　后左舱门开口区域有限元模型

8

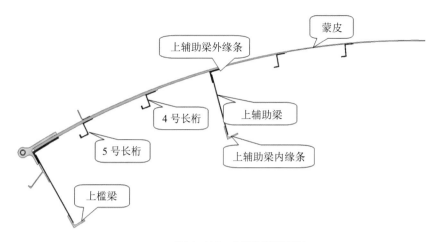

图 4-140　上辅助梁示意图

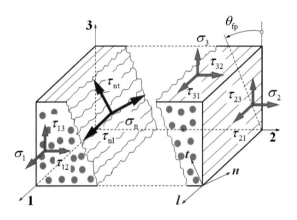

图 5-4　作用面上的应力分量

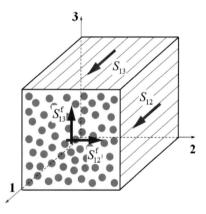

图 5-5　纤维剪切强度 S_{12}^{f} 和纵向剪切强度 S_{21}

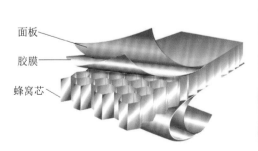

图 5-24　蜂窝夹层结构组成

(a)　　　　　　　　　(b)

图 5-33　蜂窝夹层结构试验
(a) 压缩试验件；(b) 剪切试验件

9

图 5-44　帽型加筋壁板的有限元模型

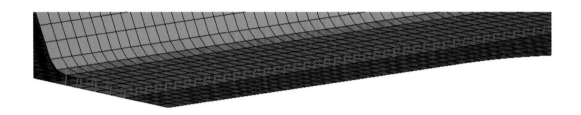

图 5-45　长桁与壁板胶黏模拟

图 5-46　复合材料加筋板有限元模型

图 5-47　界面单元

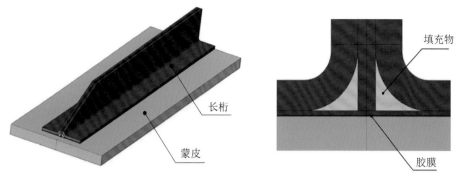

图 5-48 典型整体化加筋壁板结构

图 5-49 典型整体化加筋壁板结构有限元模型

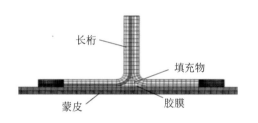

图 5-50 典型整体化加筋壁板三维实体单元截面

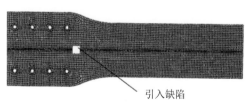

图 5-51 界面缺陷引入

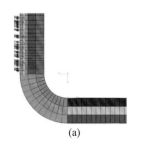

(a)

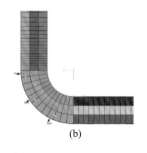

(b)

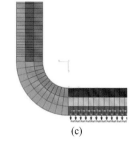

(c)

图 5-52 赋予长桁 L 型结构铺层属性
(a) 腹板区；(b) R 区；(c) 缘条区

图 5-53　边界条件与载荷示意图

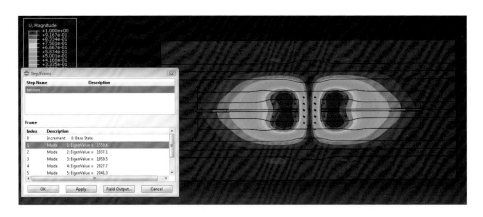

图 5-54　屈曲分析结果后处理

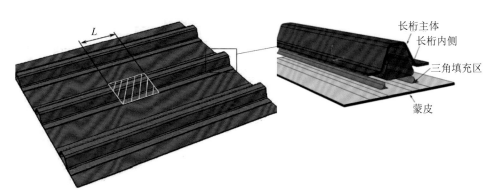

图 5-58　含界面损伤的典型帽型长桁加筋壁板示意图

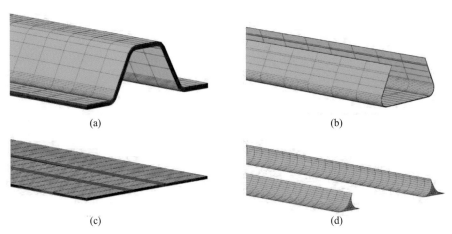

图 5-59　典型帽型长桁加筋壁板分析模型的网格划分情况
（a）长桁主体；（b）长桁内侧铺贴层；（c）蒙皮；（d）三角填充区

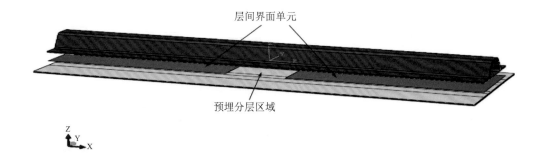

图 5-60　界面损伤引入示意图

图 5-61　边界条件设置示意图

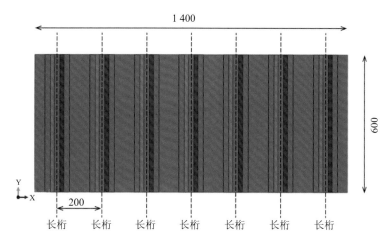

图 5-62　加筋板平面尺寸（单位：mm）

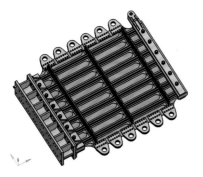

图 5-64 帽型加筋平面壁板

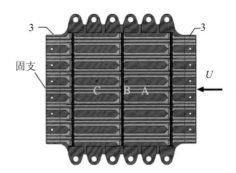

图 5-65 边界约束和加载

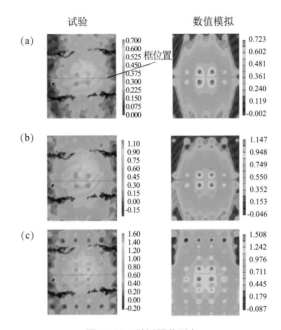

图 5-66 壁板屈曲形态
(a) 600kN；(b) 800kN；(c) 1 000kN

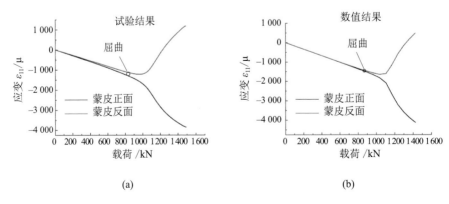

(a)   (b)

图 5-67 壁板蒙皮应变曲线

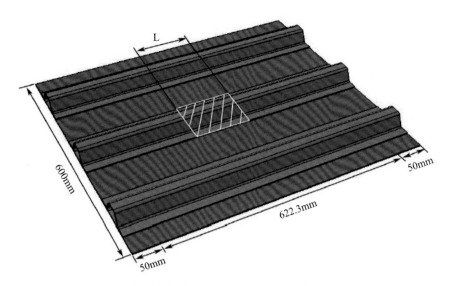

图 5-68　含界面损伤帽型加筋壁板尺寸

图 5-69　加筋壁板模型的边界条件设置

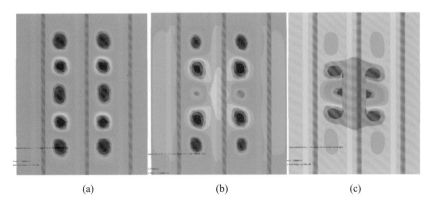

(a)　　　　　　　　　(b)　　　　　　　　　(c)

图 5-70　三加筋壁板初始屈曲模态
(a) 无预埋分层；(b)100mm 预埋分层；(c)200mm 预埋分层

15

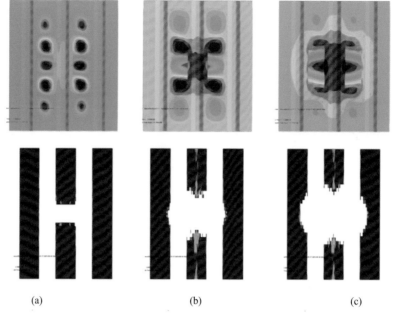

(a)　　　　　　　　　　　(b)　　　　　　　　　　　(c)

图 5-71　三加筋壁板屈曲模态和分层扩展过程
(a) 初始破坏；(b) 中间状态；(c) 最终破坏

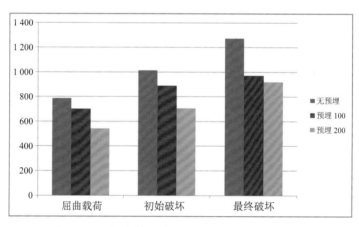

图 5-72　三加筋壁板屈曲、初始破坏和最终破坏的载荷

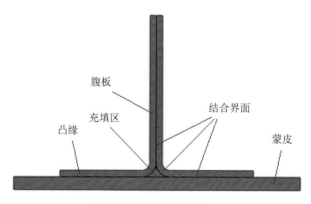

图 5-93　T 接头典型单元

(a)

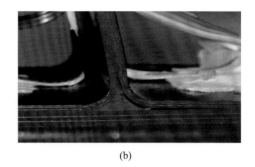

(b)

图 5-94　T接头的典型破坏形式

(a) 腹板受拉；(b) 腹板侧弯

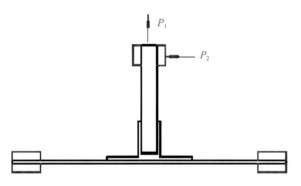

图 5-95　承受拉伸和侧弯载荷的单元

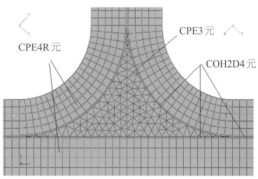

图 5-96　T型单元不同部位单元类型

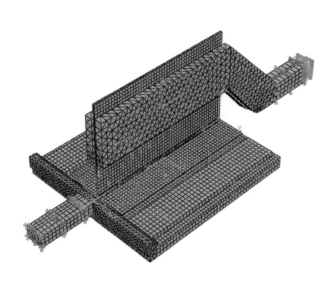

图 5-97　剪切载荷时有限元模型

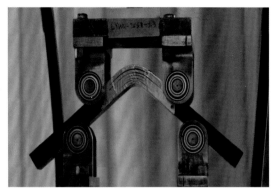

图 5-100　复合材料曲梁结构典型破坏模式

图 5-103　丢层结构拉伸载荷下的典型破坏形式

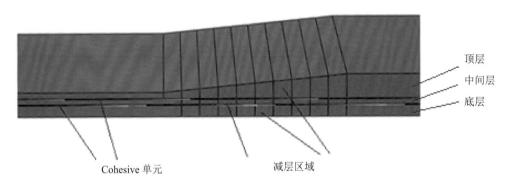

图 5-104　丢层结构有限元模型

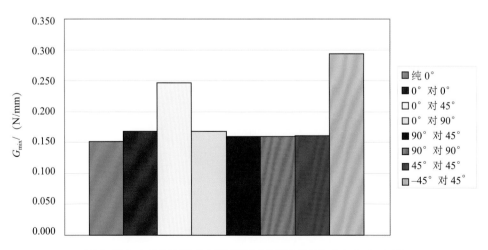

图 5-105　不同铺层角度之间层间混合断裂韧性对比（G∥/G=0.7）

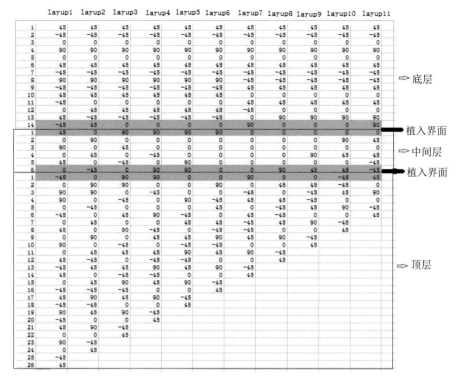

	layup1	layup2	layup3	layup4	layup5	layup6	layup7	layup8	layup9	layup10	layup11	
1	45	45	45	45	45	45	45	45	45	45	45	
2	-45	-45	-45	-45	-45	-45	-45	-45	-45	-45	-45	
3	0	0	0	0	0	0	0	0	0	0	0	
4	90	90	90	90	90	90	90	90	90	90	90	
5	0	0	0	0	0	0	0	0	0	0	0	
6	45	45	45	45	45	45	45	45	45	45	45	
7	-45	-45	-45	-45	-45	-45	-45	-45	-45	-45	-45	
8	90	90	90	90	90	90	-45	-45	-45	-45	-45	⇨ 底层
9	-45	-45	-45	-45	-45	-45	45	45	45	45	45	
10	45	45	45	45	45	45	0	0	0	0	0	
11	-45	0	0	0	0	0	45	45	45	45	45	
12	0	45	45	45	45	45	0	0	0	0	0	
13	45	-45	-45	-45	-45	-45	0	90	90	90	90	
14	-45	45	0	0	0	0	90	0	0	0	90	◀ 植入界面
1	45	0	90	90	90	90	0	0	0	90	45	
2	0	90	0	0	0	0	0	0	0	90	45	
3	90	0	45	0	0	0	0	0	0	45	0	⇨ 中间层
4	0	45	0	-45	0	0	0	0	90	45	0	
5	45	0	-45	0	90	0	0	0	0	0	-45	
6	0	-45	90	90	90	0	90	0	45	45	-45	◀ 植入界面
1	-45	0	90	90	0	90	0	45	45	-45	45	
2	0	90	90	0	0	90	0	45	45	-45	0	
3	90	90	0	-45	0	0	-45	45	0	45	90	
4	90	0	-45	0	90	-45	45	45	-45	0	0	
5	0	-45	0	0	0	45	0	-45	0	90	-45	
6	-45	0	45	90	-45	0	45	-45	0	0	45	
7	0	45	0	45	0	-45	-45	0	-45			
8	45	0	90	-45	0	-45	-45	0	0			
9	0	90	0	45	45	0	90	45				
10	90	0	-45	0	-45	-45	0	45				
11	0	45	45	90	45	90	-45					
12	45	-45	0	-45	-45	0	0	45				⇨ 顶层
13	-45	45	90	90	45	90	-45					
14	45	0	-45	-45	0	0	45					
15	0	45	90	45	90	-45						
16	-45	-45	-45	0	0	45						
17	45	90	45	90	-45							
18	-45	-45	0	45								
19	90	45	90	-45								
20	-45	0	45									
21	45	90	-45									
22	0	45										
23	90	-45										
24	0	45										
25	-45											
26	45											

图 5-106　各部分铺层示意图

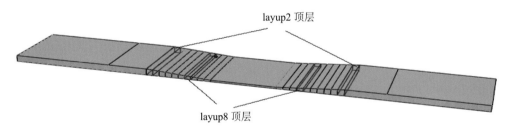

图 5-107　顶层结构有限元模型

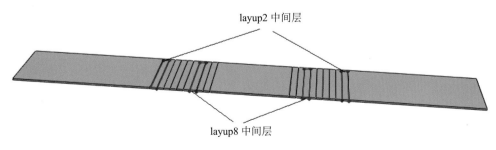

图 5-108　中间层结构有限元模型

图 5-109　拉伸试验件外观示意图

图 5-110　压缩试验件外观示意图

图 5-113　拉伸试验件模型及边界条件

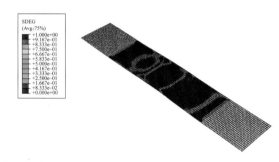

图 5-114　拉伸试验件 SL10-B 层间界面破坏形式

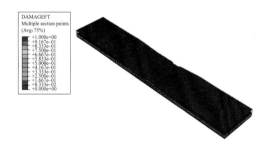

图 5-115　拉伸试验件 SL10-B 层压板破坏形式

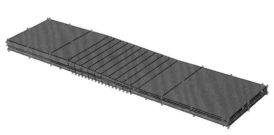

图 5-116　压缩试验件模型及边界条件

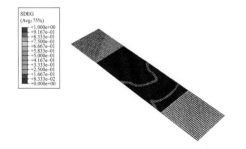

图 5-117　压缩试验件 SY20-C 层间界面破坏形式

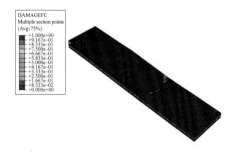

图 5-118　压缩试验件 SY20-C 层压板破坏形式